U0099703

新世紀‧新視野‧新文京 — 精選教科書‧考試用書‧專業參考書

New Wun Ching Developmental Publishing Co., Ltd.

New Age · New Choice · The Best Selected Educational Publications—NEW WCDP

第**3**版

Exercise
Physiology

運動
生理學

Third
Edition

編著者　王鶴森・吳泰賢・吳慧君・李佳倫・李意旻・林高正・郭　婕
溫小娟・劉介仲・蔡佈曦・蔡琪文・鄭宇容・鄭景峰・謝悅齡・顏惠芷

推薦序 | Preface

Exercise
Physiology

　　在生活品質漸受重視的現今社會，不僅是專業運動員會經常從事體能活動，一般人為了健康保養，或者因為個人興趣，在其休閒生活中也常常會安排各種室內或戶外的運動休閒活動，某些運動項目甚至成為了一種流行或風氣，例如自行車、衝浪、慢跑等。而不論是運動員或一般人，都希望在運動表現上能有更佳的成績，因此，如何增進體能及運動表現是許多人都希望瞭解的一個主題，更是運動員及相關專業所應具備的知識。

　　運動生理學是許多運動科學相關科系必須修習的一門重要學科，這些科系諸如體育系、運動休閒系、休閒運動管理系、物理治療系及營養系等。以往，關於運動生理學的教材一直相當缺乏，近年來經由許多學者的共同努力，已使相關教科書的選擇上豐富許多，但仍以翻譯書為主。而此本由新文京開發出版股份有限公司邀集了國內多位資深的運動生理學教師所共同編成的《運動生理學》，應可提供讀者及教師多一項不錯的選擇。

　　本書內容完整，圖片豐富，適合作為技專校院運動科學相關科系的教學用書，亦可供運動相關專業人員及有興趣的讀者參考使用。

清學大學運動科學系教授

謝錦城

Exercise
Physiology

近年來，運動科學越來越受重視，許多與運動及休閒相關的科系亦紛紛成立。此外，許多領域也都需要運動生理學知識作為背景知識，包括：運動科學、運動教練及體育教師、營養、食品與動作科學、人體肌動學(kinesiology)、物理治療學等。運動生理學的知識，除了可協助我們瞭解並發揮人體的潛能，近年來，在協助某些疾病患者從事復健時，亦常會利用運動手段，顯示了運動生理學知識在醫學與健康科學上的重要性。

由於目前國內的運動生理學中文教材大部分翻譯自國外書籍，內容通常較為艱澀，超出了許多科系的教學需求，對學生造成負擔，因此才有了編寫本書的構想。在擬定本書各章的架構時，我們試著參考了國內外的運動生理學教科書，並根據國內教學需求再加以調整。希望能以深入淺出的文字、由簡入深的內容，搭配清楚扼要的插圖，使初學者能較輕鬆地進入運動生理學的領域。此外，本書各章章末設計有「課後練習」，包含選擇題及問答題，可提供同學課後複習之用，並快速掌握該章重點。

此次三版除勘正疏誤外，更新增新冠肺炎、腹式呼吸、體循環與肺循環的差異、冠狀動脈灌流壓等內容，並更新圖片、新增考題。

本書在編寫及校對上已力求謹慎，然而缺漏或不全之處在所難免，祈盼各位讀者及先進不吝指正。

編輯群
謹識

Exercise
Physiology

編者簡介
About the authors

（依姓名筆劃排序）

▶ **王鶴森**
- 現職：國立臺灣師範大學體育學系教授
- 學歷：國立臺灣師範大學體育學系博士

▶ **吳泰賢**
- 現職：中國醫藥大學附設醫院社區暨家庭醫學部博士後研究員
- 學歷：國立陽明大學生物醫學影像暨放射科學博士

▶ **吳慧君**
- 現職：中國文化大學技擊運動暨國術學系教授兼系主任
- 學歷：國立臺灣師範大學運動生理學博士

▶ **李佳倫**
- 現職：國立中山大學西灣學院運動與健康教育中心教授
- 學歷：國立體育大學教練與運動科學研究所博士
  國立臺灣師範大學體育系碩士

▶ **李意旻**
- 現職：中臺科技大學生理學群助理教授
- 學歷：東海大學生命科學系碩士

▶ **林高正**
- 現職：台北海洋科技大學海洋運動休閒學系副教授
  中國民國重量訓練協會理事長
- 學歷：上海體育學院體育教育訓練學博士
  國立中山大學海洋工程學博士候選人
  國立體育學院教練研究所碩士

▶ **郭 婕**
- 現職：國際婦女理事會(ICW)老化顧問
  世界健美型運動總會(WBPF)禁藥及醫學小組委員
- 學歷：輔仁大學食品營養研究所博士
  國立體育大學運動科學研究所碩士

▶ **溫小娟**
- ・現職：元培醫事科技大學醫務管理系暨高齡福祉事業管理學士
　　　　學位學程教授
- ・學歷：國立陽明大學醫學院生理學研究所博士
　　　　國立成功大學醫學院生理學研究所碩士

▶ **劉介仲**
- ・現職：元培醫事科技大學體育室副教授兼主秘
- ・學歷：蘇州大學體育教育訓練學博士

▶ **蔡佈曦**
- ・現職：國立金門大學運動與休閒學系副教授
- ・學歷：國立體育大學體育研究所博士

▶ **蔡琪文**
- ・現職：明新科技大學體育室助理教授
- ・學歷：美國紐約皇后學院健康運動教育研究所碩士

▶ **鄭宇容**
- ・現職：中國醫藥大學物理治療學系副教授
- ・學歷：國立成功大學基礎醫學研究所博士

▶ **鄭景峰**
- ・現職：國立臺灣師範大學運動競技學系教授
- ・學歷：國立臺灣師範大學體育學系博士

▶ **謝悅齡**
- ・現職：中國醫藥大學物理治療學系教授
- ・學歷：高雄醫學大學醫學研究所博士

▶ **顏惠芷**
- ・現職：元培醫事科技大學兼任講師
- ・學歷：國立陽明大學解剖暨細胞生物研究所碩士

Exercise
Physiology

目　錄
CONTENTS

Chapter 1

顏惠芷　編著

緒 論 (Introduction)

1-1　何謂運動生理學？
一、運動生理學的定義及研究範圍
二、運動生理學的發展

Exercise Physiology

誠如莎劇哈姆雷特(Hamelt 2.2.315~319)內所描述：

「人是多麼完美的作品！理智是多麼的卓越！能力是多麼的無窮！在外型與運動時，是多麼無窮與令人驚奇！動作上多麼像個天使！瞭解力多麼像上帝！這個世界上美的事物！動物界完美之人！」

"What a piece of work is a man! How noble in reason! How infinite in faculty! In form and moving, how express and admirable! In action how like an angel! In apprehension how like a god! The beauty of the world! The paragon of animals!"

（莎士比亞(Shakespeare)）

我們可以觀察到不論是遊戲的或競賽的動，人們的四肢是如何的協調以外，同時也訝異於我們將感官（如視覺、聽覺、平衡覺）刺激的資訊配合肌肉的控制而能做不同力量或精準度（例如跳躍障礙）的表現。而普遍所知的是早在古希臘時期人們就熱愛體育運動，當時的人認為健全的心靈存在於健全的身體中，他們追求力與美、動的藝術，並有奧林匹克運動會的舉行，似乎當時就已經在追求運動的極限。

至於運動生理學是二十世紀才開始被重視的學科，除了一方面生命科學知識與研究技術的成熟，也因為人類對大多數的流行病已能控制，另一方面，文明病（肥胖、癌症、冠心病等）因時代進步而受重視並積極研究，同時許多已開發或先進國家都進入高齡化社會型態，對生活品質的追求、預防醫學的執行更為積極，因此以運動生理為主的研究或依此為基礎而發展其他分支的研究，已成為二十一世紀的重要課題。事實上運動生理學關注的有三個主題：(1)在高等學院的正式研究課程是以知識的傳播為宗旨；(2)身體的知識建立在事實且理論是源自於研究；(3)培育未來的領導者。

▶ 圖1-1　擲鐵餅者(Discus Thrower)雕像，仿自西元前450年希臘雕刻家米隆(Myron)所鑄之青銅雕像，此雕像以象徵古希臘人而聞名。資料來源：大英博物館珍藏展網頁(http://www.mediasphere.com.tw/BB/)。

1-1　何謂運動生理學？

一、運動生理學的定義及研究範圍

運動生理學(exercise physiology)是研究身體在運動狀態，即破壞恆定(homeostasis)的狀況下，人體結構與功能相關的變化、反應以及長期運動訓練而產生適應現象，並以科學方法分析的一門科學（Wilmore et al., 2009；運動生理學網站）。

運動生理學是運動科學相關學系，如體育學系、運動休閒系、運動保健系、運動技術系、國術系以及舞蹈系等領域必修的一門學科，醫學院的復健醫學系或營養學系也需要學習這門學科，因為指導患者學習如何運動，以及為運動者開出營養菜單，也需要運動生理學的知識。而此門科學是以解剖學及生理學為基礎，所注重的是動態的功能及活動的結果。是以正常人體為對象，研究人體結構及功能的反應，並且也關注環境因素改變的運動訓練之反應，例如冷、高度、微重力及水下情況等。而「運動」(exercise)、「最大運動」(maximal exercise)與「非最大運動」(submaximal exercise)是研究的三大特色，分析運動時人體各系統作功的能力，因為這個能力影響了我們是否可從運動比賽中獲得成就或生活遊戲中獲得快樂，故其應用的價值在於運動訓練，並且協助維持運動者的健康（Brooks et al., 1991; McArdle et al., 2005；運動生理學網站）。在此強調的訓練是科學的、有計畫的、有系統的，非以往只靠模仿或一成不變的傳統方式，或許偶而有成功的例子，但大多無法使受訓者達到最理想的表現。

運動生理學最早的實驗是從1871年開始，而運動員則為運動耐力上限的研究對象。這一百多年來仍反覆的以運動員進行測試，試圖能找出預測下一個奧運金牌選手的本身特質或訓練方法，但似乎離理想仍有距離。雖然在十九世紀中期許多人就已體認規律的身體活動與健康維持的關係，但仍然還未被大眾認同。之後美國空軍上校Kenneth Cooper博士在二十世紀中期所著的《有氧運動(Aerobic, 1968)》建立了運動促進健康生活型態的生理學理論基礎。運動生理學最基本是希望藉由科學化的研究與計畫，對運動員加以訓練，希望他們能達到最佳的運動能力及表現，因為人體對重複運動產生的改變會有適應現象，因此許多學者及科學家致力於長期運動的生理適應機制。另外，環境（例如溫度、地形、重力）、營養（例如脂肪、碳水化合物的消耗與儲存）、疾病及心理適應等，這些也都是運動生理學研究的領域。運動生理學及醫學近幾十年明顯的進步與基礎科學研究技術及科技的躍進有密切的關係，不但使研究可進入更細微的分子生物及基因學領域，同時針對未來的研究方向也提供了更多的空間。

二、運動生理學的發展

生物學是研究所有的生命個體，人體解剖學是其分支。至於解剖學(anatomy)一詞是來自希臘文的「切開」(anatomize)的意思，是研究人體組成構造的科學。生物化學、生物物理學、解剖學等是生理學的基礎，生理學(physiology)則是源自希臘文的「研習本質」，從詞的由來我們就可以知道在希臘時期就已對生命的研究確認了本質；而事實上，生理學是進一步地探討人體各系統的個別功能，以及系統間如何相互影響與配合。運動生理學則是生理學的一個分支，所專注的是運動過程對人體生理的影響。

如前所述，運動生理學是以解剖學為基礎，為生理學的分支。所以若要探索運動生理學的發展，則必須溯及起源。

(一) 東方的研究

中國，古代時期對人體的關注大多屬於哲學性的，且認為天地之間賴以平衡的是因為陰陽調和，亦即「太極」，中國將此理論也應用於人體，再配以草藥成功的運用，使中國的醫學領域甚少受西方影響而能持續至今。甚至到目前，西方醫學研究領域有許多已在進行中國醫藥方面的研究，例如針灸(acupuncture)的運用。近代中國的生理學家也開始注重科學的方法並進行書籍編寫，程瀚章（1929年）、蔡翹（1940年）等人曾先後編著《運動生理學》，1951年趙敏學則編著《實用運動生理學》。1953年起，各地體育學院及相關研究所也開始確立並成立了運動生理學教研室，廣泛展開運動生理學的研究。

臺灣，1970年國立臺灣師範大學成立體育研究所開始有關運動生理學的研究，並持續發展中。使用最多的《運動生理學》是1997年由林正常博士撰寫。

日本，受到古早中國人體醫學的觀念影響，直到十八世紀西方文化東進及荷蘭人的影響，才進入醫學新世紀。

(二) 西方的研究

西方，事實上第一個真正注意到運動生理學的很可能是古希臘及小亞細亞，而對西方文明影響最大的是來自古希臘的希洛迪克斯(Herodicus)、希波克拉提斯(Hippocrates)及蓋倫(Galen)三人。

⊃ 十九世紀以前

史前，人類利用屠宰動物的過程來瞭解實用的解剖構造，可由早期的動物壁畫呈現，但其目的主要是為了生存。

西元前3400年，埃及的Menes撰寫第一本解剖學手冊。

西元前五世紀，古希臘的希洛迪克斯(Herodicus)是第一位將治療性的運動用於治療疾病及維持健康的人，並被認為曾是希波克拉提斯的導師之一。

西元前460~377年，古希臘的希波克拉提斯(Hippocrates)為預防醫學之父及西方醫學之父，在當時雅典設立以自己為名的醫科學校。

西元前384~322，古希臘的亞里斯多德(Aristotle)其思想深深地影響西方科學，為比較解剖學的創始人。另外，埃及首都亞歷山大港的希羅菲盧斯(Herophilus)被視為第一位以科學方法有系統的解剖遺體並在神經系統方面引導研究，同時與被稱為生理學之父的埃拉西斯特拉塔(Erasistratus)兩人為醫學學校創辦人。

西元前776~西元393年，約一千年間，古希臘就有「運動營養學家」(sports nutritionists)為奧林匹克的參賽者做食物及養生法訓練計畫。採用攝食高蛋白及肉類，因為相信如此可改善所有的體適能及競賽的成績。

西元前30年（羅馬時代）~西元1453年（中世紀），有人稱此階段為是科學領域的黑暗時期(Dark Ages)，醫學幾乎只侷限於戰場士兵傷處的處理方面，並且受教會禁止所有科學及醫學活動，此期的科學多沿用來自埃及與希臘時期或來自於動物，而對於「人的存在意義」只能寄託於信仰上。目前許多在此之前的相關文件是八世紀時因伊斯蘭教民族擴張版圖到亞歷山大港帶回阿拉伯國家，並將原有的希臘文譯為阿拉伯文，使此科學能在伊斯蘭世界持續並開花結果。到了十三世紀這些譯本再度傳回歐洲並有系統的全部被回譯為拉丁文。

西元131~201年，希臘的蓋倫〔Claudius Galenus (Galen)〕，生活在羅馬的統治下兼具醫師及戰士身分，雖然他的資料大多來自直接解剖動物實驗所得，但所撰寫的《De Fascius》被認為是第一本也是最早有關解剖及生理學的書籍，此書的解剖學及生理學概念雖多有謬誤，但卻支配歐洲的醫學觀念一直持續至16世紀。而其他約有500篇的論著有關解剖與生理、營養、生長與發展、運動的好處及久坐生活的害處的文章，其中包括述及如何以適當營養促進健康、以走路來提升有氧體適能(aerobic fitness)、利用阻力訓練及繩索攀登使肌肉強度增加。

　　十五世紀，文藝復興時期(1450~1600)為科學時代的過渡轉型期，此時也因古騰堡(Johannes Gutenberg, 1400~1468)印刷技術的發明與使用，新舊知識得以傳播而使解剖學家及醫師可以對身體功能提出新的觀念。但直到大學在整個歐洲地區興旺後，教育變得更容易接近，一般大眾才可學習相關知識。

　　十六世紀，第二本重要的相關書籍——《人體結構(*Fabrica Human Corporis, Structure of the Human Body*)》由維薩里(Andreas Vesalius)所撰寫，雖偏重解剖構造而對功能只略作敘述，但成為日後生理學的起端，同時也開啟了現代醫學。

　　十七世紀，因為英國發明家虎克(Robert Hooke, 1635~1703)發明顯微鏡，而荷蘭的雷文霍克(Antoni van Leeuwenhoek, 1632~1723)改良顯微鏡放大的能力，這大大的改變以往只用肉眼觀察而造成錯誤結論，例如肌腱是肌肉收縮時產生力量的來源。但直到二十世紀電子顯微鏡的發明及研究運用，才真正觀察到許多更細微的構造，也才瞭解更正確的生理功能。

　　十八世紀，晚期開始有關於肌肉與氧氣及二氧化碳的利用與產生方面的研究。

⊃ 十九世紀

　　直至此時，針對運動的生理學研究仍然很少，生理學的發展以歐洲發展的較早也較有成果，許多研究都致力於運動（或活動）時循環系統、呼吸系統及肌肉系統的生理現象，1888年才開始有關於登山時生理狀態的研究。但自此世紀末開始有明顯的進步，所以將分歐洲及美國兩部分介紹。下列的科學家對運動生理學的研究有許多優異的貢獻，同時有些姓名也常出現在運動生理學界：

1. **歐洲方面**
   (1) 希爾（A. V. Hill，1886~1977，英國），生理學家，因研究肌肉自收縮到放鬆其熱能產生的狀況（細胞代謝）而獲得1922年諾貝爾獎。希爾曾進行利用跑步者的肌肉組織，使用哈登(Haldane)所建立的方法及儀器來進行運動時氧氣利用與消耗狀況的實驗，是運動生理學的先驅。直至今日，運動生理學實驗室在測量氧氣的消耗方面仍是重要的項目。希爾在一次的重要演說中表達，以人為素材的實驗才是「人體生理學」的正統，而醫院臨床的數據並不適用於一般的正常人，因此建立健康人的生理研究方法及常模，對以「人」為對象的學科都有好處，例如運動員、體能訓練及飛行訓練者、採礦者或潛水員。
   (2) 邁爾霍夫（Otto Meyerhof，1884~1951，德國），醫師與生化學家，研究肌肉乳酸量與氧消耗量的關係而與希爾共同於1922獲得諾貝爾獎。

(3) 克羅格（August Krogh，1874~1949，丹麥），生理學家，因為發現骨骼肌內的微血管調控機制於1920年獲諾貝爾獎，同時也研發許多運動生理實驗儀器（如氣體分析儀(gas analyzer)）而著名。

(4) 哈登（J. S. Haldane，1860~1936，蘇格蘭），生理學家，研究呼吸時二氧化碳的定位，同時研發的呼吸氣體分析儀(respiratory gas analyzer)以哈登命名，在生理學方面亦建立「哈登效應」（The Haldane effect，二氧化碳的取得及釋放）定律。

(5) 道格拉斯（C. G. Douglas，1892~1944，英國），研發氣體收集袋(gas collection bag)運用在運動生理學實驗室多年，且研發的袋子也以道格拉斯命名。與哈登一起研究運動呼吸時，氧及乳酸的角色。

(6) 波耳（Christian Bohr，1855~1911，丹麥），證明沿用至今的氧合血紅素解離曲線(oxyhemoglobin dissociation curve)，克羅格在波耳的實驗室進行呼吸與運動的相關研究。

(7) 林德伯格(Johannes Lindberg)，在丹麥哥本哈根成立運動科學實驗室，與克羅格合作研究有關肌肉能量代謝與肺部氣體交換。該實驗室的另外幾位主持人也曾到美國哈佛疲勞實驗室(HFL)合作進行有關人體在溫度及地形改變環境下運動的研究。這幾位科學家回到歐洲後也建立各自的實驗室繼續在相關領域研究，其中豪伍克里斯滕森(Erik Hohwü-Christensen)在瑞典斯德哥爾摩體育學院(Gymnastik-och Idrottshögskolan, GIH)機構擔任第一位生理學教授，同時與其他團隊合作針對運動時碳水化合物及脂肪代謝進行研究，所得的結果直到現在仍被引用，被視為是運動營養學最早的重要研究。

(8) 柏格史東(Jonas Bergstrome)，斯德哥爾摩卡洛林斯卡研究所(Karolineska Institute)生理學家，將肌肉探針(muscle biopsy needle)改良並推廣，以及研發採取肌肉檢體技術，為日後在人類肌肉生物化學及肌肉營養學等方面的研究開了扇大門，故可視為此方面的先驅。而此研究所的生理學家也都專長於運動的臨床運用，和GIH機構多有合作，一起提出許多侵入性採取檢體的方法。

2. 美國方面

(1) 早期經驗：1800年以前的經驗大多受到來自歐洲的影響，促進了美國有關健康及衛生的概念。1800年以後雖然已有許多的醫科學校及醫學學會(Medical Society)，但在醫學書籍方面卻只有39篇初版是以美國人為作者，也只有一個醫學期刊《Medical Repository》（1797年出版）存在，直到十九世紀的前半，德、法的研究影響了美國醫界的想法及作法，而使期刊增加了非常多。

(2) 醫師及生理學家：

A. 小弗林特(Austin Flint, Jr., 1836~1915)，亦是一位教育家。除了貢獻大量生理學方面文獻，同時協助美國十九世紀體育領域的教師在教肌肉運動時必須教導基礎科學及實驗。在他1877年寫的教科書《The Principle and Practice of Medicine》內就包括運動有關的影響，例如脈搏速率、呼吸、氮的排除等。

B. 希區柯克(Edward Hitchcock, 1793~1864)及小希區柯克(Edward Hitchcock, Jr., 1828~1911)，父子二位醫師為美國競技(sport)科學運動的先驅。在體育方面，無論在教師或課程上都做了許多具影響的改變，例如協助美國建立體育課程設有教授職位，在建立後要求學生有系統的運動，並設立唯一有特色的健身房為科學實驗室。

C. 菲茨(George Wells Fitz, 1860~1934)，運動生理學早期的學者，協助哈佛於1891年建立解剖、生理及身體訓練部門。1892年建立美國第一個正式的運動生理學實驗室，也是第一位正式在大學教授《運動生理學》課程的人。

在此世紀的中葉，許多美國醫學系畢業的學生成為日後學界、醫科界的領導者，這些先驅者在醫校教書、引導實驗、書寫教科書，有些成為生理學教育部門的成員，並督促對學生及運動員的身體訓練計畫。這些努力的成果協助現有運動生理學的開始成型。

● 二十世紀

著名的研究里程碑是1927~1947年美國的哈佛疲勞實驗室(Harvard fatigue laboratory, HFL)的設立，該實驗室雖只成立20年，但吸引了來自15個國家的聰明頂尖的生理學家與研究生，並培育出許多指標性的人物，研究成果豐碩，為運動生理學實驗室的先驅。此實驗室最初設立其實是為了研究工業傷害，包括「疲勞」，訓練出來的專家學者之後多數留在美國並建立各自的實驗室，對運動生理學的發展影響甚鉅。HFL不但為美國培育出許多優秀的科學家，同時也使一般大眾開始注重運動生理學。

HFL是由韓德森(Lawrence J. Henderson, 1878~1942)成立，韓德森是著名的生化學家（與哈塞爾巴爾赫(Karl A. Hasselbalch)研究共同建立酸鹼平衡「韓德森—哈塞爾巴爾赫方程式」(Henderson-Hasselbalch equation)，並用於研究血液中碳酸引起的代謝性酸中毒），他挑選了在史丹佛大學(Stanford University)同為生化學家的迪爾(David Bruce Dill)來擔任此實驗室的總監職務一直到關閉為止。HFL許多的實驗過程都是在實

地實際狀況而不僅只在實驗室下進行，為現代運動與環境生理學建立了基礎模式，而這些體能表現及運動與競賽方面研究的生理基礎數值也使運動生理學進入更專門領域的研究及理論的建立。

真正具有科學研究概念的書是由班布利奇(F. A. Bainbridge)撰寫的《肌肉運動生理學》(The Physiology of Muscular Exercise)第三版，尤其參與此版完成的另外三位作者─希爾(A. V. Hill)、迪爾(D. B. Dill)、柏克(A. V. Bock)更是著名運動的生理學研究的先驅者及執行者。另外，1900~1930年美國霍普金斯大學(Johns Hopkins University)所領導的醫學生教育改革，對醫學及科學研究起了重要影響，將歐洲的實證精神與科學的發展運用在醫學生及研究生的課程中，而生理學在各方面的研究及成果同時也在加速進展，這些種種因素造成了運動的生理學的成長。許多運動生理學方面的研究結果不但促使運動生理學更蓬勃發展，同時也為相關的學科提供了重要的資訊，例如體育學、體適能(physical fitness)、物理治療及健康促進學(health promotion)。研究有由學院的醫師進行的，例如人體測量學(Anthropometry)、體能訓練對肌力與肌耐力的影響；有體育教師努力的，像在體育學程中加入科學概念，整合生理學及體育學。例如游泳教練柯利頓(Thomas K. Cureton)於1941年在伊利諾大學(University of Illinois)成立運動生理實驗室，並與學生們共同建立體適能計畫(physical fitness programs)。

1950年晚期泰勒(Henry L. Taylor)及巴斯克(Elsworth R. Buskirk)研究的最大攝氧量的測量法已成為心肺適能的黃金定律，1960年代因合併電子學及放射遠距學(radiotelemetry)的發展而可運用在監測運動中的心跳及體溫。1960年中期開始有科學家以動物（大鼠及小鼠）為實驗對象研究肌肉，例如高爾尼克(Phil Gollnick)及埃傑頓(Reggie Edgerton)以大白鼠來研究單條肌纖維的特性以及在運動訓練後的變化，但直到1960年晚期仍著重於個體對運動的反應，而細胞分子方面尚未被重視。

⊃ 二十一世紀

進入二十一世紀的目前，可預期的是分子生物及基因學等微觀領域將會是研究的方向之一。而對一般大眾而言，認知並執行「身體活動」是預防醫學與促進健康的方法仍然是很重要的。體適能(physical fitness)在現今已受到大眾的重視及參與，此一名詞是直到美國甘迺迪(Kenned)擔任總統時才正式確認，之後更拓展其層面而不只限於校園的體適能及運動發展。而體適能之所以形成流行潮的原因：(1)從事體適能計畫者大量增加，(2)資訊獲得的便利性，(3)全民對健康的關注。故提供高品質合格的健身教練也是運動生理學領域努力的方向。

● 參考文獻 ●

運動生理學網站(http://www.epsport.idv.tw)

維基百科網站(http://zh.wikipedia.org/)

Brooks, G. A., Fahey, T. D., & Baldwin, K. M. (1991)·**運動生理學**（楊錫讓等譯）·臺北：中國文化大學。（譯自*Exercise Physiology: Human Bioenergetics and Its Applications* (4th ed), 2004）

McArdle, W. D., Katch, F. I., & Katch, V. L. (2005). *Essential of Exercise Physiology* (3th ed). Lippincott Williams and Wilkins.

Van De Graaff, K. M. (2002). *Human Anatomy* (6th ed). NY: McGraw-Hill.

Wilmore, J. H., Costill, D. L., & Kenney, W. L. (2009)·**運動生理學**（張正琪、蔡忠昌、呂香珠、洪偉欽、朱真儀、鄭景峰、李佳倫、郭堉圻、蔡櫻蘭譯，林貴福總校閱）·臺北：禾楓書局。（譯自*Physiology of Sport and Exercise* (4th ed), 2008）

課後練習
Exercise

一、選擇題

( ) 1. 下列何者不是運動生理學研究特色： (A)休息 (B)運動 (C)最大運動 (D)非最大運動

( ) 2. 進行運動時氧氣利用與消耗狀況的實驗，直至今日運動生理學實驗室在測量氧氣的消耗方面仍是重要的項目，是運動生理學先驅的生理學家為： (A)哈登(J. S. Haldane) (B)玻爾(Christian Bohr) (C)希爾(A. V. Hill) (D)道格拉斯(C. G. Douglas)

( ) 3. 建立美國第一個正式運動生理學實驗室，同時也是第一位正式在大學教授《運動生理學》課程的人為： (A)小希區柯克(Edward Hitchcock, Jr.) (B)菲茨(George Wells Fitz) (C)哈登(J. S. Haldane) (D)班布利奇(F. A. Bainbridge)

( ) 4. 美國運動生理學具「里程碑」之名的哈佛疲勞實驗室(HFL)，由哪位生化學家主持實驗室直至關閉為止： (A)柏克(A. V. Bock) (B)韓德森(L. J. Henderson) (C)迪爾(D. B. Dill) (D)希爾(A. V. Hill)

( ) 5. 承上題，此實驗室原先設立的目的是為了研究： (A)身體傷害 (B)視覺疲勞 (C)工業傷害 (D)職場傷害

( ) 6. 二十世紀的前30年美國哪間大學所領導的醫學生教育改革對醫學及科學研究起了重要影響： (A)霍普金斯大學(Johns Hopkins University) (B)哈佛大學(Harvard University) (C)耶魯大學(Yale University) (D)麻省理工學院(Massachusetts Institute of Technology)

二、問答題

1. 試述運動生理學的定義。

2. 請試述美國運動生理學具有標竿性意義的實驗室為何？其成立的原因及對未來的影響？

3. 試述文中提及體適能之所以形成流行潮的原因為何？

解答：ACBCC　A

王鶴森　編著

運動與能量
(Energy for Physical Activity)

Exercise Physiology

　　人體就像是一台精密的汽車，汽車需要加油才能產生能量讓車子開動，而人體所需的燃料就是我們每天所吃的食物（碳水化合物、脂肪及蛋白質），經由胃腸道消化吸收後，透過血液運送至全身的組織細胞，再由細胞將這些營養物經過一連串的新陳代謝過程轉變成人體細胞共同使用的能量形式－**腺苷三磷酸**(adenosine triphosphate, ATP)。激烈運動時人體對ATP的需求遠較安靜時可增加至200倍，而總能量消耗也可以增加多達20倍左右，這意謂著運動對體內的能量代謝產生很大的挑戰，身體必須快速的反應及調整以提供足夠的能量，方得以讓運動持續進行；當能量供給不足時，肌肉無法收縮，則必須降低運動的強度，以減少能量的需求，甚至必須暫時停止運動。本章要介紹的就是如何將飲食攝取所獲得的碳水化合物、脂肪及蛋白質等營養物，轉換為人體運動時使用的生物能量；以及從能量代謝的觀點定義有氧及無氧運動；同時也將介紹如何評估運動時的能量消耗與運動後恢復期過耗氧量的概念。

2-1　能量來源

　　人體為了維持生命之所需，必須不斷的消耗自外界所取得的能量，太陽的光能是地球上最主要的能量來源，植物則藉由葉綠素行光合作用(photosynthesis)而將二氧化碳及水轉變成碳水化合物、蛋白質及脂肪，也就是將光能轉變成化學能，然後人類或其他動物再藉由攝取植物（或其他動物）而獲得碳水化合物、蛋白質與脂肪等營養物，作為維持生命所需之能量（圖2-1）。

　　在碳水化合物、脂肪及蛋白質等三大營養物中，只有碳水化合物及脂肪才是人體活動時最主要的能量供應來源，除非在非常長時間或極端飢餓的情況下，否則蛋白質作為身體活動能量供應來源的比例只佔極小一部分。

一、碳水化合物 (Carbohydrates)

　　係由碳、氫和氧三種原子組合而成，氫和氧的原子比例約為2：1，而碳和氧原子的數目則幾近相同，例如葡萄糖($C_6H_{12}O_6$)這種小型醣類分子。根據分子結構的大小，碳水化合物以三種形式分類：(1)**單醣**(monosaccharides)、(2)**雙醣**(disaccharides)和(3)**多醣**(polysaccharides)。一克的糖約可產生4大卡的熱量。

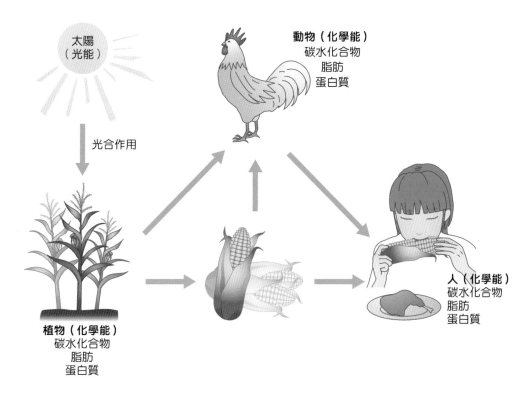

▶ 圖2-1　生物能量的轉換。

　　單醣是建構醣類的基本單位，如葡萄糖和果糖的簡單醣類，較複雜的醣類（雙醣與多醣）會經由水解反應成單醣後，來供應身體代謝所需。

　　雙醣是由兩個單醣所組成，例如蔗糖（食用糖）是由葡萄糖與果糖所組成，麥芽糖則是由兩個葡萄糖分子組成，其他自然存在的雙醣如甜菜、蜂蜜和楓糖。

　　多醣是由三個以上的單醣所組成，可僅是三到十個單醣組合而成的小分子，如寡糖(oligosaccharides)，也可以是含十個或數百個單醣的較大分子如肝醣(glycogen)、纖維素(cellulose)和澱粉(starch)。

　　人體藉由飲食攝取（如：玉米、穀物、豆類及馬鈴薯等）獲得碳水化合物之後，以澱粉的形式被分解成葡萄糖（單醣）後，以肝醣（多醣）而儲存在肌肉細胞或肝臟中，進而提供身體活動時所需的能量來源，不過肌肉的肝醣僅能提供給骨骼肌收縮之用，而肝臟的肝醣則可以轉換成葡萄糖釋放至血液提供給全身的組織細胞使用，同時也扮演穩定血糖的角色。

二、脂肪 (Fats)

和碳水化合物一樣含有碳、氫和氧，不同的是脂肪的氫和氧的比例不是2：1，且氧原子比例通常較碳水化合物小，因此極性的共價鍵較少，故脂肪具疏水性之特性（即不溶於水）。脂肪可分為四大類：(1)**脂肪酸**(fatty acids)、(2)**三酸甘油酯**(triglycerides)、(3)**磷脂**(phospholipids)和(4)**類固醇**(steroids)。一克脂肪約含有9大卡的熱量。

脂肪酸在人體是以三分子的脂肪酸和一分子的甘油所組成之三酸甘油酯的方式被儲存，體內三酸甘油酯大部分儲存於脂肪細胞，肌肉和肝臟亦可儲存這些分子，另外還可藉由脂蛋白在血漿中運送。三酸甘油酯的利用需藉由**脂肪分解**(lipolysis)作用再形成脂肪酸及甘油，其中脂肪酸可以直接作為肌肉收縮或其他組織細胞的能量來源，而甘油較少直接作為運動時肌肉收縮的能量來源，但可被肝臟用來合成葡萄糖，以減少醣類的消耗。

磷脂是透過脂肪和磷酸在身體各種不同細胞結合而成，於運動中不被骨骼肌用來作為能量來源，其角色主要為提供細胞膜構造上的完整，以及作為神經纖維周圍的絕緣鞘。

最普遍的類固醇即為膽固醇，其為構成細胞膜的一種成分，但過度的堆積將導致血管阻塞（粥狀硬化）而與冠狀動脈疾病有關。其他的類固醇包括：睪固酮、可體松和膽鹽等。

飲食中過多的碳水化合物、脂肪及蛋白質的攝取皆會以三酸甘油酯的方式堆積在脂肪組織內。

三、蛋白質 (Proteins)

蛋白質為含有碳、氫、氧和氮的大型分子，並以許多稱為**胺基酸**(amino acid)的小單位所組成，在人體內的蛋白質主要由20種胺基酸所構成，其中有9種為人體無法自行合成或是合成量不足而必須經由食物攝取以補充的，稱之為**必需胺基酸**(essential amino acids)，另外的11種則稱為**非必需胺基酸**(nonessential amino acids)。蛋白質的構造比碳水化合物和脂肪還要複雜許多，於體內具有許多角色如：形成不同組織的結構、加速特定化學反應的酶、對抗入侵身體微生物的抗體蛋白質及各內分泌腺素等。

蛋白質做為身體活動的能量來源必須先分解成原來建構的胺基酸，主要以兩種方式來提供能量，一是以丙胺酸(alanine)經由血液送至肝臟以糖質新生(gluconeogenesis)

的方式生成葡萄糖或合成肝醣；另外，因為肌肉細胞中具有支鏈胺基酸(branched-chain amino acids, BCAA)的轉胺酶，可以進行支鏈胺基酸的去胺基作用，因此僅有支鏈胺基酸（包含：異白胺酸(isoleucine)、纈胺酸(valine)、白胺酸(leucine)）可在肌肉細胞中被轉換成代謝中間產物，進而作為能量的來源。當以蛋白質作為可能的能量來源時，每公克約含4大卡的熱量。

上述這三大營養物經過體內的新陳代謝之後，其能量即可經由萬用的能量貢獻者－**腺苷三磷酸**(adenosine triphosphate, ATP)所攜帶。ATP的主要結構包含一個腺嘌呤(adenine)、一個核糖(ribose)和三個磷酸，而體內的ATP通常是由腺苷雙磷酸(adenosine diphosphate, ADP)和一個無機磷酸根(inorganic phosphate, P_i)經由一部分能量的加入所形成的高能鍵結而合成。當此鍵結被ATP酶(ATP ase)打斷後，即可將ATP再度分解成ADP及P_i，同時釋放出可被用來做功的「能量」，這也是運動時骨骼肌收縮的即時能量來源。

2-2　人體運動時的能量轉換

Exercise Physiology

雖然ATP是運動時骨骼肌收縮的即時能量來源，不過儲存在肌肉細胞中的ATP事實上卻非常有限，大約2~3秒鐘就會耗盡，因此為了讓運動能持續下去，身體必須透過其他的代謝路徑不斷的供給ATP給肌肉細胞使用，這些路徑包含：(1)經由**磷酸肌酸**(phosphocreatine, PC)的分解以重新合成ATP，稱之為**ATP-PC系統**或**磷化物系統**(phosphagen system)；(2)在無需利用氧氣的條件下，將醣類經**醣解作用**(glycolysis)產生ATP，其終產物為乳酸(lactic acid)，稱之為**乳酸系統**(lactic acid system)；(3)利用氧將醣類、脂肪及蛋白質代謝形成ATP，稱之為**有氧系統**(aerobic system)。相對於有氧系統，磷化物系統及乳酸系統的代謝路徑並不需要利用氧氣，因此也常被合稱為**無氧系統**(anaerobic system)。

一、ATP-PC系統（磷化物系統）

ATP-PC系統是人體內製造ATP最快速的方式，當肌肉細胞內的ATP被分解的同時，原本儲存在肌肉細胞內的PC也會經由**肌酸激酶**(creatine kinase)催化成肌酸及磷酸，同時釋放出能量，不同於ATP分解所釋放出的能量可用來做功，PC分解所釋放出

的能量則主要用來幫助ATP的重新合成（圖2-3）。不過因為儲存在肌肉細胞內的ATP或PC數量並不多，因此透過此系統所產生的ATP主要是提供作為運動剛開始時或是約10秒內完成的短時間高強度運動的能量來源，例如：棒球的揮棒、擲標槍或短距離衝刺等。

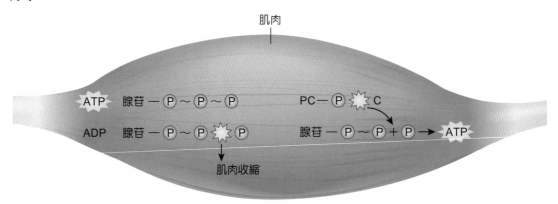

▶ 圖2-2 ATP-PC系統；ATP分解成ADP+P_i並釋放出能量給肌肉收縮，而PC分解所釋放出的能量則幫助ADP重新合成ATP。

二、乳酸系統 (Lactic Acid System)

當肌肉細胞內的ATP及PC將耗盡且運動仍持續進行時，乳酸系統則是可以被用來快速產生ATP的另一途徑，所謂的乳酸系統簡要而言指的是將葡萄糖或是肌肉肝醣在細胞質經由醣解作用分解成2分子的丙酮酸(pyruvic acid)或是乳酸(lactic acid)，同時產生ATP（如果受質來源為葡萄糖時，最終可淨產生2分子ATP，若為肌肉肝醣時，則為3分子ATP）的能量供應途徑（圖2-3）。

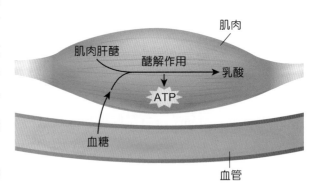

▶ 圖2-3 乳酸系統；血液中的葡萄糖進入肌肉或是肌肉中的肝醣經由醣解作用生成ATP，同時在無氧的參與下會形成乳酸。

當以葡萄糖作為受質來源進行醣解作用時，六碳的葡萄糖先經由六碳糖激酶的催化，並消耗一個ATP (ATP → ADP + P_i)，再將此磷酸根(P_i)加至葡萄糖上，使其成為葡

萄糖6-磷酸（圖2-4步驟①），此反應稱之為**磷酸化**(phosphorylation)；類似的過程還發生在步驟③，經由磷酸果糖激酶的催化，使果糖6-磷酸被磷酸化為果糖1,6-雙磷酸，同樣也消耗1個ATP。至此醣解作用在尚未生成ATP前已先消耗2個ATP，因此步驟①~④可被視為處於能量投資階段。接下來的步驟⑤~⑨則進入能量產生階段，主要在步驟⑥先經由磷酸甘油酸激酶將1,3-雙磷酸甘油酸去磷酸化為3-磷酸甘油酸，同時產生1個ATP，且在步驟⑨又經丙酮酸激酶使磷酸烯醇丙酮酸去磷酸化為丙酮酸，同樣得到1個ATP；由於在步驟④時六碳的果糖1,6-雙磷酸已被分解成2個三碳的甘油醛3-磷酸，因此在能量產生階段共可得到4個ATP，但扣除能量投資階段所消耗的2 ATP後，葡萄糖經醣解作用後實際只淨得2個ATP。

　　另外，在步驟⑤甘油醛3-磷酸會失去一對氫原子，而氧化態的菸鹼醯胺腺嘌呤二核苷酸(nicotinamide adenine dinucleotide, NAD)則接收這對氫原子，並利用其所提供的2個電子而形成還原態的NADH。當運動強度較高，需要大量且快速的產生ATP以提供骨骼肌收縮之用時，醣解作用即必須不斷加速進行，因此愈多的氫原子被釋出，相對也就需要更多的NAD去接收，若NAD的數量不足時，還原態的NADH可以經由乳酸脫氫酶(lactate dehydrogenase)的催化，將1對氫原子轉給丙酮酸而重新形成NAD，丙酮酸則因此得到電子而還原成乳酸，乳酸系統即是因此而得名。由於乳酸系統和ATP-PC系統一樣都無需利用到氧氣，因此又合稱為無氧系統。

三、有氧系統

(一) 克氏環 (Krebs Cycle)

　　在運動強度較低且有氧參與的情形下，細胞質的丙酮酸可以通過粒線體膜而進入粒線體，並經由丙酮酸脫氫酶(pyruvate dehydrogenase)的催化而移除1個CO_2，使三碳的丙酮酸形成二碳的乙醯輔酶A(acetyl CoA)分子，同時也產生1個NADH。乙醯輔酶A接著會進入1個由生化學者Hans Kerbs發現，因此名為**克氏環**(Kerbs cycle)的代謝循環，又因乙醯輔酶A在此循環中首先會由檸檬酸合成酶(citrate synthase)催化，而與草醯乙酸(oxyloacetate)形成檸檬酸(citrate)，所以也常被稱為**檸檬酸循環**(citrate cycle)或三羧酸循環(tricarboxylic acid cycle)（圖2-5）。從圖2-5可以看出一個乙醯輔酶A進入克氏環後，可以形成3分子的NADH、1分子的$FADH_2$、2分子的CO_2及經由受質磷酸化(substrate-level phosphorylation)作用產生1個鳥苷三磷酸(guanosine

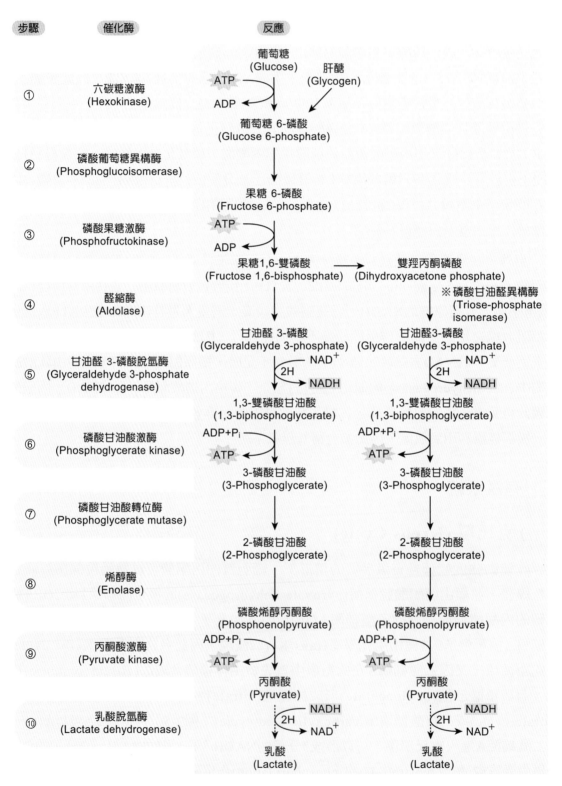

▶ 圖2-4　醣解作用的過程。葡萄糖經醣解後，最終將生成2個丙酮酸、2個NADH及4個ATP，但因在步驟①及③共用掉2個ATP，所以只淨得2個ATP。另外，2個NADH之氫原子若經乳酸脫氫酶催化而轉移至丙酮酸時，則最終將生成2個乳酸（步驟⑩）。

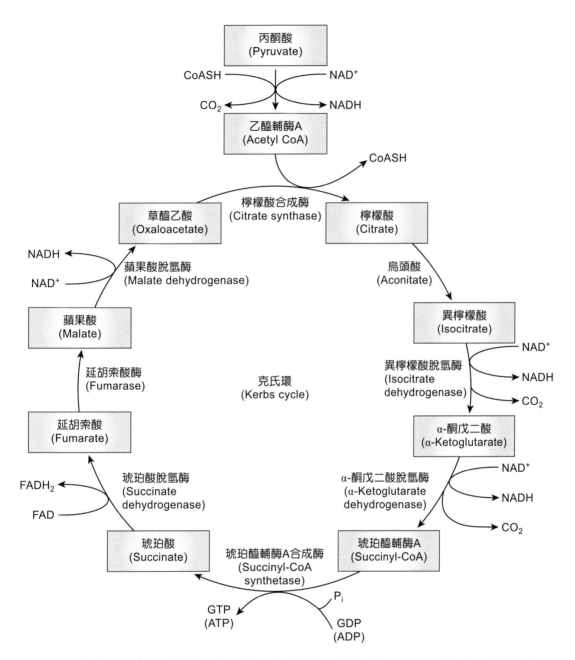

▶ 圖2-5　克氏環。1個乙醯輔酶A分子進入克氏環共可產生3個NADH、1個FADH$_2$及1個ATP。

triphosphate, GTP)。NADH 及FADH$_2$會將其所攜帶的成對電子送至位於粒線體內膜的
電子傳遞鏈(electron transport chain, ETC)，並再重新形成氧化態的NAD$^+$及FAD，這個
過程約可讓每1分子的NADH氧化磷酸化生成3個ATP，而FADH$_2$則生成2個ATP，另外
GTP亦可將1個磷酸根轉給ADP而生成1個ATP，因此1個乙醯輔酶A進入克氏環後最終
估計約可產生12個ATP。

(二) 電子傳遞鏈 (Electron Transport Chain, ETC)

電子傳遞鏈係指在粒線體內膜中發生的一連串之氧化還原反應，最終並由ATP合成酶將ADP磷酸化為ATP的過程，亦被稱為呼吸鏈(respiration chain)。參與電子傳遞鏈的分子包含：黃素單核苷酸(flavin mononucleotide, FMN)、輔酶Q (coenzyme Q)及許多含鐵的細胞色素(cytochromes)。電子傳遞鏈一開始由FMN接收來自粒線體基質的NADH之成對電子而還原成$FMNH_2$，而細胞色素b接收來自$FMNH_2$的電子，使其所含的2個鐵離子(Fe^{3+})被還原成兩個亞鐵離子(Fe^{2+})，被還原的細胞色素b會再將電子傳給細胞色素c_1，使細胞色素c_1的鐵離子被還原，而原來的細胞色素b之鐵離子則重新被氧化($Fe^{2+}→Fe^{3+}$)，這個氧化還原的過程最後是由細胞色素a_3將電子傳遞給氧，使之與氫結合成水（圖2-6），因此氧為電子傳遞鏈的最終電子接受者，並藉此使細胞色素a_3的鐵離子被氧化，如此電子傳遞的過程方可持續進行。

根據化學滲透理論，在電子傳遞的過程中會將H^+打出至粒線體內外膜之間，結果會造成此空間的H^+濃度遠高於基質，然而大部分的H^+並無法藉由擴散的方式回到基質，而必須經由特殊的H^+通道穿過粒線體內膜。每當2個H^+通過此通道時，經由ATP合成酶催化所釋放出來的能量即可讓1個ADP分子磷酸化成1個ATP，而藉此進入基質的H^+則與氧結合形成水而移除。先前提到1個NADH進入電子傳遞鏈約可生成3個ATP，但1個$FADH_2$則僅產生2個ATP，其主要的差異即在於$FADH_2$進入電子傳遞鏈的過程較晚，僅被打出2對H^+，而NADH則被打出3對H^+。

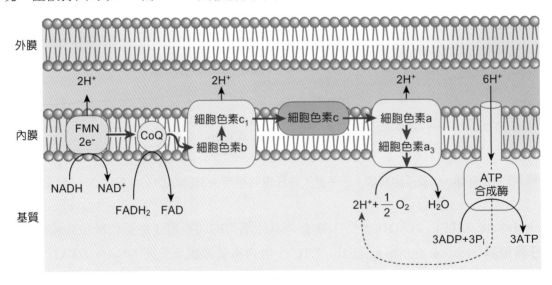

▶ 圖2-6　電子傳遞鏈。電子傳遞鏈中的每個分子將電子依序傳給下一個分子，並輪流形成還原態及氧化態，最終經由氧的參與而產生水及ATP。

表2-1　1分子葡萄糖有氧分解所產生的ATP數量

代謝步驟	高能產物	氧化磷酸化作用
醣解作用	2 ATP	
	2 NADH	4或6 ATP
丙酮酸→乙醯輔酶A	2 NADH	6 ATP
克氏環	2 GTP (ATP)	
	6 NADH	18 ATP
	2 FADH$_2$	4 ATP
小計	4 ATP	32或34 ATP
總計	36或38 ATP	

註：若考慮到在粒線體內產生的ATP被送至細胞質需要耗能，則實際上每個NADH僅能產生2.5個ATP，FADH$_2$則為1.5個ATP，因此實際的總數可能為30或32個ATP。

　　接下來我們可以詳細計算一下1個葡萄糖分子經有氧路徑分解總共可產生多少ATP了。從表2-1可以得知經由受質磷酸化作用可以在醣解過程淨得2個ATP，而且因1個葡萄糖可分解為2個丙酮酸，因此進入克氏環後可再獲得2個ATP；另外，醣解作用形成的2個NADH、2個丙酮酸變成乙醯輔酶A也形成2個NADH，再加上克氏環所形成的6個NADH與2個FADH$_2$，這10個NADH及2個FADH$_2$，依1個NADH可產生3個ATP，1個FADH$_2$可產生2個ATP計算，1個葡萄糖經氧化磷酸化作用即可產生34個ATP，再加上受質磷酸化的4個ATP，總計可產生38個ATP。但或許你已經注意到表2-1呈現的ATP總數為36或38個ATP，主要的差異在於醣解作用產生的NADH係位於細胞質，其H$^+$必須經由**氫梭**(hydrogen shuttle)系統運送通過粒線體膜而進入基質，若以甘油－磷酸梭(glycerol-phosphate shuttle)的方式運送（為骨骼肌運送的主要機制），則在粒線體內會形成FADH$_2$，但若以蘋果酸－天門冬胺酸梭(malate-aspartate shuttle)之方式運送（為心肌運送的主要機制），則會再形成NADH，所以醣解作用所形成的2個NADH經氧化磷酸化作用，最終有可能形成4或6個ATP即是受此影響。另外肌肉肝醣在代謝一開始時較葡萄糖少用掉1個ATP（見圖2-3），所以若以肌肉肝醣為受質時，最終可產生37或39個ATP。

　　前面所提到的都是碳水化合物的代謝途徑，而脂肪及蛋白質同樣可以利用有氧路徑代謝，對照圖2-7可以發現脂肪先被分解成甘油及脂肪酸，其中甘油可以做為醣解作用的中間產物－磷酸甘油醛，而脂肪酸則經 β 氧化作用(β oxidation)分解成乙醯輔酶A進入克氏環產生能量。至於蛋白質則是依不同胺基酸的種類，經**去胺基作用**

(deamination)後分別進入不同的代謝路徑，例如：絲胺酸(serine)可以轉成丙酮酸，色胺酸(trytophan)可以轉成乙醯輔酶A，精胺酸(arginine)及異白胺酸則可以轉成克氏環的中間產物。雖然蛋白質看起來有許多可以進入能量代謝的途徑，但是它作為運動時能量來源的比例通常介於2~15%，因此運動時仍然是以碳水化合物及脂肪作為主要的能量來源。

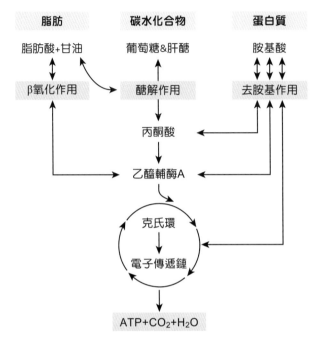

▶ 圖2-7　碳水化合物、脂肪及蛋白質代謝之關係圖。注意到碳水化合物可以轉換成脂肪或蛋白質儲存，然而脂肪酸並不能轉換成碳水化合物，因為脂肪酸經 β 氧化作用係形成乙醯輔酶A，而乙醯輔酶A並無法再逆轉換為丙酮酸。

有氧與無氧運動（運動項目與能量轉換的類型）

　　從能量系統的觀點來看，所謂的無氧運動係指運動時提供ATP的路徑主要是來自於ATP-PC及乳酸系統，而有氧運動則是以有氧路徑為主要提供ATP的來源，注意到「主要」兩個字，這意謂著無氧運動可能仍有一部分的能量需要由有氧路徑來提供，而有氧運動亦有一部分的能量係藉由無氧路徑提供。通常運動時間越短、強度越高時，透過無氧路徑提供ATP的比例就越高；相反的，運動時間越長、強度越低，則會有較多ATP係來自有氧路徑。例如100公尺短跑，其耗費的時間僅10秒鐘左右，所需的ATP超過90%將由無氧路徑供給，其餘不到10%才由有氧路徑提供；相反的，一萬公尺跑約需耗時30分鐘以上，其ATP來源約有90%以上是由有氧路徑提供，僅有不足10%是由無氧路徑供給（圖2-8）。

　　雖然從運動時間可以概略區別各項目有氧及無氧ATP的百分比，然而必須提醒的是有些運動雖然比賽時間很長，例如棒球常常會超過2或3個小時，但其實際投、打或跑的動作時間卻很短，因此其ATP的來源仍是以偏向無氧路徑佔優勢。

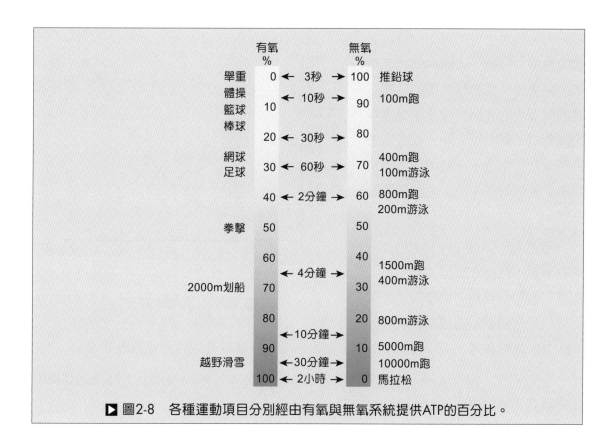

▶ 圖2-8 各種運動項目分別經由有氧與無氧系統提供ATP的百分比。

四、無氧閾值 (Anaerobic Threshold)

雖然在低強度運動時，主要是以有氧路徑來提供能量，但是當運動強度逐漸增加時，無氧路徑提供能量的比例也會隨之增加。早在1930年Owles即提出一個關鍵代謝水準(critical metabolic level)的概念，認為當運動強度超過這個水準之後，肌肉便會開始大量的產生乳酸，並且伴隨著血中乳酸濃度的上升，人體CO_2的排出量及換氣量皆會隨之增加；直到1964年Wasserman等才正式將此關鍵水準命名為「**無氧閾值**」，意指在漸增強度運動中，當運動強度超過此閾值時，則提供能量的路徑，將主要以無氧路徑佔優勢。

由於無氧閾值只是一個概念，在實際施測時通常以漸增強度運動中，血乳酸開始呈非線性激增的轉折點為代表，因此又常被稱為**乳酸閾值**(lactate threshold)（圖2-9）。雖然形成乳酸閾值的機制仍存有一些爭議，但其可能的原因應是與下列原因有關：運動強度增加後，利用醣解作用產生能量的比例上升，而當氫梭又來不及將H^+帶至粒線體時，將使丙酮酸接收H^+而形成乳酸；另外，運動強度增加，人體快縮肌纖維被招募的比例也會增加，因為快縮肌纖維中的乳酸脫氫酶對丙酮酸形成乳酸有較高的

親和力，所以也可能因此而造成乳酸的激增；最後，人體內的血乳酸濃度是處於一種動態平衡的狀態，肌肉所產生的乳酸被釋放至血液中的同時也不斷的被清除，當血乳酸被清除的速率趕不上肌肉釋放至血液中之乳酸的速率時，乳酸將開始堆積。

雖然乳酸閾值在機制上仍存有一些爭議，然而在實際運動訓練上卻是一個相當實用的指標。乳酸閾值可以用來預測耐力運動的表現，

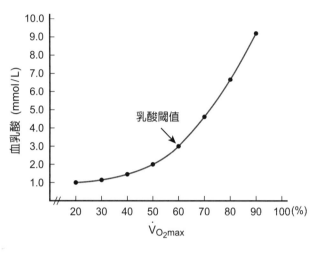

▶ 圖2-9 乳酸閾值。

或作為配速的參考，同時也常作為設定運動強度的標準以及評估訓練的效果等。

一般來說，沒有受過訓練者的乳酸閾值約出現在50~60% $\dot{V}O_2max$，而受過訓練的運動員其乳酸閾值約出現在65~80% $\dot{V}O_2max$。

2-3 人體於靜止及活動時的能量消耗

一、能量消耗的測量與估計

在靜止與活動時人體皆會產生能量消耗，這些用於身體作功的能量為事先從食物中獲取，預存於體內的。個人能量消耗的測量有許多實際的運用，譬如期望透過運動進行減重計畫的人，以及依個人體能水準不同，選擇適當能量消耗的運動模式。一般而言，有直接和間接測量人體能量消耗的方式：

(一) 直接熱量測量法 (Direct Calorimetry)

因身體使用能量作功，熱量會被釋放，且身體熱產生的速率和新陳代謝速率是成正比的。因此，直接熱量測量法即是經由測量熱產生的方法以瞭解身體代謝速率的過程。這種技術必須將人體放置在一密閉的空間稱**熱量計**(calorimeter)，此空間與室外環

境隔絕（通常以水圍繞），但允許空間內有空氣的進出（圖2-10）。接著，受測者在裡面可自由活動，其身體所散發出的體熱可經由一定量的水吸收，故藉由測量每分鐘單位時間內升高的水溫，熱量的生成即可被計算出來（1卡被定義為讓1公克的水升高攝氏1度的能量）。

直接熱量測量法為較精確之測量方法，但建造設備昂貴、空間需求大、儀器操作繁雜與費時，並不適合某些運動項目或特殊活動的測量，且無法區別以何種營養素作為能量消耗的受質。

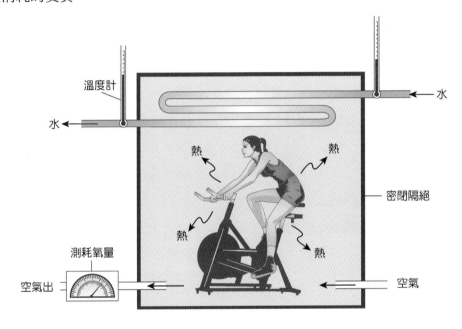

▶ 圖2-10　直接熱量測量法。

(二) 間接熱量測量法 (Indirect Calorimetry)

因為體內氧的消耗和熱的產生量二者有直接的相關，因此測量氧消耗可以作為預估代謝速率的方法，這是一種不直接涉及到熱的測量方式，並取代了直接熱量測量法成為目前較普遍採用的方法。運動中每公升之氧消耗相當於5大卡(kcal)的熱量產生（1大卡等於1,000卡）。實驗室常用於測量氧消耗的方法為**開放式呼吸測量法**(open-circuit spirometry)，利用電子式氣體分析儀和電腦技術測量氧的消耗（圖2-11），其原

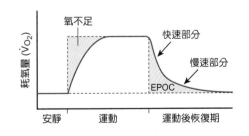

▶ 圖2-11　開放式電腦能量代謝測量（間接熱量測量）。

理為透過偵測及分析吸氣與呼氣的氣體量、氧和二氧化碳成分，這些數值藉由數位電腦裝置將類比轉換為數位訊號，再由電腦設計呈現出每分鐘氧消耗量和二氧化碳生成量。

呼吸商(respiratory quotient, RQ)為組織細胞代謝呼出的CO_2和耗O_2量的比值（RQ $= \dot{V}_{CO_2}/\dot{V}_{O_2}$），由於組織細胞中的呼吸代謝在測量上有實際的困難，因此一般都是以測量口鼻呼出的CO_2產生量及O_2消耗量比值來替代，稱之為**呼吸交換率**(respiratory exchange ratio, RER, or R)。雖然R較RQ容易測得，不過前提是必須在穩定狀態下R值才會等於RQ。在運動中，R值可以用來判斷當時係以醣類或脂肪作為主要能量代謝受質的比例，雖然蛋白質也可以作為運動時的能量來源，但是比例很少，幾乎可以忽略不計，所以運動時的R值係屬於無蛋白質的R值。R值的範圍為0.7~1之間，當完全以脂肪作為受質時，以棕櫚酸($C_{16}H_{32}O_6$)為例，其化學式為$C_{16}H_{32}O_6 + 23\ O_2 \rightarrow 16\ CO_2 + 16\ H_2O$，因此R＝$16\ CO_2 / 23\ O_2 = 0.7$；如果完全以碳水化合物作為受質時，以葡萄糖為例，其化學式為$C_6H_{12}O_6 + 6\ O_2 \rightarrow 6\ CO_2 + 6\ H_2O$，R＝$6\ CO_2 / 6\ O_2 = 1$；至於當R值＝0.85時，以脂肪和碳水化合物作為能量來源的比例剛好各佔50%。

知道R值後，我們還可以從表2-2中瞭解每消耗1升的氧氣等於消耗多少大卡的能量，如R＝0.85時，每消耗1升氧大約等於消耗4.862大卡的熱量；當R＝1時，每消耗1升氧約等於消耗5.047大卡的熱量，不過因為這個差距並不大，所以為了實際應用上的方便，特別是在不知道R值的情形下，每1升氧的消耗通常被估計為消耗5大卡的能量。

表2-2　R值對應碳水化合物、脂肪比例及每升氧消耗能量之對照表

R	碳水化合物 (%)	脂肪 (%)	$\dot{V}_{O_2}$（大卡／升）
0.70	0	100	4.686
0.75	16	84	4.739
0.80	33	67	4.801
0.85	50	50	4.862
0.90	67	33	4.924
0.95	84	16	4.985
1.00	100	0	5.047

二、靜止時的能量消耗

(一) 基礎代謝率 (Basal Metabolic Rate, BMR)

基礎代謝率係指人體在執行不自主活動時所需消耗的熱量，也就是人體維持生命現象的最低熱量需求，主要用於呼吸、心跳、氧氣運送、腺體分泌、維持體溫、腸胃蠕動，各器官、神經及細胞正常運作所需的基本熱量。一般成年人之BMR可以簡單以男性每小時每公斤體重消耗1大卡，女性則為0.9大卡來計算，因此同樣70公斤體重的男性及女性，其每日的BMR將分別為1,680及1,512大卡，其差異主要是考慮到女性在身體組成上有較高的體脂肪與較少的肌肉量所造成。同時這也意謂著體重70公斤左右的成年人若是整天休息且未進行任何活動，一天至少將消耗1,500大卡。BMR亦佔據了坐式生活族群約60~75%的每日總能量消耗。其測量之條件需：(1)空腹（禁食12小時），(2)環境舒適（室溫20~25°C），(3)體溫正常，(4)靜臥、清醒，以及(5)情緒平緩、全身放鬆，通常是在早晨醒來未下床時測量。不過因受限於上述之測量條件過於嚴苛，而且完全沒有任何身體活動幾乎是不可能的，所以近年來通常以**安靜時總能量消耗**(resting energy expenditure, REE)之測定來取代BMR。

(二) 代謝當量 (Metabolic Equivalent, MET)

代謝當量是一種簡單估計能量消耗的單位表示方法，一個代謝當量(1 MET)代表人體在坐姿安靜狀態下的能量代謝速率，約等於每分鐘每公斤體重消耗3.5毫升的氧（1 MET＝安靜$\dot{V}_{O_2}$＝3.5 mL/kg/min），同時還可以用來概略估算人體在活動期間消耗的氧氣與安靜時的比值，做為衡量運動強度的標準。

三、身體活動時的能量消耗

從各種身體活動時的氧消耗量可求得相對於安靜狀態時代謝當量的倍數，這種方法將身體活動中能量的需求簡單量化，表2-3提供不同型式之身體活動的MET值。此外，代謝當量所示之數值的高低（例如：2~10 METs）除代表為安靜狀態人體所消耗氧氣量的倍數之外，同時也可作為運動強度的分級。美國運動醫學會(American College of Sports Medicine, ACSM) 1998年所提出促進與維持健康成人心肺適能的立場聲明中，提供了不同年齡層從事耐力性身體活動時，MET數值所顯示的運動強度分級，這些數值可參閱表2-4。

表2-3　不同身體活動之能量消耗預估值

METs	活動項目	活動型態	METs	活動項目	活動型態
5.0	孩童比賽	（躲避球、遊戲場之器械裝置）	8.0	網球	單打
2.5	槌球		4.0	排球	比賽
9.0	橄欖球	競賽	4.0	划獨木舟	休閒
3.5	飛盤		12.0	划獨木舟	比賽
5.5	高爾夫	揮桿	3.0	衝浪	
4.0	體操	一般性	10.0	游泳	自由式，快
8.0	手球	團隊	8.0	游泳	自由式，慢
8.0	曲棍球		8.0	游泳	仰泳，一般
12.0	柔道、空手道、跆拳道		10.0	游泳	蛙泳，一般
10.0	壁球	比賽	11.0	游泳	蝶泳，一般
7.0	壁球	一般性	6.0	游泳	休閒
11.0	攀岩	向上攀	3.5	射箭	
12.0	跳繩	快	7.0	羽球	比賽
10.0	跳繩	一般適中	4.5	羽球	休閒
7.0	溜冰	輪子	3.0	走路	下樓梯
10.0	足球	比賽	6.0	走路	徒步旅行，越野
8.0	籃球	比賽	6.5	走路	競走
6.0	籃球	練習比賽，一般	2.0	走路	走，低於3.2 kmh，平地，閒逛，非常慢
2.5	撞球		2.5	走路	走，3.2 kmh，平地，慢速
3.0	保齡球		3.0	走路	走，4.0 kmh，硬地
12.0	拳擊	比賽	3.0	走路	走，4.0 kmh，下坡
6.0	拳擊	打沙包	3.5	走路	走，4.8 kmh，適中速度
4.0	腳踏車	<16 kmh，一般，休閒	4.0	走路	走，6.4 kmh，非常快
6.0	腳踏車	16~19.2 kmh，稍為努力	4.0	走路	走路上班或上課
8.0	腳踏車	19.3~22.4 kmh，適度用力	8.0	跑步	8.0 kmh（7.5分/公里）
10.0	腳踏車	22.5~25.6 kmh，競賽	10.0	跑步	9.7 kmh（6.2分/公里）
5.0	壘球或棒球		11.5	跑步	11.3 kmh（5.3分/公里）
4.0	桌球		13.5	跑步	12.8 kmh（4.7分/公里）
4.0	太極拳		15.0	跑步	14.5 kmh（4.1分/公里）
6.0	網球	雙打			

修改自：Powers, S. K., & Howley, E. T. (2006). *Exercise physiology: Theory and application to fitness and performance* (6th ed). McGraw-Hill.

表2-4　不同年齡層耐力型式之身體活動強度分級（單位：METs）

運動強度	年輕人（20~39歲）	中年人（40~64歲）	老年人（65~79歲）
非常輕鬆	<2.4	<2.0	<1.6
輕鬆	2.4~4.7	2.0~3.9	1.6~3.1
中度	4.8~7.1	4.0~5.9	3.2~4.7
費力	7.2~10.1	6.0~8.4	4.8~6.7
非常費力	≧10.2	≧8.5	≧6.8
最大努力	12.0	10.0	8.0

註：表內之MET值是以男性作為預估對象，若為女性時，則應各略減1~2 METs。

在瞭解不同型式之身體活動的MET值之後，我們可以計算身體活動時的能量消耗，特別要提醒的是1 MET等於0.0175 kcal/kg/min，以及運動中每公升的氧消耗約相當於5大卡。

【例1】

若以一般或休閒方式騎腳踏車之能量消耗是4 METs，一位70公斤之個體在此速度下騎腳踏車1小時，其能量消耗情形估算如下：

總耗氧量＝3.5 (mL/kg/min) × 4 (METs) × 70 (kg) × 60 (min)

$\quad\quad$＝58,800 (mL)

$\quad\quad$＝58.8 (L)

能量消耗＝5 (kcal) × 58.8 (L)

$\quad\quad$＝294 (kcal)

※或能量消耗 ＝ 0.0175 (kcal/kg/min) × 4 (METs) × 70 (kg) × 60 (min)

$\quad\quad$＝ 294 (kcal)

【例2】

一位80公斤之個體參加了一場籃球的練習比賽(6 METs)，假設整場40分鐘皆未更換下場休息，其能量消耗情形估算如下：

總耗氧量 ＝ 3.5 (mL/kg/min) × 6 (METs) × 80 (kg) × 40 (min)

$\quad\quad$＝ 67,200 (mL)

$\quad\quad$＝ 67.2 (L)

$$能量消耗 = 5 \, (kcal) \times 67.2 \, (L)$$
$$= 336 \, (kcal)$$

$$※或能量消耗 = 0.0175 \, (kcal/kg/min) \times 6 \, (METs) \times 80 \, (kg) \times 40 \, (min)$$
$$= 336 \, (kcal)$$

2-4 運動後的恢復期

Exercise Physiology

　　運動剛開始時身體的各組織器官會開始提高運作效能，使耗氧量明顯高於安靜時的水準，以供給運動時額外所需要的能量需求，然而即使在較低的運動強度下，耗氧量要達到穩定狀態，通常仍需要費時1~4分鐘，因此這意味著運動開始時部分ATP的來源仍需經由無氧路徑來供給，而非全然依賴有氧系統。**氧不足**(oxygen deficit)即是指運動開始時之耗氧量低於穩定狀態下耗氧量的差異（圖2-12）；氧不足的面積越大，代表有氧產生ATP的速度越慢，需要較多的無氧路徑供給ATP。一旦運動結束後，各組織器官會降低其運作效能至安靜狀態的水準，這段時間稱之為運動後的恢復期。運動後的恢復期會因為運動強度和運動持續時間的不同，而影響到恢復期時間的長短。當運動強度越高或是運動時間越久，所需要的恢復期相較於強度低或時間短的運動型態來的長。

　　「**氧債**」(oxygen debt)是英國生理學家希爾(A. V. Hill)於1923年提出來的概念，用來代表運動後恢復期高於安靜水準的耗氧量，他認為運動後高過於安靜狀態下時的耗氧量是用來償還運動一開始時氧不足的部分，其中又可分為快速部分（2~3分鐘）和慢速部分（可以持續30分鐘以上）；其中快速部分多出來的攝氧量是為了ATP和磷酸肌酸(PC)的再合成和肌肉組織中氧的再儲存，慢速部分則是乳酸在肝臟中轉換成葡萄糖（糖質新生作用）。後來的學者發現運動後高過於安靜狀態下時的耗氧量，並非全然可以用氧債的概念解釋，因為氧債的量通常大於氧不足，因而提出了「**運動後過耗氧量**」(excess post exercise oxygen consumption, EPOC)以代替氧債一詞。

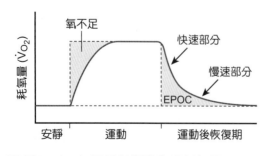

▶ 圖2-12　氧不足與運動後過耗氧量。

　　影響EPOC的因素大致上包括幾個部分：肌肉中PC的再合成、肌肉和血液中氧的再儲存、乳酸的移除、身體溫度的增加、運動後心跳及呼吸的提高、體內激素濃度的上升。

1. 肌肉中磷酸肌酸的再合成：由於運動開始時，PC會被利用，因此運動後必須再重新合成。PC再合成的速度很快，同時也需要氧氣的協助，運動中PC消耗的越多，在運動後恢復過程中所需要的氧氣也會越多，激烈運動過後PC大概在20~30秒內會恢復一半，2~3分鐘內會完全恢復。

2. 肌肉和血液中氧的再儲存：肌肉中和肌紅蛋白(myoglobin)所結合的氧氣，在運動之初會優先釋放給正在運作的肌肉細胞使用，因此運動結束後恢復期攝取高於安靜狀態時的氧氣，也會先補充肌紅蛋白在運動之初時所釋放的氧氣；而血液中的血紅素(hemoglobin)結合了血液中99%的氧氣又稱為氧合血紅素，也會和恢復期高於安靜狀態時的氧氣作結合。

3. 乳酸的移除：運動時肌肉所產生的乳酸，在運動後恢復期有70%會被氧化，20%會藉由血液循環運送至肝臟，並經糖質新生作用轉換成葡萄糖，而此過程（肌肉和肝臟間的乳酸及葡萄糖轉換的過程）又稱為**克立循環**(Cori cycle)（圖2-13），剩下的10%則會轉變成胺基酸。而運動後為了加速乳酸的移除，可以利用約 30~40%最大攝氧量($\dot{V}O_2max$)的運動強度進行動態恢復，以獲得較佳之效果，而當採更高的運動強度進行恢復時，反而會導致乳酸的移除率降低。

4. 身體溫度的增加：運動時體內各組織器官工作量的提升，會使體溫升高而增加對於氧的需求，而運動後體溫並無法立即下降到安靜水準，而此增加的體內溫度也會增加氧氣的消耗量。

5. 運動後心跳及呼吸的提高：運動造成氧氣的需求量提高，會使心跳速度及呼吸頻率增加，運動停止後並不

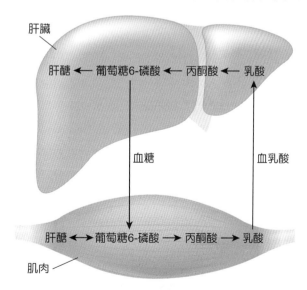

▶ 圖2-13　克立循環。克立循環指的是以肌肉中所產生的乳酸為受質，經由血液運送至肝臟，藉由糖質新生作用重新轉換成葡萄糖再回到血液中運送至骨骼肌利用的過程。

會馬上回復到安靜狀態下的心跳速度和呼吸頻率，而這些活動也需要額外氧氣的供應。

6. 體內激素濃度的上升：運動時會提高腎上腺素和正腎上腺素（又合稱兒茶酚胺）的濃度，而運動後此兩種激素的濃度並不會馬上回到安靜狀態時的濃度，而此時也會導致耗氧量的增加。

參考文獻

郭家驊、邱麗玲、張振崗、劉珍芳、劉昉青、祁業榮、郭婕(2010)・**運動營養學**（第三版）・臺中市：華格那企業。

American college of sports medicine. (2007). *ACSM's metabolic calculations handbook*. Baltimore, MD: Lippincott Williams & Wilkins.

Brooks, G. A., Fahey, T. D., & White, T. P. (1996). *Exercise physiology: Human bioenergetics and its applications* (2nd ed.). Mountain View, CA: Mayfield.

Faude, O., Kindermann, W., & Meyer, T. (2009). Lactate threshold concepts: How valid are they? *Sports Medicine, 39*(6), 469-490.

Hargreaves, M., & Spriet, L. (2006). *Exercise metabolism*. Champaign, IL: Human Kinetics.

Houston, M. E. (2006). *Biochemistry primer for exercise science* (3rd ed.). Champaign, IL: Human Kinetics.

Kang, J. (2008). *Bioenergetics primer for exercise science*. Champaign, IL: Human Kinetics.

McArdle, W. D., Katch, F. I., & Katch, V. L. (2001). *Exercise physiology energy nutrition and human performance* (5th ed.). Baltimore, MD: Lippincott Williams & Wilkins.

Pollock, M. L., Gaesser, G. A., Butcher, J. D., Despres, J. P., Dishman, R. K., Franklin, B. A., & Garber, C. E. (1998). ACSM Position stand: the recommended quantity and quality of exercise for developing and maintaining cardiorespiratory and muscular fitness, and flexibility in healthy adults. *Medicine and Science in Sports and Exercise, 30*(6), 975-991.

Powers, S. K., & Howley, E. T. (2006). *Exercise physiology: Theory and application to fitness and performance* (6th ed.). New York, NY: McGraw-Hill.

Salway, J. G. (2004). *Metabolism at a glance* (3rd ed.). Malden, MA: Blackwell.

Williams, M. H. (2007). *Nutrition for health, fitness, & sport* (8th ed.). New York, NY: McGraw-Hill.

Wilmore, J. H., Costill, D. L., & Kenney, W. L. (2008). *Physiology of sports and exercise* (4th ed.). Champaign, IL: Human Kinetics.

課後練習
Exercise

一、選擇題

( ) 1. 下列何者有誤？ (A)一克脂肪約含有9大卡的熱量 (B)一克蛋白質含有的熱量約等於一克的醣 (C)肝醣儲存於人體的肝臟和肌肉細胞中 (D)運動時人體血糖的穩定主要是透過肌肉細胞肝醣分解所達成的

( ) 2. 人體為了維持生命現象的最低熱量需求稱之為基礎代謝率，一般正常成年人的基礎代謝率約為 (A) 500大卡 (B) 800大卡 (C) 1,500大卡 (D) 2,000大卡

( ) 3. 安靜狀態下人體每分鐘每公斤體重所消耗的氧氣量定義為1 MET，1 MET大約等於消耗多少氧？ (A) 3.5 mL / kg / min (B) 3.5 L / kg / min (C) 3.5 mL / kg / sec (D) 0.35 L / kg / min

( ) 4. 間接熱量測量法是一種普遍用來估計能量消耗的測量方法，其主要係藉由偵測與分析何種變化？ (A)人體所產生的熱 (B)人體所流失的體液 (C)呼、吸氣之氧與二氧化碳的成分 (D)心跳率與換氣量

( ) 5. 下列哪一個選項不是運動後所產生的乳酸的移除方式？ (A)重新被氧化 (B)轉換成脂肪 (C)糖質新生轉變成葡萄糖 (D)轉換成胺基酸

( ) 6. 乳酸被血液運送到肝臟糖質新生成葡萄糖的過程稱之為 (A)克氏環 (B)丙胺酸循環 (C)乳酸循環 (D)克立循環

( ) 7. 如果運動時能量來源的受質為醣類與脂肪各佔50%時，反應在呼吸交換率(R)之值應為 (A) 0.7 (B) 0.85 (C) 0.9 (D) 1.0

( ) 8. 呼吸交換率是指下列哪一個比值？ (A) $\dot{V}_{CO_2} / \dot{V}_{O_2}$ (B) $\dot{V}_{O_2} / \dot{V}_{CO_2}$ (C) $\dot{V}E / \dot{V}_{O_2}$ (D) $\dot{V}E / \dot{V}_{CO_2}$

( ) 9. 下列敘述何者有誤？ (A)碳水化合物在代謝過程中可以轉換成脂肪或蛋白質儲存 (B)脂肪酸在人體的代謝過程中可以轉換成碳水化合物儲存 (C)丙酮酸轉換成乙醯輔酶A的路徑是不可逆的 (D)蛋白質作為能量受質的比例僅2~15%，因此並非主要的能量來源。

( ) 10. 以跳高項目而言，其主要能量供應路徑應該是 (A)醣解作用 (B)有氧系統 (C)乳酸系統 (D) ATP-PC系統。

（　）11. 當運動強度逐漸增加時，無氧路徑提供能量的比例也會隨之增加之觀點是由何人提出的概念：　(A)Owles　(B)Wasserman　(C)Hans Kerbs　(D)A. V. Hill

（　）12. 實驗室常用於測量氧消耗的方法為：　(A)直接熱量測量法　(B)開放式呼吸測量法　(C)閉鎖式呼吸測量法　(D)基礎熱量測量法

二、問答題

1. 小英體重為75 公斤，若她想從事跑步運動來進行個人的體重控制，假設一個禮拜運動三次，每次以8 kmh (8 METs)的速度跑步30分鐘，則每次運動後約可消耗多少熱量(kcal)？

2. 請說明1個葡萄糖分子經有氧路徑分解總共可產生多少ATP？

3. 簡要說明呼吸商與呼吸交換率及其在能量代謝上所代表的意義。

4. 何謂EPOC？哪些因素會影響EPOC？

5. 運動中所產生的乳酸有哪些排除的方式？

解答：DCACB　DBABD　AB

Chapter **3**

鄭景峰　編著

運動與肌肉
(Skeletal Muscle System)

Exercise Physiology

人體的肌肉系統可分為心肌、平滑肌與**骨骼肌**(skeletal muscle)，心肌是屬於心臟的肌肉，平滑肌則屬於內臟的肌肉，而附著於骨骼上的即為骨骼肌。人體運動的產生，從大腦下達命令後，經神經系統傳送至肌肉系統而產生收縮。肌肉收縮時會以關節為支點來拉動骨骼，進而完成預期的動作，整個過程是極為複雜且精密的旅程。透過本章的介紹，將有助於瞭解肌肉的解剖構造、不同肌纖維類型的影響、肌肉的運作方式、肌肉收縮的類型以及運動訓練對肌肉的影響。除此之外，在久未運動後，突然參與大量的運動後，所造成的肌肉酸痛現象，究竟是何緣故？以及近年流行於運動員的肌酸增補，是否確實有效果？教練與運動員該如何應用於運動場合中？在本章中，也將作詳細的介紹。

3-1 骨骼肌

一、骨骼肌的解剖構造

人體的運動需透過肌肉拉動骨骼而產生，而骨骼肌顧名思義，便是附著於骨骼上的肌肉。透過大腦意識的控制，使骨骼肌以關節為支點，拉動骨骼產生動作，因此，骨骼肌又稱為**隨意肌**。在低倍的顯微鏡下觀察時，骨骼肌的肌纖維會呈現亮暗交替的橫紋，故又稱之為**橫紋肌**。

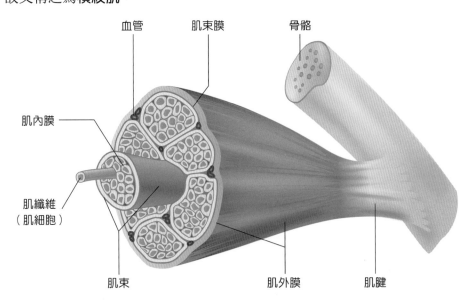

▶ 圖3-1　肌肉的解剖構造。

　　人體約有600多條大小不一的骨骼肌，約佔體重的36~40%。骨骼肌透過肌腱(tendon)與骨骼相連，而肌肉是由長圓柱狀的肌肉細胞所組成，稱之為**肌纖維**(muscle fiber)。每條肌纖維均有極薄的細胞膜所包覆，該特化的細胞膜被稱為**肌膜**或**肌漿膜**(sarcolemma)。數條的肌纖維被**肌束膜**(perimysium)包裹成**肌束**(muscle fascicle)，而數個肌束則透過**肌外膜**(epimysium)包裹成肌肉（圖3-1）。

　　每條肌纖維含有數百到數千條的**肌原纖維**(myofibril)，而肌原纖維則是由許多的**肌節**(sarcomere)相連而形成（圖3-2）。肌節是肌原纖維的基本功能單位，也是肌肉的基本收縮單位。一個肌節是指兩條Z線之間的範圍，內含兩種不同的蛋白絲，較細的細肌絲是由**肌動蛋白**(actin)所構成，而較粗的粗肌絲則是由**肌凝蛋白**(myosin)所構成。由於粗細肌絲的有無交疊，在肌節內又可分成A帶與I帶，A帶是指兩肌絲交疊的部分，又稱為暗帶，而A帶中間，沒有肌動蛋白的部分，稱為H帶。H帶的中央，有一固定肌凝蛋白的M線。I帶則是指兩肌絲不重疊的部分，又稱為亮帶。也因為肌節內的亮暗交替，使得骨骼肌在顯微鏡下呈現出橫紋的外觀。

　　個別的肌動蛋白分子呈球狀，多個肌動蛋白會串成螺旋狀的細肌絲。在細肌絲上還包括了**旋光素**(troponin)與**旋光球蛋白**(tropomyosin)兩種蛋白質。在粗肌絲上，則會有延伸出的豆芽狀蛋白質突出物，稱為**橫橋**(cross bridge)，其在肌肉收縮時，扮演著重要的角色（圖3-3）。

　　圍繞在肌原纖維四周的網狀組織稱為**肌漿網**(sarcoplasmic reticulum)，與肌原纖維平行的管狀組織稱為**縱管**(longitudinal tubules)，與肌原纖維垂直且橫貫肌漿網的稱為**橫管**(transverse tubules)或**T管**(T-tubules)。肌漿網在T管兩側，具有外囊，可儲存鈣離子。當**神經衝動**（或稱**動作電位**(action potential)由肌

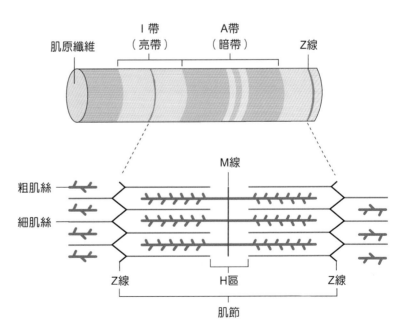

▶ 圖3-2　肌纖維的細微構造。

膜傳至T管時，外囊便會釋出鈣離子，鈣離子隨後會與旋光素結合，參與後續的肌纖維收縮過程（圖3-4）。

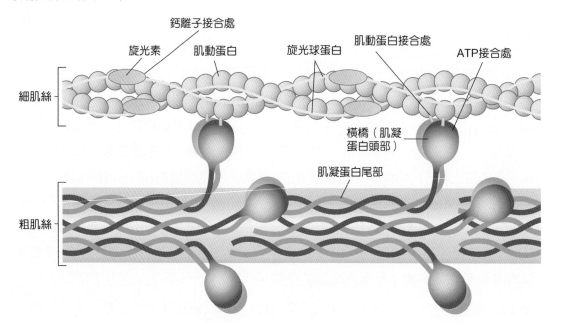

▶ 圖3-3　粗細肌絲與橫橋。

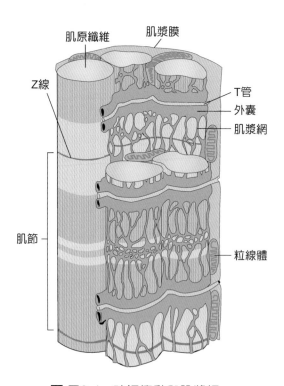

▶ 圖3-4　神經衝動與肌漿網。

二、運動單位 (Motor Unit)

運動神經元(motor neuron)是負責聯絡與支配肌纖維收縮的神經細胞。一個運動神經元與其所支配的所有肌纖維，統稱為**運動單位**(motor unit)，是肌肉的最小功能單位。在運動神經元與肌纖維之間的空隙（亦即突觸裂隙(synaptic cleft)），稱為**神經肌肉接合點**(neuromuscular junction)或運動終板(motor end plate)，此處為神經系統與肌肉系統互相溝通之處（圖3-5）。每一條運動神經元支配著數條至數千條不等的肌纖維。運動神經元與肌纖維的比值，稱為**神經支配比**。神經支配比小者，如1：5，可執行較細膩的動作，反之則支配較大動作，如1：200。

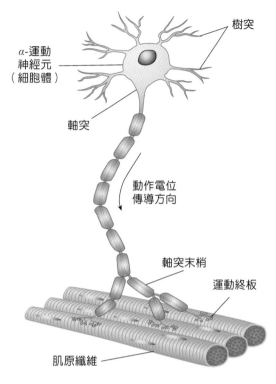

▶ 圖3-5 運動單位。

三、肌纖維的收縮機制

肌纖維的收縮機制，目前最容易被接受的理論，是由Huxley於1969年所提出的「**肌纖維細絲滑動學說**(sliding filament theory)」。當肌肉收縮時，每一肌節均會逐漸變短，最後導致我們所看到的肌肉用力時，整個肌肉縮短的現象。肌纖維收縮時，藉由**橫橋循環**(cross-bridge cycle)的作用，肌動蛋白會滑向肌凝蛋白，此時，A帶距離不變，I帶與H帶逐漸變窄，進而縮短了兩條Z線之間的距離，使肌節變短（圖3-6）。

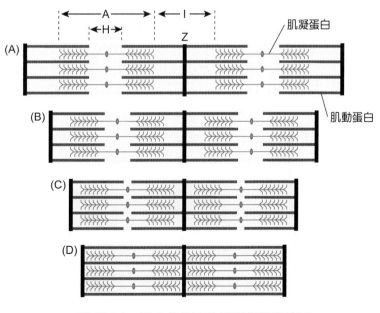

▶ 圖3-6 肌肉收縮時的肌纖維滑動情形。

　　當神經衝動由運動神經元經運動終板傳入肌膜後，神經衝動沿著肌膜傳至T管，肌漿網外囊所儲存的鈣離子旋即被釋出。釋出的鈣離子立即與肌動蛋白上的旋光素結合，旋光球蛋白便從肌動蛋白的活化部位移開，使肌動蛋白與肌凝蛋白結合，形成**肌動球蛋白**(actomyosin)。此時，ATP藉由ATP水解酶的催化，分解成ADP，並釋出能量供橫橋進行傾頭(head tilt)作用，將肌動蛋白移向肌節中央，縮短肌纖維，產生**肌力**(muscular strength)。隨後，肌動球蛋白恢復成肌動蛋白與肌凝蛋白，鈣離子由肌漿網回收，肌纖維呈放鬆狀態（圖3-7）。由於橫橋每一次的傾頭，僅縮短極小的距離，所以當肌肉在收縮時，橫橋傾頭的動作必須一再地重複，方能完成整個動作。這個過程就如同西式划船選手的划槳一樣，一槳一槳地推動水流，方能讓船身在水上逐漸向前移動。

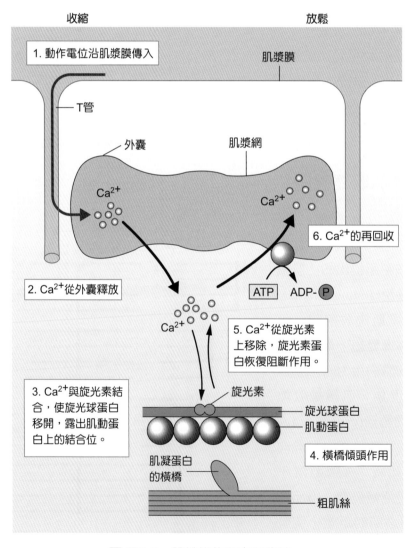

▶ 圖3-7　肌纖維的興奮與收縮。

Fox等(1993)將肌纖維細絲滑動學說分成以下五個步驟：

步驟一：休息時

(1) 未充電的橫橋伸展著。

(2) 肌動蛋白與肌凝蛋白未配對。

(3) 鈣離子儲存於肌漿網的外囊中。

步驟二：興奮配對

(1) 神經衝動傳入。

(2) 肌漿網外囊釋放鈣離子。

(3) 鈣離子「飽和」旋光素，移除旋光球蛋白的阻斷作用。

(4) 橫橋充電。

(5) 肌動蛋白與肌凝蛋白配對，形成肌動球蛋白。

步驟三：收縮時

(1) ATP藉由ATP水解酶的催化，分解成ADP與「能量」。

(2) 橫橋消耗「能量」而轉動。

(3) 肌動蛋白移向肌凝蛋白，肌肉收縮。

(4) 產生肌力。

步驟四：再充電

(1) ATP的再合成。

(2) 肌動球蛋白恢復成肌動蛋白與肌凝蛋白。

(3) 肌動蛋白與肌凝蛋白回復成休息狀態待命。

步驟五：放鬆時

(1) 神經衝動消失。

(2) 鈣離子被抽回。

(3) 肌肉恢復至休息狀態。

倘若神經衝動持續地傳入肌纖維，同時肌纖維內的能量也充裕時，步驟二至步驟四會一再地重複，以完成大腦所授與的肌肉活動命令。當神經衝動消失後，鈣離子隨後透過鈣幫浦作用被肌漿網回收儲存，此時，肌纖維恢復至步驟一的狀態。

3-2 肌纖維的型態

一、肌纖維的類型

肌纖維可依其外觀的不同而分成**紅肌纖維**與**白肌纖維**，而紅肌纖維又稱為**I型肌纖維**(type I fibers)，白肌纖維則稱為**II型肌纖維**(type II fibers)。II型肌纖維又可細分成**IIa型肌纖維、IIb型肌纖維、IIc型肌纖維**等。若依肌纖維收縮的速度分類時，I型肌纖維又可稱為**慢縮**(slow-twitch)**肌纖維**，而II型肌纖維則稱為**快縮**(fast-twitch)**肌纖維**。依肌纖維的功能作區分時，I型肌纖維可稱為**慢縮氧化**(slow-twitch oxidative, SO)**肌纖維**，IIa型肌纖維可稱為**快縮氧化－醣解**(fast-twitch oxidative-glycolytic, FOG)**肌纖維**，IIb型肌纖維則稱為**快縮醣解**(fast-twitch glycolytic, FG)**肌纖維**。

每一肌群都會有不同比例的I型與II型肌纖維，大部分肌群約各佔50%，少數例外，例如比目魚肌的I型肌纖維比其他腿部肌群多了25~40%，而肱三頭肌的II型肌纖維則比手臂其他肌群多出10~30% (Fox et al., 1993)。事實上，同一肌群的不同位置、同一人身上的不同肌群，以及不同人身上的同一肌群，其間的肌纖維類型比例均不盡相同。肌纖維類型的比例，會受到基因、荷爾蒙以及個人的運動習慣所影響。

二、肌纖維的生化及收縮特性

由於每一類型肌纖維的生化與收縮特性之差異，決定了每一肌群的特定功能，倘若一肌群含有較高比例的I型肌纖維時，該肌群的功能與特性便會趨近於有氧成分，反之亦然。表3-1顯示了各種肌纖維特性之間的比較。

相較於IIa與IIb型肌纖維來說，I型肌纖維的收縮速度較慢，但由於它具有高度的有氧能力，因此，I型肌纖維較適合於耐力性的工作。IIb型肌纖維則較適合短時間高強度的無氧性工作，而IIa型肌纖維則同時具備了I型肌纖維與IIb型肌纖維的特性。

神經系統通常會先招募I型肌纖維，當需要更高的收縮力量與速度時，則IIa與IIb型肌纖維之運動單位便會開始被招募，這便是肌纖維招募時所遵循的**大小原則**(size principle)。例如在慢速度下的走路時，神經系統僅會招募I型肌纖維。當收縮力量增加時，例如從走路轉變成跑步時，便會招募更多的肌纖維。肌纖維招募的順序是，先徵召I型肌纖維，隨後是IIa型肌纖維，最後則是IIb型肌纖維（圖3-8）。

特性	I型肌纖維(SO)	II型肌纖維	
		IIa型肌纖維(FOG)	IIb型肌纖維(FG)
肌纖維比例之平均值(%)	50	35	15
收縮速度	慢	快	快
收縮至張力峰值的時間（秒）	0.12	0.08	0.08
收縮力量	低	高	高
大小	小	中	大
抗疲勞性	高	中	低
有氧能力	高	中	低
微血管密度	高	高	低
無氧能力	低	中	高
主要能量系統	有氧	有氧－無氧	無氧

表3-1 各類型肌纖維特性之比較

修改自：Sharkey & Gaskill, 2006。

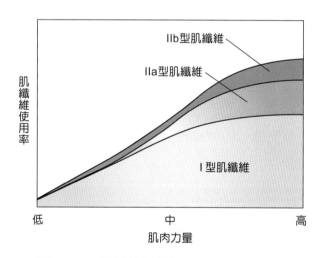

▶ 圖3-8　肌纖維招募的順序：大小原則。

　　若以能量系統的觀點來看時，肌纖維招募的順序與**乳酸閾值**(lactate threshold, LT)的概念，具有互通性(Sharkey & Gaskill, 2006)。圖3-9顯示了肌纖維招募與乳酸閾值的關係。在2 mmol/L之下的運動強度時，I型肌纖維會被招募；當運動強度介於2~4 mmol/L之間時，IIa型肌纖維開始被招募；當運動強度超過4 mmol/L時，IIb型肌纖維便會被招募。

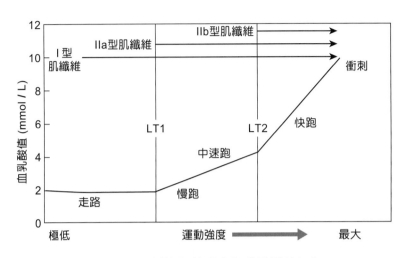

▶ 圖3-9　肌纖維招募順序與乳酸閾值(LT)。

三、肌纖維類型與運動表現

先前的研究顯示，肌纖維類型的比例，並不會受到年齡與性別的影響(Powers & Howley, 2001)。研究也發現長距離賽跑的選手具有較高比例的I型肌纖維，而短跑與跳高的選手，則具有較高比例的IIb型肌纖維(Sharkey & Gaskill, 2006)。圖3-10顯示不同運動項目選手的肌纖維類型分配情形。Viru (1995)則指出，肌纖維類型的比例，會受到運動訓練類型的影響，亦即高阻力的重量訓練或衝刺訓練，會造成IIa型與IIb型肌纖維的**肌肉肥大**(muscle hypertrophy)，進而增加此兩類型肌纖維的比例；而耐力性運動訓練僅會增加I型與IIa型肌纖維的粒線體與有氧酵素的數量與活性，但不會造成I型肌纖維的肌肉肥大。

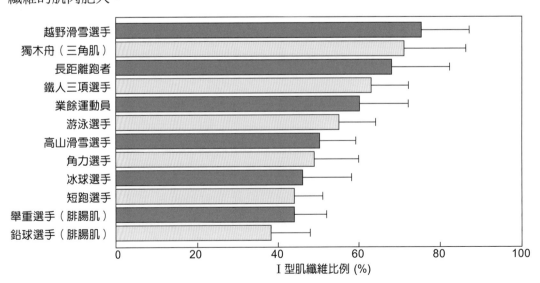

▶ 圖3-10　不同運動項目運動員的股外側肌之肌纖維類型比例。

　　雖然不同項目的運動員，會有不同比例的肌纖維類型，但必須瞭解肌纖維類型的比例並非決定運動成就的單一因素，運動表現還需仰賴環境、訓練、營養、其他生心理等因素的交互作用與配合，方能成就優異的運動表現。因此，肌纖維類型的分析，或可做為運動員選才之參考，但運動教練仍應瞭解其他相關的影響因素，才能創造出優秀的運動員。

四、肌肉對運動訓練的適應

　　肌肉的發育，主要有兩種現象：**肌肉肥大**與**肌肉增殖**(hyperplasia)，前者是指每一肌纖維直徑的增加，而後者則是指肌纖維數量的增加，兩者均會造成**肌肉量**(muscle mass)與**肌肉橫斷面積**(cross-sectional area)的增加。不過，Kraemer與Spiering (2007)指出，在人類身上的肌肉發育現象，主要來自於肌肉肥大，而肌肉增殖的情形，目前在人體上仍是有爭議的，即便是因這種現象而導致肌肉發育，也僅佔極少的比例（低於5%）。

　　肌纖維的類型是否會受到運動訓練的影響而改變呢？目前的研究仍在爭論著。不過，目前較確定的是，經過激烈的重量訓練之後，IIb型肌纖維會有轉變成IIa型肌纖維的現象，但I型肌纖維與II型肌纖維之間，在正常的訓練情境下，彼此互相轉變的現象，目前仍是受到質疑的(Kraemer & Spiering, 2007)。

　　耐力性運動訓練會增加I型與IIa型肌纖維的粒線體及有氧酵素的數量與活性，但不會造成I型肌纖維的肌肉肥大，亦即使得整個肌群趨近於有氧性能力，除此之外，高強度的重量訓練或衝刺訓練，則會造成IIa型與IIb型肌纖維的肌肉肥大，增進肌力(Viru, 1995)，由此也顯示了運動訓練的**特殊性**(specificity)。

　　重量訓練造成肌力進步的原因有二：神經適應與肌肉肥大。Sale (1988)指出在重量訓練初期（8~20週），肌力進步的主因來自於神經的適應，其中包括了肌肉的學習、肌肉內與肌肉間的協調等，而6~20週之後的肌力增進，才是源自於肌肉肥大（圖3-11）。這個概念對於運動員的重量訓練課表而言，是相當重要的。以體重分級或受體重限制的運動項目，例如跆拳道、長距離賽跑等，這類型的運動員通常會需要肌力，但又不希望增加體重而影響運動成績。因此，重量訓練的課表應安排在8~20週之內，以避免過多的肌肉肥大，而造成體重的增加。當然，由於每個人對於訓練的反應，具有個別差異的現象，例如有些人在12週的訓練後，便會有明顯的肌肉肥大情形，而有些則否，因此，教練與運動員應在訓練過程中，找尋重量訓練的最佳週數。相反地，倘若訓練的目標在於增加肌肉量與體重，訓練的週數便需超過肌肉肥大的最低閾值，亦即需要超過8~20週。

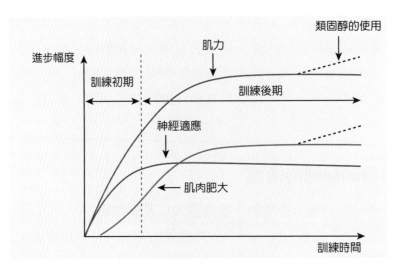

▶ 圖3-11　重量訓練的神經適應與肌肉肥大。

3-3　肌肉動作

Exercise Physiology

一、肌肉收縮的類型

骨骼肌的運動是依據**槓桿原理**(lever principle)而完成的。槓桿原理包含了作用力、支點與抗力（亦即被移動的重量）。人體的運動是以關節為支點，透過肌肉產生作用力，進而移動骨骼產生動作。槓桿原理可分成三類：第一類槓桿(first-class levers)、第二類槓桿(second-class levers)以及第三類槓桿(third-class levers)（圖3-12）。簡單地說，第一類槓桿是指支點位於作用力與抗力之間，不省時，也不省力；第二類槓桿是指抗力位於支點與作用力之間，不省時但省力；而第三類槓桿則是指作用力位於支點與抗力之間，省時但不省力。

肌肉產生動作的收縮方式可分成**靜態收縮**(static contraction)與**動態收縮**(dynamic contraction)，其中靜態收縮又稱為**等長收縮**(isometric contraction)，而動態收縮則又可分成**等張收縮**(isotonic contraction)與**等速收縮**(isokinetic contraction)。等張收縮與等速收縮又可分別再細分為**向心收縮**(concentric contraction)與**離心收縮**(eccentric contraction)（圖3-13）。

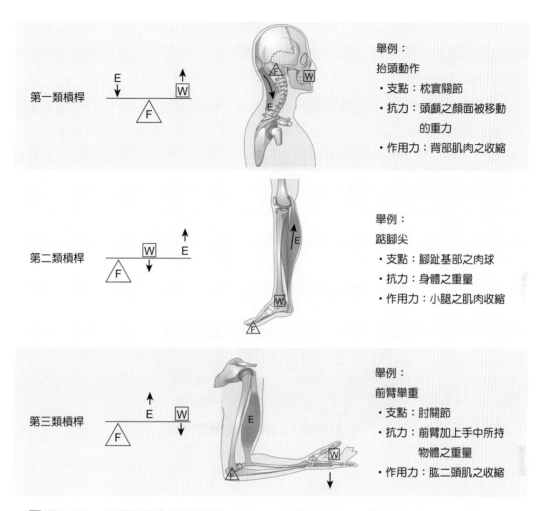

第一類槓桿

舉例：

抬頭動作

· 支點：枕寰關節

· 抗力：頭顱之顏面被移動的重力

· 作用力：背部肌肉之收縮

第二類槓桿

舉例：

踮腳尖

· 支點：腳趾基部之肉球

· 抗力：身體之重量

· 作用力：小腿之肌肉收縮

第三類槓桿

舉例：

前臂舉重

· 支點：肘關節

· 抗力：前臂加上手中所持物體之重量

· 作用力：肱二頭肌之收縮

▶ 圖3-12　人體運動的槓桿類型。圖中，E代表作用力，F代表支點，W代表抗力。

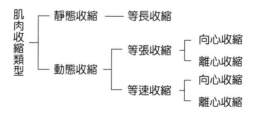

▶ 圖3-13　肌肉收縮類型。

（一）靜態收縮

　　等長收縮是指肌肉收縮（產生張力）時，肌肉的長度維持不變的收縮型態（圖3-14）。當等長收縮發生時，肌肉仍會產生力量，只是所抵抗的阻力（外力）大於或

等於肌肉的力量，此時肌凝蛋白上的橫橋不斷地重複傾頭循環，但因外力太大而導致細肌絲無法向肌節中央滑動，而維持在開始收縮的位置，關節角度也不會改變，外表看來便呈靜止狀態。

在重量訓練的方法中，也有利用等長收縮概念的訓練方式。在進行較重的重量訓練時，例如仰臥推舉(bench press)，在整個動作的進行中，會有一關節角度出現「發抖」的現象，這個關節角度被稱為**虛弱點**(weak point)，代表該肌群在整個動作範圍中，在該關節角度的力量是最差的。在動作執行至該關節角度時，可試著停留3~6秒，而後再完成整個訓練動作，讓肌肉藉由等長收縮的方式，訓練此虛弱點(Pearl & Moran, 1986)。

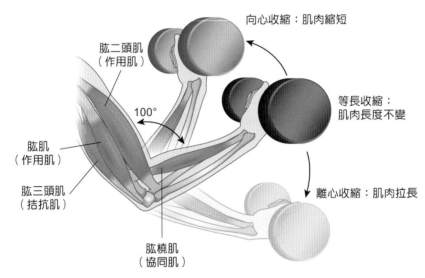

▶ 圖3-14　向心性、離心性等張收縮與等長收縮。

（二）動態收縮 (Isotonic Contraction)

動態收縮，是指肌肉在收縮時，會改變關節角度，產生動作而得名。主要分成等張收縮與等速收縮，其中依據其肌節的縮短或拉長，又分成向心與離心的收縮類型。

⊃ 等張收縮

等張收縮，最早的定義是指肌肉在收縮時，肌肉張力均不變而得名。不過，這個定義後來被認為有所爭議，主要是因為肌肉在收縮時，由於抗力臂（被移動重物與支點的距離）的不斷改變，肌肉的張力實際上是一直不斷地變化的（圖3-15）。但由於已沿用許久，故等張收縮的名詞仍常見於許多文獻或書籍中。

等張性向心收縮是指肌肉在收縮時，肌肉長度變短的收縮，是肌肉收縮的最主要型式（見圖3-14）。在等張性向心收縮時，依循肌纖維細絲滑動學說的原理，細肌絲會向肌節中央滑動，造成關節角度的變化。在運動場上，人體的動作多屬此類型，例如垂直跳的起跳動作中，便是透過股四頭肌的向心收縮而造成人體向上跳躍的動作。

等張性離心收縮是指肌肉在收縮時，肌肉長度變長的收縮（見圖3-14）。在等張性離心收縮時，由於所抵抗的阻力大於肌肉張力，細肌絲會向肌節兩側拉長，此時，雖然肌凝蛋白上的橫橋不斷地重複傾

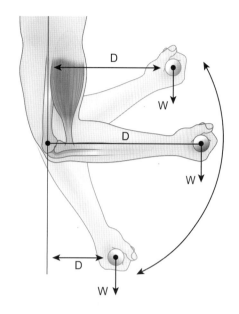

▶ 圖3-15　等張收縮時，抗力臂(D)不斷地改變。

頭循環，但因外力太大而導致細肌絲無法向肌節中央滑動。等張性離心收縮也常見於運動場上，但不像等張性向心收縮般的頻繁，例如垂直跳的落地動作，股四頭肌便會以離心收縮的方式，緩衝從高處落下的衝擊。由於離心收縮引起的肌肉張力較向心收縮來得大，容易造成肌肉的酸痛，嚴重時，甚至會造成肌肉的拉傷或斷裂。

⊃ 等速收縮(Isokinetic Contraction)

等速收縮是指肌肉在收縮時，肌肉收縮速度不變的型式。此種收縮型式並不是運動場上所發生的收縮類型，必須借助外力才能達成（圖3-16）。等速收縮依據肌肉的縮短或拉長，也分成等速性向心收縮與等速性離心收縮。等速收縮時，透過儀器設定固定的關節角速度，例如60°／秒或300°／秒，讓使用者以最大力量的方式進行伸展或屈曲關節

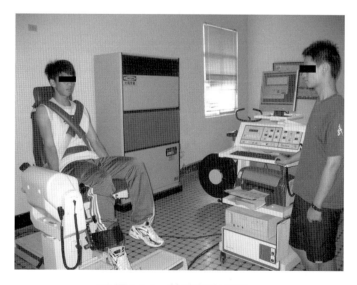

▶ 圖3-16　等速肌力儀器。

的動作。在整個活動過程中，角速度均維持不變，肌肉所產生的張力，均是各關節角度的最大肌力。實施時，若設定的角速度值越小，機器所給予的負荷便越重，反之亦然。

雖然等速收縮並不是運動場上的肌肉收縮型態之一，但是，由於使用者均是以最大力量的方式進行運動，在肌力的訓練上便可獲得極佳的效果。通常，等速肌力儀器常應用於復健治療中，可提供安全的訓練動作。不過，由於價格昂貴、佔空間、耗時，且需要專業的人員操作，因此，在臺灣的體育運動領域中，除了研究或教學單位之外，並不常見於訓練場中。不過，第一台由國內廠商自製的等速訓練器材，已於2010年正式問世（圖3-17）。該器材是由國立臺灣師範大學鄭景峰老師協助研發，利用線性等速的概念提供等速收縮的環境，其功能標榜專門為運動員訓練之用，價格遠低於傳統的等速肌力儀器，未來對於教練與運動員應是不錯的訓練器材選擇之一。

▶ 圖3-17　國人自行研發的等速訓練器材（圖中為發明人黃正訓先生）。

註：感謝臺灣明根股份有限公司提供照片。

（三）作用肌、協同肌與拮抗肌

人體大部分的運動，都必須仰賴成群肌肉的相互協調而完成，並無法依靠單獨的肌肉作用來完成動作。負責產生特定動作的肌肉被稱為**作用肌**(agonist)，與作用肌作用方向相反的稱為**拮抗肌**(antagonist)，而與作用肌作用方向相同，但並非主要作用肌群的稱為**協同肌**(synergist)。如圖3-14所示，當進行肘關節屈曲動作時，肱二頭肌與肱肌為作用肌，肱三頭肌為拮抗肌，而肱橈肌則為協同肌。不過，如果進行肘關節伸展的動作時，肱三頭肌則變為作用肌，肱二頭肌則變為拮抗肌。也就是說，每一肌群都可能是作用肌，也可能是拮抗肌，端視其進行的動作而定。

二、肌肉的活化

當神經衝動沿著運動神經元傳達到神經肌肉接合點時，並不會直接引起肌纖維的收縮，而是與運動神經元末端所釋放出的化學傳遞物質有關。當神經衝動傳至運動神經元末端時，會引起化學傳遞物質—**乙醯膽鹼**(acetylcholine, ACh)的釋放，該物質會擴散至突觸裂隙中，而誘發肌膜的興奮。一旦釋放出足夠的乙醯膽鹼，便會激活肌膜，使得運動單位所控制的所有肌纖維同時收縮並產生力量，而不會僅激活該運動單位所控制的一部分肌纖維收縮，此種過程便是肌纖維收縮所遵循的「**全有或全無律**」(all-or-none law)(Baechle & Earle, 2000)。正如同扣扳機的情形一樣，一旦達到扣下扳機的力量時，便可發射出子彈，但是，如果更用力扣扳機時，並不會讓子彈的速度增加。

三、肌力的調節

單一肌纖維的單一神經衝動可以產生一個簡短且微弱的收縮，稱之為**抽動**(twitch)，由於這種現象太短且太弱，並無法讓人體產生有效的動作。整塊肌肉的收縮必須透過許多肌纖維的互相分工合作，產生不同強度的收縮，方能讓肌肉發揮出力量，產生動作。**肌肉張力**(muscle tension)或稱**肌力**(muscular strength)取決於兩個因素：(1)一條肌肉中同時收縮的肌纖維數量；(2)每條收縮的肌纖維所產生的張力（陳順勝等，2008）。

在肌肉收縮的過程中，**運動單位招募**(motor unit recruitment)的數量越多，該肌肉所產生的力量便會越強，亦即此時參與肌肉收縮的肌纖維數量就越多。再者，由於每個運動單位所支配的肌纖維數量不同，當肌肉收縮時，所招募的運動單位的神經支配比越高時，肌肉產生的力量也越大，亦即因參與收縮的總肌纖維數量較多之緣故。

在肌肉持續收縮的期間，為了延遲或防止肌肉**疲勞**(fatigue)的產生，會發生**運動單位不同步招募**(asynchronous recruitment of motor units)的現象。此時，身體會透過運動單位交替招募的方式，讓身體完成持續性的動作。也就是說，透過其他運動單位的招募，讓原本運作的運動單位可以獲得休息的機會。

影響肌力的原因，除了上述的肌纖維數量之外，也受到每條肌纖維所產生的張力之影響。每條肌纖維張力的產生，受到下列因素之影響：(1)刺激的頻率；(2)肌纖維與肌節長度；(3)疲勞程度；以及(4)肌纖維的收縮速度。

　　肌纖維中的單一神經衝動，僅會造成肌纖維的單一抽動，但是連續性的刺激時，便可造成強而有力的收縮。圖3-18A顯示，當下一個神經衝動抵達前，肌纖維便已完全放鬆的話，該神經衝動僅會造成獨立的抽動反應。不過，如果神經衝動抵達前，肌纖維尚未完全放鬆的話，便會產生**抽動加成作用**(twitch summation)，造成更有力的收縮（圖3-18B）。如果肌纖維快速地受到刺激，使得肌纖維來不及放鬆，便接收到下一個神經衝動的話，便會產生最大強度且持續性的收縮，稱為**強直性收縮**(tetanus)（圖3-18C）。

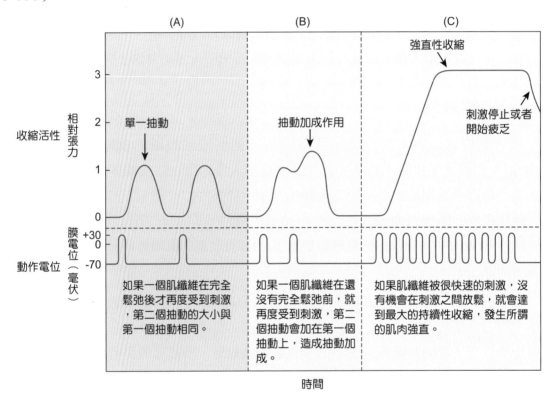

▶ 圖3-18　肌纖維的抽動加成作用與強直性收縮。

　　每條肌纖維產生力量時，都有其最佳的長度。肌節最佳的收縮長度，是指粗、細肌絲互相重疊的最佳位置，也就是能讓橫橋產生最大作用的位置。圖3-19顯示，當肌肉收縮前，肌節被完全拉長或完全縮短時，便無法形成適當的橫橋，而導致較小的力量生成。值得注意的是，當肌節長度為休息時的長度(100%)時，並不是產生最大肌力的長度，欲產生最大的肌力，通常會略長於肌節休息時的長度，也就是在收縮前，會有一**預先伸展**(pre-stretch)的情形，此時，可讓肌肉產生最大的力量，這種現象就如同運動訓練方法—**增強式訓練**(plyometrics)的運動原理一樣（鄭景峰，2001）。

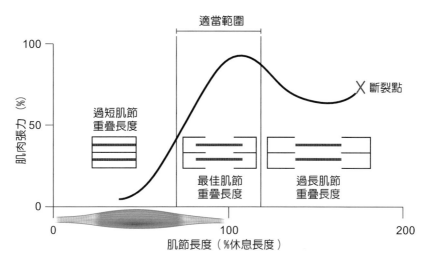

▶ 圖3-19　肌節長度與肌肉張力之關係。

　　肌肉收縮的速度也會影響肌力的大
小。在等張性向心收縮時，收縮速度越
快，產生的肌力便越小；相反地，收縮的
速度越慢，便能產生較大的肌力。不過，
在等張性離心收縮時，則是相反的情況，
亦即在等張性離心收縮時，收縮速度越
快，產生的肌力便越大（圖3-20）。除此
之外，**爆發力**(power)等於肌力乘以速度，
但是，在人體的運動中，並無法同時以最
大肌力與最大收縮速度的方式進行運動。
研究顯示，當以1/3的最大肌力搭配1/3的
最大收縮速度時，則可產生最大的爆發力
（圖3-20）。

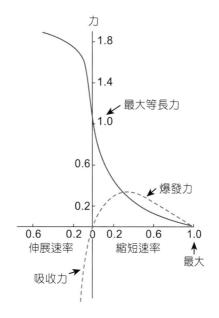

▶ 圖3-20　肌肉收縮速度與肌肉力量的關係。

3-4　肌力與肌耐力

　　肌力是指肌肉克服或抵抗阻力，最大努力收縮產生的張力，也就是說某作用肌群可以產生的最大力量。在生理學上所稱的肌肉張力，即為運動表現中所稱的肌力。在重量訓練中，可透過1 RM (repetition maximum)的測驗，來找出某作用肌群的最大力量。RM是指最大反覆的意思，例如仰臥推舉時，100公斤的負荷，僅能舉起1次，無法以正確的姿勢連續再舉起第2次時，100公斤即為其仰臥推舉的1 RM，也就是說，該受試者的仰臥推舉最大肌力為100公斤。

　　對於肌力的評量單位方面，通常會以**絕對肌力**(absolute strength)與**相對肌力**(relative strength)的概念來表示。絕對肌力是指以公斤或磅等質量單位來表示，而相對肌力則是指將絕對肌力除以個人體重的方式呈現，以表達每單位體重下的肌肉力量。舉例來說，A與B的體重分別為50公斤與80公斤，但兩人的仰臥推舉分別為100公斤與120公斤時，則顯示B的絕對肌力優於A，但若以相對肌力呈現時，則是A優於B（A vs. B，2倍體重 vs. 1.5倍體重）。這就是為何舉重或健力比賽時，必須以體重分級的方式進行，方能反映出公平競賽的特質。由此亦可顯示，對於健康而言，相對肌力的概念應比絕對肌力更具有意義與價值。

　　肌耐力(muscular endurance)是指肌肉克服某一非最大(submaximal)阻力時，反覆收縮的能力。15~20 RM以上的負荷，通常被視為肌耐力。肌耐力也是健康體適能的要素之一，主要因為日常生活中有許多動作與肌耐力有關，例如在站立的姿勢下，腹肌與背肌便需無時無刻地對抗地心引力對人體的吸引力，也因此，下背痛的問題也是目前常見的疾病之一。

　　影響肌力與肌耐力表現的因素，除了前節所述的參與收縮之肌纖維數量、每條肌纖維所產生的張力、神經衝動刺激頻率、疲勞程度、肌肉收縮前的長度以及肌肉收縮速度之外，還包括肌纖維類型的比例（I型肌纖維比例越高，越有耐力；II型肌纖維比例越高，越有力量）、肌肉橫斷面積（肌肉橫斷面積越大，力量越大）、肌肉中的微血管密度（微血管密度越高，肌耐力越佳）、中樞神經系統的抑制、肌肉溫度（肌溫越高，肌肉收縮越順暢）、年齡（肌力會隨著年齡的增加而下滑）、性別（男性的絕對肌力大於女性）以及1 RM百分比（所使用的負荷比率越高，所能實施的反覆次數便會越少）（林正常，2005）。

3-5 延遲性肌肉酸痛

Exercise
Physiology

　　坐姿生活者在從事非習慣性或不熟悉的劇烈運動之後，會呈現出肌肉無力、僵硬、腫脹和妨礙行動，觸診時肌肉會有壓痛感等症狀，一般大約在運動停止後的8小時左右才會被感覺到，其酸痛程度約在24~48小時之間達到最高峰，而這種肌肉酸痛的症狀約會持續1~2週後才能恢復，這種現象在醫學上稱之為**延遲性肌肉酸痛**(delayed on-set muscle soreness, DOMS)。DOMS的現象在運動員身上也會發生，通常出現在訓練初期、學習新的動作技巧或訓練量突然大量增加時。一般而言，等張性離心收縮的動作，較向心收縮容易發生DOMS的現象。

　　至於DOMS的真正誘發機轉為何？目前的研究文獻，並無法提供一個明確的答案(Powers & Howley, 2001)。Armstrong在1984年，針對DOMS的發生機轉，提出了一個較為被接受的論點。他認為延遲性肌肉酸痛的誘發，主要是與血漿酵素濃度的上升、血液中的肌紅素(myoglobin)濃度增加、肌肉組織以及肌纖維細微構造的異常有關。而延遲性肌肉酸痛的誘發過程如下：

1. 強烈的肌肉收縮運動，尤其是離心收縮運動，會造成肌肉與結締組織結構被拉扯而損傷。

2. 肌漿網中的鈣離子缺乏，並在粒線體內儲存鈣離子，因而抑制了ATP的氧化磷酸化作用(oxidative phosphorylation)。

3. 鈣離子的堆積同時活化了具有分解肌肉收縮蛋白的蛋白酶活性。

4. 由於肌肉收縮蛋白的分解，造成肌酸激酶(creatine kinase)、前列腺素(prostaglandins)的增加以及組織胺(histamine)的釋放，產生了發炎階段。

5. 由於組織胺、鉀離子、前列腺素以及水腫等物質在細胞外的堆積，刺激了游離神經末梢（痛覺接受器），因而造成延遲性肌肉酸痛的感覺。

　　Sharkey與Gaskill (2006)則建議應緩慢地增加運動訓練量，特別是在訓練初期，同時應避免過多的離心收縮訓練，例如下坡跑。他們也建議在每次的運動課程中，先實施向心收縮的活動，再緩慢地增加離心收縮的活動，同時可補充維生素E與C來降低肌肉組織損傷的程度。

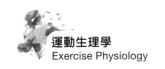

3-6 肌酸增補

　　肌酸(creatine, Cr)是一種天然的化合物，富含於肉類食物中，是由精胺酸(arginine)、甘胺酸(glycine)與甲硫胺酸(methionine)在腎臟與肝臟中合成，再藉由血液的循環運送至骨骼肌，以肌酸或者磷酸肌酸(phosphocreatine, PCr)的型式儲存利用。每人每日所消耗的肌酸量，約為體內總肌酸量的1.6%，因此，一位70公斤的正常人每日需消耗2克的肌酸，藉由均衡的飲食即可獲得足夠的補充(Mesa et al., 2003)。

　　Harris等人(1992)是首先提出肌酸增補有助於提升肌肉內肌酸總量的學者。Harris等人發現每天4~6次，每次攝取5克的水合肌酸(creatine monohydrate)，連續攝取數日後便可增加骨骼肌內肌酸總量約25 mmol/kg·dm，而其中有30%會以磷酸肌酸的型式儲存於肌肉內。當肌肉中磷酸肌酸的濃度提高時，可促進爆發力的運動表現(Casey et al., 1996)。在高強度的運動中，例如100公尺賽跑，前半段的能量來自於肌肉中的ATP，而後半段的能量則需仰賴磷酸肌酸維持肌肉中的ATP濃度，因此，肌酸的增補有助於延緩高強度運動時的疲勞程度。20克的肌酸約等於20塊8盎司未烹煮牛排內的含量，連續5天的增補後，肌肉內磷酸肌酸高濃度的現象，約需4週左右的排空期(wash-out period)，方能完全清除體內所增加的磷酸肌酸(Mesa et al., 2003)。

　　不過，並非每個人都可受益於肌酸的增補，Greenhaff等人在1994年提出了「反應者(responder)」與「不反應者(non-responder)」的觀點。Greenhaff等人發現當體內平均肌酸總量在增補肌酸之前，低於120 mmol/kg·dm時（反應者），會有較佳的肌酸增補效果，而平均肌酸總量高於130 mmol/kg·dm時（不反應者），則增補效果將大打折扣。由於肌酸主要來自於肉類食物，因此，素食運動員透過肌酸的增補，將可獲得較佳的增補效益。

　　肌酸增補的方法，演變至今，必須搭配訓練季期的規劃來實施，增補指引如下：

1. 季外期：
   (1) 肌酸增補期（高劑量）：每天攝取每公斤體重0.3克，連續5天，每天分4次攝取。
   (2) 肌酸維持期（維持劑量）：每天攝取每公斤體重0.03克，連續1~2個月。
2. 高量技術訓練期：每天攝取每公斤體重0.3克，連續5天。
3. 減量訓練期（比賽期前兩週）：每天攝取每公斤體重0.3克，連續3~5天。

在季外期，主要為體能培養階段，因此在訓練初期，應實施一次的肌酸增補期，提升肌肉內的磷酸肌酸含量，而季外期的體能訓練，通常會維持1~2個月，由於高劑量的肌酸增補後，僅能維持約4週的時間。研究也顯示高量訓練時搭配肌酸的攝取，可獲得更佳的運動表現提升效果（鄭景峰，2005b），因此，透過肌酸維持期的搭配，除了可持續維持體內高濃度的磷酸肌酸含量之外，亦可增進體能訓練階段的效益。此外，在肌酸增補期時，必須每天記錄運動員的體重，因為高劑量的肌酸增補，會使體重增加，對於某些類型的運動員，例如跆拳道、舉重等，可能會是運動表現時的負擔，因此必須加以監控，並為後續減量訓練期的增補策略進行調整。在高量技術訓練期與減量訓練期，肌酸增補的實施與否，則可依需求與情況而定，例如體重分級的運動員，在減量訓練期，尚有增加體重的空間的話，便可實施肌酸的增補，再依據先前季外期的體重變化經驗，斟酌調整補充之日數或劑量。

關於肌酸增補的副作用，目前尚無明確的定論，較明確的是，短期高劑量的肌酸增補（小於1週），會明顯增加身體體重約0.6~2.0公斤，而其中主要是增加去脂體重 (fat-free mass)與身體水分（鄭景峰，2005a）。除此之外，有少數個案報導顯示，肌酸的增補會導致噁心、嘔吐、腹瀉、抽筋、肌肉拉傷等，嚴重的有造成腎衰竭、增加心臟負擔，甚至致癌等。由於長期（>1年）肌酸增補的副作用，目前仍缺乏系統性的科學研究證據，因此，目前的研究仍普遍建議使用短期（<1個月，每天2~20克）增補肌酸的方法，而不建議長期服用肌酸（鄭景峰，2005a）。

● 參考文獻 ●

陳順勝、王錠釧、曾拓榮、呂姵瑤、陳儷今、彭筱仔等譯(2008)．**基礎生理學**·臺北市：湯姆生。 (Sherwood, L., 2007)

鄭景峰(2001)．增強式訓練的理論與應用·**中華體育季刊**，16(1)，36-45。

鄭景峰(2005a)．肌酸增補的副作用·**運動生理暨體能學報**，3，1-12。

鄭景峰(2005b)．**肌酸增補對優秀西式划船選手運動表現的影響**·未出版博士論文，臺北市：國立臺灣師範大學。

Armstrong, R. B. (1984). Mechanisms of exercise-induced delayed onset muscular soreness: A brief review. *Medicine and Science in Sports and Exercise, 16*, 529-538.

Baechle, T. R., & Earle, R. (2000). *Essentials of strength training and conditioning* (2nd ed.). Champaign, IL: Human Kinetics.

Casey, A., Constantin-Teodosiu, D., Howell, S., Hultman, E., & Greenhaff, P. L. (1996). Creatine ingestion favorably affects performance and muscle metabolism during maximal exercise in humans. *American Journal of Physiology, 271* (Endocrinol. Metab. 34), E31-E37.

Fox, E., Bowers, R., & Foss, M. (1993). *The physiological basis for exercise and sport* (pp. 105-111). WBC Brown & Benchmark.

Greenhaff, P. L., Bodin, K., Söderlund, K., & Hultman, E. (1994). Effect of oral creatine supplementation on skeletal muscle phosphocreatine resynthesis. *American Journal of Physiology, 266* (Endocrinol. Metab. 29), E725-E730.

Harris, R. C., Söderlund, K., & Hultman, E. (1992). Elevation of creatine in resting and exercised muscle of normal subjects by creatine supplementation. *Clinical Science, 83*(3), 367-374.

Huxley, H. E. (1969). The mechanism of muscular contration. *Science, 164*, 1356-1366.

Kraemer, W. J., & Spiering, B. A. (2007). How muscle grows. In E. B., Lee (Eds.), *Strength Training* (pp. 29-44). Champaign, IL: Human Kinetics.

Mesa, J. L. M., Ruiz, J. R., González-Gross, M. M., Sáinz, Á. G., & Garzón, M. J. C. (2003). Oral creatine supplementation and skeletal muscle metabolism in physical exercise. *Sports Medicine, 32*(14), 903-944.

Pearl, B., & Moran, G. T. (1986). *Getting stronger*. Bolinas, CA: Shelter Publications Inc.

Powers, S. K., & Howley, E. T. (2001). *Exercise physiology: Theory and application to fitness and performance* (4th ed.). New York: McGraw-Hill.

Sale, D. G. (1988). Neural adaptation to resistance training. *Medicine and Science in Sports and Exercise, 20*, S135-S145.

Sharkey, B. J., & Gaskill, S. E. (2006). *Sport physiology for coaches.* Champaign, IL, Human Kinetics.

Viru, A. (1995). *Adaptation in sports training* (pp.125-157). Florida: CRC Press, Inc.

課後練習
Exercise

一、選擇題

(　) 1. 隨意肌是指：　(A)骨骼肌　(B)心肌　(C)平滑肌　(D)以上皆是

(　) 2. 肌漿網所釋出的鈣離子會與何者結合後，而導致橫橋的興奮配對？　(A)肌動蛋白　(B)肌凝蛋白　(C)旋光素　(D)旋光球蛋白

(　) 3. 下列何種肌纖維被稱為紅肌？　(A) I型肌纖維　(B) IIa型肌纖維　(C) IIb型肌纖維　(D) IIc型肌纖維

(　) 4. 下列關於肌纖維類型的敘述，何者有誤？　(A) I型肌纖維的微血管密度最高　(B) IIa型肌纖維同時具有無氧與有氧的代謝功能　(C) IIb型肌纖維的收縮速度最快　(D)關於力量產生排序為I型肌纖維> IIa型肌纖維> IIb型肌纖維

(　) 5. 依據大小原則，骨骼肌招募的順序為何？　(A) I型肌纖維＞IIa型肌纖維＞IIb型肌纖維　(B) IIb型肌纖維＞IIa型肌纖維＞I型肌纖維　(C) I型肌纖維＞IIb型肌纖維＞IIa型肌纖維　(D) IIa型肌纖維＞I型肌纖維＞IIb型肌纖維

(　) 6. 以下何種肌節長度可獲得最高的肌肉力量？　(A) 50　(B) 75　(C) 105　(D) 150　％休息時的肌節長度

(　) 7. 在進行肘關節屈曲動作時，下列何者為拮抗肌？　(A)肱橈肌　(B)肱三頭肌　(C)肱二頭肌　(D)肱肌

(　) 8. 延遲性肌肉酸痛，通常發生在運動後　(A) 48　(B) 72　(C) 96　(D) 120　小時

(　) 9. 承上題，下列關於延遲肌肉酸痛的描述，何者為是？　(A)觸診時肌肉不會有壓痛感等症狀　(B)這種肌肉酸痛的症狀約會持續1~2天後即可恢復　(C)等張離心收縮的動作較向心收縮容易發生　(D)此一現象在運動員身上不會發生

(　) 10. 運動員所服用的肌酸，主要是在增加哪一個能量系統的燃料儲存量？　(A) ATP系統　(B)磷化物系統　(C)乳酸系統　(D)有氧系統

(　) 11. 下列關於肌酸的敘述，何者為非？　(A)每天20克、連續5天的增補，屬於高劑量的增補法　(B)素食主義者增補的效果優於肉食主義者　(C)肌酸增補後的排空期需8週　(D)體重增加是肌酸增補的副作用之一

二、問答題

1. 試述肌肉的分類？

2. 運動神經如何誘發肌纖維而產生收縮？

3. 簡述肌纖維細絲滑動學說？

4. 肌肉收縮的類型有哪些？

5. 何謂運動單位？

6. 重量訓練造成肌力增進的原因為何？

7. 何謂抽動加成作用以及強直性收縮？

8. 何謂肌力與肌耐力？

9. 何謂延遲性肌肉酸痛？原因為何？該如何預防？

10. 肌酸增補的方法與時機，如何與訓練季期結合？

11. 重訓造成肌力進步的原因有哪二種？並試描述學者Sale於1988年提出的概念。

解答：ACADA　CBACB　C

Chapter **4**

謝悦齡　編著

動作的神經控制
(Neural Control of Movement)

Exercise Physiology

　　人體的神經系統能夠感受環境的種種變化，控制和整合身體各部分的活動，使之能對不斷變化的外部環境作出反應，同時又能維持體內相對恆定的環境，以保持恆定性。神經系統可以控制著我們的思考、運動以及感覺的功能，另外，神經系統亦控制著肌肉的活動，提供運動的功能、協調各個組織和器官，建立和接受外來訊息，進行協調。藉由複雜的神經系統的作用，人類得以因應外界的環境變化而產生適當的身體反應，並且有思考、記憶、情緒變化的能力。

　　神經系統的功能：

1. **感覺功能**(sensory function)：神經末梢與感覺接受器(receptor)相連可以偵測身體外部的變化及內部的刺激訊息，譬如：血液中的酸鹼度改變、血壓等內在刺激、水滴滴落在手臂上及針刺等外在刺激，再將感覺刺激傳入中樞神經系統。這些神經元稱之感覺神經元(sensory neuron)或稱傳入神經元(afferent neuron)。

2. **整合功能**(integrative function)：當傳入一個神經訊息後，有些神經元會將這些訊息，整合聚集後，做整合及判斷，決定做出適當的回應，傳往更高層的中樞神經系統或傳出到周邊神經系統。發揮這個作用的稱之中間神經元(interneuron)或聯絡神經元(association neuron)。

3. **運動功能**(motor function)：神經元將中樞神經系統發出的訊息傳出到周邊神經系統去支配肌肉纖維(muscle fibers)或是腺體(glands)，發揮作用。這些神經元稱之運動神經元(motor neuron)或傳出神經元(efferent neurons)。

4-1　神經組織學

　　神經系統由**神經元**(neuron)及**神經膠細胞**(neuroglia)所組成（圖4-1）。除微小膠細胞起源於間葉細胞，神經系統中的其他各類細胞均由神經管的上皮細胞分化而成。神經元即神經細胞(nerve cell)，是神經系統形態和功能的基本單位，是高度分化的細胞，具有感受刺激、傳導衝動和產生化學傳訊物質等功能。神經膠細胞有支持、營養、保護和隔離等作用。

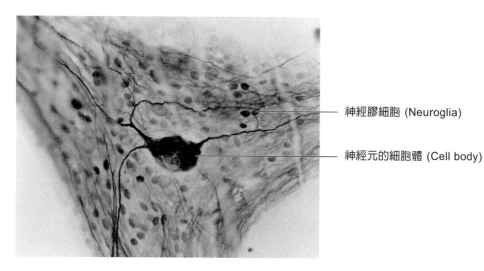

神經膠細胞 (Neuroglia)

神經元的細胞體 (Cell body)

▶ 圖4-1　在光學顯微鏡下的神經元及神經膠細胞。圖片來源：韓秋生等主編(2004)，組織學與胚胎學彩色圖譜，臺北：新文京。

一、神經元(Neuron)

　　神經元即神經細胞，人體內約有數百億個神經元，提供神經系統的獨特功能，如：意識、思考、記憶、控制肌肉的活動和腺體的分泌。

(一) 神經元的分類

1. 神經元依構造之不同可分為（圖4-2）：
   (1) **多極神經元**(multipolar neurons)：有一軸突及數個樹突。在中樞神經系統中之大部分神經元屬之。
   (2) **雙極神經元**(bipolar neurons)：有一軸突及一樹突。存在眼睛的視網膜、內耳螺旋神經節及嗅覺上皮。
   (3) **單極神經元**(unipolar neurons)：只有單一突起。支配皮膚的感覺神經元屬之。
   (4) **偽單極神經元**：此種神經元於胚胎時期為雙極神經，發育過程中融合成單一軸突，再分成中央分支及周圍分支，此種神經元存在於脊髓的背根神經節。
2. 神經元依功能之不同可分為：
   (1) **感覺**或**傳入神經元**：將神經衝動由接受器傳到腦及脊髓。
   (2) **運動**或**傳出神經元**：由腦及脊髓將衝動傳到肌肉及腺體等動作器。
   (3) **聯絡神經元**：位於腦及脊髓內，將衝動由感覺神經元傳到運動神經元。

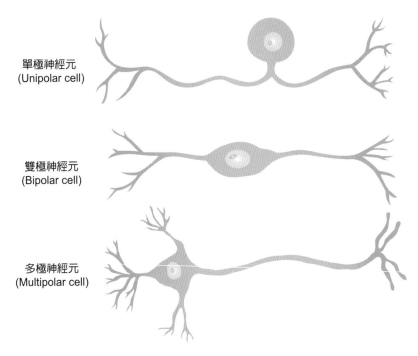

單極神經元
(Unipolar cell)

雙極神經元
(Bipolar cell)

多極神經元
(Multipolar cell)

▶ 圖4-2　單極神經元、雙極神經元與多極神經元。

(二) 神經元的結構

⊃ 細胞體 (Cell Body)

　　神經元的細胞體大小相差懸殊，細胞體形態多樣。細胞核呈球形，在蘇木紫－嗜伊紅染色法(hematoxylin and eosin stain, H&E)染色標本上呈空泡狀，核膜清晰，染色質呈細粒狀，核仁大而明顯。神經元的細胞質亦稱神經漿，其中除了一般的胞器以外，還有特有的神經原纖維(neurofibril)和**尼氏體**(Nissl's bodies)。神經原纖維在細胞體內交織呈網狀，在突起中則呈平行排列的束狀，它與支持和運輸有關，可被銀染成黑色，電子顯微鏡下可見由微絲和微管組成。尼氏體亦稱虎斑，是一種嗜鹼性物質，光學顯微鏡下呈斑塊狀，電子顯微鏡下呈板層狀緊密排列的粗糙內質網和游離核糖體所組成。

⊃ 細胞突起 (Cytoplasmic Process)

　　主要有**樹突**(dendrite)與**軸突**(axon)兩種突起。樹突呈樹枝狀，數目很多，將訊息傳至細胞體。它是神經元接受化學傳訊物質的部位，將神經衝動傳入細胞體，樹突內含有尼氏體、神經原纖維等。軸突是自細胞體發出的細長的突起，只有一條，主要是將細胞體發生的衝動傳至另一種神經元，或至肌細胞和腺細胞等動作器。其起始部

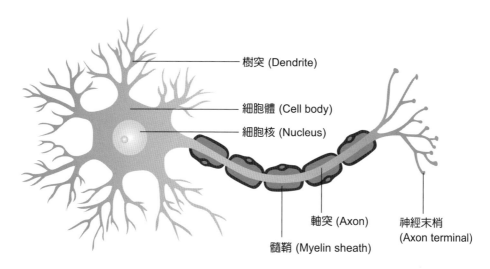

樹突 (Dendrite)

細胞體 (Cell body)

細胞核 (Nucleus)

軸突 (Axon)

神經末梢
(Axon terminal)

髓鞘 (Myelin sheath)

▶ 圖4-3　神經組織的結構。

呈丘狀隆起，稱為**軸丘**(axon hillock)。軸突和軸丘內無尼氏體。軸突的末端有樹枝狀的終末分支，其末端有許多內含神經傳遞物質(neurotransmitters)的膜包小泡，稱為**突觸小泡**(synapic vesicle)。軸突內的細胞質稱軸漿(axoplasm)，軸突處的細胞膜稱軸膜(axoplemma)。有些軸突表面附有區段式的複層白色磷脂質(multilayered lipid & protein covering)，稱為**髓鞘**(myelin sheath)。髓鞘的功能是增加神經衝動傳導的速率，並作為軸突的絕緣及維持作用。軸突及其外所包被的髓鞘便構成神經纖維(nerve fiber)。

⮑ 神經纖維 (Nerve Fiber)

由軸突或長樹突與包在其外面的神經膜細胞，即許旺氏細胞(Schwann's cell)共同組成。可依髓鞘有無再分成**有髓鞘神經纖維**(myelinated nerve fiber)及**無髓鞘神經纖維**(unmyelinated nerve fiber)（圖4-4）。

絕大多數動物的神經纖維屬於有髓鞘神經纖維。它是由中央的軸突、或長樹突和外包的髓鞘和許旺氏鞘構成。髓鞘是直接包在軸突外面的鞘狀結構，主要成分是脂蛋白。髓鞘每隔一定的距離出現間斷，此處稱**蘭氏結**(nodes of Ranvier)，兩個蘭氏結之間稱結間段(internodal segment)。**許旺氏鞘**(Schwann's sheath)由扁平的許旺氏細胞構成，緊貼於髓鞘表面。電子顯微鏡下髓鞘和許旺氏鞘是同一個許旺氏細胞的兩個不同的部分。髓鞘是細胞膜同心圓纏繞在軸突外表的多層結構，而許旺氏鞘是含有細胞質和細胞核的部分。通常認為髓鞘是絕緣物質，能防止神經衝動從一個軸突擴散到鄰近的軸突。

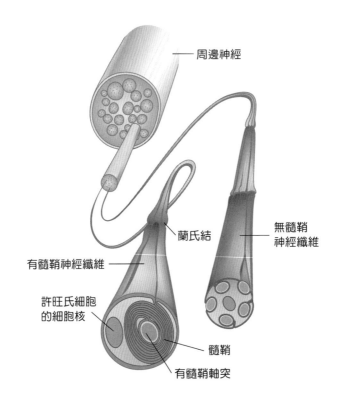

周邊神經

蘭氏結

無髓鞘
神經纖維

有髓鞘神經纖維

許旺氏細胞
的細胞核

髓鞘

有髓鞘軸突

▶ 圖4-4　神經纖維的結構。

　　有髓鞘神經纖維的神經傳導以跳躍式傳導為主，因此速度比無髓鞘神經纖維快，且有髓鞘神經纖維越粗傳導越快。生理學上將此類有髓鞘神經纖維依傳導速度分成A及B纖維。A纖維(A fiber)最粗，有四種：Aα、Aβ、Aγ及Aδ，以Aα傳導速度最快。Aα纖維負責本體感覺；Aβ纖維負責傳導觸覺及壓覺；Aγ纖維負責將肌梭的訊息傳出到肌肉；Aδ纖維傳導快痛覺、溫覺及觸覺。B纖維(B fiber)則組成自主神經的節前纖維。

　　無髓鞘神經纖維的主要特徵是有許旺氏鞘而缺少髓鞘，亦不存在蘭氏結，故纖維較細，表面光滑，電子顯微鏡下可見若干條軸突陷入許旺氏細胞內，缺少纏繞的過程。生理學上將此類無髓鞘神經纖維歸成C纖維(C fiber)。因為沒有髓鞘所以直徑最細，負責反射動作、傳導慢痛覺並組成交感神經節後纖維。

Chapter · **4** 動作的神經控制

⊃ 神經末梢(Never Ending)

按功能分為感覺神經末梢和運動神經末梢：

1. **感覺神經末梢**(sensory nerve ending)：是感覺神經的軸突與感覺接受器的接觸點，常見的有如下幾種：
   (1) 游離神經末梢(free nerve ending)：分布於上皮細胞的基底部或移行於上皮細胞間，能感覺痛覺。
   (2) 環層小體(lamellar corpuscle)：多分布於皮下組織、腸繫膜、漿膜等處，能感覺壓覺。
   (3) 觸覺小體(tactile corpuscle)：分布於真皮乳頭中，主要感覺觸覺。
   (4) 肌梭(muscle spindle)：呈梭形，外包結締組織被膜，內有數條形態特殊的肌纖維，稱梭內肌纖維。可感受骨骼肌收縮長度及速度變化。
   (5) 高爾基肌腱器(golgi tendon organ)：位在肌腱上的感覺接受器，可感受骨骼肌收縮張力的變化。

2. **運動神經末梢**(motor nerve ending)：運動神經元軸突末梢與肌細胞、腺細胞等構成的結構，它將神經衝動傳至肌肉或腺體。常見的有如下幾種：
   (1) 運動終板(motor end plate)：是分布於骨骼肌的動作器(effector)。一條神經纖維的終末分支與肌纖維接觸處形成爪狀分支，端部稍膨大，止於肌纖維膜的表面。電子顯微鏡下肌纖維膜凹陷形成突觸槽，神經末梢膨大伸入突觸槽內，在軸膜與肌纖維膜之間有間隙，終板的軸漿中含有豐富的粒線體和突觸小泡。
   (2) 內臟運動神經末梢：神經纖維較細，末梢分支呈串珠狀或膨大的扣結狀，包繞在平滑肌纖維或穿行於腺細胞間，支配平滑肌纖維收縮或腺細胞的分泌。

⊃ 灰 質 (Gray Matter)

灰質是中樞神經系統內神經元細胞體集中的地方。由神經元細胞體、樹突及與之聯結的神經末梢和膠質細胞構成。富含血管，在新鮮標本上呈暗灰色。脊髓的灰質在中央，橫切面呈「H」形，全長呈柱狀，為節段性結構。灰質前段擴大為前角，後端狹細為後角。灰質內含有大小不等的多極神經元，神經元的細胞體有的成群聚集在一起稱神經核(nucleus)，有的零散存在。大腦和小腦的灰質在表層，稱皮質(cortex)，神經元有規律地分層排列，皮質各層的厚薄、神經元細胞體的分布及纖維的疏密各部位有差異。

69

⊃ 白　質 (White Matter)

　　白質指中樞神經系統中，主要由有髓鞘神經纖維構成的、呈現白色的部分。是與灰質相對而言的。在脊髓中白質包圍灰質位於其外側，含有多種傳導路徑。在腦中除延腦外，白質均位於灰質的內側，尤其是完全被大腦皮質和小腦皮質所包圍。白質在大腦皮質的深面，由大量神經纖維組成，其中包括大腦半球內的回(gyrus)與回之間、葉(lobe)與葉之間和兩半球之間以及皮質與皮質下各級腦之間的上、下連結的神經纖維。腦就是通過這些神經纖維的連結來完成其重要功能的。主要的白質聯絡纖維有：

1. 胼胝體(corpus callosum)：在兩大腦半球間的底部，是聯絡左、右半球的大量橫行連合纖維。

2. 內囊(internal capsule)：是位於視丘、尾狀核與豆狀核之間的上、下行纖維，是大腦皮質與下級中樞聯絡的「交通要道」。

(三) 神經元之間的連繫

　　神經元之間的接觸點，稱為**突觸**(synapse)（圖4-5）。最常見的突觸是軸突末梢在其末端膨大形成小結或小環，貼附於另一神經元的樹突或細胞體的表面。突觸的形式是多種多樣的，有軸樹突觸、軸體突觸、軸軸突觸、樹樹突觸、體樹突觸等。電子顯微鏡下突觸處有膜相隔，前一神經元末梢的軸膜稱**突觸前膜**(presynaptic membrane)，後一神經元的樹突或細胞體膜稱**突觸後膜**(postsynaptic membrane)，兩膜之間有**突觸裂隙**(synaptic cleft)。突觸前膜內的軸漿中含有大量的突觸小泡。突觸小泡內含有化學介質。

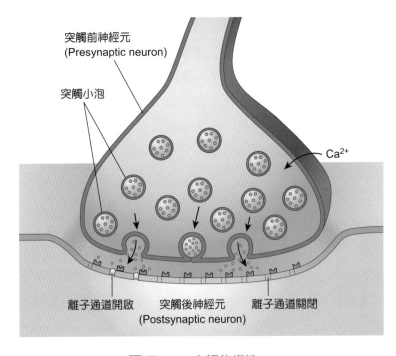

▶ 圖4-5　突觸的構造。

二、神經膠細胞 (Neuroglia)

神經膠細胞分布於神經元之間，有支持、營養和絕緣作用，同時可維持神經元細胞間液之恆定反應。神經膠細胞在中樞神經系統中可分為星形膠細胞(astrocyte)、寡樹突膠細胞(oligodendrocyte)、室管膜細胞(ependymal cell)、微小膠細胞(microglia)；在周圍神經系統中可分為被囊細胞(capsule cell)和許旺氏細胞(Schwann's cell)。

1. **星形膠細胞**：呈星形，有許多突起，是數量最多、體積最大的一類細胞。在腦和脊髓內支持神經細胞，其中有的突起較長，末端膨大終止於血管壁上，稱血管周足(perivascular feet)，與血管內皮細胞共同形成血腦障壁(blood-brain barrier, BBB)。

2. **寡樹突膠細胞**：似星形膠細胞，是一種體積較小、突起較少且短的細胞，支持神經元，其環繞中樞神經系統的神經元軸突，形成製造髓鞘(myelin)。

3. **室管膜細胞**：形狀由鱗片狀到柱狀，很多皆具有纖毛(cilia)，在腦室內形成一單層的上皮細胞。是襯附於腦室和脊髓中央管內表面的細胞，具有屏障作用。

4. **微小膠細胞**：細胞最小，呈長梭形或不規則形，可移至受傷的神經組織區域，有單核球和巨噬細胞的功能，故亦稱為腦的巨噬細胞。

5. **被囊細胞**：是分布於周邊神經節內神經細胞的周圍，又稱衛星細胞(satellite cell)。

6. **許旺氏細胞**：環繞周邊神經系統的神經元軸突，形成髓鞘。

4-2 神經系統電生理學

神經細胞和其他細胞一樣，有一層細胞膜。細胞膜是由磷脂質所組成的雙層結構(phospholipid bilayer)，磷脂質有親水性(hydrophilic)和疏水性(hydrophobic)兩端，親水性的頭部朝外、疏水性的尾巴朝內，組成了細胞膜，在細胞膜上面又有一些離子通道或是細胞接受器(receptor)，可以讓一些化學物質直接或間接通過。神經細胞膜內外有很多正負離子且種類分布不均，一般而

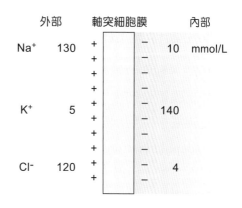

▶ 圖4-6　神經細胞膜內外正負離子分布。

言，內部（帶負電）有較多的鉀離子與蛋白質負離子，外部（帶正電）有較多氯離子與鈉離子（圖4-6）。

一、神經靜止膜電位產生機制

這是因為細胞內外離子分布不均勻所造成的現象，導致細胞內的電位較低，細胞外的電位較高，呈現「外正內負」的差別。一般而言，細胞外的鈉離子與氯離子較細胞內多，而細胞內的鉀離子較細胞外多，這種離子分布不均勻的現象，是因為細胞中除了帶電的小分子離子外，還有許多帶負電的大分子，例如蛋白質或核酸。因為細胞膜的半透膜特性，使得這些大分子無法進出細胞來維持電荷平衡，只好由小分子離子經由通過特殊的離子通道，來保持電荷平衡，因此造成離子不均等的分布。此外，細胞膜上的主動運輸蛋白—鈉鉀幫浦(Na^+-K^+ pump)，不斷地以消耗能量的方式將三個鈉離子自胞內送至胞外，同時與兩個在胞外的鉀離子交換進入細胞之中，進一步地造成膜內外的離子分布差異，使細胞外的鈉離子較細胞內多，而細胞內的鉀離子則較細胞外多。因此，便呈現一個正常的神經細胞細胞內有高濃度的鉀和低濃度的鈉，而且這樣子的結果，也可使細胞內外的離子梯度和電位梯度皆達到一個平衡態，對靜止的神經細胞膜而言，在這個時候利用微電極可測出細胞膜內外存在的恆定電位差值約在負70 mV(-70 mV)左右，即所謂**靜止膜電位**(resting membrane potentials)（圖4-7）。

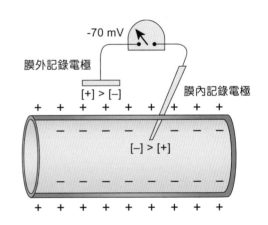

-70 mV

膜外記錄電極

[+] > [−]

膜內記錄電極

[−] > [+]

▶ 圖4-7　神經細胞的靜止膜電位。

二、神經動作電位的發生過程

初始時，細胞膜電位為靜止膜電位。鈉通道關閉，只有部分鉀通道開放，鉀離子決定了靜止膜電位的大小。而各種離子運動的方向和強度為電化學梯度所決定。但是當細胞從突觸接受到刺激之後，會打開細胞膜上面的鈉離子通道，讓鈉離子流入，造成**去極化**(depolarization)，也就是細胞內的正電荷增加，使電位上升。這樣的電位變化可以打開更多離子通道，讓更多鈉離子流入，當電位增加超過**閾值**(threshold)，就會開始形成**動作電位**(action potential)。因此，動作電位就是神經衝動的形式，可將一個完整的動作電位分成三個時期來討論細胞電位的變化（圖4-8）：

1. **去極化時期**：當興奮性刺激達到閾值（人體約–55 mV）後，會引發神經細胞膜上受電壓管制鈉離子通道(voltage-gated sodium channel)大量開啟，膜外鈉離子受濃度梯度差及膜內負電較多的影響，湧入細胞膜內，造成神經細胞的膜電位上升。當膜電位超過閾值，促使更多受電壓管制鈉離子通道開啟，引發一連串正迴饋作用，使膜電位上升更加劇烈，稱為去極化。

2. **再極化時期**：由於鈉離子通道和鉀離子通道對於電位的敏感度不同，當膜電位上升約至+50 mV時，鈉離子通道關閉，卻開啟受電壓管制鉀離子通道(voltage-gated potassium channel)，造成鉀離子大量流出胞外，細胞膜電位開始下降，稱為再極化(repolarization)。

3. **過極化時期**：當大量的鉀離子通道打開時，會使整體細胞膜電位降低至鉀離子通道的平衡膜電位（約為–85 mV）且低於靜止膜電位(–70 mV)，稱為過極化(hyperpolarization)。此時期鉀離子通道將會關閉。由於細胞膜上鈉鉀幫浦蛋白持續作用，逐漸將膜電位回復至未興奮前的狀態（也就是靜止膜電位狀態）。

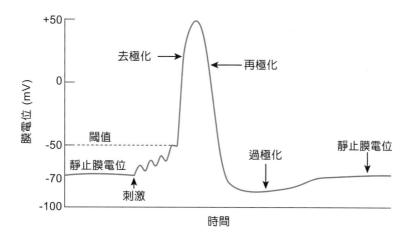

▶ 圖4-8　細胞電位的變化圖。(1)從靜止膜電位到去極化，是因為細胞膜外面的鈉離子，從打開的鈉離子通道進到細胞裡面，讓細胞膜內比起細胞膜外有著比較高的電位。(2)去極化後如果細胞膜內的電位超過一個閾值，譬如說：–50 mV，就會引起一連串的鈉離子通道全部打開，讓更多鈉離子進入細胞膜，形成動作電位。(3)動作電位可以沿著細胞膜一直傳到到細胞的末端，其中包括軸突末端的突觸。這時候就可以透過突觸將刺激傳給下一個神經元。(4)鉀離子通道打開，造成細胞內的鉀離子流到細胞膜外面，讓細胞膜的電位下降，變成再極化。(5)鉀離子通道關閉，細胞回復靜止膜電位。

三、神經細胞與訊息傳遞

當神經細胞本體收到刺激訊號時，此時神經細胞在傳導時具有兩個特性：(1)訊號傳遞具有方向性(uni-directional)，從細胞本體傳至軸突；(2)訊號傳遞的過程為一物理性的改變(physical property changes)。突觸是神經細胞與其他神經細胞的接觸區域，不相連且具有空隙。因此，在突觸之前的神經細胞的稱為突觸前神經元(presynaptic neuron)，後一個神經細胞稱為突觸後神經元(postsynaptic neuron)。

當動作電位傳到神經末梢接近突觸的時候，此時電位的變化會使突觸前神經元細胞膜上的鈣離子通道打開，讓鈣離子流入，鈣離子的濃度會改變使神經末梢的突觸小泡破裂，將神經傳遞物質釋放到突觸裂隙(synaptic cleft)中，神經傳遞物質會與突觸後神經元的接受器相接合，而打開一些離子通道或是刺激細胞內的傳訊物質(messenger)傳遞訊息，來改變突觸後神經元細胞本身的各種活動（電位變化、基因調節或是突觸的改變等）。所以，當突觸後神經元的突觸，接收到神經傳遞物質，又會打開特定的離子通道，像是之前提到的鈉離子通道。鈉離子通道打開後，又依照剛才提到的動作電位形成的原理，鈉離子進入細胞裡面讓細胞去極化，使得細胞電位從靜止膜電位(−70 mV)變成正的電位，細胞電位超過一個閾值又可以造成動作電位，讓神經傳遞的訊息繼續傳遞到下一個細胞。

神經元動作電位持續約1~2毫秒。動作電位在任何一種神經細胞中所產生的大小是完全一樣的。因此，神經細胞要不就是去極化沒有達閾值而不引發動作電位，要不就是產生一個大小固定的一個動作電位，這就是所謂的**全有或全無律**(all or none law)。

在神經肌肉接合點，扮演將神經訊號傳導到肌肉上的重要傳導物質就是**乙醯膽鹼**(acetylcholine, ACh)，ACh為一種神經傳遞物質，可與乙醯膽鹼接受器(acetylcholine receptor)結合，結合之後可以將乙醯膽鹼管制型鈉離子通道(ACh-gated sodium channel)打開，帶正電的鈉離子便會進入細胞內，細胞膜內負電從−70 mV開始上升，這一個電位變化便會使膜上的電壓管制鈉離子通道(voltage-gated sodium channel)打開造成鈉離子大量往內流，使肌肉細胞膜產生去極化及動作電位。當神經訊息成功地傳導到肌肉細胞後，乙醯膽鹼接受器上同時有一個酵素乙醯膽鹼酯酶(acetylcholine esterase)會將ACh分解，並再回收到突觸其神經元儲存，此時細胞膜的電位差又回復原來的狀態。此為神經細胞細胞膜的膜電位對神經傳遞物質的反應。

四、神經傳遞物質(Neurotransmitter)

1. **乙醯膽鹼**(ACh)：在人體腦中許多神經元都會分泌此種神經傳遞物質，例如在運動皮質的大型錐細胞(pyramidal cell)、基底核(basal ganglion)內的神經元、支配骨骼肌的運動神經元、自主神經系統之節前神經元(preganglionic neuron)和部分交感及副交感神經系統的節後神經元(postganglionic neuron)。一般而言，ACh有興奮性的作用；但在某些副交感神經系統的神經末梢卻有抑制的作用，就像迷走神經對於心臟有抑制的情形。重症肌無力(myasthenia gravis)是因乙醯膽鹼接受器被破壞而致。

2. **正腎上腺素**(norepinephrine)：由腦幹或下視丘神經元的細胞體所分泌。大部分交感神經系統的節後神經元亦會分泌正腎上腺素，它同時具有興奮和抑制兩種作用。

3. **多巴胺**(dopamine)：多巴胺的作用常是抑制性的，由源於黑質的神經元所分泌，其神經元末梢主要分布於基底核的紋狀體(striatum)。與行為及運動姿態調節有關。

4. **甘胺酸**(glycine)：多數為抑制性的作用，主要由脊髓內的突觸所分泌。

5. **γ胺基丁酸**(gamma-aminobutyric acid, GABA)：一般而言，其作用全是抑制性的，其分泌之神經末梢多存在於脊髓、小腦、基底核，以及皮質的許多區域內。

6. **麩胺酸**(glutamate)：一般認為，其作用是興奮性的，大部分由大腦皮質突觸前末梢及許多感覺神經纖維末梢所分泌。

7. **P物質**(substance P)：痛覺神經末梢在脊髓背角(dorsal horn)內之分泌物質，也存在於基底核及下視丘；其作用可能是興奮性的。主要的傳入神經纖維受刺激時，會分泌P物質而導致痛覺。

8. **腦素**(enkephalin)：又稱為腦啡肽，大部分由脊髓、腦幹、視丘及下視丘的神經末梢所分泌，作用可能與興奮另一些系統來抑制痛覺的傳遞有關。

9. **羥色胺**(serotonin)：又稱為血清胺，由源於腦中央縫核(median raphe)之神經元所分泌，此神經元之神經纖維投射到脊髓的背角和下視丘以及腦其他部位。在脊髓的作用是抑制痛覺的傳遞，而在腦部則是輔助情緒的控制，甚至可能引起睡眠。

4-3 神經系統與運動

　　神經系統只佔人體體重的約3%，然而卻是人體最複雜的系統。構成神經系統的器官與其他器官一樣，由各種組織組成。人體的神經系統，主要包括腦、脊髓和神經。因此，神經系統被分為中樞神經系統(central nervous system, CNS)與周邊神經系統(peripheral nervous system, PNS)二大部分（圖4-9）。

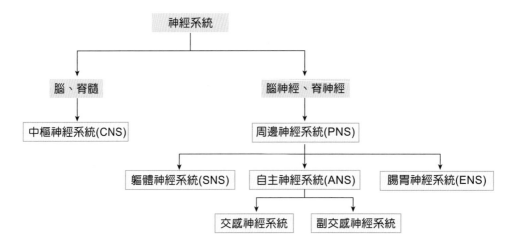

▶ 圖4-9　神經系統的組成。

一、中樞神經系統與運動控制

(一) 中樞神經系統的組成

　　中樞神經系統包括腦(brain)及脊髓(spinal cord)，有使體內各器官之機能相互合作及協調，將來自於體外環境變化之訊息綜合起來，加以分析及調整後，發布命令以應付外在環境之變化。中樞神經系統是神經系統中最主要的系統。腦與脊髓分別受到顱骨與脊椎骨保護，負責控制兩側對稱動物的肢體行動。

　　腦可分成四個主要部分：

1. 大腦(cerebrum)：它構成腦總重的八分之七。

2. 小腦(cerebellum)：在大腦之下，腦幹之後。

3. 間腦(diencephalon)：由視丘(thalamus)及下視丘(hypothalamus)所組成。

4. 腦幹(brain stem)：由中腦(midbrain)、橋腦(pons)及延腦（或稱延髓）(medulla oblongata)等三部分組成，其尾端和脊髓相連。

⊃ 大 腦 (Cerebrum)

大腦皮質是神經系統的最高級中樞，其不同部位具有不同的機能。因此，大腦有非常複雜的結構，中間為髓質（白質）；表面為灰質，又稱皮質，其中神經細胞分6層；深部有調節運動的基底核。在發育過程中，因為灰質的大量增加，皮質面積不斷擴大，而大腦又為顱腔容積所限，因此大腦半球表面出現許多凹陷的溝與凸起的回，而使大腦半球表面積得以大為增加。因此，動物越高等其溝回越多。大腦上最大的裂(fissure)為大腦縱裂(longitudinal fissure)，將大腦分為左右兩個半球(hemisphere)。每一大腦半球的外側有一深長的橫裂，稱為外側裂(lateral fissure)，後端有頂枕裂。此外，由大腦半球頂端向外側裂伸出的溝，稱為中央溝(central sulcus)。

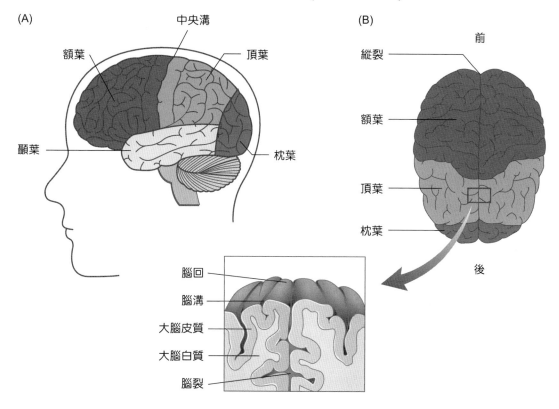

▶ 圖4-10 大腦皮質的構造與分葉。

大腦分左右兩半球，可分為額葉、頂葉、顳葉、枕葉及腦島等。中央溝前方與外側裂上方的區域稱為額葉(frontal lobe)，外側裂下方區域稱為顳葉(temporal lobe)，中央溝後方至頂枕裂間區域稱為頂葉(parietal lobe)，頂枕裂後方較小區域稱為枕葉(occipital lobe)。腦島(insula)深藏在大腦外側裂裡面。每一腦葉內又可分成許多腦回，如中央溝前方的長回為中央前回(precentral gyrus)，即為軀體運動中樞(somatomotor center)所在；中央溝後方的長回為中央後回(postcentral gyrus)，即為軀體感覺中樞(somatosensory center)所在。大腦半球又可按功能分區，可分為感覺區、運動區、聽覺區、視覺區、嗅覺區、語言區等。成人大腦皮質的總面積約0.22平方公尺，約有140億個以上的神經元，每立方毫米約含十億個突觸。各處大腦皮質厚度不一，運動區最厚，枕葉最薄。複雜而精細的感覺主要是依賴大腦皮質的作用（圖4-10）。

大腦皮質有兩條下行路徑管理軀體運動，即錐體徑與錐體外徑（於後文詳述）。錐體徑發動運動，錐體外徑協調運動。在高等動物，條件反射主要是大腦皮質的機能。大腦可以控制及影響其他器官的運作，來快速和協調應對變化的環境。在脊椎動物中，只要利用脊髓神經徑路便可以產生反射的反應，以及簡單的運動形態，如游泳或散步。然而，複雜的行為及運動控制則必須由大腦的訊息整合來完成。

大腦皮質中與運動功能有關的運動皮質可分為初級及次級運動皮質兩個主要部分。初級運動皮質(primary motor cortex)相當於Brodmann area 4及area 6（圖4-11），即軀體運動中樞，負責產生神經衝動控制及執行動作，是軀體運動的最高級中樞。在大腦皮質中央前回的4區和6區。脊髓和腦幹有下級的軀體運動中樞，都受大腦皮質高級運動中樞的調節。大腦皮質運動區結構的基本單位是「運動柱」，細胞呈縱向柱狀排列。同一「運動柱」與同一個關節的運動有關。運動區的細胞接受多方面的感覺傳入。來自皮膚、肌肉和關節的衝動經視丘到達皮質。運動柱內細胞之間的環路，使不同層次的神經元廣泛連結，對傳入訊息的總和發生反應。大腦皮質的運動機能，通過錐體徑和錐體外徑協同完成。大腦皮質運動區對軀體運動的調節交叉進行，一側運動皮質支配另一側軀體肌肉的活動；皮質一定區域支配一定部位的肌肉，具有精細的機能定位，呈倒立分布，但比例並不相當；身體不同部位在大腦皮質上的代表區所佔面積的大小與運動的精細複雜程度有關。如大拇指所佔區域的大小，幾乎是整個大腿所佔區域的十倍，這是因為大拇指的功能比大腿的複雜所致。

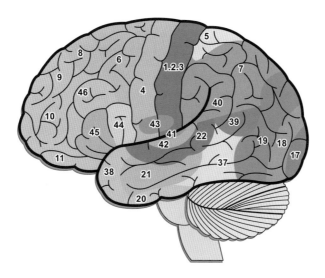

▶ 圖4-11 大腦皮質布羅曼區(Brodmann area)。

次要運動皮質(secondary motor cortex)，包括：

1. 後頂葉皮質(posterior parietal cortex)：相當於Brodmann area 5 及area 7，負責視覺訊息轉化成運動指令，這部分如果受損會造成動作失用症(apraxia)，無法精確抓握。

2. 運動前皮質(premotor cortex)：相當於Brodmann area 6，負責感覺輸入控制運動和控制近端和軀幹肌肉的身體的功能。

3. 補充運動區(supplementary motor area)：屬於運動感覺皮質的一部分，位在初級運動皮質前面，接近Brodmann area 6的大腦半球內側面。負責規劃和協調複雜動作。

◯ 基底核 (Basal Ganglia)

肢體運動需要腦中各區域間透過神經纖維相互連結，傳遞訊息與協調才能正常進行。其中腦部除運動皮質外，基底核也在運動時扮演著重要的角色。基底核（或稱為基底神經節），存在每一大腦半球內的灰質中，是由大腦深部一系列神經核團組成的功能整體。它與大腦皮質、視丘和腦幹相連。目前所知其主要功能為自主運動的控制，調節骨骼肌的張力及控制下意識粗大的動作，如走路時手臂之擺動，及計畫性隨意運動(the planning & programming of movement)。它同時還參與記憶、情感和獎勵學習等高級認知功能。基底核的病變可導致多種運動和認知障礙，包括帕金森氏病(Parkinson's disease)和亨廷頓氏病(Huntington disease)等。

基底核可分成前側及後側（圖4-12）。前側主要是紋狀體(striatum)，包括：尾狀核(caudate nucleus)、殼核(putamen)、伏隔核(nucleus accumbens)、蒼白球(globus pallidus)；後側則以視丘下核(subthalamic nucleus)及黑質(substantia nigra)為主。基底神經節病變退化，會導致運動失調。

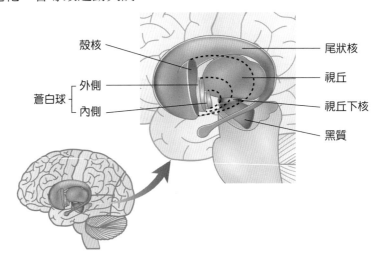

▶ 圖4-12　基底核的位置與構造。

基底核為錐體外徑(extrapyramidal tract)的主要中間站，其各核之間可互相聯繫，也可接受大腦皮質的衝動。和運動有關的基底核主要以紋狀體為主，在纖維的聯繫上，所有傳入紋狀體的纖維都終止於殼核和尾狀核，而紋狀體的傳出纖維除少數至黑質外，都終止於蒼白球：蒼白球是紋狀體的傳出部，由它發出紋狀體的傳出纖維。傳入紋狀體的纖維來自大腦皮質（主要是額葉和頂葉）、背側視丘和黑質。來自黑質的纖維，攜帶黑質神經元合成的多巴胺至殼核及尾狀核，來自大腦皮質額葉的纖維，將啟動軀體運動的衝動傳至紋狀體；最後由蒼白球的傳出纖維直接傳至背側視丘（腹外側核和腹前核），再投射至額葉皮質。這樣可以將修正後的資訊傳至額葉皮質，對運動進行調控及調整。因此，紋狀體可將大腦皮質產生的動機轉化成意識運動，負責運動的整體協調與調控隨意運動、肌張力和姿勢反射，也參與複雜行為的調節。

⊃ 腦 幹 (Brain Stem)

腦幹位於腦和脊髓之間，由中腦(midbrain)、橋腦(pons)、延腦(medulla oblongata)三部分組成，上接間腦、下接脊髓（圖4-13）。它負責調節複雜的反射活動，也負責管制心臟、肺等內臟的自主神經活動，包括調節呼吸作用、心跳、血壓等，對維持機體生命有重要意義，有生命中樞(vital center)之稱。12對腦神經之中除了嗅神經和視

神經外，腦幹含有動眼神經、滑車神經、三叉神經、外旋神經、顏面神經、前庭耳蝸神經、舌咽神經、迷走神經、副神經及舌下神經這10對處理腦神經訊息的神經核。因此，是神經系統的重要部位。

延腦又稱延髓，位於枕骨大孔(foramen magnum)的正上方，上接橋腦，下連脊髓。含有聯絡脊髓與腦各部分之間的所有上行徑(ascending tracts)及下行徑(descending tracts)所構成延腦的白質(white matter)。其中**錐體**(pyramids)是一個與運動功能極為相關的構造。錐體位於延腦的腹側，是二個約略呈三角形的構造，此乃是由皮質脊髓徑(corticospinal tract)所組成的。在延腦與脊髓交接的正上方，外側皮質脊髓徑(lateral corticospinal tract)形成**錐體交叉**(decussation of pyramids)。位於延腦背側之兩對明顯的神經核，即為左右之薄索核(nucleus gracilis)及楔狀核(nucleus cuneatus)，這些神經核接受由左右的薄束及楔狀束來的感覺纖維，將訊息傳到延腦的對側後，再往上傳，最後抵達大腦皮質的感覺區。而網狀結構(reticular formation)則是指存於脊髓、腦幹及間腦內，由白質與灰質交織而成的部分，可執行意識及覺醒的功能。延腦外側表面的有卵形突起，內含下橄欖核(inferior olivary nucleus)，是與本體感覺有關的神經核，這些神經核與小腦相交通，接受來自於本體感覺接受器的訊息，再將其傳到小腦。

橋腦在延腦的上方，是連接脊髓與腦的一座橋，主要含有構成白質的神經纖維及腦神經神經核。而**中腦**則是由橋腦往上延伸至間腦(diencephalon)的下面部分。其腹面有一對大腦腳(cerebral peduncles)，大腦腳含有將衝動由大腦皮質傳到橋腦、延腦及脊髓的運動纖維。背部部位稱為頂(tectum)，有四個圓形的丘稱為四疊體(corpora quadrigemina)。上方的二個稱上丘(superior colliculi)，是視覺(visual)反射中樞。下方的二個稱下丘(inferior colliculi)，是聽覺(auditory)反射中樞。紅核(red nucleus)因富含血流故呈紅色。中腦網狀結構的主要神經核，由大腦皮質或小腦來的纖維均可接觸於紅核，協調肌肉的運動，而由紅核再發出紅核脊髓徑(rubrospinal tract)。內側蹄系(medial lemniscus)為一白纖維帶，是延腦、橋腦及中腦所共有。它含有將精細觸覺、本體感覺及震動覺的衝動由延腦傳至視丘的軸突。

⊃ 小 腦 (Cerebellum)

小腦是腦的第二大部分，位於延腦及橋腦的後方，在大腦枕葉的下方（圖4-13）。小腦位於大腦後部的正下方，其功能包括，維持身體的平衡、與大腦皮質運動區共同協調肌肉的運作，姿勢反射的興奮與抑制。小腦也分為兩半球，對骨骼肌運

動的協調起著很大作用。小腦鐮(falx cerebelli)將小腦分成左右兩半球，中央的區域稱為蚓部(vermis)。每一半球可分成前葉(anterior lobe)及後葉(posterior lobe)，其與骨骼肌的下意識動作有關；而小葉小結葉(flocculo-nodular lobe)則與平衡有關。

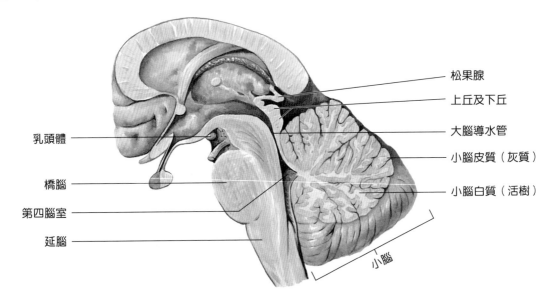

松果腺

上丘及下丘

大腦導水管

小腦皮質（灰質）

小腦白質（活樹）

乳頭體

橋腦

第四腦室

延腦

小腦

▶ 圖4-13　腦幹與小腦。

小腦皮質(cortex)由灰質所組成，其上有許多細長的平行皺摺(folds)稱為葉(folia)。灰質底下為白質徑(arbor vitae)，在白質內的深部有四對神經核，它們是齒狀核(dentate nucleus)、栓狀核(emboliform nucleus)、球狀核(globose nucleus)及室頂核(fastigial nucleus)。

小腦以三對小腦腳(cerebellar peduncles)附著到腦幹，分別是：

1. 下小腦腳(inferior cerebellar peduncles)：為脊髓及延腦到小腦的主要通路（如脊髓小腦徑、前庭小腦及網狀小腦徑）。

2. 中小腦腳(middle cerebellar peduncles)：為橋腦到小腦的通路（即橋腦小腦徑）。

3. 上小腦腳(superior cerebellar peduncles)：為主要由小腦之齒狀核到中腦的紅核之傳導路徑所構成。

小腦的作用除了可以保持各肌肉的正常緊張狀態所必需外，亦可以準確地維持身體的平衡、協調隨意運動，使運動的速率、範圍、力量和方向等方面達到準確、適度和及時。小腦損傷的病人，動作的開始和終止遲緩，說話緩慢不清，步行時舉步太

高，在完成動作時抖動而把握不住動作方向，且不能進行像上臂內旋和外旋等拮抗肌快速轉換的動作等等，稱為隨意運動的「共濟失調」(ataxia)，也會有辨距不良症（即運動性距離判斷不良）、眼球震顫、意向性震顫（即做隨意動作時出現震顫）、張力微弱、步伐困難等症狀。

⊃ 脊 髓 (Spinal Cord)

　　脊髓是位於脊柱椎管(vertebral canal)內的一圓柱形構造，連接腦幹下方的延腦，而由枕骨大孔延伸到第一腰椎的位置。脊髓的外觀有二個明顯的膨大部分（圖4-14）：(1)頸膨大部(cervical enlargement)，分布至上肢的神經由此開始；(2)腰膨大部(lumbar enlargement)，分布至下肢的神經由此發出。終絲(filum terminale)為脊髓的非神經纖維組織，由脊髓圓錐（腰膨大部以下，即L1、L2之椎間，脊髓逐漸變細所成的圓錐形構造）起，往下延伸至尾椎並附著在尾椎上；終絲大部分由軟腦膜所組成。脊髓受到椎管、腦脊髓膜(meninges)（分成硬腦膜、蜘蛛膜及軟腦膜）、腦脊髓液(cerebrospinal fluid, CSF)及脊椎韌帶(spinal ligament)等構造的保護。

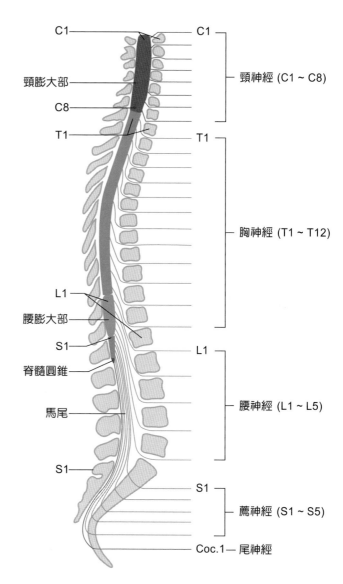

▶ 圖4-14　脊髓的頸膨大部及腰膨大部。

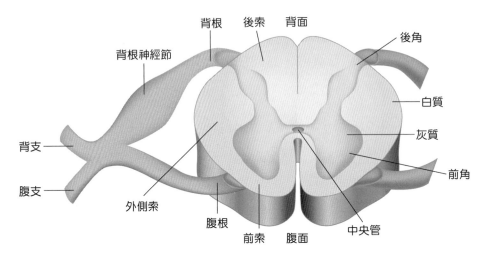

▶ 圖4-15　脊髓的神經組織組成。

組成脊髓的神經組織（圖4-15）：

1. 白質(white matter)：由有髓鞘軸突所聚集，髓鞘的脂質為白色，白質因而得名。

2. 灰質(gray matter)：含有神經細胞體及樹突或成束的無髓鞘軸突及神經膠細胞。此區因缺乏髓鞘，而呈灰色。

3. 神經節(ganglia)：為中樞神經系統外的神經細胞體聚集而成，為灰質團塊。

4. 徑(tract)：為中樞神經系統內一功能相似的神經纖維束。徑可以在脊髓內往上或向下走一段很長的距離，亦可存在腦內將各部分的腦連接在一起，以及將腦與脊髓連結在一起。其中，上行徑(ascending tracts)指把神經衝動往上傳導的主要脊髓徑，與感覺衝動的傳導有關，為感覺徑；下行徑(descending tracts)則將神經衝動帶至脊髓下方脊髓徑，為運動徑（圖4-16）。

5. 神經核(nucleus)：為中樞神經系統內一群功能相似的神經細胞（神經元）與樹突的質塊。

6. 柱(columns)：在脊髓內灰質所形成的三維外觀。

脊髓徑(spinal tracts)具備由末梢將感覺傳到腦部，及由腦部將運動衝動傳導到末梢之功能。其中與運動相關的路徑主要如表4-1所示。

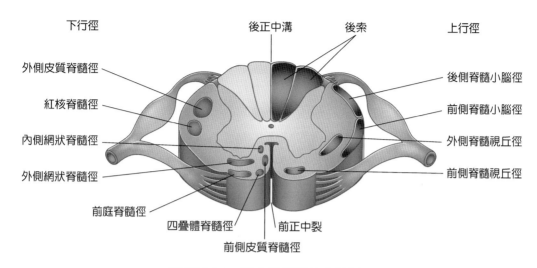

下行徑　　　　　　　　後正中溝　　　後索　　　　　　上行徑

外側皮質脊髓徑　　　　　　　　　　　　　　　　　後側脊髓小腦徑

紅核脊髓徑　　　　　　　　　　　　　　　　　　　前側脊髓小腦徑

內側網狀脊髓徑　　　　　　　　　　　　　　　　外側脊髓視丘徑

外側網狀脊髓徑　　　　　　　　　　　　　　　　前側脊髓視丘徑

前庭脊髓徑　　四疊體脊髓徑　　前正中裂

前側皮質脊髓徑

▶ 圖4-16　終止於脊髓的脊髓徑。

表4-1　與運動相關的脊髓徑

徑(Tract)	位置（白質）	起端	止端	功能
外側皮質脊髓徑 (Lateral corticospinal tract)	側索	大腦皮質發出，但在延腦基部交叉至脊髓的對側。	灰質前角	將運動衝動由大腦皮質的一側傳至對側的灰質前角，最後衝動抵達身體對側的骨骼肌而協調精確、不連續的動作。
前側皮質脊髓徑 (Anterior corticospinal tract)	前索	大腦皮質發出，但在延腦基部不交叉至脊髓的對側。	灰質前角	同上
紅核脊髓徑 (Rubrospinal tract)	側索	從中腦（紅核）發出，但交叉至脊髓的內側。	灰質前角	將運動衝動由中腦的一側傳至身體對側的骨骼肌而負責肌肉的張力及姿勢。
四疊體脊髓徑 (Tectospinal tract)	前索	中腦四疊體發出，但交叉至脊髓的對側。	灰質前角	將運動衝動由中腦的一側傳至身體對側的骨骼肌，而控制由聽覺、視覺及皮膚刺激所產生的頭部動作。
前庭脊髓徑 (Vestibulospinal tract)	前索	前庭核發出並下降至脊髓的同側。	灰質前角	將運動衝動由延腦的一側傳至身體同側的骨骼肌，而調節頭部移動所產生的身體張力。

(二) 控制運動系統的主要中樞神經徑路

⊃ 錐體徑 (Pyramidal Tract)

錐體徑亦稱錐體束。錐體徑是大腦皮質下行控制軀體運動的最直接路徑。主要是管理骨骼肌的隨意運動。錐體徑主要由中央前回的錐體細胞的軸突所組成。這些纖維下行經內囊、大腦、橋腦、延腦錐體等結構，向延腦下行的途中，一部分與兩側腦神經的運動核相連繫形成皮質延腦徑(corticobulbaris tract)。其他的繼續下行，大部分在延腦腹側**錐體**(pyramids)部位處進行交叉至對側，形成交叉纖維，稱錐體交叉，形成外側皮質脊髓徑(lateral corticospinal tract)。這些交叉的神經纖維隨後會投射到對側脊髓前角細胞；而在錐體不交叉，即前側皮質脊髓徑(anterior corticospinal tract)，同樣終止於脊髓前角細胞（圖4-17）。因此，皮質脊髓徑也稱錐體徑。如實驗中刺激運動區，則可引起身體對側肌肉群發生反應（皮質脊髓徑），還可引起腦神經支配下的各肌肉（動眼肌、咀嚼肌、頭部以及肩部各肌肉等）的兩側性運動（皮質延腦徑），但不可能與同樣存在於運動區多數的錐體外徑神經細胞的刺激效應分離開來。如果錐

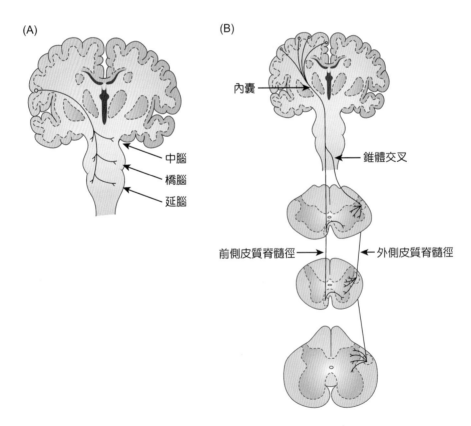

▶ 圖4-17　錐體徑。(A)皮質延腦徑；(B)皮質脊髓徑。

體徑被切斷（例如人的內囊部腦出血時），則引起對側肢體的偏癱(hemiplegia)、軟癱(flaccid paralysis)、各種姿勢反射的消失，和出現不正常的巴賓斯基(Babinski)反射。錐體徑對於由錐體外徑系統所引起的無意識運動，可被看作是具有命令產生、持續和終止等功能。但反過來，在由前者所引起的隨意運動中，時常伴隨後者、以及小腦所支配的協調運動和平衡運動。

在錐體徑中，位於脊髓前角到大腦皮質的中央前回的神經元，稱為上運動神經元(upper motor neuron)；位於脊髓前角到傳出的周邊運動神經元，稱為下運動神經元(lower motor neuron)。目前知道，80~90%的錐體徑纖維與下運動神經元之間有一個以上的中間神經元接替，亦即是多突觸的連結方式。只有10~20%的纖維與下運動神經元發生直接的單突觸連結。電生理研究指出，這種單突觸連結在支配前肢的運動神經元比支配下肢的運動神經元多，而且支配肢體遠端的肌肉的運動神經元又比支配近端肌肉的運動神經元多。由此可見，運動愈精細的肌肉，受大腦皮質單突觸連結支配也愈多。

⊃ 錐體外徑 (Extrapyramidal Tract)

錐體外徑亦稱錐體外束，就是指終止於脊髓前角細胞的運動性中樞神經通路錐體徑以外的通路。其主要通路如下：

1. 從中腦紅核細胞出發，立即交叉，經橋腦、延腦，沿脊髓側索中央下行，終止於該側的前角細胞，稱**紅核脊髓徑**(rubrospinal tract)，與平衡功能有關。

2. 以四疊體被蓋細胞(tectum)為起點，進行交叉，對側向下，終止於該側的前角細胞，稱**四疊體脊髓徑**(tectospinal tract)。在人身上，與保護眼的上丘反射運動有關。

3. 由網狀結構出發，不交叉，沿同側向下的**網狀脊髓徑**(reticulospinal tract)。

4. 以外側前庭核(Deiter's nucleus)作為起始核，沿同側的側索和前索向下的**前庭脊髓徑**(vestibulospinal tract)，與平衡運動有關。

所有這些通路的起始核（運動核）都接受來自大腦皮質的錐體外徑區（特別是前運動區）、基底核、小腦的軸突，與具有使核相互之間連結的所謂內側縱束(fasciculus longitudinalis medialis)一起，形成了整個錐體外徑系統(extrapyramidal system)。錐體外徑是和隨意運動本身有關的神經通路，不如說是與伴隨它的協調運動有關的神經通路，同時也相當於從小腦和額葉、邊緣葉經視丘下部的各種活動的徑路。錐體外徑受障礙時的（身體性）運動症狀包括：不隨意的姿勢或動作、震顫、運動失調、運動麻痺等各種表現。人類的隨意運動的一部分也可由這個路徑發生。

運動生理學
Exercise Physiology

二、周邊神經系統與運動控制

(一) 周邊神經系統組成

周邊神經系統(peripheral nervous system, PNS)主要是指由中樞神經系統(CNS)分支出來的神經組成，並連至身體的其他部分。周邊神經系統可將身體各部位與中樞神經系統連結。其可再細分為：軀體神經系統(somatic nervous system, SNS)、自主神經系統(autonomic nervous systems, ANS)以及腸胃神經系統(enteric nervous system, ENS)。以下針對與運動的神經控制相關的軀體神經系統與自主神經系統做介紹。

➲ 軀體神經系統(somatic nervous system, SNS)

軀體運動神經依照解剖位置可分為腦神經（有12對）與脊神經（有31對，分布於軀幹四肢）。

腦神經(cranial nerves)共有12對，其中10對起源於腦幹，它們通過顱底的小孔到各自支配的地方。由其名稱可知其分布與功用，而羅馬數字表示腦神經由前到後的排列次序。依腦神經支配的功能可再分成感覺型、運動型及混合型纖維腦神經。各腦神經的功能型態說明如表4-2。

表4-2　腦神經

	神經名稱	型態	功能／說明
I	嗅神經 (Olfactory nerve)	感覺神經	功能：嗅覺 說明： 1.純感覺神經，負責嗅覺的傳導，它以雙極神經元發生於鼻腔的嗅黏膜。 2.這些神經元的軸突組成嗅徑(olfactory tract)，最後終止於大腦皮質的主要嗅覺區。是感覺神經中，不經其他腦部，直接將神經衝動送往大腦者。
II	視神經 (Optic nerve)	感覺神經	功能：視覺 說明： 1.純感覺神經，傳導與視覺有關的神經衝動。 2.其神經衝動發生於視網膜上的桿狀及錐狀細胞，由雙極神經元傳到節神經元，再經過視神經、視交叉(optic chiasm)、視徑(optic tracts)後，傳到視丘的外側膝狀體(lateral geniculate body)，最後經視放區傳到大腦皮質的視覺區。

表4-2 腦神經（續）

	神經名稱	型態	功能／說明
III	動眼神經 (Oculomotor nerve)	混合神經	功能：支配上、下、內直肌，控制眼球移動；瞳孔收縮。 說明： 1.感覺纖維的神經衝動來自於眼外在肌（上斜肌及外直肌除外）的本體接受器。 2.運動纖維之細胞體位於中腦內的動眼神經核及E-W神經核（自主神經核），終點位於除上斜肌、外直肌外的眼外在肌。 3.動眼神經能控制眼球之運動、瞳孔反射及負責水晶體的調節。
IV	滑車神經 (Trochlear nerve)	混合神經	功能：支配上斜肌控制眼球移動。 說明： 1.是腦神經中最小者，也是唯一由中腦背側發出的神經。 2.其感覺纖維的本體接受器位於上斜肌，運動纖維的細胞體位於中腦，終止於上斜肌。 3.它能控制眼球的運動，此神經通過眶上裂(superior orbital fisure)。
V	三叉神經 (Trigeminal nerve)	混合神經	功能：來自臉部和頭部的體感覺訊息（觸碰，疼痛）；支配咀嚼肌。 說明： 1.感覺纖維部分傳送與觸、溫、痛有關的衝動，其接受器位於顏面皮膚、口腔黏膜、牙齒及舌頭前三分之二，細胞體位於三叉神經節（又叫半月神經節(semilunar ganglion)），終止於橋腦的三叉神經感覺主核(main sensory nucleus)。 2.運動纖維之細胞體位於橋腦之三叉神經運動核(trigeminal motor nucleus)，終止於咀嚼肌。三叉神經與頭面部感覺、咀嚼肌之運動及鼓膜之緊張有關。
VI	外旋神經 (Abducens nerve)	混合神經	功能：支配外直肌，控制眼球移動。 說明： 1.感覺纖維的本體接受器位於眼之外直肌，其運動纖維之細胞體位於橋腦，終止於眼外直肌。 2.運動纖維通過眶上裂抵達外直肌而控制眼球的外轉。

表4-2　腦神經（續）

	神經名稱	型態	功能／說明
VII	顏面神經 (Facial nerve)	混合神經	功能：味覺（舌頭的前端2/3）；來自耳朵的體感覺；控制掌管臉部表情的肌肉。 說明： 1.其運動部分起源於橋腦，負責臉部表情肌及閉眼的動作。 2.感覺纖維之接受器位於舌前三分之二的味蕾，細胞體位於膝神經節(geniculate ganglion)，終止於延腦之孤立核(nucleus solitarius)。 3.若受損則會造成口角歪斜。
VIII	前庭耳蝸神經 (Vestibulocochlear nerve)	感覺神經	功能：聽覺；平衡 說明： 1.又稱聽神經(acoustic or auditory nerve)，它有二分支：前庭支及耳蝸支。 2.前庭支(vestibular nerve)：其纖維來自半規管、球囊及橢圓囊，細胞體位於前庭神經節(vestibular ganglion)，終止於橋腦及延腦之前庭神經核。前庭支與平衡有關。 3.耳蝸支(cochlear nerve)：其纖維來自內耳耳蝸內的柯氏器(organ of Corti)，細胞體位於螺旋神經節(spiral ganglion)，其軸突神經起源於延腦之耳蝸神經核，而終止於視丘的內側膝狀體。耳蝸支負責聽覺的傳導。
IX	舌咽神經 (Glossopharyngeal nerve)	混合神經	功能：味覺（舌頭後端1/3）；來自舌頭、扁桃腺、咽頭，控制某些用於吞嚥的肌肉。 說明： 1.感覺纖維分布於咽部、舌後三分之一味蕾及其他構造，如頸動脈竇(carotid sinus)細胞體位於頸靜脈神經節(jugular ganglion)及岩神經節(petrosal ganglion)，終止於延腦孤立核。 2.運動纖維之細胞體位於延腦之疑核(nucleus ambiguous)，終止於咽部的肌肉。 3.神經之作用與味覺、吞嚥運動、唾液分泌及血壓控制有關。頸動脈體(carotid body)亦經舌咽神經將訊息傳導到呼吸中樞以控制呼吸作用。

表4-2　腦神經（續）

	神經名稱	型態	功能／說明
X	迷走神經 (Vagus nerve)	混合神經	功能：內臟的感覺、運動以及自主性功能（腺體、消化、心跳速率）。 說明： 1.它是分布最廣的腦神經。 2.感覺纖維分布於咽喉、喉頭、頸動脈體及胸腹部內臟。細胞體位於頸靜脈神經節及結狀神經節(nodose ganglion)內，終止於延腦（孤立核）及橋腦（三叉神經核）。 3.運動纖維由延腦之背運動神經核(dorsal motor nucleus)發出，到達各內臟中之內部神經節(intrinsic ganglions)後，再換節後纖維而分布到咽、喉的肌肉（可支配舌內在肌）及胸、腹之臟器。 4.作用在支配器官的感覺及運動與肌肉收縮，可影響呼吸深淺、腸胃蠕動、胃液之分泌及嘔吐作用的傳導，它亦通過頸靜脈孔(jugular foramen)。 5.與血中O_2及CO_2濃度的監測有關。
XI	副神經 (Accessory nerve)	混合神經	功能：控制頭部運動所使用之肌肉，尤其是斜方肌(trapezius)與胸鎖乳突肌(sternocleidomastoid muscles)。 說明： 1.有兩個起源：延腦根(cranial roots)及脊髓根(spinal roots)。 2.延腦根：延腦部分自神經核發出，通過頸靜脈孔而分解至咽、喉及軟腭等處的肌肉，與吞嚥及發聲有關。 3.脊髓根：脊髓部分起源於脊髓的頸部部分前五段之灰質前角，分布於胸鎖乳突肌及斜方肌，它能協調頸部的動作。
XII	舌下神經 (Hypoglossal nerve)	混合神經	功能：控制舌頭的肌肉。 說明： 1.運動纖維起源於延腦，通過枕骨外側的舌下神經孔(hypo-glossal canal)，分布到舌頭的肌肉，與說話及吞嚥有關。舌下神經受傷，會造成舌頭運動障礙，但不影響味覺。 2.感覺纖維起源於舌頭肌肉的本體接受器，終止於延腦。

脊神經(spinal nerves)共31對，可分為8對頸神經(cervical nerves)、12對胸神經(thoracic nerves)、5對腰神經(lumbar nerves)、5對薦神經(sacral nerves)及1對尾神經(coccygeal nerves)（見圖4-14）。第一對頸神經位於環椎(atlas)與枕骨之間，其餘的脊神經依序由相鄰脊椎之間的椎間孔離開脊柱。

脊神經的後（背）根(posterior, dorsal root)及前（腹）根(anterior, ventral root)在椎間孔處合併成一脊神經（圖4-18），脊神經為混合神經，因腹根含有運動性纖維，而背根神經節內所含的為感覺神經元的細胞體。因此，脊神經背支(dorsal ramus)主要分布到背部深層的肌肉及皮膚；腹支(ventral

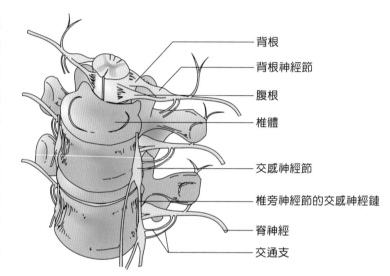

背根

背根神經節

腹根

椎體

交感神經節

椎旁神經節的交感神經鏈

脊神經

交通支

▶ 圖4-18　31對脊神經的起源及分布。

ramus)則分布到背部表層的肌肉及四肢的所有構造及外側與腹側的軀幹。脊髓膜分支(meningeal branch)經由椎間孔進入脊管，而後分布到脊椎、脊椎韌帶、脊髓的血管及腦脊髓膜。交通支(rami communicantes)為自主神經的成分。

由胸椎T2~T11的脊神經稱為肋間（胸）神經(intercostal or thoracic nerves)。除了胸神經(T2~T11)外，脊神經的腹支在身體兩側和鄰近的神經合併形成網狀構造，稱為神經叢(plexus)。全身的脊神經形成了五大神經叢：

1. **頸神經叢**(cervical plexus)：乃由C1 ~ C4四對頸神經所形成，發出的分支包括：

   (1) 枕小神經(lesser occipital nerves)：由C2或C2、C3構成。

   (2) 耳大神經(great auricular nerves)：由C2、C3構成。

   (3) 橫頸神經(transverse cervical nerves)：由C2、C3構成。

   (4) 鎖骨上神經(supraclavicular nerves)：由C3、C4構成。

   (5) 頸神經(cervical nerves)：由C1、C2、C3構成。

   (6) 膈神經(phrenic nerves)：由C3、C4、C5構成，支配橫膈膜的中央部位。受傷時會影響吸氣的動作。

   (7) 節分支(segmental branches)：由C1~C5構成。

　　頸神經叢之感覺支到頭背部、頸前部、肩上部及胸廓前上方；其運動支到頸部的肌肉。

2. **臂神經叢**(brachial plexus)：由C5～T1脊神經之腹側支所組成，即位於後四對頸神經及第一對胸神經，能支配上肢肌肉的運動，位於頸後三角之下部及腋窩，其發出的分支包括：

   (1) 旋神經(circumflex nerves)：圍繞在肱骨的外科頸部，支配三角肌及肩關節。

   (2) 橈神經(radial nerves)：是臂神經叢的最大分支，繞於肱骨後面，支配三角肌，然後下降到前臂，支配伸肌，繼續下降至手掌支配皮膚、拇指背面及前兩指，受損時手腕下垂及拇指不能伸張。

   (3) 肌皮神經(musculocutaneous nerves)：下降至前臂外側，支配上臂肌肉及前臂皮膚。

   (4) 正中神經(median nerves)：與肱動脈併行，經手臂中線下降至前臂肌肉，支配此區的肌肉，並繼續下降至手掌，支配肌肉及掌面的皮膚。若受損將導致拇指無法行對掌動作。

   (5) 尺神經(ulnar nerves)：行於上臂及前臂之內側，支配前臂尺側的肌肉，並繼續下降支配掌面的肌肉及皮膚，故與手部靈巧運動關連最大。

3. **腰神經叢**(lumbar plexus)：由L1～L4脊神經之腹側支所組成，位於腰椎橫突之前，腰大肌之後。腰神經叢的主要神經包括：

   (1) 閉孔神經(obturator nerves)：分布於大腿內收肌群。

   (2) 股神經(femoral nerves)：為腰神經叢的最大分支，亦是髕反射的感覺性神經纖維，沿腹股溝分布於大腿的前面、側面及腳的前面、內側面。

4. **薦神經叢**(sacral plexus)：

   (1) 由第四腰神經的下半部，第五腰神經，第一、二、三、四薦神經形成腰薦幹所構成，亦即L4～S4，位於骨盆腔的後壁。

   (2) 神經叢的主要神經為坐骨神經(sciatic nerves)。坐骨神經是體內最大的神經，穿過梨狀肌下孔之後走到大腿的後方，發出許多分支，分布在下肢（大腿後面、全部小腿）及足部（全部）的皮膚、肌肉。

   (3) 坐骨神經在股骨下三分之一處分支成：

      A. 膝膕內側神經(medial popliteal nerves)：又稱脛神經(tibial nerves)，下降經過膝膕窩後，成為脛後神經(posterior tibial nerves)，分布到小腿後部，支配小腿後方的肌肉（如比目魚肌）分支達足部底部之肌肉與皮膚。膝膕內側神經亦分出腓總神經支配足背屈肌。

B. 膝膕外側神經(lateral popliteal nerves)或稱為腓總神經(common peroneal nerves)：較內側神經小，向下斜行經膝膕窩後，成為脛前神經，分布於小腿前面，分支達於腳背及姆趾。

(4) 陰部神經主要支配尿道外括約肌。

5. 尾神經叢(coccygeal plexus)：由第四、五薦神經及尾神經構成，是最小的神經叢，由此神經叢發出之神經支配尾部皮膚及骨盆底肌肉。

● 自主神經系統 (Autonomic Nervous System, ANS)

自主神經系統包含的纖維可連接中樞神經系統至內臟器官，與非意識活動有關。包含了交感神經系統(sympathetic nervous system)及副交感神經系統(parasympathetic nervous system)。其主要維持身體機能的平衡運作並控制內在的功能。自主神經系統控制心跳、消化、唾液、排尿、呼吸率、排汗等下意識的機能。交感神經與副交感神經對於身體控制的器官產生抗拮作用。成對的**交感神經**呈鍊鎖狀位於脊柱的兩側，主要控制著緊張狀態時的生理需求，例如：瞳孔放大、心跳加快、冠狀動脈擴張、血管收縮、胃腸蠕動減弱、小支氣管舒張、汗腺分泌和唾液分泌減少等。當交感神經異常時則會比較容易產生心悸、血壓高、內分泌機能亢進等症狀。**副交感神經系統**的主要功能在控制人體在安靜情況下生理的平衡，例如：增進胃腸的活動、瞳孔縮小、促進肝醣生成、心跳減慢、血壓降低、支氣管縮小，並且促進生殖活動等。當副交感神經異常亢進時，容易出現身體倦怠、容易疲勞等症狀。

(二) 周邊神經控制肌肉動作的方式

由腦神經和脊神經組成，連接中樞神經系統至皮膚與肌肉、腺體，提供有意識的活動。因此，由感覺接受器(receptor)接收外部刺激經由感覺神經傳到中樞神經系統後，由運動神經纖維末梢，傳到骨骼肌或內臟的平滑肌及腺體，支配肌肉的活動和腺體的分泌。這些都是由軀體神經系統負責。依照訊息傳遞的方向可分為傳入或感覺神經（把從外部感受到的訊息如聲音、痛覺等傳給脊髓與腦）與傳出或運動神經（把脊髓或腦的訊息傳到動作器）。

軀體運動神經末梢是分布到骨骼肌纖維上，與肌纖維緊密相貼，構成運動終板(motor end plate)，或稱神經肌肉接合點(neuromuscular junction, NMJ)，從結構與機能上看，屬於突觸的一種形式，故也可稱之為神經肌肉突觸。當運動神經纖維靠近肌纖維時，髓鞘消失，但許旺氏細胞鞘仍包裹著軸突及其末梢。末梢末端膨大成紐扣狀或呈網狀。軸突末梢與肌纖維相接處呈橢圓形板狀隆起，故稱終板(end plate)。肌膜下富

含肌漿、大量粒線體及較多細胞核。軸突末梢處的肌膜向肌漿內凹陷，形成槽狀，槽底的肌膜向肌漿內下陷成許多小皺褶。軸突末梢含許多突觸小泡及豐富的粒線體、微管和微絲等。突觸小泡內的神經傳遞物質為乙醯膽鹼(acetylcholine, ACh)。每當神經衝動傳到軸突末梢時，突觸小泡就與軸膜相貼，釋放出所含乙醯膽鹼，與肌膜上的乙醯膽鹼接受器相作用，使肌膜對鈉、鉀等離子的通透性增加，產生去極化，從而出現電位變化，此變化沿肌膜及與之相連的管系，繼而擴於整個肌纖維內，從而產生肌肉收縮。

4-4 神經系統的運動控制功能

Exercise
Physiology

一、反射

當身體為因應外在環境或內在環境改變所相對應的快速反應為反射作用，以維持身體的恆定。反射作用所經的神經傳導路徑稱為**反射弧**(reflex arc)（圖4-19），它基本上含有兩個或兩個以上的神經元，神經衝動由接受器經傳入神經（感覺神經）傳至中樞神經系統（腦或脊髓有中間神經元），而後再經傳出神經（運動神經）傳至動作器（如肌肉或腺體）。

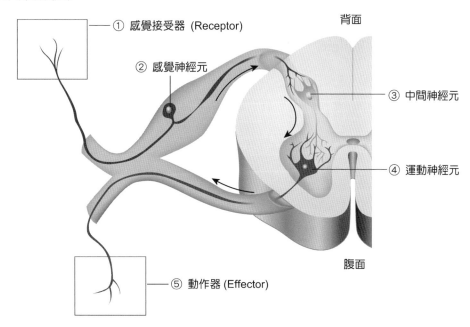

① 感覺接受器 (Receptor)

② 感覺神經元

③ 中間神經元

④ 運動神經元

⑤ 動作器 (Effector)

背面

腹面

▶ 圖4-19　反射弧。

　　按動作器作用的特點可將反射分為軀體反射及內臟反射兩大類。姿勢反射、全身各部骨骼肌等的反射活動都是軀體反射；心臟搏動、血管舒縮、肺的擴張和收縮、胃腸運動、腺體分泌等都是內臟反射。因此，若反射作用的中樞整合位於脊髓，即稱為**脊髓反射**(spinal reflex)，脊髓反射所引起骨骼肌的收縮就稱為**軀體反射**(somatic reflex)，例如：屈肌反射（或稱為回縮反射(withdrawal reflex)）及伸肌交叉反射。若反射作用引起心肌、平滑肌的收縮或腺體的分泌就稱為**自主反射**(autonomic reflex)，例如血壓降低使血壓接受器興奮進而引起血管（平滑肌）收縮或心肌收縮力加大，使血壓回升的反射屬之。

　　按反射可分為非條件反射與條件反射。非條件反射為動物生來就有的，為動物在種族進化過程中建立和鞏固起來，而又遺傳給後代。條件反射不是先天就有的，是動物在個體生活過程中所獲得的，需要在一定的條件下才能建立。因此，反射動作是源於腦幹和脊髓的較低階處理程序，並不受意識所控制，因為不用經過較高層次的資訊處理程序，所以其特點為一成不變（某一刺激只會觸發某一特定反應），但優點是反應迅速，可以經由訓練練習來達到。以短跑的起跑為例，可以利用條件反射的原理，使運動員在某種的情境下重複練習對刺激（例如：槍聲）的反應動作，讓運動員對槍聲產生條件反射，在短時間就可以啟動短跑動作，這就是使其達至反射動作的效果，來增加運動表現。

(一) 常見軀體反射之生理機制

⊃ 牽張反射 (Stretch Reflex)

　　牽張反射的反應過程主要是當肌肉纖維拉長牽張(stretch)後，引起**肌梭**(muscle spindle)受到刺激，產生神經衝動，沿Ia感覺神經元傳到脊髓灰質前角與運動神經元形成突觸後，神經衝動會經由運動神經元傳回被牽張的肌肉，造成此肌肉反而收縮的結果。其中，肌梭或神經肌梭(neuromuscular spindle)為肌肉內的接受器，其被包裹在肌肉內，長度大約3~10公釐，它具有感覺肌

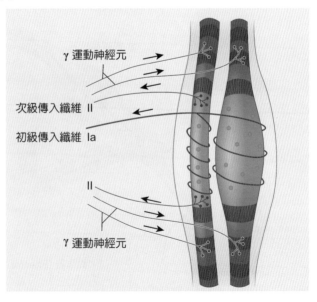

▶ 圖4-20　肌梭的結構。

肉長度及速度的變化兩種功能（圖4-20）。每個肌梭上都有兩種感覺末梢，分別是初級(primary)或稱Ia傳入纖維，與次級(secondary)傳入纖維。這兩個感覺末梢皆分布於肌梭的中央，這是肌梭裡不具有收縮性的部分；在肌梭的兩端是可收縮的，由 γ 運動神經元(γ motor neuron)所支配。事實上，正常的肌肉張力(muscle tone)，是靠脊髓反射弧(spinal reflex arc)來維持，在正常情況下 γ 運動神經元受到大腦傳來適當的抑制訊息，只維持低度的活動性，並且經由傳入神經纖維（主要以Ia為主）將訊息傳遞到 α 運動神經元，使骨骼肌適度的收縮。

牽張反射是一種**單突觸反射弧**(monosynaptic reflex arc)，只有涉及傳入及傳出神經纖維，無中間聯絡神經元參與，是身體內最簡單的反射；且也是一種同側反射(ipsilateral spinal reflex)，也就是反射反應會表現在與刺激同一側的肌肉上。例如：當反射槌敲擊股四頭肌肌腱，會引起股四頭肌收縮造成**膝跳反射**(knee jerk reflex)（圖4-21）。

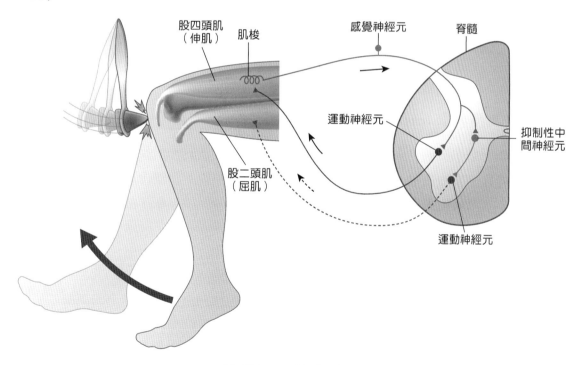

▶ 圖4-21　膝跳反射。

⊃ 屈肌反射 (Flexor Reflex)

屈肌反射的反應過程主要是當接受體受到刺激，感覺神經元衝動傳到脊髓，與聯絡神經元產生突觸，再將衝動傳給運動神經元，因而刺激肌肉，使其收縮，以避免傷害。因為反應可能涉及一個以上的中間神經元，屬於一種**多突觸反射弧**(polysynaptic reflex arc)，使得單一感覺衝動傳入後造成數個運動反應，因此結果會造成不只一條肌肉收縮，又稱**回縮反射**(withdrawal reflex)。它也屬於同側反射（圖4-22）。

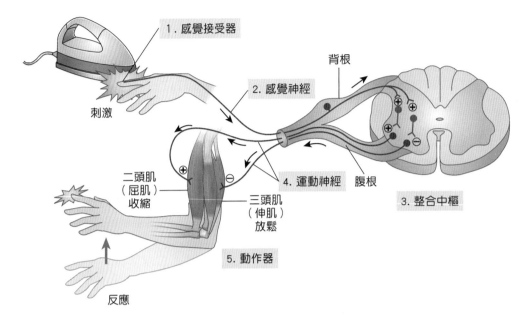

▶ 圖4-22　回縮反射。

⊃ 伸肌交叉反射 (Crossed Extensor Reflex)

當回縮反射引發同一側的屈肌反射後，亦會引起對側的伸肌反射，來承受同側肌肉縮起後轉移過來的體重。此傳入的感覺衝動傳到脊髓後，會經由聯絡神經元交叉到脊髓的對側，再傳出去控制對側的伸肌反應，使個體能保持平衡，故稱為伸肌交叉反射。

⊃ 逆牽張反射 (Inverse Stretch Reflex)

此反射反應主要發生在過度收縮肌肉的狀況下，會刺激位於肌腱上的高爾基肌腱器(golgi tendon organ)，使Ib感覺神經元屬傳入脊髓，與抑制性的中間神經元形成突觸，而去抑制運動神經元傳出至肌肉，使肌肉放鬆。其中，高爾基肌腱器是一種位在肌腱上的感覺接受器，直徑約0.1~1公釐，位於梭外肌纖維與肌腱之間的交界處，並且與肌肉纖維之間有串聯的關係。高爾基肌腱器接受Ib傳入神經纖維的支配，其主要的功能是感覺肌肉的張力(tension)，當肌肉過度收縮時，高爾基肌腱器會被興奮，經由抑制性中間神經元，來抑制作用肌(agonist)而興奮拮抗肌(antagonist)。因此，正常狀況下，肌肉收縮到一定的程度就會突然中止收縮而轉為放鬆狀態，是因為骨骼肌過度收

縮時，高爾基肌腱器活性加強，促使骨骼肌肉鬆弛，張力減弱，可避免肌肉拉傷。這種保護性的反射機制稱之為逆牽張反射。它是一種負迴饋式反應，屬多突觸反射弧。例如：當反射槌敲擊股四頭肌肌腱，會因牽張反射引起股四頭肌收縮造成膝跳反射(knee jerk reflex)，同時也會造成拮抗肌大腿後側肌群／膕旁肌(hamstrings)放鬆（見圖4-21）。此外，如果運動員肌腱有受傷的背景，會降低這種反射的靈敏性，運動員便容易常常有重複性運動傷害的現象。另外，因為在肌肉被用力快速伸展時，會誘發肌梭為了保護肌肉所引發的牽張反射性收縮動作；然而肌肉的張力極強時，高爾基肌腱器會發出抑制效應，使肌肉放鬆。因此，在實施增強式訓練中，必須注意如何增進牽張反射及逆牽張反射的原理，對運動表現便顯相當重要。

(二) 姿勢反射 (Postural Reflex)

為維持姿勢，除前列所述的脊髓層次控制的軀體反射以外，尚需更高的中樞來參與，例如：延腦、小腦及中腦的介入。因此，姿勢反射是高等脊椎動物中有利於適當維持身體的姿勢、位置和運動平衡的反射的總稱，其與運動技術有相當大的關係。而統一協調這些反射所引起的各種肌肉的緊張的高位反射中樞是在小腦。例如：持續性迷路反射和持續性頸反射是典型的姿勢反射，兩者協調動作，使全身的直立肌群隨頭部位置適當的調整其緊張度。姿勢反射可分為下列：

1. 張力性迷路反射(tonic labyrinthine reflex)：以頭在空間的關係位置所呈現的反射稱之。也就是在這個反射作用下，身體呈仰臥狀態，全身的伸肌張力同時會增加。

2. 張力性頸反射(tonic neck reflex)：以頭與軀幹的相關位置為主，四肢肌肉會隨之改變的情形，稱之張力性頸反射。這是由於頭的位置會刺激頸部肌肉的張力改變，而引起的姿勢反射。例如：頭往右轉，右側肢體的伸肌張力便會增加，使右側肢體伸展，同時也使左側伸肌放鬆，屈肌收縮。射箭、柔道及棒球，可常見到符合此反射的動作。

3. 翻正反射(righting reflex)：由中腦統合控制，這個反射主要在使個體維持「正面」的一個姿勢。例如：將貓上拋，牠能夠將身體翻正，以四腳著地，就是翻正反射。

4. 平衡反射(equilibrium reaction)：由小腦、大腦、脊髓等結構統合控制，主要在維持動態平衡。例如：人走路，腳往前跨一步，另一隻腳便會隨後亦往前跨出一步，這種腳會隨另一隻腳順勢往前踏出一步，以保持平衡的機制便是涉及平衡反射。此平衡反射所涉及的神經範圍較翻正反射來的複雜，包括：大腦皮質等。

二、神經系統與運動技巧

(一) 運動協調性 (Motor Coordination)

運動協調是結合身體動作、創造與運動（如空間方向）和動能（力）參數，來完成擬計畫出現的動作。因此與神經系統去統合肌肉系統以產生正確、順暢的動作能力，包含肌力與柔軟度、技術熟練度與身體肌肉收縮的張力控制能力等運動技巧有相關，其中小腦、脊髓和大腦與運動協調的過程有關，這些神經系統可以透過與肌肉骨骼系統的相互作用來達到運動的協調性。協調性對田徑、體操、籃球、排球、足球等運動員是非常重要。

協調能力受遺傳的影響很大。運動中的協調性可分為神經、肌肉和本體感覺協調三部分。神經協調是在完成動作時神經過程的興奮和抑制的相互配合和協同；肌肉協調是指肌肉適宜而合理的用力，其中包括工作肌用力的程度和用力的時間程序，這部分主要由小腦來控制。而用力的程度取決於參與工作的肌肉和肌纖維的數量，用力的時間程序則是指肌肉緊張和放鬆的相互配合。動作協調性是機體各部分在空間和時間上的相互配合，取決於本體感覺接受器所提供的訊息。

(二) 敏捷性 (Agility)

敏捷性是身體迅速移動位置和快速改變方向的能力。通常，身體快速改變方向必須整合平衡、協調、速度、反射、力量、耐力和體力。因此，神經系統也與控制敏捷性能力有顯著的關聯，尤其是神經反射控制的部分。一個運動員要達到對刺激的反應，可以快速變換運動的速度和方向，其必須靠反應時間比一般人還要短來達成。通常，除協調外，透過敏捷性訓練以形成神經系統的條件反射(conditioning reflex)，提升神經與肌肉系統連結的反應能力。

4-5 結 論

運動動作及身體活動的神經控制，必須倚賴神經系統的統合及協調來完成。感覺神經可將刺激的訊息傳入中樞神經系統，再由中樞系統連結運動神經，執行反應的動作；而周邊神經系統，除軀體神經參與肌肉收縮外，自主神經系統亦會參與整個過

程，包括：運動時的體溫、呼吸及內分泌激素等的調控。另外，肌梭、高爾基肌腱器與關節接受器，在控制肌肉反應和收縮上扮演重要的角色。刺激肌梭可避免肌肉的過牽張，高爾基肌腱器可避免肌肉的過度收縮，產生拮抗肌受傷，關節接受器則提供身體關節肢體的本體空間感覺。

　　整個神經系統的運作對於運動員的運動技巧表現是佔有絕大部分的相關。因為神經系統是具有可塑性的，運動員可經由不斷練習運動技巧，可刺激大腦感覺區特定細胞，改變神經迴路、神經原生質的型態、神經突觸間的反應時間的快慢等，以產生較佳的動作表現。

● 參考文獻 ●

Ganong, W. F. (2003). *Review of medical physiology*. McGraw-Hill.

Guyton, A. C., & Hall, J. E. (1996). *Textbook of medical physiology* (9th ed.). W.B. Saunders.

Haines, D. E. (2006). *Fundamental neuroscience for basic and clinical applications* (3rd ed.). Lippincott/Willliams & Wilkins.

Kiernan, J. A. (2004). *Barr's the human nervous system : an anatomical viewpoint* (8th ed.). Lippincott/Willliams &Wilkins.

Marieb, E. N., & Mallatt, J. (2001). *Human anatomy*. Pearson Education Inc.

Moore, K. L., & Dalley, II, A. F. (2005). *Clinically oriented anatomy* (5th ed.). Lippincott/Williams &Wilkins.

Standring, S. (2005). *Gray's anatomy : the anatomical basis of clinical practice* (e-edition, 39th ed.). Elsevier/Churchill Livingstone.

Tortora, G. J., & Grabowski, S. R (2003). *Principles of anatomy and physiology*. John Wiley & Sons, Inc.

Zigmond, M. J., Bloom, F. E., Landis, S. C., Roberts, J. L., & Squire, L. R. (1999). *Fundamental neuroscience*. Academic Press.

 課後練習
Exercise

一、選擇題

(　　) 1. 下列何者是神經系統之構造與功能單位？　(A)神經膠細胞　(B)神經元　(C)軸突　(D)樹突

(　　) 2. 中樞神經系統之神經軸突髓鞘(myelin sheath)是由哪一種細胞形成？　(A)室管膜細胞(ependymal cells)　(B)微小膠細胞(microglial cells)　(C)星形膠細胞(astrocytes)　(D)寡樹突膠細胞(oligodendrocytes)

(　　) 3. 周邊神經系統之神經軸突髓鞘(myelin sheath)是由何種細胞形成？　(A)纖維母細胞(fibroblasts)　(B)神經元(neurons)　(C)許旺氏細胞(Schwann's cells)　(D)衛星細胞(satellite cells)

(　　) 4. 與頭部運動所使用的斜方肌有關的顱神經為？　(A)三叉神經　(B)顏面神經　(C)副神經　(D)舌下神經

(　　) 5. 下列何者不屬於腰神經叢(lumbar plexus)的分支？　(A)股神經(femoral n.)　(B)生殖股神經(genitofemoral n.)　(C)坐骨神經(sciatic n.)　(D)閉孔神經(obturator n.)

(　　) 6. 膝反射(patellar reflex)是一種：　(A)牽張反射(stretch reflex)　(B)縮回反射(withdrawal reflex)　(C)對側反射(contralateral reflex)　(D)多突觸反射(polysynaptic reflex)

(　　) 7. 神經細胞的去極化主要是因為下列何種因素造成的？　(A) Na^+ 由細胞外進入細胞內　(B) Na^+ 由細胞內進入細胞外　(C) K^+ 由細胞外進入細胞內　(D) K^+ 由細胞內進入細胞外

(　　) 8. ①運動神經元，②感覺神經元，③動作器，④接受器，下列依反應時間順序反射弧(reflex arc)內各單元，何者正確？　(A)①②③④　(B)①③②④　(C)③②①④　(D)④②①③

(　　) 9. 黑質的神經元會分泌哪一種神經傳遞物質，與行為及運動姿態調節有關？　(A)多巴胺(dopamine)　(B)甘胺酸(glycine)　(C) γ 胺基丁酸(gamma-aminobutyric acid, GABA)　(D)麩胺酸(glutamate)

（　）10. 哪一個神經部位可將大腦皮質產生的動機轉化成意識運動，負責運動的整體
協調與調控隨意運動、肌張力和姿勢反射，也參與複雜行為的調節？　(A)
視丘　(B)基底核紋狀體　(C)邊緣系統　(D)橋腦

（　）11. 支配上斜肌控制眼球移動的為哪一腦神經？　(A)三叉神經　(B)動眼神經
(C)外旋神經　(D)滑車神經

二、問答題

1. 請簡述神經系統的功能。

2. 請簡述神經動作電位的發生過程。

3. 請簡述與運動相關的路徑主要脊髓徑及其功能。

4. 說明何謂錐體外徑(extrapyramidal tract)及其功能。

5. 請列出腦幹、運動皮質及小腦在產生一個動作中可能扮演的角色及功能。

6. 試描寫發生回縮反射的途徑。

解答：BDCCC　AADAB　C

Chapter 5

李意旻　編著

內分泌系統對運動與訓練的反應
(Hormonal Responses to Exercise and Training)

Exercise Physiology

人體調節機制的主要功能就是要維持內在環境的**恆定**(homeostasis)，如此便能對刺激或壓力做出適當的反應或調適。恆定是由**接受器**(receptors)收集體內內在環境的資訊，再經由調節肌肉或腺體等**動作器**(effectors)的反應而得以維持，所以身體內在的聯繫關係著內在環境的恆定以及個體的存活。恆定是一種動態穩定(dynamic constancy)的現象，為了保持恆定，必須有接受器偵測身體環境是否偏離了設定值，而身體會在偏離設定值時做出反應，所以內在環境的各項條件便會穩定地在設定值附近上下起伏（圖5-1）。這就類似於室內的恆溫空調所設定的溫度一樣，假設你把恆溫器設定在25℃，當室內溫度升高超過了設定值，恆溫器內的接受器可偵測到此變化，便啟動動作器（即空調設備）降低室內溫度，將溫度的偏離狀態拉回到設定值。我們可以將動作器視為在「調節」偏離，這種調節控制方式統稱為**負迴饋**(negative feedback)控制。

神經與內分泌系統是人體內兩個與內在聯繫相關的系統。神經系統的反應是快速的，透過神經路徑來接收或傳達訊息。內分泌系統的調控作用則是藉由分泌一種化學調控物質——**激素**(hormones)來達成調節生理活動的目的，這樣的作用比神經慢了許多。激素經由血液可被帶往體內大多數的器官，但只有某些特定的器官才能對特定激素起反應，這種可與激素作特異性結合的器官稱為**標的器官**(target organs)，激素與標的器官上的接受器分子結合之後，進而引起標的器官特定之生理反應。

內在聯繫機制中神經路徑的訊號傳遞靠軸突釋出的神經傳遞物質(neurotransmitter)，經突觸裂影響突觸後細胞（請參考第4章）。激素則由內分泌腺體分泌至血液中，經血液傳送，影響一個或多個標的器官。內在聯繫還包括**自泌調節物**(autocrine regulators)與**旁泌調節物**(paracrine regulators)。自泌調節物其作用之細胞即是分泌細胞本身，例如：細胞激素(cytokines)和生長因子(growth factors)。旁泌調節物則是化學訊號影響分泌細胞附近的組織，像是作用在相同器官的不同組織，例如：內皮素-1 (endothelin-1)，由血管內皮分泌，促進血管的肌肉收縮（細胞激素說明請參考第8章）。

包括走、跑、跳、舉、投等不同的運動方式，會造成不同程度或形式的肌肉收縮，像是：等張收縮(isotonic contraction)、等長收縮(isometric contraction)等，對於內分泌腺體也會產生不同程度的刺激。本章針對內分泌系統做簡略的概述，同時探討內分泌系統在因應由不同的運動，包括：(1)短期有氧運動(short-term aerobic exercise)；(2)長期有氧運動(prolonged aerobic exercise)；(3)短期高強度無氧運動(short-term high-intensity anaerobic exercise)；與(4)阻力訓練或肌力訓練(resistance or strength training)等所造成的壓力是如何反應與調適的。表5-1為與運動相關激素的代謝半衰期(half-life)。

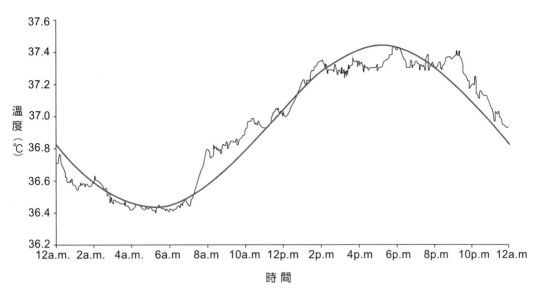

(A)消化道溫度的晝夜節奏變化

（資料來源：Lericollais et al., 2013）

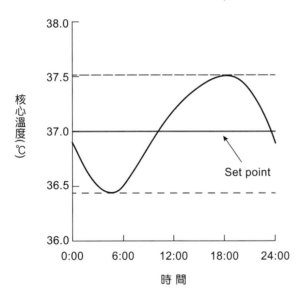

(B)核心溫度(core body temperature)的晝夜節奏變化

（資料來源：www.physiologyweb.com）

▶ 圖5-1　體溫的晝夜變化節奏。

激素	半衰期	激素	半衰期
腎上腺皮促素	20~25分鐘	生長激素	20~25分鐘
抗利尿激素	15~20分鐘	胰島素	10分鐘
醛固酮	~20分鐘	黃體促素	30分鐘
兒茶酚胺	2~2.5分鐘	副甲狀腺素	4~6分鐘
皮質醇	60~70分鐘	睪固酮	70分鐘
雌二醇	60分鐘	甲促素	50分鐘
濾泡促素	180分鐘	甲狀腺素	6.5天
升糖素	5分鐘	三碘甲狀腺素	1天

表5-1 與運動相關的激素之半衰期(T1/2)

資料來源：McMurray & Hackney, 2000。

5-1　內分泌系統概論

Exercise Physiology

一、激素作用的一般概念

　　內分泌系統是由一群分泌激素的腺體與組織所組合而成（圖5-2），內分泌腺體缺乏外分泌腺體所具有的導管，它所分泌的激素是直接進入血液中的。特定的刺激會使特定的激素分泌，而激素的分泌又可被本身的作用所抑制，這是一種**負迴饋抑制**(negative feedback inhibition)的作用方式。例如：飯後血糖濃度上升會刺激胰臟分泌**胰島素**(insulin)，當胰島素作用造成組織或細胞對葡萄糖的利用增加之後，血糖便會降低，而低的血糖濃度又會抑制胰島素的分泌。負迴饋的生理機制是為了使人體可以維持在恆定的狀態之下，包括：體

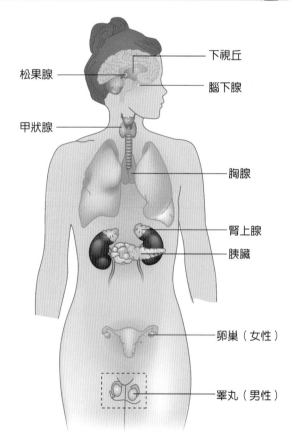

松果腺

下視丘

腦下腺

甲狀腺

胸腺

腎上腺

胰臟

卵巢（女性）

睪丸（男性）

圖5-2　主要的內分泌腺體及其解剖位置。

溫、血糖的濃度以及肌腱的張力都是以類似的方式設定。在正常生理範圍內，多胜肽(polypeptides)和蛋白質(protein)類的激素濃度經常能影響其標的細胞的反應性。有些標的細胞經由特定激素的刺激後，會在細胞上生成更多該激素的接受器，例如：由下視丘分泌少量的性釋素(gonadotropin-releasing hormone, GnRH)，作用在腦下腺，會增加腦下腺的敏感性，來增進GnRH的刺激效應，這個現象稱為**向上調節**(upregulation)，藉由這個作用，GnRH的後續刺激，能夠造成腦下腺產生更大的反應。另外向上調節也會發生在細胞長期接觸到非常低濃度的激素時，此時標的細胞上該激素的接受器數目會增多，進而增加對激素的敏感度，如此可改變標的細胞對該激素的反應活性。若是長期暴露在高濃度的多胜肽類激素之下，會使標的細胞產生**去敏感性**(desensitization)。去敏感性的發生是因為高濃度的激素造成標的細胞上接受器的數量減少所致，這個現象稱為**向下調節**(downregulation)，對於頻繁或強烈的激素刺激而言，向下調節具有降低標的細胞反應的作用，因此向下調節也代表著一種局部的負迴饋作用（朱勉生等譯，2011）。

　　為了避免在正常生理情況之下產生去敏感性，許多多胜肽和蛋白質類的激素是以**脈衝分泌**(pulsatile secretion)方式代替連續性分泌，圖5-3即說明生長激素在一天24小時之間，包括睡眠與激烈運動之下的分泌情形。激素利用向上與向下調節機制還可以控制其他激素接受器的數量，例如：激素B必須等激素A出現時，才能完全發揮作用，這個現象稱為**允許作用**(permissiveness)。激素A的濃度不需要太高就可以產生允許作用，這是因為激素A會控制激素B接受器的數量，例如：**動情素**(estrogen)作用在子宮之後，會引起子宮之**黃體素**(progesterone)接受器的合成，當黃體素接著和子宮作用時便會促進反應的發生，因此我們說動情素對黃體素在子宮的反應上具有允許作用。由此我們可以發現激素之間是可以相互影響的。

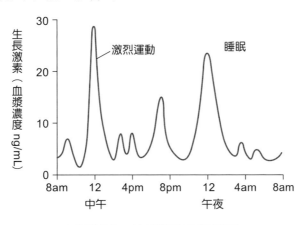

▶ 圖5-3　生長激素分泌情形。

激素的**交互作用**(hormone interactions)除了允許作用之外，還有**協同作用**(synergistic effects)和**拮抗作用**(antagonistic effects)。當兩個或更多的激素一起作用而產生一個特定結果時，稱為協同作用，這些效果可能是加成或互補的。腎上腺素與正腎上腺素在心臟的作用是加成的，因為它們都可以使心跳速率增加，在相同的濃度之下，兩種激素同時作用將使心跳速率增加更大的幅度。乳腺製造乳汁需要許多激素的協同作用，像是動情素、皮質醇(cortisol)、泌乳素(prolactin)等，這些激素具有互補的作用，每一個激素在泌乳的功能上可以提供不同的部分，彼此合作而產生泌乳的作用。拮抗作用的例子像是：胰島素可以促進脂肪的生成，而升糖素則促進脂肪的分解，胰島素與升糖素對脂肪的生成作用則屬於拮抗作用（朱勉生等譯，2011）。

二、激素的化學分類

依化學結構分類，激素可以分成下列幾種：

(一) 胜肽類激素 (Peptide Hormones)

胜肽類激素因為組成的胺基酸數量不同，又區分為多胜肽激素與蛋白質激素，大部分的激素屬於此類。多胜肽激素通常是由少於100個胺基酸所組成，例如：**抗利尿激素**(antidiuretic hormone, ADH)，而蛋白質激素則是由超過100個胺基酸所組成的，例如：**生長激素**(growth hormone, GH)。

胜肽類激素是親水性的，所以無法通過標的細胞細胞膜之磷脂質障壁，雖然有一些激素可藉由胞飲作用進入細胞，但是大多數的胜肽類激素是和標的細胞**細胞膜上的接受器**結合而產生反應。如果激素是「傳訊者」，那麼我們還需要「**第二傳訊者**」(second messengers)來調節細胞內的反應。因此第二傳訊者是**訊息轉導機制**(signal transduction mechanism)的元素之一，如此細胞外訊息（激素）便會透過第二傳訊者被轉導成細胞內的訊息。

第一個被發現的第二傳訊者為c-AMP (cyclic adenosine monophosphate)，其他的第二傳訊者還包括：c-GMP (cyclic guanosine monophosphate)、Ca^{2+}、IP_3 (inositol triphosphate)等。c-AMP可以活化蛋白質激酶，蛋白質激酶又與許多身體功能的調控有關，像是：催化肝臟中蛋白質的代謝作用、增強心肌與骨骼肌的收縮、促進類固醇類激素的合成以及強化腎臟對水分的滯留作用等。與運動相關的激素，包括：腎上腺皮促素、甲促素、抗利尿激素、升糖素甚至腎上腺素等功能的執行，都需要利用

c-AMP作為第二傳訊者（腎上腺素與胰島素還可利用c-GMP或IP$_3$作為第二傳訊者）(McMurray & Hackney, 2000)。

(二) 類固醇類激素 (Steroid Hormones)

類固醇類激素是由膽固醇衍生而來，性腺與腎上腺皮質所分泌的激素即屬於此類。性腺激素包括：**睪固酮**(testosterone)、**動情素**與**黃體素**等。腎上腺皮質激素則有**糖皮質素**(glucocorticoids)、**礦物皮質素**(mineralocorticoids)以及**性激素**等三類。最重要的糖皮質素是**皮質醇**(cortisol)，而功能最強的礦物皮質素是**醛固酮**(aldosterone)，最主要的腎上腺皮質性激素為**雄性素**。此外，1, 25-雙羥維生素D$_3$（維生素D$_3$的活性態）也是一種類固醇衍生物。類固醇類激素為疏水性，可以通過細胞膜的兩層磷脂質而進入標的細胞內，再與**細胞內的接受器**結合形成複合物，最終能與DNA的特定位置接合，並活化特定基因。

(三) 胺類激素 (Amine Hormones)

胺類激素是由胺基酸衍生而來。由**酪胺酸**(tyrosine)衍生而來的激素，包括：腎上腺髓質分泌的**腎上腺素**(epinephrine)與**正腎上腺素**(norepinephrine)以及甲狀腺所分泌的**甲狀腺素**(thyroxine)。由**色胺酸**(tryptophan)衍生而來的則是松果腺所分泌的**褪黑激素**(melatonin)。腎上腺素與正腎上腺素為親水性激素，其與胜肽類激素類似，無法通過細胞膜的磷脂質部分，所以腎上腺髓質激素還需要「第二傳訊者」來調節細胞內的反應。甲狀腺素的分子相當小，且為疏水性分子，它的標的細胞接受器位於細胞核中。松果腺所分泌的褪黑激素亦為非極性激素。

5-2 骨骼肌的新陳代謝

在了解激素如何反應運動時的需求之前，必須先了解骨骼肌的新陳代謝。在骨骼肌進行中重度運動的前45~90秒內，細胞處於無氧呼吸狀態，這是由於心肺系統需要一段時間來增加對肌肉的氧氣供應。若進行中重度運動且身體狀況良好時，大多數肌肉的能量供應則會在開始運動2分鐘之後，來自有氧呼吸。

　　輕度、中度或重度運動的界定是依據每一個個體在進行有氧呼吸範圍內的最大運動量而定。體內利用有氧呼吸所能達到的最高氧氣消耗速率稱為身體的**最大攝氧量**(maximal oxygen uptake, $\dot{V}O_2max$)或是**有氧呼吸能力**(aerobic capacity)。最大攝氧量可用來衡量一個人的有氧容量，測試方法是在達到最激烈的運動強度時，用儀器測量氧氣消耗率，再除以體重。如果你的$\dot{V}O_2max$比別人高，代表你有較佳的心肺功能和氧氣利用率。最大攝氧量主要由年齡、體型以及性別決定，男性較女性高約15~20%，而無論男女皆在20歲左右達到顛峰。最高攝氧量的範圍，以一個坐姿的老人來說，大約是每公斤體重每分鐘攝氧12毫升，而一個優秀的年輕男性運動員則可高達84毫升。一些世界級運動選手的最高攝氧量為同年齡與同性別平均值的2倍。

　　運動的強度也可以用**乳酸閾值**(lactate threshold)或**無氧閾值**(anaerobic threshold)來表示。乳酸閾值是指當血液中乳酸明顯增加時，其攝氧量與最高攝氧量的百分比，一般健康的人，平均乳酸閾值為50~70%。乳酸形成前所能從事的運動量影響肌肉疲勞的發生，一個訓練有素的運動員，不僅有較高的有氧能力，乳酸閾值亦較高，產生乳酸的量比一般人低，不易產生肌肉疲勞現象。

　　在緩和或輕度運動時，所需攝氧量為25% $\dot{V}O_2max$，此種運動所消耗的能量，主要是由脂肪酸的有氧呼吸所得，這些脂肪酸大部分是由脂肪組織分解出來，只有少數是由肌肉所儲存的三酸甘油酯分解而得。若健康人處於即將達乳酸閾值之中度運動狀態時，攝氧量約為50~70% $\dot{V}O_2max$，則其體內所消耗能源的來源約有一半來自脂肪酸，一半來自醣類，包括血糖和肌肉中的肝醣。至於攝氧量高於乳酸閾值的激烈運動，則有2/3以上的能量是來自醣類的代謝。可見運動時，肝臟也必需加速**肝醣分解**(glycogenolysis)或**糖質新生**(gluconeogenesis)速率，否則當運動時間延長，就很容易造成低血糖。因為肝醣的消耗造成運動限制，所以任何能節用肌肉肝醣的適應皆能促進運動耐力。運動員經訓練後，會增加體內以脂肪酸有氧呼吸作為能量來源的比例，降低肝醣消耗的速率（朱勉生等譯，2011）。

5-3 激素的調節以及運動對激素的影響 Exercise Physiology

一、腦下腺激素 (Pituitary Hormones)

　　腦下腺(pituitary gland)又稱為**腦下垂體**(hypophysis)，位於下視丘下方，透過一種漏斗結構與下視丘相連。來自下視丘的血管和神經纖維，藉由相連接的部位進入腦下腺。在人類，腦下腺由相鄰的兩個部分所組成，**前葉**(anterior pituitary)與**後葉**(posterior pituitary)。腦下腺前葉又稱為**腺葉**(adenohypophysis)，透過特殊的血管－「**下視丘－腦下腺門脈血管**」 (hypothalamo-pituitary portal vessel)與下視丘相連接（圖5-4），也因為這種關係，腦下腺前葉會受到下視丘所分泌的激素影響而產生進一步的反應。這種連接的優點，提供了快速反應管道，並可減少下視丘激素的分泌量，因為下視丘激素不需要進入人體全身的血液循環，而遭到稀釋。

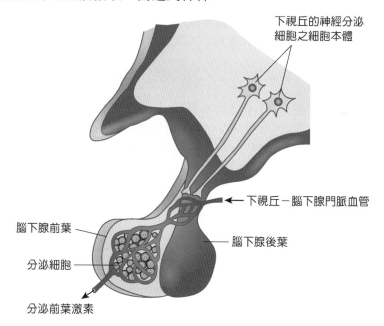

下視丘的神經分泌
細胞之細胞本體

下視丘－腦下腺門脈血管

腦下腺前葉

腦下腺後葉

分泌細胞

分泌前葉激素

▶ 圖5-4　下視丘對腦下腺前葉的調控。下視丘分泌的釋素釋放至下視丘－腦下腺門脈血管內，這些釋素可以刺激腦下腺前葉分泌激素進入血液循環中。

　　腦下腺後葉又稱為**神經葉**(neurohypophysis)，後葉的激素並非由後葉本身所合成，而是由**下視丘的視上核**(supraoptic nucleus)與**室旁核**(paraventricular nucleus)的神經元細胞本體合成，其軸突延伸往下傳送至腦下腺後葉儲存（圖5-5）。當有刺激引起這些下視丘神經元產生動作電位並傳至神經末梢時，便會引起激素以胞吐方式自腦下腺後葉釋放，進入血液循環。

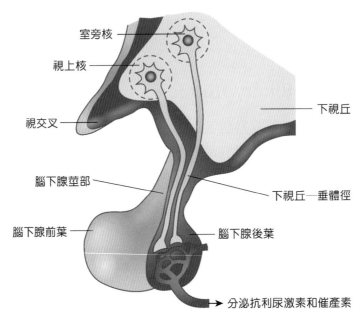

▶ 圖5-5　下視丘對腦下腺後葉的調控。腦下腺後葉可以儲存和釋放由下視丘的視上核與室旁核製造的激素（包括：抗利尿激素與催產素），這些激素經由下視丘－垂體徑的神經軸突被運送至腦下腺後葉。

(一) 腦下腺前葉激素 (Anterior Pituitary Hormones)

　　腦下腺前葉分泌胜肽類激素，分別是：**生長激素**(growth hormone, GH)、**泌乳素**(prolactin, PRL)、**甲促素**(thyroid stimulating hormone, TSH)、**腎上腺皮促素**(adrenocorticotropic hormone, ACTH)、**濾泡促素**(follicle stimulating hormone, FSH)以及**黃體促素**(luteinizing hormone, LH)。其中FSH與LH因為都對性腺（卵巢和睪丸）有刺激作用，統稱為**性腺促素**(gonadotropic hormone, GTH)。腦下腺前葉激素的分泌是由下視丘所製造的調節激素所調控，經**下視丘－腦下腺門脈系統**將調節激素送至腦下腺前葉。

　　下視丘所分泌的調節激素都是根據其所控制的腦下腺前葉激素之名稱而來，分別為：**皮釋素**(corticotrophin-releasing hormone, CRH)、**性釋素**(gonadotropin-releasing hormone, GnRH)、**甲釋素**(thyrotropin-releasing hormone, TRH)、**生長激素釋素**(growth hormone-releasing hormone, GHRH)、**體抑素**(somatostatin, SS)以及**泌乳素抑制激素**(prolactin inhibiting hormone, PIH)。除了泌乳素抑制激素為多巴胺之外，其餘的調節激素都屬於胜肽類。當人體處於焦慮、壓力或是身體活動時，大腦的神經衝動會傳入下視丘，下視丘則會釋出相對應的釋素或抑制激素並調控腦下腺前葉的分泌。下視丘調節腦下腺前葉的分泌作用如圖5-6所示。

下視丘和腦下腺前葉的分泌也會受到自身的作用效應所影響，也就是受到其所調節之標的腺體所控制。有三個標的腺體受下視丘和腦下腺前葉的影響，即**甲狀腺、腎上腺皮質、性腺**；舉甲狀腺為例說明其分泌控制系統：下視丘分泌TRH經由下視丘－腦下腺門脈循環系統刺激腦下腺分泌TSH，TSH經血流作用到甲狀腺使甲狀腺分泌甲狀腺素，過多的甲狀腺素分泌會回過頭來抑制TSH和TRH的分泌，所以如此的負迴饋調節作用使得甲狀腺素的分泌得以維持平衡。

⊃ 生長激素 (Growth Hormone, GH)

1. 生長激素概論

生長激素為一種蛋白質激素，是腦下腺前葉分泌量最多的激素。生長激素有多種代謝效應，包括：(1)促進

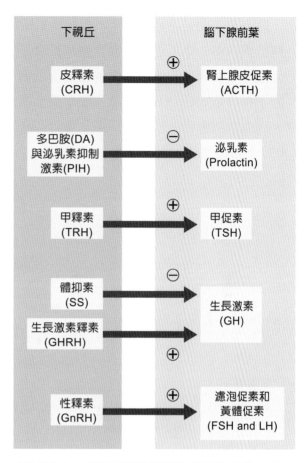

▶ 圖5-6　下視丘調節腦下腺前葉的分泌作用。

發育中骨骼之骨骺端軟骨的生長；(2)刺激標的細胞對胺基酸與硫(sulfur)的攝取，用此增加結締組織的生長；(3)刺激肌肉細胞攝取胺基酸並合成蛋白質；(4)刺激脂肪分解(lipolysis)而導致脂肪酸由脂肪組織釋出，如此可提供活動所需的能量；(5)刺激肝臟中肝醣分解(glycogenolysis)的作用，以產生更多的葡萄糖送至血液循環；(6)提升肝臟的糖質新生(gluconeogenesis)作用，這個作用在於利用胺基酸與脂肪等原料，重新合成葡萄糖，使血糖濃度得以維持。由以上的效應不難看出，生長激素影響蛋白質、脂肪與碳水化合物的代謝，隨著運動中生長激素的增加，可以改善運動時能量的使用情形，降低個體對胰島素的敏感度，以減少組織對葡萄糖的吸收，而維持血糖濃度，此時血液中的葡萄糖則可用來支持運動時神經與肌肉系統的功能運作(McMurray & Hackney, 2000)。生長激素是運動不可或缺的激素，但是超生理劑量的生長激素對運動表現會有額外的影響嗎？1989年，國際奧林匹克委員會(IOC)已將生長激素納入其禁用物質清單，由生長激素的生理作用不難看出為什麼有運動員會超量使用生長激素了。

生長激素的分泌是由兩種下視丘激素所調節，一為**生長激素釋素**(GHRH)，另一個為**體抑素**(SS)。除了生長激素含量太低會引發GHRH分泌之外，其他繼發分泌因子還有**低血糖**、循環血液中**低濃度的游離脂肪酸、正腎上腺素、胺基酸、睡眠與運動**，這些因子都會造成GHRH分泌進入腦下腺前葉，導致生長激素的釋出。相反的，當高血糖、高血脂則會刺激體抑素分泌，進而抑制生長激素的釋出（圖5-7）（林貴福等譯，2002）。

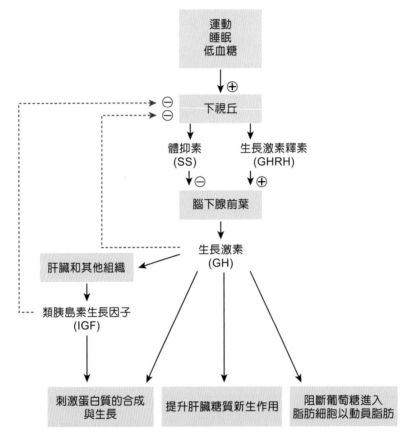

▶ 圖5-7　生長激素的分泌調節。

生長激素在沒有壓力的情況之下，是以脈衝的方式分泌，分泌後很快的被清除，半衰期僅20分鐘（何敏夫，2011）；其血中濃度出現日夜變化，在開始睡覺後的2小時，分泌量最多（廖芳足等，2019；McMurray et al., 1995）。面臨壓力時，則視壓力源(stressor)而定，不同的壓力源在不同的刺激頻率與時間之下，生長激素的反應是不同的。非最大運動[註1]、低血糖與體溫過熱等三種壓力源，都會刺激生長激素分泌；不過在相隔80~150分鐘的第二次相同刺激之後，非最大運動和體溫過熱的刺激不再引起生長激素的分泌，這是因為負迴饋作用所致，但第二次低血糖的刺激會突破負迴饋機

制，仍會造成生長激素的釋出(Jezova et al., 2007)。然而心理壓力之下，往往會抑制生長激素的分泌（李意旻等，2016）。

註1：最大運動(maximal exercise)是指任何運動在一定強度或漸增強度（如每兩分鐘增加速度或坡度）下，持續進行，運動到衰竭(all out)條件之心跳速率、攝氧量、換氣量、乳酸閾值或主觀已盡最大努力的運動；非最大運動(submaximal exercise)指的是任何低於最大運動強度的所有強度之運動（林正常2006）。

2. 類胰島素生長因子對生長激素的影響

類胰島素生長因子(insulin-like growth factor, IGF)為胜肽類激素，它調節了許多生長激素的作用，除了刺激蛋白質合成之外，亦能夠分解脂肪並利用其作為滿足生長所需的能量需求，使細胞能夠因應各種刺激並且抵抗細胞凋亡以及損傷後所發生的組織修復反應。因此，IGF在協調營養攝入的反應和啟動適當的代謝變化有著不可或缺的作用(Clemmons, 2012)。IGF又分為IGF-I與IGF-II。IGF-I可刺激細胞的有絲分裂、增進軟骨及細胞增殖、增加細胞對胺基酸的利用。IGF-II的角色與IGF-I類似，不過，IGF-I對生長激素的反應較IGF-II敏感(Zapf & Froesch, 1986)。肝臟為主要分泌IGF的器官，其他組織在生長激素的影響之下，亦可能合成IGF-I（林貴福等譯，2002）。

IGF-I的分泌在大部分的狀況下是相當穩定的，常與生長激素同時增減。因為生長激素是IGF-I合成的有效刺激物，一旦血中IGF-I增加了反而會引起負迴饋作用，抑制生長激素的分泌（廖芳足等，2019），以此維持體內的平衡。除了生長激素之外IGF-I的製造還受其他激素影響，例如：皮質醇、甲狀腺素、雌激素等聯合營養攝入的變化一起作用來協調IGF-I的製造(Clemmons, 2012)。

生長激素影響體內合成與分解的代謝。合成的代謝與IGF-I的分泌有關，也就是在生長激素分泌之後，IGF-I便會反應，當有足夠的能量以及蛋白質的供應之下，生長激素可以刺激IGF-I的合成。但是在飢餓、外科手術、感染或是疾病等與分解代謝有關的狀況之下，血中IGF-I會迅速的減少，造成高濃度的生長激素與低濃度的IGF-I（黃佩真等譯，2004；Wallin, 2007）。

年齡相關因子也會影響IGF-I的生成，在青春期，IGF-I的大量增加會伴隨生長激素適度的增加，此為青春期生長猝發的重要因子之一。圖5-8說明生長激素與IGF-I的分泌路徑。

運動生理學
Exercise Physiology

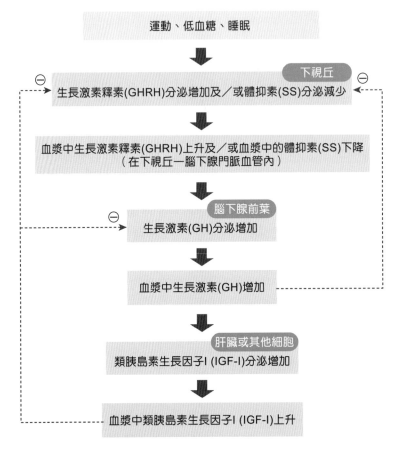

▶ 圖5-8　調控生長激素(GH)及類胰島素生長因子I (IGF-1)分泌的路徑。在下視丘，負號(⊖)代表抑制生長激素釋素及／或刺激體抑素分泌的輸入。

3. 生長激素對運動的反應

生長激素是潛在的同化性激素，藉由促進胺基酸進入細胞，進而使肌肉肥大或生長；促進脂肪分解酵素的活性而導致脂肪的分解以提供能量。生長激素的濃度也會因為有氧運動而增加，並且依運動的強度出現比例的變化。短時間的身體活動就會刺激生長激素的分泌，只要運動8~9分鐘，生長激素的分泌便會顯著增加(McMurray et al., 1991)，而且在運動的後段，可以發現血液中居高不下的生長激素。

生長激素的增加也受**運動強度**、**運動時間**、運動者的**年齡**、**性別**以及**體適能程度**(fitness level)的影響。不管從事的運動是舉重、連續的有氧運動或是間歇性的無氧運動，生長激素對運動的反應皆與運動的強度以及氧的需求呈線性關係。

以非最大運動強度進行急性有氧運動之後，血液中生長激素的濃度是增加的(Charmas et al., 2009)。高強度用力的衝刺30~60秒所引發生長激素上升的幅度高於中

等強度運動所導致的生長激素增加(Nevill et al., 1996)，而生長激素對非常短時間的運動(very-short-term exercise)反應會出現延遲現象。由此可以看出運動強度誘發生長激素的反應。因為正腎上腺素是運動強度相關激素，生長激素的釋出也與正腎上腺素有關，也就是運動造成正腎上腺素釋出之後，正腎上腺素再引發生長激素的分泌(Chwalbínska-Moneta et al., 1996; McMurray et al., 1987)。

生長激素的分泌也跟運動的時間長短有關。進行最大運動(maximal exercise)之50%強度的運動30分鐘之後，生長激素的分泌會增加2倍，而同樣強度的運動若持續60分鐘，生長激素的分泌更增加到10倍(Karagiorgos et al., 1979)。這些生長激素分泌增加的現象反應了在運動期間必須增加蛋白質的合成以及代謝脂肪所致。

阻力運動(resistance exercise)也會增加生長激素的分泌(McMurray et al., 1995)，這是和蛋白質的合成與肌肉的修復有關。阻力訓練時維持一定的生長激素濃度，會使肌肉更加健壯，同時增加肌肉質量，並且燃燒脂肪。生長激素可直接作用在肌肉或是間接透過IGF-I來造成蛋白質合成與細胞的有絲分裂。不過IGF-I的反應很慢，超過2小時的長時間運動引發生長激素的增加並沒有同步發生在IGF-I (Hopkins et al., 1994; Koistinen et al., 1996)，不過 IGF-I接受器的結合能力在運動時是升高的(Willis et al., 1997)，如此IGF-I的總效應仍是增強的。通常在生長激素分泌後的3~6小時IGF-I才會開始分泌，16~28小時之後才會達到分泌高峰(Copeland et al., 1980)。

一般而言，在耐力訓練(endurance training)後，激素對於固定負荷的運動反應，較不明顯。激素對於運動訓練的適應，是因為耐力訓練改善了標的細胞對激素的敏感性所致。當訓練的運動強度低於乳酸閾值時，則休息時的生長激素是沒有太大變化的，但若高於乳酸閾值則休息時的生長激素分泌之脈衝幅度會增加，這與肌肉、骨骼以及結締組織的維持或發展有關(Weltman et al., 1997)。

相較於未受訓練者，在相同負荷之下，受訓練者血中生長激素的濃度會有較低的現象，這與運動訓練引起的適應以及體能的改善有關(Borer, 1989)。進行衰竭性運動(exhaustive exercise)，不管是否有受過訓練，都會出現類似的生長激素增加幅度，但是未受過訓練者，血液中高濃度的生長激素會在恢復期持續數個小時之久。進行相同的非最大運動時，未受過訓練者有較高的生長激素反應。由此可見，隨著身體努力的程度增加，會增加生長激素的分泌量(McArdle et al., 2001)。

以下說明其他影響生長激素分泌的因子。在休息時，女性的生長激素高於男性(Kraemer et al., 1992)，在最大運動與非最大運動時，女性的生長激素反應與男性類似

(Häkkinen & Pakarinen, 1995)或甚至更高(Kraemer et al., 1992)，肥胖的人其生長激素對運動的反應較一般人遲鈍(McMurray & Hackney, 2000)。老化會造成休息時的生長激素較低，而且生長激素對運動的反應也較遲緩(Pyka et al., 1992)，這是因為老化引起肌肉質量減少所致。

⊃ 泌乳素 (Prolactin, PRL)

1. 泌乳素概論

泌乳素為胜肽類激素。甲釋素(TRH)可刺激泌乳素分泌，而泌乳素抑制激素(PIH)以及多巴胺則抑制它的分泌。泌乳素可促進女性乳房的發育與刺激分娩後的乳腺產生乳汁。過多泌乳素會抑制腦下腺之濾泡促素(FSH)和黃體促素(LH)的分泌，因此影響卵巢中濾泡的發育、排卵以及黃體的形成，因而改變月經週期(Pyka et al., 1992)。男性與女性生殖上的問題以及疾病，包括：月經次數過少、無月經症、精蟲稀少症以及睪丸萎縮等都與過量分泌的泌乳素有關(McMurray & Hackney, 2000)。如同大多數的腦下腺激素，泌乳素也是用脈衝的方式分泌，且分泌量有日夜差異，這跟周圍環境的光暗週期有關。夜間睡眠時，特別是在非快速動眼期(non-rapid eye movement)呈現較高量的分泌(Sassin et al., 1972)。因為**泌乳素是重要的壓力激素**，不管是精神上或軀體的壓力，在男性和女性都會因為壓力而分泌泌乳素，導致生殖功能受到抑制（李意旻等，2016）。

2. 泌乳素對運動的反應

運動所造成的心理與生理壓力都可能引發泌乳素的分泌。事實上，在運動之前太多的心理壓力就會造成泌乳素的分泌增加(McMurray & Hackney, 2000)。已知高強度運動會增加泌乳素的分泌(Kraemer et al., 1993)，而增加的幅度與運動的強度成正比(Hackney et al., 2016; Häkkinen & Pakarinen, 1995)；不過如果是短時間高強度的運動，泌乳素往往是在運動過後的恢復期才會出現血中濃度增加的情形。若白天有運動，則晚上泌乳素的濃度會比白天沒運動的人多出2~3倍(McMurray & Hackney, 2000)。對女性運動員而言，長期的運動訓練引起泌乳素的分泌，是會改變月經週期的。另外，女性在跑步時未穿戴胸罩，泌乳素的分泌會增加，禁食或是攝取高脂肪食物也會增加泌乳素分泌(Johannessen et al., 1981; McArdle et al., 2001)。男性運動員在進行訓練的日子裡，夜間泌乳素的反應是會增加的(Hackney et al., 2015)。

⊃ 濾泡促素 (Follicle Stimulating Hormone, FSH)與黃體促素 (Luteinizing Hormone, LH)

1. 濾泡促素與黃體促素概論

　　下視丘以脈衝方式分泌性釋素 (GnRH)，刺激腦下腺前葉也以脈衝方式分泌濾泡促素(FSH)及黃體促素(LH)。FSH和LH共同作用到標的器官——睪丸和卵巢造成精子生成、月經週期以及性激素的分泌，這樣的調控方式稱為**下視丘－腦下腺－性腺軸**。因為高級腦部中樞有神經進入下視丘，所以此種分泌控制會被情緒所影響，已知強烈的情緒改變會影響排卵或月經的時間。

　　在男性，FSH作用在睪丸細精小管內的支持細胞，協助精子生成；而LH（在男性又稱為間質細胞促素，interstitial cell stimulating hormone, ICSH）則作用在睪丸的間質細胞(interstitial cells)，刺激雄性素（主要為**睪固酮**）的分泌。睪固酮可以促進第二性徵，它也可以影響精子的生成。由於ICSH會刺激睪丸分泌睪固酮，再藉由睪固酮來影響精子生成，因此ICSH具有間接控制精子生成的作用（圖5-9）。

　　性成熟女性從月經的第一天開始，腦下腺前葉所分泌的FSH濃度會開始增高，促使卵巢內10幾個初級濾泡漸趨成熟，直到其中之一形成優勢濾泡可以排卵為止，其間濾泡細胞分泌的動情素濃度會逐漸升高，到排卵前2天達到最高峰（**動**

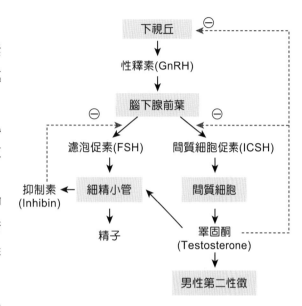

▶ 圖5-9　在男性，FSH作用在睪丸細精小管的支持細胞以協助精子生成；LH則作用在間質細胞，刺激睪固酮的分泌，而睪固酮也可以刺激細精小管內精子的生成。

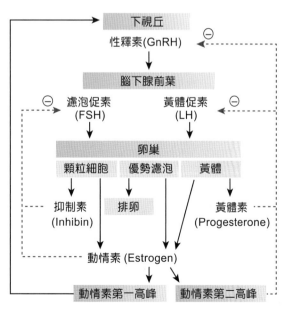

▶ 圖5-10　下視丘－腦下腺前葉對卵巢的調節作用。

情素第一高峰）。這個高濃度的動情素隨之引發腦下腺大量分泌LH，短時間高濃度的LH會引起濾泡破裂而導致排卵。濾泡在破裂後會因LH的持續刺激，轉變成黃體。黃體除了可以分泌**動情素（動情素第二高峰）**之外，還可同時分泌**黃體素**。在排卵後高濃度的黃體素和動情素會共同負迴饋抑制FSH與LH的分泌（圖5-10）。倘若無受精作用發生，到了月經週期末期，黃體便開始退化並逐漸失去分泌功能，則黃體素和動情素濃度下降，造成子宮內膜剝落而月經來潮，並引發一個新的月經週期（朱勉生等譯，2011）（詳細作用請參考卵巢激素，圖5-25）。

2. 濾泡促素與黃體促素對運動的反應

因為FSH與LH是以脈衝方式分泌，而且在女性更具有週期性的分泌變化，研究的結果可能因取樣的時間以及分析的方法而有不同，所以目前為止沒有較一致性的看法。

單次的運動並不會明顯改變血液中FSH與LH的濃度(McArdle et al., 2001)。不過，長時間吃力的運動還是會影響青春期的發育、女性的月經週期與男性精子的形成。女性對下視丘－腦下腺－性腺軸的反應較男性敏感(Hackney, 1996)；而男性在進入青春期之後此軸線的成熟（尤其是LH和睪丸激素）與有氧運動後抗氧化的增加呈現正相關(Paltoglou et al., 2019)。

➲ 甲促素 (Thyroid Stimulating Hormone, TSH)

1. 甲促素概論

下視丘分泌甲釋素(TRH)引發腦下腺分泌甲促素(TSH)，甲促素進而刺激甲狀腺合成並分泌**甲狀腺素**(thyroxine, T_4)與**三碘甲狀腺素**(triiodothyronine, T_3)，然而TSH又受到T_4和 T_3的負迴饋調節，這種調控方式稱為**下視丘－腦下腺－甲狀腺軸**。T_4與T_3可刺激蛋白質的合成、神經系統的成熟以及增加身體細胞的呼吸速率，因此可提高**基礎代謝率**。TSH的分泌在睡眠開始後增加，凌晨達到高峰；許多生理因素甚至飲食都會影響TSH的分泌。

2. 甲促素對運動的反應

甲促素的分泌受甲狀腺素的負迴饋調節，而甲狀腺素的分泌受到藥物、營養狀態、運動、體溫、懷孕、代謝狀態的影響，其分泌調節是複雜的。研究指出甲促素並未隨著運動而分泌增加(Carvalho et al., 2018)，即便長達20小時的長時間運動，在嚴苛的環境之下，包括黑暗、低溫、高濕度的洞穴探索運動，其TSH也沒有明顯的變化(Stenner et al., 2007)（TSH與甲狀腺激素的作用請參考甲狀腺激素）。

◯ 腎上腺皮促素 (Adrenocorticotropic Hormone, ACTH)

1. 腎上腺皮促素概論

　　下視丘的皮釋素(CRH)調控著腦下腺之腎上腺皮促素(ACTH)的分泌，而ACTH的功能在於能調節腎上腺皮質激素的製造與分泌，這稱為**下視丘－腦下腺－腎上腺軸**。CRH的濃度日夜變化很大，在早晨達到最高，然後逐漸降低，在夜間則為上午的1/2。另外，發燒、壓力、低血糖以及長時間的運動也會引發CRH的分泌（李意旻等，2016; Inder et al., 1998）而啟動此軸線，而且在心理壓力與急性運動時，這個軸線的反應方式是類似的(Negrao et al., 2000)。

2. 腎上腺皮促素對運動的反應

　　當大於25%的有氧能力之運動強度，ACTH會隨著運動強度與運動持續時間的增加而增加(Fabbri et al., 1999)，在較高強度的運動，下視丘－腦下腺－腎上腺軸的反應是明顯的(McMorris et al., 2009)。一般而言，健康男性的急性中度混合運動即可迅速增強ACTH-皮質醇的協調性及迴饋作用，這是因為運動引發腎上腺與腦部之間的路徑被強化所致(Roelfsema et al., 2017)。

(二) 腦下腺後葉激素 (Posterior Pituitary Hormones)

　　腦下腺後葉儲存並釋放由**下視丘**製造的兩種激素：**抗利尿激素**(antidiuretic hormone, ADH)與**催產素**(oxytocin)。**神經內分泌反射**(neuroendocrine reflexes)控制這兩種激素的分泌，例如：哺乳期的婦女，經由嬰兒吸吮乳頭的刺激，引起感覺神經衝動傳至下視丘，以刺激催產素的反射分泌。脫水時，下視丘的滲透壓感受器(osmoreceptor)偵測到血液的滲透壓上升而刺激了ADH的分泌（曾淑芬譯，2014）。

◯ 抗利尿激素 (Antidiuretic Hormone, ADH)

1. 抗利尿激素概論

　　抗利尿激素(ADH)又稱為精胺酸血管加壓素(arginine vasopressin, AVP)，它主要是由下視丘的視上核所製造（圖5-5）。ADH由視上核的神經軸突末端分泌送出，經過下視丘－垂體徑(hypothalamo-hypophyseal tract)，進入腦下腺後葉。

　　正常血液的滲透壓為280~300 mOsm/kg H_2O，一旦血液的滲透壓超過290 mOsm/kg H_2O，下視丘的滲透壓接受器會偵測到血液滲透壓上升，便刺激ADH的合成，透過神經軸突傳送至腦下腺後葉儲存，同時促進儲存在腦下腺後葉的ADH釋放於血流之

中。當血液中的ADH作用在腎臟遠曲小管和集尿管時，引發一連串訊號傳遞，導致水分再吸收增加，腎臟將水分保留在血液中，同時減少排尿量，血液的滲透壓因此降低。當血液滲透壓低於275~285 mOsm/kg H_2O時可迴饋抑制ADH的分泌(McMurray & Hackney, 2000)。在負迴饋系統中，包括了腎臟、中樞神經系統和口渴的機制，都與體液濃度的調節有關（圖5-11）（註：視上核和室旁核本身便是一種滲透壓感受器，但它們亦可接受鄰近其他的滲透壓感受器的神經調節）。

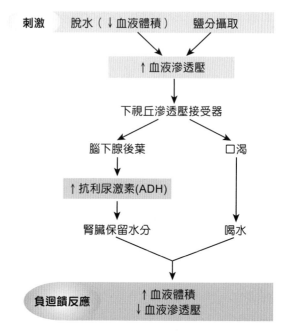

▶ 圖5-11 血液量與血液滲透壓的負迴饋調節作用。血液滲透壓升高可激發口渴的感覺以及抗利尿激素的分泌。

▶ 圖5-12 與水分以及鈉鉀平衡有關的激素調節。圖中箭頭朝上表示增加，箭頭朝下表示減少，虛線表示抑制。資料來源：McMurray & Hackney, 2000。

　　下列刺激可導致ADH分泌增加：(1)由於過度排汗或攝入的水不夠，導致體內水含量太低，引發血液的滲透壓上升，當下視丘的滲透壓接受器偵測到**血液的滲透壓上升**，便會分泌ADH；(2)由於血液的流失或是沒有補充足夠的水，造成**血漿容積與動脈壓降低**，而引發心血管反射，刺激ADH分泌。其他影響ADH分泌的因素包括：站立或躺下、情緒壓力、血量、血壓、體溫、疼痛、運動以及藥物。例如：酒精會抑制ADH的分泌，巴比妥酸鹽(barbiturates)、組織胺(histamine)、嗎啡(morphine)則刺激ADH的分泌。與水分以及鈉鉀平衡有關的激素調節整理於圖5-12 (McMurray & Hackney, 2000)。

2. 抗利尿激素對運動的反應

　　運動引發大量的流汗，會促進ADH的分泌，以協助身體保留水分，特別是在熱環境下運動而引起脫水時(Hew-Butler et al., 2010)。運動20~60分鐘就會造成血中ADH微量（低於50%）的增加(Wade, 1984; Wade & Claybaugh, 1980)，當運動導致脫水達體重的3%時，ADH會增加75~100%分泌量，若脫水達體重的5%時，ADH則會增加200% (Montain et al., 1997)。

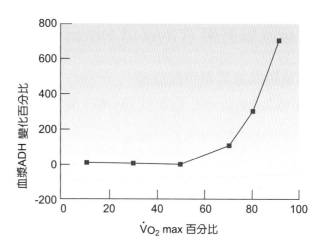

▶ 圖5-13　運動強度增加時血漿中抗利尿激素(ADH)的改變。

　　ADH的水分保留效果有助於調節運動時的心血管反應(Michelini & Morris, 1999)，攝氧量超過60% $\dot{V}O_2$max的運動強度，ADH明顯分泌增加以保留水分（圖5-13）（林貴福等譯，2002）；與較緩和的中等程度運動比較，高強度運動會分泌更多的ADH (Montain et al., 1997)，長時間的運動會因為流汗而使血液容積減少，此時ADH的分泌量是所有型態的運動中最高的(Ghaemmaghami et al., 1987)。耐力訓練則會重新設定體液體積的接受器，將使更多的液體滯留而導致血漿容積增加(Carroll et al., 1995)。

3. 抗利尿激素在運動時與補水後的分泌機制

　　運動造成ADH分泌的原因多半是因為運動導致血液濃縮或是體液滲透壓改變所致(Hew-Butler et al., 2008)。另外一個原因則是高強度運動導致兒茶酚胺分泌，之後再引發ADH的分泌(Kimura et al., 1984)。進行30分鐘的短時間運動，血漿體積會在1小時之

內重建，而ADH也會在短時間的運動過後1小時內恢復正常，這說明ADH可能只是反映運動所引起的清除率降低所致，而非分泌增加(Wade & Claybaugh, 1980)。

因為水是低張溶液，如果在運動過後迅速大量（超過1,000 mL）補充水分，會增加血漿的水含量，使血液的滲透壓快速降低，因此抑制了ADH的分泌，導致利尿作用(Maughan et al., 1994)，而使得未能完全補充流失的水分。因為運動會造成體內鹽分因大量排汗而消耗，此時，大量喝水並不能補充鹽分，反而會破壞體內水與鹽的代謝平衡，影響正常的生理機能，甚至會發生肌肉抽筋的現象。除此之外，運動後心臟的活動仍然很激烈，大量喝水會增加循環的血液量，因而加重了心臟的負擔。所以運動過後補充的液體體積與滲透壓都是需要考慮的。

二、甲狀腺激素 (Thyroid Hormones)

⊃ 三碘甲狀腺素與甲狀腺素
(Triiodothyronine, T₃ and Thyroxine, T₄)

1. 三碘甲狀腺素與甲狀腺素概論

甲狀腺是最大的內分泌腺體，位於喉頭的下方（圖5-14），腺體兩葉分別位於氣管的兩邊，並以峽部(isthmus)在前面相連。甲狀腺構造中含有許多球狀中空的小囊，稱為**甲狀腺濾泡**(thyroid follicles)，濾泡內襯濾泡細胞，濾泡細胞以**碘**和**酪胺酸**(tyrosine)為原料合成**甲狀腺素**(thyroxine, T₄)與少量的**三碘**

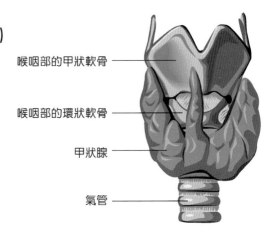

喉咽部的甲狀軟骨

喉咽部的環狀軟骨

甲狀腺

氣管

▶ 圖5-14 甲狀腺與喉頭的相關位置圖。

甲狀腺素(triiodothyronine, T₃)（圖5-15）。在血液中99.97%的T₄以及99.7%的T₃會與血漿中的載體蛋白質結合，其餘則為游離型態，只有游離的T₃和T₄具有代謝活性，可以進入標的細胞。運動時會促進蛋白質結合之甲狀腺素解離，造成游離型之甲狀腺素增加，以應付身體所需。約有20~30%血漿中的T₃是從甲狀腺製造分泌的，其他70~80%的T₃則是在肝臟以及腎臟由T₄脫去一個碘轉變而來（幾乎所有的組織均可將T₄轉換成T₃），因此T₄為T₃的前驅物質或是**前激素**(prohormone)。血液中T₄的濃度高於T₃，但是游離的T₃生理活性比游離的T₄高出4~5倍，尤其T₃能直接進入細胞核，與標的細胞的接受器親和力強。大部分的甲狀腺素分泌受到腦下腺之甲促素(TSH)所刺激，而TSH則是被下視丘的甲釋素(TRH)刺激而分泌（圖5-16）（何敏夫，2011）。

甲狀腺激素對生長發育與促進組織代謝十分重要，運動時對肌肉活動的調節、呼吸與心血管系統的調控以及能量代謝的影響亦息息相關。其主要功能如下：(1)促進個體、**神經**與骨骼的生長；(2)調節新陳代謝，包括：加速蛋白質合成、增加細胞中粒線體的數量與體積、增加細胞中粒線體的氧化代謝速率、促使細胞加速攝取葡萄糖、促進肝醣分解(glycogenolysis)與糖質新生(gluconeogenesis)、增加游離脂肪酸氧化的可利

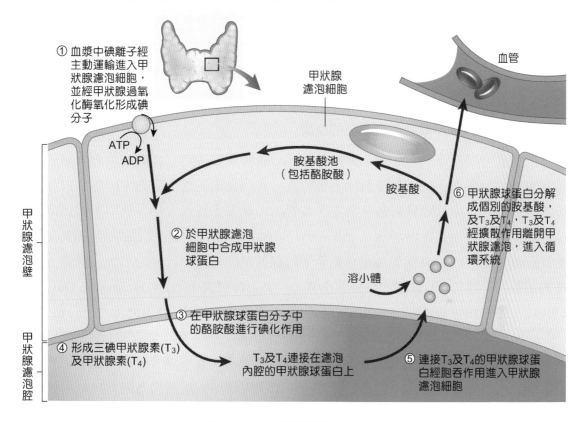

▶ 圖5-15 甲狀腺素的合成。

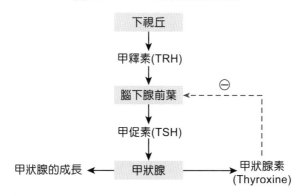

▶ 圖5-16 下視丘－腦下腺－甲狀腺軸。甲狀腺素的分泌受到腦下腺之甲促素(TSH)所調控，而TSH的分泌是被下視丘的甲釋素(TRH)所刺激，過多的甲狀腺素經由負迴饋抑制作用（虛線）抑制腦下腺前葉對TRH的反應。

用率、促進鈉鉀幫浦的作用以及增加身體的細胞呼吸速率,因此可**提高身體的基礎代謝率**;(3)調節心血管與呼吸系統,包括:心跳速率與心輸出量增加、肺臟換氣量增加(朱勉生等譯,2011;林正常,2006)。

甲狀腺激素藉由影響標的細胞接受器的數量與激素對接受器的吸引力來執行功能,也會因為**允許作用**而影響其他激素運用時的總效率,促進其他激素的反應,在相當的壓力之下,因允許方式而分泌的激素能升到極高的濃度,所以要是沒有甲狀腺激素的允許作用,腎上腺素對脂肪組織的游離脂肪酸幾乎失去作用。運動時T_3和T_4由血漿及組織移除的速度遠快於休息狀態,但是腦下腺會分泌TSH來維持血中T_3和T_4的濃度(Galbo et al., 1977)。

2. 三碘甲狀腺素與甲狀腺素對運動的反應

T_3與T_4可以促進細胞代謝、神經傳遞、心血管調節,這在運動或肌肉收縮時是必須且重要的,所以一個甲狀腺激素不足的人,其運動機能是低下的。因應來自運動或是訓練的壓力,甲狀腺激素會有濃度的改變。(職業男性短、中、長程不同負荷的游泳運動研究中發現長距離游泳(400公尺)呈現運動後TSH與T_4增加的現象(Kocahan & Dundar, 2018)。急性無氧運動會影響甲狀腺的功能,大約110% $\dot{V}O_2$max高強度間歇性的運動,其總T_4濃度會增加好幾個小時,一直到身體恢復為止(Hackney & Gulledge, 1994),這是由於運動時血液濃縮所造成的濃度改變以及代謝清除率(metabolic clearance rate, MCR)降低所致。密集強烈的阻力訓練之後,馬上測定總T_4與T_3的反應,大約持續12小時,一直到恢復,這12小時包括了過夜。實驗結果顯示,總T_4與T_3在阻力訓練之後濃度立刻上升,尤其T_3濃度在夜間明顯增加,這是因為阻力訓練需要增加代謝來修復組織與增加蛋白質的合成,而甲狀腺素可以促進此項功能的完成,但也會因阻力訓練之後的血液濃縮而增加血中甲狀腺激素的濃度 (McMurray et al., 1995)。

從腦下腺TSH分泌到甲狀腺T_3與T_4的反應是具有時間差的(Viru, 1992),而且甲狀腺的分泌也受食物或其他因素影響,不全然因運動而改變。T_3和T_4隨著不同運動類型、強度和時間會有很大的變化(Hackney et al., 2016),而前述TSH對運動的反應並不明顯,這是因為研究中存在許多干擾因素(例如:營養狀況),或是訓練使得激素對標的腺體的敏感性和反應性提高所致,因此少量的激素就可得到相同的效果,產生了向上調節的適應現象(林正常,2006;de Souza et al., 2019)。

三、腎上腺激素 (Adrenal Gland Hormones)

　　腎上腺位於腎臟頂端，如同腎臟戴了一頂帽子一般（圖5-17）。將腎上腺切開可以發現兩個不同的區域，靠近外側顏色較淺的部分稱為**皮質**(cortex)，靠近內側顏色較深的部位則稱為**髓質**(medulla)。這兩個部分，源自不同的胚層，其功能與調節機制也不相同。

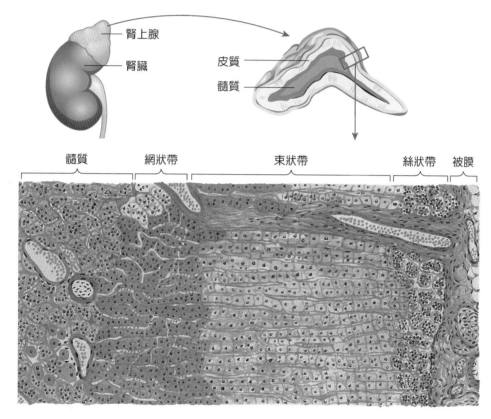

▶ 圖5-17　腎上腺的結構。靠近外側部分稱為皮質，又分為絲球帶、束狀帶以及網狀帶。靠近內側的部位則稱為髓質。

(一) 腎上腺髓質激素 (Adrenal Medulla Hormones)

⊃ 腎上腺素與正腎上腺素 (Epinephrine and Norepinephrine)

1. 腎上腺素與正腎上腺素概論

　　腎上腺髓質細胞分泌**腎上腺素**(epinephrine)與**正腎上腺素**(norepinephrine)，兩者都是由酪胺酸(tyrosine)衍生而來，化學結構上屬於**兒茶酚胺**(catecholamines)。腎上腺

髓質受節前交感神經纖維的支配，也就是說，當身體出現「**戰鬥或逃跑**」反應(fight or flight response)時，除了活化交感神經之外，腎上腺髓質亦同時受到刺激而分泌激素，因此這兩者合稱**交感神經腎上腺系統**(sympathoadrenal system)。腎上腺髓質激素對身體所產生的效應與交感神經系統類似，但可持續更久（約十倍）的時間(McMurray & Hackney, 2000)。

腎上腺髓質激素的主要功能如下：(1)刺激代謝：a.透過活化磷酸果糖激酶 (phosphofructokinase, PFK)來提升糖解作用(glycolysis)的效率，代謝產生乳酸(Richter et al., 1981)；b.刺激脂肪分解，導致脂肪酸由脂肪組織釋出，用來提供能量；c.引發肝臟與肌肉的肝醣分解(glycogenolysis)、抑制胰島素分泌以及刺激升糖素(glucagon)的釋出，藉由以上作用來提高血糖的濃度（朱勉生等譯，2011）；(2)增強心輸出量和心跳速率，並且造成骨骼肌血管與冠狀動脈的舒張以及大部分身體內血管的收縮(McMurray & Hackney, 2000)，如此可以將血液重新分配以減少內臟與皮膚的血液循環，並提高骨骼肌的血流；(3)支氣管擴張以減少氣流阻力、增加呼吸速率與深度；(4)降低消化系統活動與腎血流；(5)增加腎素(renin)的分泌。

運動時肌肉代謝性的血管舒張以及腎上腺髓質激素造成的骨骼肌血流增加與呼吸系統的通氣量上升等，這些反應都是在高強度運動時所需要的。在運動過程中，心血管反應迅速且適當地與體育活動的強度配合，在這裡腎上腺髓質和交感神經的活動扮演重要角色。這個運作和三種機制有關：(1)大腦發出訊號引起骨骼肌收縮和交感神經腎上腺系統的平行激活；(2)骨骼肌收縮時產生的訊號引起自主神經系統的反射激活；(3)動脈感壓反射(arterial baroreflex)的敏感度降低(Mitchell, 2013)（心血管在運動時的變化請參考第7章）。

腎上腺素與正腎上腺素的標的細胞具有 α 與 β 接受器，α 與 β 接受器又細分為 α_1、α_2 與 β_1、β_2，其所帶來的影響是透過第二傳訊者的機制。正腎上腺素與 α 接受器的親和性較腎上腺素好，α 接受器大量存在周邊組織、胰臟與泌尿生殖系統，運動時刺激這些接受器會導致大部分的血管收縮、降低胰島素的釋出以及增加排汗的速率。腎上腺素則與 β 接受器有較好的親和性，β 接受器大量存在脂肪組織、心肌、骨骼肌、消化道以及泌尿生殖系統。運動時腎上腺素與 β_2 接受器作用，可增強代謝，與 β_1 接受器作用則是增加心跳(McMurray & Hackney, 2000)。

腎上腺素與正腎上腺素和不同的接受器作用，可以決定組織對激素的反應（表 5-2）。腎上腺素與肝臟的 β 接受器作用，導致肝臟的肝醣分解形成葡萄糖而釋入血液中，當手部與腿部一起運動，腎上腺素會大量分泌，造成肝臟釋出超過肌肉所需的葡

萄糖量，則血糖上升(Kjaer et al., 1991)。如果使用 β 接受器阻斷劑propranolol，則腎上腺素與正腎上腺素無法運作，這會導致運動時較困難維持血糖濃度，尤其在受測者禁食時，這個情形會更加嚴重。另外propranolol也會阻斷脂肪細胞的 β 接受器，使得游離脂肪酸釋出的量減少，那麼，肌肉必須依賴更多有限的碳水化合物作為能量來源(Galbo et al., 1976)。

表5-2 腎上腺素與正腎上腺素和不同的接受器作用，可以決定運動時組織對激素的反應

接受器	標的組織或器官	反應
β_1	心臟	增加心跳速率及收縮力量
β_2	骨骼肌與冠狀血管之小動脈	放鬆
α	皮膚與內臟血管	收縮
β_2	支氣管平滑肌	放鬆
β_2	胰臟	增加胰島素分泌
α_2	胰臟	減少胰島素分泌以及增加升糖素分泌
β_2	骨骼肌	活化磷酸化反應以及活化磷酸果糖激酶
β_2	脂肪組織	增加脂肪分解作用
β_2	肝臟	增加脂肪分解、肝醣分解以及糖質新生作用
β_2	消化道	降低收縮力
α	消化道	血管收縮
α	皮膚	增加排汗
β_1	腎臟	增加腎素分泌

資料來源：McMurray & Hackney, 2000。

2. 腎上腺素與正腎上腺素對運動的反應

　　體內腎上腺素與正腎上腺素的釋出受到許多因素影響，包括：姿勢改變、心理壓力以及身體活動等。若是身體承受高強度或是長時間運動所造成的壓力，腎上腺素的濃度會因此增加。研究顯示，30秒的溫蓋特測驗會增加血液中正腎上腺素濃度約4.6倍，而腎上腺素則會增加約6.5倍。當運動時間持續2分鐘以上，運動強度在60~70% $\dot{V}O_2max$ 以下時，血液中正腎上腺素濃度會緩慢增加，而腎上腺素則不會有明顯改變；不過，一旦運動強度超過此閾值時兩者均會明顯的大幅增加（林正常，2006）。交感神經對低強度運動的反應高於腎上腺髓質，但是在高強度運動時，交感神經與腎上腺髓質激素都是必要的，這是因為進行高強度運動，細胞需要攝取更多的葡萄糖、更

多的糖解作用、心臟的功能更增強、血液的重新分配至運動的肌肉以及通氣量增多等(McMurray & Hackney, 2000)。

以非最大運動強度持續長時間且穩定的運動後，血中腎上腺素與正腎上腺素的濃度增加，一旦運動突然停止，腎上腺素在幾分鐘後便會恢復到休息狀態的濃度值，但是正腎上腺素則會維持高濃度達數小時之久。有研究指出，以60~70%之最大運動強度運動，跑步50分鐘，導致腎上腺素增加4倍，正腎上腺素增加6~9倍(Kindermann et al., 1982)。因為長時間的運動，肌肉細胞需要葡萄糖的量變多，所以糖解作用、脂肪分解作用、肝醣分解作用的效率皆需要增加。除了提升血糖值之外，腎上腺素與正腎上腺素在長時間運動時還會造成排汗增加用來調節體溫、降低腎血流而使排尿量減少以保留體內水分、促進腎素的分泌等，而腎素最終會影響醛固酮的分泌(McMurray & Hackney, 2000)而導致鹽分與水分的滯留體內。

耐力運動使血漿中腎上腺素與正腎上腺素快速增加，但在3週內濃度則會大幅減少(Winder et al., 1978)，代謝速率與最大代謝率(maximal metabolic rate)也因此降低。在耐力運動訓練期間，腎上腺素與正腎上腺素對葡萄糖的動員會減少(Mendenhall et al., 1994)；能維持血糖濃度，是因為耐力運動訓練後固定的工作量，減少肌肉內葡萄糖的吸收(Richter et al., 1998)。耐力訓練的第一週，進行非最大運動時兒茶酚胺濃度降低了，此時血壓上升較緩慢，也出現徐脈現象，顯示了交感神經腎上腺系統的訓練適應(Winder et al., 1978)。不過研究亦發現，在為期10週的耐力訓練之後，受測者的最大攝氧量進步了20%，在相對運動強度達65~85% $\dot{V}O_2max$時，訓練後的正腎上腺素濃度會高於運動之前(Greiwe et al., 1999)，這是因為：(1)較多的肌肉被招募；(2)增加了整體心血管反應；(3)需要較大的能量來源來應付工作量的增加。然而在相同負荷的運動訓練之下，血漿中正腎上腺素的濃度較腎上腺素高(Kjaer, 1998)，這意味著交感神經對於身體處於訓練時面對極限挑戰與運動強度負荷的反應高於腎上腺髓質。

(二) 腎上腺皮質激素 (Adrenal Cortex Hormones)

腎上腺皮質可以分泌類固醇類激素，分別是**礦物皮質素**(mineralocorticoids)、**糖皮質素**(glucocorticoids)及少量的**性激素**。腎上腺皮質可調節醣類及蛋白質的代謝，維持水分和電解質的平衡，並且參與緊急或壓力反應，是維持生命所必需，若是切除腎上腺皮質會危及生命。

➲ 礦物皮質素 (Mineralocorticoids)

1. 礦物皮質素概論

礦物皮質素是一群調節鹽分與水分代謝的激素，與長期血壓的平衡有關。最強的礦物皮質素是**醛固酮**(aldosterone)，具有自腎臟再吸收鈉、排泄鉀與氫的功能。醛固酮的分泌直接受血鉀濃度的調控，鉀離子濃度增加會刺激醛固酮的分泌。另外當血漿體積減少而導致血量不足、血壓不足或是血中鈉含量減少時，會進一步刺激腎臟的**近腎絲球器**(juxtaglomerular apparatus)分泌一種稱為**腎素**(renin)的酵素，釋放至血液中。腎素可將**血管收縮素原**(angiotensinogen)轉變成**血管收縮素I** (angiotensin I)，當血管收縮素I通過肺臟時，肺臟的**血管收縮素轉換酶**(angiotensin converting enzyme, ACE)會將其轉換成**血管收縮素II** (angiotensin II)，而血管收縮素II可透過下列機制促進血量增加：(1)刺激下視丘

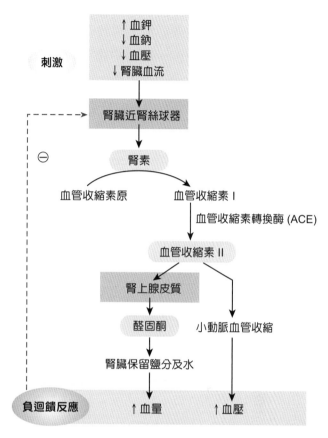

▶ 圖5-18 腎素－血管收縮素－醛固酮系統。此系統透過負迴饋控制血量和血壓（虛線）以幫助維持恆定。

的口渴中樞，因此感到口渴而攝取較多的水分，逐漸補充水分達適當體液容積；(2)刺激腎上腺皮質分泌醛固酮，使得腎臟保留較多的鹽分和水分，最終使血量上升；(3)造成小動脈血管收縮而使血壓上升。這個運作模式被稱為**腎素－血管收縮素－醛固酮系統**（廖芳足等，2019）（圖5-18）。

2. 礦物皮質素對運動的反應

由於醛固酮的作用需要比較長的時間，因此作用效果在運動後的恢復期才會出現。運動強度會影響腎素與醛固酮的釋出，和緩的運動使醛固酮分泌量增加12%，相同時間的中等程度運動會增加醛固酮達50%，較高強度的運動使醛固酮上升至75~80% (Montain et al., 1997)，以超過80%最大運動強度運動直到身體透支，其醛固酮可增加至原來的10倍(Melin et al., 1980)。

　　短時間運動所造成的醛固酮分泌，與腎血流的改變以及交感神經系統的運作有關。長時間運動造成腎素與醛固酮的釋出則與下列因素有關：(1)長時間的運動導致流汗與脫水，因而降低血漿容積，導致腎血流或腎血量減少以及血中鈉鉀離子失衡；(2)運動造成的血液重新分配，使得皮膚與內臟的血管收縮（包括腎血管），同時骨骼肌的血管擴張，這樣可將血液自皮膚與內臟送至骨骼肌，也因此降低了腎血流；(3)為了散熱，血液流向周邊而導致中央血液容積降低，這也是腎血流降低的原因。

　　脫水與血液中鈉的流失，都會刺激醛固酮的分泌。同樣的運動之下，脫水達體重5%的人比沒有脫水的人血中醛固酮的含量增加了3倍之多(Montain et al., 1997)。進行最大運動容量值(maximal capacity)的60%之運動達90分鐘，醛固酮會增加2~3倍。而馬拉松運動，體內醛固酮則增加5~10倍，而且在運動後醛固酮的分泌持續了22小時(Zappe et al., 1996)。由上述數據看出，長時間的運動會分泌大量的醛固酮。

　　血流不足會刺激兒茶酚胺的分泌，或是促進交感神經的活性，導致腎臟的血管收縮以及腎血流降低的情形，這個現象便會啟動腎素－血管收縮素－醛固酮系統。此機制對運動來說是十分重要的。輕度運動期間，只有些許或甚至不改變血漿中腎素的活性，但是輕度運動若是伴隨熱的負擔，腎素與醛固酮都會分泌。當運動強度達到最大攝氧量的50%時，腎素、血管收縮素、醛固酮則呈現平行的增加(Maher et al., 1975)，這與恆定作用有關。

　　耐力訓練造成的血漿體積增加，跟醛固酮有關。40%因訓練導致的血液體積增加是因為醛固酮使血鈉增加而造成的水分滯留(Nielsen et al., 1993)。其他影響醛固酮分泌的原因還有季節，夏季血中醛固酮與ADH的濃度顯著的增加，這是因為夏季天熱引起的熱適應現象而造成的排汗增加，為了避免因此而導致脫水，身體便代償性的分泌較多的醛固酮與ADH來保留水分(Kanikowska et al., 2010)。

⊃ 糖皮質素 (Glucocorticoids)

1. 糖皮質素概論

　　身體的活動、壓力以及情緒的變化都會啟動下視丘－腦下腺－腎上腺軸，造成下視丘分泌CRH，CRH再刺激腦下腺前葉分泌ACTH，ACTH最終導致腎上腺皮質分泌糖皮質素，當糖皮質素含量太高，則會回饋抑制CRH與ACTH，使得糖皮質素的分泌得以維持平衡（圖5-19）。

糖皮質素是一群影響醣類代謝的類固醇類激素，以**皮質醇**(cortisol)最具有生理活性。糖皮質素的作用如下：(1)透過下列方式來提高血糖：a.促進糖質新生，也就是將乳酸、胺基酸等非糖之含碳物轉變成葡萄糖；b.肝臟之肝醣分解；c.抑制許多組織對葡萄糖的利用（大腦除外）；(2)促進肝臟以外的組織，特別是肌肉與淋巴組織將蛋白質分解為胺基酸，以提供修補受損組織或合成新的細胞結構，或者這些胺基酸隨血液循環運輸至肝臟，在肝臟以糖質新生方式合成葡萄糖；(3)協助生長激素與升糖素之糖質新生作用；(4)與胰島素拮抗，阻斷葡萄糖進入細胞，使得這些細胞必須以更多的脂肪酸作為主要的能量來源；(5)促進脂肪分解並釋出游離脂肪酸進入血液循環中，當組織利用脂肪酸作為能量來源時，就可以把葡萄糖留給大腦使用；(6)刺激紅血球的生成；(7)抑制免疫反應與抑制發炎作用；(8)減少膠原蛋白與其他細胞外基質蛋白的合成；(9)增加骨質流失；(10)改變情緒、判斷力與

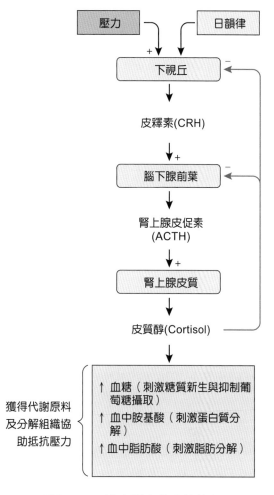

▶ 圖5-19　糖皮質素的分泌控制。

睡眠等行為；(11)皮質醇的允許作用非常重要，只有在皮質醇適量的存在之下，兒茶酚胺才能引發血管收縮，一個人如果缺乏皮質醇，那麼在壓力之下，會導致循環性休克（黃佩真等譯，2004；McMurray & Hackney, 2000）。

皮質醇在**壓力調適**上扮演重要角色。有一個合理的推測，當原始人類或動物受傷或面對生命威脅狀況時，一定吃不下東西，皮質醇可以將儲存的蛋白質與脂肪轉變為碳水化合物，增加血糖以保護大腦，使其在禁食期間不會缺乏養分。皮質醇還可以將肌肉中部分的蛋白質分解為胺基酸，使血中胺基酸濃度增加，供應受傷部位做為組織修復之用。皮質醇促進脂肪分解，提供脂肪酸作為壓力下之代謝所需（李意旻等，2016；黃佩真等譯，2004）。運動造成的組織傷害對身體來說是一種壓力，皮質醇因此便會刺激組織蛋白質分解成胺基酸作為修補傷害處之用，尤其是肌肉組織的修復。

生活中我們會遇到各種**壓力源**(stressor)，例如：追逐、燒傷、骨折、噪音、疼痛、缺氧、激烈運動或情緒壓力⋯等，身體會有一套因應來讓自己在面臨壓力時體內的運作可以維持恆定。1930年代塞利(Han Selye)由實驗中觀察到當遇到壓力可以預期皮質醇的分泌增加。他認為身體對於各式各樣的壓力源具有一套非常類似的反應，稱為**一般適應症候群**(general adaptation syndrome, GAS)，這種生理反應是為了保護個體發揮因應功能與維持身心平衡的普遍性反應。如果個體持續暴露在壓力刺激之下，那麼個體在生理學上會歷經**警覺期**(alarm stage)、**抗拒期**(resistance stage)與**耗竭期**(exhaustion stage)等三個階段（李意旻等，2016）。警覺期皮質醇的分泌量會增加，生理功能因此增強，以應付緊急狀態。通常這時候尚未出現任何因壓力而產生的症狀。到了抗拒期，身體已逐漸習慣而接受壓力的持續存在，這時候的皮質醇仍維持高分泌量。如果壓力一直持續存在，則身體的反應會進入耗竭期，此時皮質醇的分泌降低了，身體已喪失適應的能力，以至於出現憂鬱、沮喪，體能極度疲累的情形。到了這個階段，免疫系統功能也會隨之下降，嚴重者會導致死亡。

長期高濃度的皮質醇會造成蛋白質的過度分解、身體組織的耗損以及負氮平衡(negative nitrogen balance)（即體內蛋白質的分解破壞多於合成，氮的排出多於攝入）。在饑餓或是長時間激烈運動時，皮質醇會促進脂肪供能，造成肝臟中大量脂肪酸分解出乙醯輔酶A (acetyl-CoA)，過多的乙醯輔酶A會逐漸轉變成酮體(ketone bodies)。酮體是丙酮(acetone)、乙醯乙酸(acetoacetic acid)和β-羥丁酸(β-hydroxy-butyric acid)三者的總稱，太多的酮體可能會引起酮酸血症而危及生命（何敏夫，2011）。

運動與慢性壓力都會啟動下視丘－腦下腺－腎上腺軸，但這兩者對認知、情緒和腦部功能有不同的影響。糖皮質素被認為是慢性壓力和憂鬱之間的一種介導物質，並且與各種認知不足有關。壓力不利於認知／記憶、情緒／壓力的應對以及大腦的可塑性，且會造成多巴胺向下調節現象；相反的，運動則有益以上功能。在慢性運動下透過**活化糖皮質素受體路徑**，可引發大腦內側前額葉皮質中的**多巴胺**分泌，多巴胺已知與報償系統、抗憂鬱、主動應對是有關的(Chen et al., 2017)，而多巴胺的分泌誘導也有助於體育鍛鍊時的抗炎潛力(Shimojo et al., 2019)。

2. 糖皮質素對運動的反應

運動開始的前幾分鐘，皮質醇的分泌進入遲滯期，當運動強度超過50~60% $\dot{V}O_2max$時皮質醇開始增加分泌(McMurray & Hackney, 2000)，且隨著運動的強度增強而增加。最大的分泌量則視運動時間與頻率而定(Brandenberger & Follenius, 1975)。短

時間的運動並沒有足夠的時間來分泌皮質醇，而且運動強度達不到50% $\dot{V}O_2max$時，血液中皮質醇甚至可能減少，這是因為低強度運動時體內移除皮質醇的速率比休息時更快所致(McMurray & Hackney, 2000)。

　　長時間的運動會造成血液中ACTH與皮質醇的濃度增加(Ghanbari-Niaki et al., 2010; Stenner et al., 2007)，而且運動強度越高則皮質醇分泌越多。這與長時間運動造成的低血糖與低胰島素有關(Ghanbari-Niaki et al., 2011; Viru, 1992)，也與運動造成的體溫升高與心理壓力有關(Cooper et al., 2010; Stenner et al., 2007)。這種現象在低氧運動(hypoxic exercise)時更為明顯(McMurray & Hackney, 2000)。在運動後的恢復期，高濃度的皮質醇會持續將近2小時。由此可見，皮質醇在恢復期扮演組織復原與修補的角色。

　　休息時的皮質醇濃度顯示了長期訓練的壓力情形。皮質醇的急性反應代表著代謝的壓力，而長時間訓練後的改變則反應體內蛋白質恆定的狀態。研究指出引發生長激素反應的阻力性運動，包括促進肌肉肥大以及肌耐力的訓練也會同時引起較多的皮質醇分泌；而較多的皮質醇反應與血中乳酸濃度的提高有明顯的相關性(Kraemer & Ratamess, 2005)；另外相同負荷、不同型態的阻力性運動之後都會造成血中皮質醇與肌酸激酶(creatine kinase, CK)的增加(Uchida et al., 2009)。總之，單次的阻力性運動，會明顯提高ACTH與皮質醇的分泌(Kraemer et al., 1999a; Kraemer, et al., 1999b)。而阻力性運動造成急性皮質醇濃度增加的反應則為肌肉組織再塑過程的一部分。

四、胰臟激素 (Pancreatic Hormones)

⊃ 胰島素與升糖素 (Insulin and Glucagon)

1. 胰島素與升糖素概論

　　胰臟同屬於內分泌和外分泌腺體，外分泌部分分泌胰液，為消化系統的一部分；內分泌部分含有散布的細胞群，稱為**蘭氏小島**(islets of Langerhans)。蘭氏小島大多數的細胞為 α 細胞與 β 細胞， α 細胞分泌**升糖素**(glucagon)， β 細胞分泌**胰島素**(insulin)（圖5-20）。

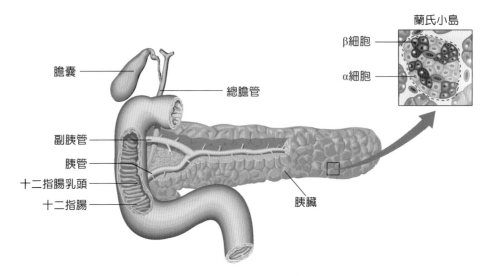

▶ 圖5-20　胰臟和蘭氏小島。α細胞分泌升糖素，β細胞分泌胰島素。

(1) 胰島素概論

　　胰島素的分泌是用來反應血糖濃度的升高，除了降低血糖之外，胰島素也促進脂肪與蛋白質的合成，是正常生長不可或缺之激素。其對代謝的影響如下：(1)對碳水化合物的作用：a.促進葡萄糖載體蛋白(glucose transporter, GLUT)將血液中葡萄糖傳送到大部分的組織與細胞；b.促進骨骼肌與肝臟內的肝醣生成；c.抑制肝醣分解，減少葡萄糖自肝臟輸出；d.抑制糖質新生。所以，胰島素促進細胞自血液中吸收葡萄糖供利用或儲存，以此降低血中葡萄糖的濃度，同時也阻礙肝臟將葡萄糖釋放到血中；(2)對脂肪的作用：a.促進GLUT4運輸葡萄糖入脂肪組織；b.催化葡萄糖衍生物轉化成脂肪酸所需酵素之活化；c.促進血中脂肪酸進入脂肪組織；d.抑制脂肪組織之分解；(3)對蛋白質的作用：a.促進血中胺基酸主動運輸至肌肉及其他組織；b.刺激細胞內蛋白質的合成；c.抑制蛋白質的分解。除了血中葡萄糖濃度之外還有其他刺激胰島素分泌的因子，包括：血中胺基酸濃度的增加或是小腸激素──**葡萄糖依賴型胰島素釋放胜肽**(glucose-dependent insulinotropic peptide, GIP)的影響（圖5-21）（黃佩真等譯，2004）。

(2) 升糖素概論

　　當血糖降低時，升糖素會以下列方式反應：(1)對碳水化合物的作用：刺激肝臟進行肝醣分解作用(glycogenolysis)、減少肝醣合成以及促進糖質新生，導致血糖回升；(2)對脂肪的作用：刺激儲存的脂肪分解產生游離脂肪酸釋入血液循環之中、抑制三酸甘油酯的合成；(3)對蛋白質的作用：抑制肝臟合成蛋白

質，但不影響肌肉的蛋白質。這些結果幫助體內在饑餓期間或是血糖減少時，能夠提供能量給身體利用。

升糖素與胰島素的作用是相互拮抗的，因此，在進食之後，胰島素的分泌增加，升糖素的分泌減少；相反的，在饑餓時，升糖素的分泌量增加，而胰島素的分泌量則減少。所以胰島素牽涉葡萄糖和游離脂肪酸的儲存，升糖素則動員這些儲存的燃料，以及增加糖質新生作用（朱勉生等譯，2011）。

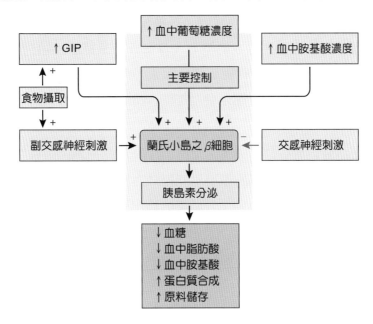

▶ 圖5-21　控制胰島素分泌之因素。

2. 胰島素與升糖素對運動的反應

運動時胰島素在肌肉對葡萄糖的利用上扮演重要的角色，若是增加運動強度，將導致胰島素的濃度降低。這是因為如果運動中胰島素增加，則組織會以較快的速率自血液中攝取葡萄糖，如此導致立即的低血糖症。運動中低濃度的胰島素有利於肝臟動員葡萄糖以及脂肪組織釋出脂肪酸，此二者都是維持血糖濃度所必需（林正常，2006；Chambers et al., 2009）。

在休息時骨骼肌依賴胰島素來促進細胞對葡萄糖的攝取，胰島素與肌肉細胞膜上的接受器接合，觸發細胞內的反應，最終活化了GLUT4，GLUT4因此會遷移至細胞膜，有助於葡萄糖的攝入。然而因運動造成的胰島素減少，肌肉是如何利用葡萄糖的？運動時肌肉的**血流量大增**，因此比休息時有更多的葡萄糖被送至肌肉，使葡萄糖有較高的使用率。另外，**運動、缺氧、ATP**或是**肌肉內高濃度的鈣**都會造成GLUT4數量增加，並易位（移至細胞膜）以增加血糖進入肌細胞內的運輸速率(Osorio-

Fuentealba et al., 2013)。所以,在運動期間,即使血液中胰島素減少,肌肉對葡萄糖的吸收仍然比休息時快7~20倍(McMurray & Hackney, 2000)。運動之外,活性氧物質(reactive oxygen species, ROS)的刺激也會增加肌肉攝入葡萄糖的量,而伸展運動的刺激則是透過ROS與p38有絲分裂活化蛋白質激酶(mitogen-activated protein kinase, MAPK)途徑來引發葡萄糖進入肌肉細胞的(Chambers et al., 2009)。

隨著長時間的運動,血液中的胰島素減少,而升糖素則增加,胰島素與升糖素的交互反應有利於維持血液中葡萄糖的濃度。升糖素在非最大運動的前10分鐘是沒有反應的,但是短時間的最大運動所造成的壓力,會使升糖素持續13~15分鐘30%的微幅增加(McMurray & Hackney, 2000)。相對於其他激素,升糖素對運動的反應是比較小的,隨著運動時間的增加,升糖素的反應是會增加的(Winder et al., 1979),不過增加的幅度不會超過100%。

許多影響運動時升糖素分泌的因子,包括:(1)運動時血糖的降低,會導致升糖素分泌來提高血糖,不過還有其他激素的作用也能提升血糖,不全然是升糖素的單一作用。(2)運動導致腎上腺素的分泌,因而刺激升糖素的釋出,運動時腎上腺素與升糖素的濃度曲線圖是類似的(Jimenez et al., 1997)。(3)運動時利用脂肪作為能量來源,可作為刺激升糖素分泌的原因(Jimenez et al., 1997; Kindermann et al., 1982)。所以運動導致升糖素的分泌並不完全與血糖下降有關,它跟腎上腺素及交感神經的調控有明顯的關聯性。

在耐力訓練中,選手以固定的強度運動,升糖素比未訓練時減緩了上升的幅度。其實在耐力訓練的運動中,升糖素只有少量的改變或是不變。這與訓練增加肝臟對升糖素的敏感度有關(Drouin et al., 1998),同時也跟下列原因相關:(1)訓練者肌肉中肝醣的儲存量會增加,在運動後期才會利用到肝臟儲存的肝醣;(2)訓練者會增加脂肪作為能量的來源,因此會延遲肝臟肝醣的利用;(3)訓練會降低腎上腺素對非最大運動的反應,所以降低腎上腺素對升糖素分泌的刺激。由於升糖素在運動後期分泌,因此並不會明顯影響運動初期肝臟的肝醣分解作用,而運動的持續時間可能是影響血液中升糖素濃度的主要因素(林正常,2006)。

為什麼運動時會造成胰島素減少而升糖素增加呢?運動時腎上腺素與正腎上腺素刺激胰臟的 α 接受器,以減少胰島素的分泌,同時促進升糖素的釋出。細胞在低胰島素的狀況之下要保持或增加葡萄糖的攝取,除了上述運動時細胞膜上的GLUT4數量增加並移至細胞膜以強化促進性擴散(facilitated diffusion)的運輸效率之外,隨著運動的持續進行,利用脂肪做為能量來源的方式提供了一個負迴饋機制,刺激升糖素的釋出。圖5-22說明運動時胰島素與升糖素的關係。

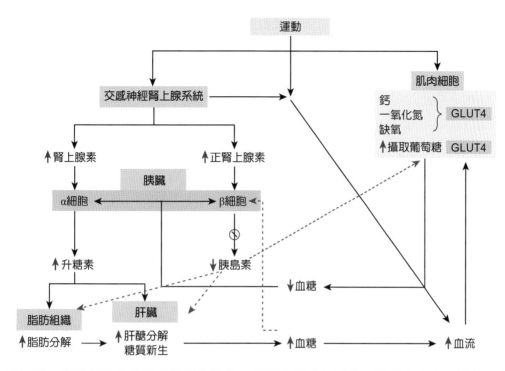

▶ 圖5-22 運動時胰島素與升糖素的關係。箭頭向下表示減少，箭頭向上表示增加，虛線和 ⊘ 表示抑制。

五、性腺激素 (Gonadal Hormones)

(一) 睪丸激素 (Testicular Hormones)

⊃ 睪固酮 (Testosterone)

1. 睪固酮概論

睪丸具有製造精子與分泌睪固酮的雙重功能，構造中包含兩個主要部分：

(1) 細精小管(seminiferous tubule)

細精小管是精子生成作用的發生部位，占成人睪丸重量的90%。管內的支持細胞——**賽托利細胞**(Sertoli cells)由外側的基底膜到管腔連接形成一連續層，環繞每條細精小管，相鄰的賽托利細胞以緊密接合相連，構成了**血液－睪丸障壁**(blood-testis barrier)，因此血液內的分子要進入管內必須先穿越賽托利細胞。賽托利細胞可以製造**雄性素結合蛋白**(androgen-binding protein)，此蛋白可與睪固酮(testosterone)結合而將其集中至細精小管內。賽托利細胞在精子發育過程中提供營養、吞噬有缺陷的精細胞以及吞掉精細胞重塑時排出的細胞質，

還可以分泌**抑制素**(inhibin)負迴饋調節FSH的分泌（請參考圖5-9）。**FSH的接**
受器僅位於賽托利細胞上，這說明FSH對細精小管的任何作用都必須透過賽托
利細胞，可見賽托利細胞的重要性。圖5-23說明賽托利細胞和精子發育之間的
關係。

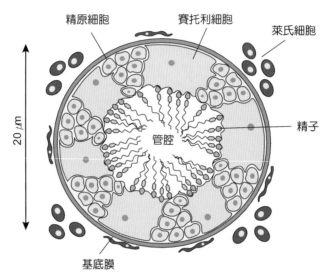

 圖5-23　細精小管內賽托利細胞和精子發育之間的關係。精原細胞位於相鄰賽托利細胞間最
接近基底膜的地方，在精子形成過程中，細胞質會被排除並變形產生尾部，進入細精小管的管
腔。

(2) 間質組織(interstitial tissue)

間質組織是薄的網狀結締組織，充滿於細精小管外的空間。間質組織含有
分泌**睪固酮**的**萊氏細胞**(Leydig cells)（又稱為間質細胞）以及運送睪丸激素的
微血管與淋巴毛細管（圖5-24）。

下視丘－腦下腺－性腺軸說明了睪固酮與抑制素的負迴饋調節作用使男性
的性腺促素維持十分穩定（圖5-9）。睪固酮與FSH調控精子的生成作用，它們
一起作用會造成賽托利細胞的增殖。另外，**LH (ICSH)的作用標的細胞是萊氏**
細胞，萊氏細胞分泌的睪固酮則會迴饋抑制LH的分泌（朱勉生等譯，2011）。
睪固酮可促進精子生成，而FSH加強了這個作用。假如缺乏FSH，精子生成仍
然會發生，只是青春期會稍晚才開始。同樣的，成人睪丸只需要睪固酮便能持
續精子的生成，然而精子的數量要達到最大則需要有FSH的作用。FSH之所以
能增強由睪固酮所維持的精子生成作用，是透過賽托利細胞分泌的旁分泌調節
因子所致。

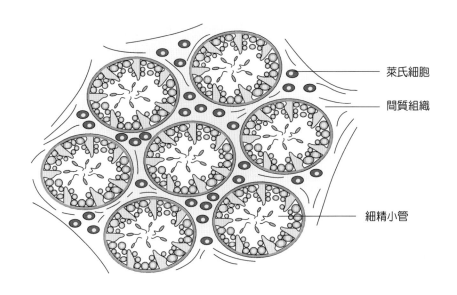

萊氏細胞

間質組織

細精小管

▶ 圖5-24　位於細精小管間的間質組織。

　　睪固酮是睪丸分泌之主要雄性素，其作用如下：(1)出生前的作用：a.讓生殖道與外生殖器男性化；b.促進睪丸降入陰囊中；(2)對生殖組織的影響：a.促進青春期生殖系統的成長與成熟；b.對精子生成作用是必須的；c.成人期生殖道的維持；(3)其他生殖相關作用：a.青春期之性衝動的發展；b.影響並控制腦下腺之性腺促素的分泌；(4)對第二性徵的作用：a.男性特有的毛髮生長，例如：鬍子、腋毛；b.聲音變得低沉；c.肌肉生長，形成男性體格；(5)非生殖作用：a.促進紅血球生成；b.促進蛋白質合成；c.促進青春期骨骼的生長及骨骺板的閉合（黃佩真等譯，2004）。

　　血中睪固酮的濃度通常被視為體內同化（合成）作用的指標。睪固酮除了可直接刺激肌肉組織的合成，也可藉由生長激素的分泌，引起肝臟製造與釋放類胰島素生長因子(IGF)，進而影響肌肉細胞蛋白質的含量(Griggs et al., 1989)。睪固酮也會與神經接受器產生交互作用，增加神經傳遞物質的釋放以及引起神經肌肉接合點大小的改變。因為睪固酮可加強肌力與肌肉量、提高血紅素、增加身體帶氧量，使運動時有更好的體力、耐力及爆發力，許多運動員為了讓自己比賽的成績更好而服用或注射睪固酮藥物，因此違反了運動比賽的公平性，被大部分的競賽項目列為禁藥。

2. 睪固酮對運動的反應

　　睪固酮對運動的影響著重於同化作用的功能。和許多激素一樣，在短時間無氧運動之後的恢復期睪固酮才會增加分泌。進行短時間運動，血中總睪固酮和游離睪固酮的濃度與運動負荷以及運動強度成正比(Grandys et al., 2009; Viru, 1992)，這與下列因子有關：(1)代謝清除率(metabolic clearance rates, MCR)的降低；(2)兒茶酚胺以及交感神經的作用引發睪固酮分泌；(3)運動導致的血液濃縮作用(Hackney, 1996)。

　　睪固酮對長時間的運動反應依運動的時間與強度有很大的差異。進行長時間高強度運動會導致睪固酮分泌增加，但是當運動時間超過60~90分鐘或更久，睪固酮則開始下降，這是因為代謝清除率增加和輕微的睪丸分泌減少所致。如果運動時間很長，則睪固酮可能降到比運動前更低的濃度，而且低濃度的睪固酮可以持續好幾天(Galbo et al., 1977; Kuoppasalmi et al., 1980)。

　　在非最大運動、最大運動、耐力運動以及肌力訓練時，睪固酮的血中濃度會輕微增加(Cumming et al., 1986; Galbo et al., 1977; Jensen et al., 1991; McMurray et al., 1995; Vogel et al., 1985)，這種變化是由於降低睪固酮移除速率以及睪固酮不活化(inactivation)現象的減少所致（林貴福等譯，2002）。其他原因還有ICSH與睪固酮的製造速率增加 (Cumming et al., 1986)、血液濃縮作用、代謝清除率的降低以及兒茶酚胺引發的性腺分泌增加(Galbo et al., 1977; Hackney, 1989)等。

　　阻力訓練時睪固酮的分泌量與下列因子有關：運動量、運動強度達最大肌力(one-repetition maximum, 1 RM)的百分率、運動時使用的肌肉數量、運動的年齡、休息期間的長短、運動形式為低阻力高運動量或是高阻力低運動量、月經週期…等。證據顯示，耐力和阻力訓練的男性，休息時血中睪固酮的濃度較低(Jensen et al., 1991)。男性運動的時間越久，其基礎睪固酮的濃度會越低，大約降低25~75%左右。長距離跑者（108公里／星期）的血中睪固酮量、精液量以及精子活動力均較中距離（54公里／星期）跑者為低。較低的基礎睪固酮濃度與訓練造成的腦下腺分泌ICSH脈衝特性的改變有關(De Souza et al., 1994; Safarinejad, 2009)。

　　睪固酮被認為有利於實現肌肉肥大，已多次與阻力訓練適應性聯結在一起。根據個人的睪固酮反應設計阻力訓練方案時，希望會出現更肥大的肌肉和力量，然而最好的訓練時間似乎是在下午，這是因為必須考慮皮質醇和睪固酮的分泌狀況，測定運動時**睪固酮／皮質醇**的比例，分別代表**蛋白質合成和分解的作用**，因此這個比例可以用來作為合成代謝/分解代謝的身體環境之生物標記。這兩個激素在早晨的分泌量較高，早晨升高的睪固酮濃度可被早晨升高的皮質醇作用所抵消，但在下午進行阻力運動時引起的睪固酮反應是增強的，這顯示下午的下視丘－腦下腺－性腺軸的影響性更高。有些訓練是以產生最大的睪固酮反應作為提升肌肉力量、肌肉肥大或肌肉強度和耐力

的依據，然而身體表現可能被晝夜節律因素掩蓋或混淆。如果不在特定時間訓練，力量表現似乎會呈現典型的晝夜規律，而阻力訓練適應也是如此(Hayes et al., 2010)。目前經過強化訓練後睪固酮／皮質醇比例的增加與否並不能反映運動者的表現，理由是研究應使用更標準化的性能測試程序，進一步評估這些與合成/分解有關的生物標誌物對強化訓練的反應，才不會受到許多外在因素的影響(Greenham et al.,2018)。

(二) 卵巢激素 (Ovarian Hormones)

● 動情素與黃體素 (Estrogen and Progesterone)

1. 動情素與黃體素概論

在青春期開始後，卵巢便一直在兩種狀態間變動：**濾泡期**(follicular phase)和**黃體期**(luteal phase)，這個週期只會在懷孕時中止或停經時結束。月經週期平均為28天，不同女性之間或同一個女性的不同週期間都會有時間上的差異，而主要差異發生在濾泡期。以28天週期的女性為例，濾泡期是從月經的第一天持續到排卵日（大約在第14天），在濾泡期腦下腺分泌濾泡促素(FSH)刺激卵巢內濾泡的成長，FSH同時還會刺激濾泡之顆粒細胞產生FSH接受器，使得濾泡對FSH變得更為敏感。成長中的濾泡細胞會分泌**動情素**(estrogen)，主要是**雌二醇**(estradiol)，當進入濾泡期末期，濾泡趨於成熟，FSH與雌二醇便會刺激成熟的濾泡（葛氏濾泡）產生LH的接受器，作為進入黃體期的準備。因為雌二醇會增加下視丘性釋素(GnRH)的分泌脈衝頻率以及腦下腺對GnRH的反應能力，因此在排卵前2天雌二醇達到最高峰，隨之引發腦下腺正迴饋作用，而大量分泌黃體促素(LH)，稱為**LH的激增**(LH surge)。LH的激增發生在週期的第13天，造成**葛氏濾泡**(Graafian follicle)破裂而導致排卵，濾泡在破裂後會因LH的持續刺激，將排過卵的葛氏濾泡轉變成黃體。

排卵時的濾泡破裂，是濾泡期結束的訊號也是宣告黃體期的開始。黃體(corpus luteum)除了可以分泌動情素之外，還可同時分泌**黃體素**(progesterone)，造成子宮內膜增厚與充血為著床而準備。黃體在排卵後4天內功能會增加到最大，而體積則會繼續增加4~5天，如果釋出的卵沒有受精，黃體會在形成後14天內退化掉，結締組織迅速填充而形成一個稱為白體(corpus albicans)的纖維組織團，白體失去分泌黃體素與動情素的功能，導致在第28天子宮內膜功能層壞死並剝落，造成月經來潮。如果發生了受精與著床，黃體不會退化，而繼續成長來增加黃體素與動情素的製造量，此時稱為孕期黃體(corpus luteum of pregnancy)，它提供維持懷孕所需的激素直到發育中的胎盤可以接續這個功能為止（圖5-25）（朱勉生等譯，2011；黃佩真等譯，2004）。

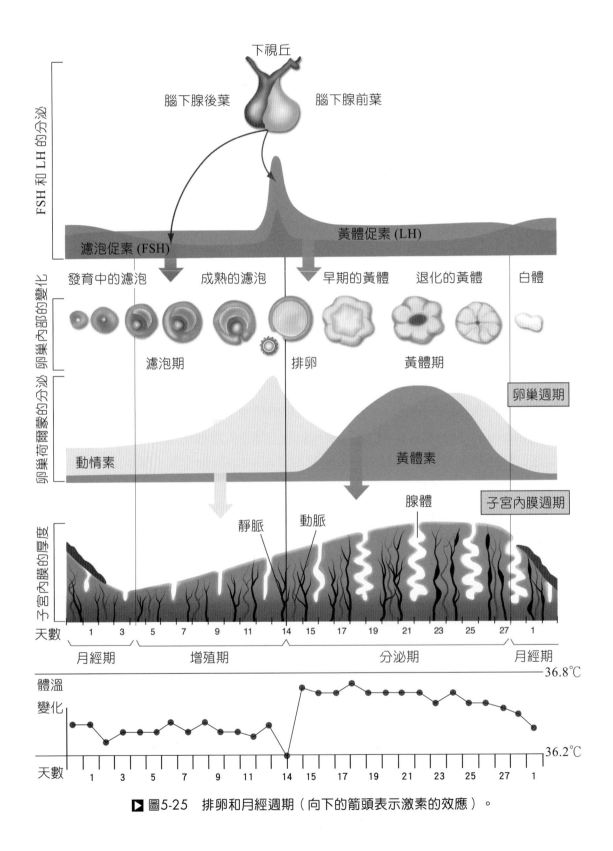

▶ 圖5-25　排卵和月經週期（向下的箭頭表示激素的效應）。

　　動情素與黃體素為女性月經週期中主要的卵巢激素，在濾泡期主要卵巢激素是動情素，而黃體期則以黃體素為主，兩者相互配合，出現週期性變化，可調節女性月經週期。動情素為一群類固醇類激素，包含有**雌一醇**(estrone)、**雌二醇**(estradiol)與**雌三醇**(estriol)，其中以雌二醇濃度高而且生物活性最大。而黃體素作用在子宮，對於維持妊娠尤其重要，所以又稱為**助孕酮**（何敏夫，2011）。

　　卵巢激素週期性分泌的改變會造成女性子宮與生殖道的週期變化，子宮的週期性變化可分為三期：(1)**增殖期**(proliferative phase)、(2)**分泌期**(secretory phase)和(3)**月經期**(menstrual phase)。從月經期到子宮內膜的增殖期相當於卵巢的濾泡期。月經期在月經週期的第一天開始，並維持平均四天左右，此時子宮內膜功能層會剝落並伴隨經血流出。增殖期則是從第四天開始直到排卵當天，因為成長中的濾泡分泌雌二醇的量增加，可刺激子宮內膜功能層剝落後的修復與增生，並使子宮內膜產生黃體素的接受器，為進入黃體期作準備。子宮內膜的分泌期相當於卵巢的黃體期，在黃體素與動情素共同作用下，會使子宮內膜充滿血管、子宮腺體充滿肝醣，此時，子宮內膜已經發育成柔軟且富含營養的構造，是接納受精卵著床的最佳場所。

　　生殖道的狀態也因為卵巢激素週期性分泌的改變而有不同，例如：排卵前大量的**雌二醇**分泌會造成陰道上皮細胞角質化現象，也會使子宮頸黏液變得**稀薄成水樣狀**，這個現象在接近排卵時最為明顯，如此可以幫助精子較易穿過子宮頸而進入子宮內。當排卵後卵巢進入黃體期，大量的**黃體素**分泌使子宮頸黏液**變厚且較黏稠**，在子宮頸開口處形成了一個栓子，這個栓子為一道重要的保衛機制，用來防止懷孕時細菌由陰道進入子宮而威脅到懷孕，精子也無法穿過這厚厚的黏液障壁（朱勉生等譯，2011；黃佩真等譯，2004；曾淑芬譯，2014）。

　　動情素與女性生殖器及第二性徵的發育與維持有關，其作用如下：(1)對女性生殖系統的影響：a.協同FSH促進濾泡發育，誘導排卵前LH的激增，而促進排卵；b.促進輸卵管上皮細胞增生，增強輸卵管的分泌和運動，有利於精子與卵子的移動；c.促進子宮發育，子宮內膜在增殖期的變化，使子宮頸分泌大量清澈、稀薄的黏液，有利精子穿行；d.促進子宮肌肉的增生，在分娩前動情素能增強子宮肌肉的興奮性，提高子宮肌肉對催產素(oxytocin)的敏感性；e.使陰道黏膜細胞增生，肝醣含量增加，表層細胞角質化，黏膜增厚並出現皺褶。肝醣分解造成陰道呈酸性(pH4~5)，有利陰道乳酸桿菌的生長，因而排斥其他微生物的繁殖，增強陰道的抵抗力；(2)對乳腺和第二性徵的影響：a.促進乳腺發育；b.促進女性脂肪沉積（包括：乳房、大腿與臀部的脂肪堆積）、音調高、骨盆寬等；(3)對新陳代謝的作用：a.促進蛋白質合成，促進生長發育；b.影響鈣磷

的代謝：促進成骨細胞的活動，加速骨骼生長，促進骨骺板癒合；c.促進腎臟對鈉和水的吸收，因此增加細胞外液的量；d.降低血中膽固醇和低密度脂蛋白含量，因此成為抗動脈硬化的因素之一（馬青等，2018）。

動情素除了影響生殖系統之外，對骨骼、免疫、心血管以及中樞神經系統的器官和組織都有重要作用。婦女在停經或雙側卵巢切除後經歷的低動情素狀態可影響這些非生殖系統的生理功能，特別是會導致骨質疏鬆、脂質異常、肥胖、動脈粥狀硬化和失智。與運動相關的動情素功能則包括：(1)非最大運動時促進脂肪的代謝而保存肝醣(Wenz et al., 1997)；(2)水分的保留以維持血漿體積；(3)暴露在熱環境之下，動情素與促進非出汗的散熱有關(Tankersley et al., 1992)。

黃體素主要作用在子宮內膜與肌肉，其生理作用如下：(1)維持妊娠：a.黃體素能刺激子宮內膜分泌受精卵所需之營養物質；b.抑制子宮收縮；c.使子宮對刺激的敏感性降低，進而抑制母體免疫反應，防止母體對胎兒產生排斥反應；(2)對子宮與輸卵管的作用：a.使子宮進入分泌期變化，為受精卵著床做好準備；b.減少子宮頸黏液分泌量，並使黏液變稠。c.抑制輸卵管節律性收縮；(3)對乳腺的作用：在動情素作用的基礎上，黃體素會促進乳腺腺泡的發育，在妊娠末期為泌乳做好準備；(4)產熱作用：女性的基礎體溫會在月經的第一天到排卵日都處於低溫期（因人而異，大約在36~36.5℃），排卵之後，卵巢分泌黃體素，因黃體素具有產熱作用，使得體溫升高，隨著黃體素的持續分泌，身體便處於高溫期（可能超過36.5或是37℃），直到下一次月經來潮之前（馬青等，2018；李意旻等，2016）（圖5-25）。

2. 動情素與黃體素對運動的反應

運動性月經中斷引起的動情素含量降低可能導致骨骼無力和疲勞性骨折，這是因為動情素可直接作用於成骨細胞和蝕骨細胞以防止骨量減少。動情素與其接受器(estrogen receptors, ER)接合反應之後有助於提升肌肉質量的調節、衛星細胞的再生、脂肪的代謝，還可以影響粒線體導致增加ATP、β氧化作用、粒線體的呼吸、粒線體自噬(mitophagy)以及粒線體的融合與分裂並減少凋亡，因此被認為可以增加運動的耐力(Ikeda et al., 2019)。

運動表現（特別是耐力的表現）在月經週期之不同階段有所不同，月經週期耐力表現的變化主要是卵巢激素波動刺激運動代謝變化的結果。已知動情素可以透過改變碳水化合物、脂肪和蛋白質的代謝來促進耐力表現，而黃體素常表現出拮抗的作用。某些研究將黃體期的**動情素／黃體素**濃度的比值（E/P pmol/nmol）增加作為耐力的指標，然而與濾泡期早期相比，運動的耐力可能僅在黃體期中期改善。此外，以

動情素大量增加和黃體素濃度降低為特徵的濾泡期晚期（排卵前），往往會在自行車計時賽項目中提升表現，但這方面的研究並沒有針對月經期的運動表現做進一步探討 (Oosthuyse & Bosch, 2010)。

　　儘管有研究發現在月經週期之不同階段耐力的表現有所不同，但是還是有很多研究沒有發現這樣的變化，這是因為卵巢激素引起的代謝紊亂，造成許多不一致的結論。月經週期卵巢激素增加的幅度和動情素／黃體素比值通常是對代謝影響的重要因素，但是運動員的能量需求和營養狀況是令人困擾的變因，尤其是碳水化合物代謝。動情素可促進葡萄糖的利用與第一型肌纖維對葡萄糖的吸收，從而在短期運動中提供可選擇的能量來源。而運動時補充蛋白質飲食對黃體素來說會出現明顯升高現象，因為黃體素與促進蛋白質分解有關。

　　與濾泡期早期的低動情素環境相比，黃體期的高濃度動情素增加了肌肉肝醣的儲存能力，不過，在補充含碳水化合物飲食之後，濾泡期早期的肌肉肝醣儲存量將補償至黃體期可達到的值。黃體期的高濃度動情素降低了運動過程中對肝醣的依賴性，同時增加了游離脂肪酸的利用率和氧化能力，有利於耐力表現。因為動情素可促進5'-AMP激活之蛋白質激酶(5'-AMP-activated protein kinase)的活性，不難想像動情素會影響許多代謝作用。動情素和黃體素都會抑制運動過程中糖質新生的輸出，如果能量補充不足，可能會損害長時間運動的後期表現(Oosthuyse & Bosch, 2010)。

　　對於運動時卵巢激素的立即反應相關研究並不是很多，大多數的研究都集中在濾泡期與黃體期的運動訓練反應。以70%最大強度運動30分鐘，會導致動情素與黃體素增加，增加的幅度與運動強度有關(Bonen et al., 1979)。運動大於33%的最大強度時，黃體素的增加與運動強度成正比，不過這個結果只出現在衰竭性運動(exhaustive exercise) (Jurkowski et al., 1981)。非最大運動時，動情素與黃體素的增加與肝臟的清除率有關，因為在濾泡期運動40分鐘便會導致代謝清除率(MCR)降低50% (Keizer et al., 1980)。

　　在月經週期的濾泡期和黃體期，女性激素以可預測的方式波動，表示能量的利用在各階段之間可能有所不同。在黃體期高強度的運動，會大量利用脂肪作為能量來源，而在濾泡期利用脂肪的情形不及黃體期(Jurkowski et al., 1978)。在黃體期運動，體內減少肝醣的使用而造成的肝醣保存效應，有利於增加40%達到運動衰竭所需要的時間(Kendrick et al., 1987)，因而增加運動的表現。其他研究也支持這項觀察，包括：黃體期比濾泡期女性有較低的肝醣利用率與較低的MCR (Devries et al., 2006)；進行35~60% $\dot{V}O_2$max強度的運動，黃體期比濾泡期的醣類氧化率低。由於女性在中等

強度長時間跑步機的測試中，肝醣使用率較男性低，脂肪利用率也較男性高，因此比男性適合最大有氧運動訓練(Tarnopolsky et al., 1990)。不過，並非所有研究都發現這些代謝變化與卵巢激素的自然生理波動有關。一項針對月經週期的濾泡期中期、濾泡期後期以及黃體期中期所做的研究顯示，血漿動情素的含量與全身脂肪氧化率的波鋒(whole-body peak fat oxidation rate, PFO)以及最大脂肪含量並無明顯差異(Frandsen et al., 2020)。

動情素與黃體素在一次激烈運動中的改變並不大，但是在長時間的激烈運動與長時間訓練的女性運動員，例如：體操、芭蕾舞、長跑等選手，可能造成比較明顯的影響。研究顯示，從事耐力運動的女性選手中，有29%出現月經失調症，包括：有月經週期的女性遲經與不正常的停經（林貴福等譯，2002）；隨著女性舞者每週訓練的次數越多，月經失調與經期中斷的時間就越長(Witko & Wróbel, 2019)，這是因為長時間的運動模式會造成休息時較低的動情素與黃體素，這可能和血中較低的FSH和LH有關(Keizer & Rogol, 1990; Bonen et al., 1981)。女性運動員每週5次、每次120分鐘，持續60週的跑步訓練，當運動進行到第12週時FSH與LH已經降至基準值以下，這個結果反應出GnRH受到的影響，也說明了長時間運動對生殖週期是有害的(Safarinejad et al., 2009)。實驗證實，運動時間越長與強度越大，造成月經失調與停經的風險越大(Elias & Wilson, 1993)。

包括β腦內啡(β-endorphin)在內的鴉片類成分，會阻斷下視丘釋放GnRH，而運動會刺激β腦內啡的分泌，造成GnRH、FSH和LH的降低，最後導致動情素與黃體素的血中濃度不足(Grossman et al., 1981)；另外運動會使泌乳素（壓力激素）分泌增加，泌乳素也會抑制GnRH的釋出(Keizer & Rogol, 1990)。運動導致的體脂肪減少也是造成動情素與黃體素降低的原因之一(Safarinejad et al., 2009)。運動員月經失調與長期動情素的含量不足有關，雌二醇的量不足會造成骨質疏鬆(Bunt, 1990)，所以骨質疏鬆常見於月經失調的運動員身上。

以上討論關於女性在月經週期對運動的影響，目前仍未有一致性看法，主要原因在於取樣時的週期階段之定義模糊，為了提高研究的質量，建議使用以下三種方法的組合來確認月經週期的不同階段：(1)依照日期的計算方法；(2)尿液中的LH激增測試；(3)在室溫下測量血清動情素和黃體素的濃度，黃體期階段的黃體素必須是＞16 nmol‧L。將來的研究重點應集中在濾泡晚期動情素的分泌高峰，以確認動情素的影響。如此將有助於澄清月經週期對運動表現的影響以及運動科學和運動醫學等其他方面的分歧意見(Janse et al., 2019)。

六、其他

➲ 內生性類鴉片(Endogenous Opioids)

中腦邊緣系統之伏隔核（又稱阿肯伯氏核，nucleus accumbens）所釋放之**多巴胺**(dopamine)主要與「**報償行為**」有關，研究顯示嗎啡以及大麻都可以促進此腦區神經元的活性，以增加多巴胺的釋出，讓費力的運動可以更輕鬆愉悅。

跑者的愉悅感(runner's high)被描述為運動後所產生的欣快、情緒激昂、充滿活力、鎮靜、鎮痛以及減少焦慮的突然幸福感，廣泛發生於各類型的運動員身上，通常在劇烈的長時間訓練期間或是之後立即出現，許多運動員都了解並親身體驗過這種境界。事實上，有些運動員會說跑步時必須達到此種狀態，否則如何持續使勁的跑完42公里馬拉松？關於跑者的愉悅感有兩種不同的假說：(1)**內生性類鴉片假說**(the endogenous opioid hypothesis)；(2)**大麻素假說**(the cannabinoid hypothesis)，以下說明之。

1. 內生性類鴉片概論

鴉片緩解疼痛的功能早在幾世紀之前就為人所知，大腦與腦下腺可產生一群多胜肽類物質，稱為**內生性類鴉片**(endogenous opioids)，包括：**β-腦內啡**(beta-endorphin, β-END)、**腦啡肽**(enkephalins)、**強啡肽**(dynorphin)等，作為腦中類鴉片接受器的天然配體。正常情狀之下，內生性類鴉片系統是不具活性的，但是經由壓力源的誘發，內生性類鴉片會阻斷痛覺之傳遞，例如：產婦生產時會突然分泌大量β-腦內啡（朱勉生等譯，2011；李意旻等，2016），這些內生性類鴉片物質透過腦內的鴉片類接受器影響各個系統，一旦接受器被活化，可以延遲或減低身體因劇烈活動或長時間鍛練後產生的疼痛。

內生性類鴉片能產生欣快感，參與調控報償或正向增強之神經傳導路徑。不過使用類鴉片拮抗藥物naloxone並不會阻止因運動所產生的欣快感，這個結果顯示，「跑者的愉悅感」並不全然由類鴉片所造成。其他的研究顯示：β-腦內啡會影響胰島素與葡萄糖的代謝也與運動的血壓變化以及運動提升痛覺之閾值有關(Sforzo, 1989; Farrell et al., 1987)。

2. 內生性類鴉片對運動的反應

運動強度與時間達到一定的臨界點，β-腦內啡(β-END)就會增加(Carrasco, 2007)。在超過100% $\dot{V}O_2$max短時間的高強度運動之後，可以引發β-END的分泌。當

長時間運動負荷達55~60% $\dot{V}O_2max$時，血液中β-腦內啡的濃度增加，而且運動後15分鐘達最高濃度(Goldfarb et al., 1991)。

當進行上述同樣強度的運動也會導致皮質醇的反應(Farrell et al., 1987)，而皮質醇的分泌是受腎上腺皮促素(ACTH)的調控，而ACTH又會代謝形成β-END，所以皮質醇與β-END對運動的反應都受到ACTH的影響。在寒冷的環境中運動所造成的壓力會導致ACTH、β-END以及皮質醇的分泌增加(Shevchuk, 2007)。當運動強度達到可分泌β-END的閾值，β-END便會分泌，這是因為運動造成的乳酸與pH值的改變會誘發β-END的分泌(Taylor et al., 1994)。

⊃ 內生性大麻素(Endocannabinoids, eCBs)

1. 內生性大麻素概論

運動與生長、發育和健康的維持息息相關，近年來，體育鍛煉對生理的影響（包括幸福感）受到了重視，而內生性大麻素已成為運動如何有益身體以及如何減輕或控制疼痛的焦點。內生性大麻素是內生性神經遞質物質，在運動中和運動後透過激活大腦報償區域中的大麻素接受器，產生報償與獎勵的作用，運動後血液中eCBs的含量增加，發揮了運動後的鎮痛作用(Raichlen et al., 2012)。eCBs在生命週期的每個時期都有重要影響，它可以減輕因衰老而引起的疼痛，達到在晚年的幸福感和改善生活品質的作用(Watkinsm, 2018)。

2. 內生性大麻素對運動的反應

劇烈運動或高強度耐力跑步後顯著增加內生性大麻素訊號(Raichlen et al., 2012)。大麻素接受器被激活時可介導長距離跑步者之急性抗焦慮和鎮痛作用(Fuss et al., 2015)。位於GABA神經元上的第一型大麻素接受器(cannabinoid receptor type 1, CB1)被證實是積極控制跑步動機所必需的(Muguruza et al., 2019)。

⊃ 副甲狀腺素(Parathyroid Hormone, PTH)

1. 副甲狀腺素素概論

由副甲狀腺分泌的**副甲狀腺素**以及來自甲狀腺的**降鈣素**(calcitonin, CT)可調控血中鈣的濃度，PTH增加血鈣（圖5-26），降鈣素則是降低血鈣（圖5-27）。血中鈣的恆定與骨鈣含量、腎臟對鈣的再吸收與排除率以及小腸吸收鈣的速率有關。降鈣素以促進骨骼吸收鈣、增加尿液排除鈣以及減少消化道對鈣的吸收來降低血鈣。相反的，PTH則刺激鈣由骨骼裂解出來、增加腎臟再吸收鈣以及促進消化道吸收鈣。

2. 副甲狀腺素對運動的反應

　　副甲狀腺素(PTH)同時與骨骼的同化和異化有關(Salvesen et al., 1994)，因為增加PTH的分泌，可使儲存的鈣分散到承受最大壓力處之骨骼來進行重塑。改善骨骼結構的完整性可降低骨折風險，並在以後的生活中減少骨質疏鬆症的發展。運動鍛煉的過程中產生的動態負荷可以增加骨骼的機械性能，此時PTH含量的升高反應出PTH的訊號傳導可以調節骨骼對運動的適應性。運動會導致骨小梁體積顯著增加，並形成骨板結構(plate-like structure)(Gardinier et al., 2015)，還增加了骨隙周圍和非骨隙周圍區域（距離骨隙壁5~10 μm和10~15 μm處）的碳酸鹽／磷酸鹽之比例(carbonate-to-phosphate ratio, CPR)。運動過程中整個骨骼力學的變化影響骨隙周圍的重塑，重塑取決於細胞對內源性PTH的反應，而PTH的訊號有助於這些適應性的變化(Gardinier et al., 2016)。

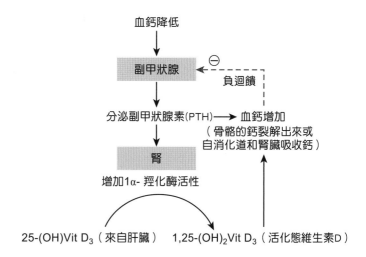

▶ 圖5-26　副甲狀腺素分泌的負迴饋控制。血鈣降低會直接刺激副甲狀腺素的分泌，導致骨骼的鈣裂解出來以及促進消化道和腎臟吸收鈣，血鈣因而回升。另一方面副甲狀腺素也刺激1,25-(OH)$_2$Vit D$_3$的生成，1,25-(OH)$_2$Vit D$_3$為活化態的維生素D，可促進消化道吸收鈣，這也可以使血鈣增加。虛線為負迴饋作用，表示分泌抑制。

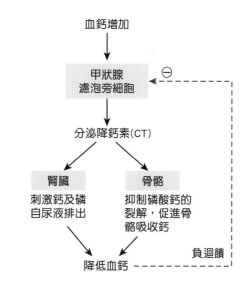

▶ 圖5-27　降鈣素分泌的負迴饋控制。降鈣素的作用可拮抗副甲狀腺素的作用。虛線為負迴饋作用，表示分泌抑制。

● 紅血球生成素(Erythropoietin, EPO)

1. 紅血球生成素概論

　　紅血球生成素是由腎臟皮質的間質成纖維細胞(peritubular fibroblast)所製造之激素，它可以刺激紅血球的形成與發育。研究指出，當到達4,900公尺高海拔的12小時之內EPO便會分泌。另外，雄性素與生長激素也會刺激EPO分泌(McMurray & Hackney, 2000)。

2. 紅血球生成素對運動的反應

　　進行訓練的運動員EPO濃度都會比較高，所以紅血球也較多(Klausen et al., 1993)，高強度運動60分鐘之後，EPO便會分泌(Weight et al., 1992)。進行85~95%最大運動容量的60分鐘之後，血液中的EPO會增加19%，這是跟運動引起的血液濃縮有關，然而EPO在運動後的31小時濃度是增加的，所以EPO對運動的反應並非立即性的(Schwandt et al., 1991)。

　　高血液容量是耐力訓練的標誌，在幾次耐力訓練後，血液體積的增加源自血漿的增加，這反而會暫時減少血比容(hematocrit)，然而根據"critmeter"理論認為：降低血比容則動脈血中氧含量減少，導致腎臟的組織氧分壓降低，因此刺激位於腎臟近腎絲球器(juxtamedullary apparatus)的氧接受器，依據組織與動脈氧含量的變化，調節腎

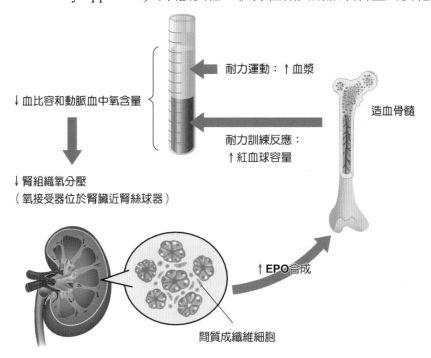

▶ 圖5-28　耐力訓練時紅血球生成素的分泌機制。資料來源：Montero & Lundby, 2018。

臟EPO的分泌。因此，血比容的最初下降被認為是促進耐力訓練引發紅血球容量增加的主要機制。單次耐力運動後，包括：血管收縮素II和抗利尿激素等調節血液容量的激素會瞬間增加，刺激腎臟的EPO產生。耐力運動也會促使包括：兒茶酚胺和皮質醇等壓力激素的急劇增加，這兩者會促進紅血球從骨髓中釋放出來，從而造成紅血球的生成，一旦恢復血比容和動脈血氧含量，EPO的分泌就會減少，這屬於負迴饋調節模式(Montero & Lundby, 2018)。

5-4 結 論

雖然還有許多有關激素對運動的影響需要更進一步的研究，不過大致上我們做了歸納如表5-3。運動會造成兒茶酚胺、腎上腺皮促素(ACTH)以及皮質醇的增加，這與運動的困難度有關。在短時間的非最大運動，除了胰島素會因運動而減少之外，大部分的激素分泌量增加，而甲狀腺激素則對運動的反應較不明顯。上升的激素可能是因為交感神經興奮與兒茶酚胺增加所致，或與維持細胞適當的葡萄糖攝取量有關。

高強度的運動造成包括：ACTH、皮質醇、兒茶酚胺以及泌乳素等壓力反應激素的分泌，這些激素的增加不但影響代謝，也同時影響心血管、呼吸、消化與泌尿系統。其他在運動時也會增加的激素還有：生長激素、抗利尿激素(ADH)以及醛固酮，它們在運動時增加能量來源、水分滯留以及鈉的平衡。另外，性激素的增加可能與肌肉質量的調節、代謝清除率的降低或血液濃縮有關，不過女性因有月經週期，研究時更應確認採樣時間與血中動情素與黃體素的含量。激素對高強度運動的反應則類似於對阻力運動的反應。

長時間的運動會造成汗液流失，所以像是ADH與醛固酮等與水分及電解質平衡相關的激素都會上升。長時間運動造成的生長激素、皮質醇、升糖素與兒茶酚胺的增加，是為了使體內支持基質代謝以及增加可利用性。訓練會造成壓力激素與代謝激素明顯的反應，訓練中運動員在休息時血液的ACTH、皮質醇、兒茶酚胺、升糖素皆低於一般人，這與訓練中運動員需要大量的能量儲存有關，也與運動降低生活壓力的感覺有關。其他像是運動過程中骨骼力學的變化造成骨骼重塑取決於細胞對副甲狀腺素(PTH)的反應。另外，神經傳遞物質中內生性類鴉片與內生性大麻素則與「跑者的愉悅感」以及跑步者之急性抗焦慮和鎮痛作用有關。

　　本章就運動與激素的關係做探討，這並不能完全說明內分泌系統的重要性，隨著科技發達與檢測技術的進步，往後還需要更多的佐證資料，來使運動與激素的關係更完整的被了解。

表5-3　激素對不同型態運動的反應

激素	短時間非最大運動	高強度運動	長時間運動	阻力運動	有氧訓練
抗利尿激素	+ (>50%)	++	++	?	0
生長激素	+	++	++	++	+
腎上腺皮促素	+	++	++	++	－
甲促素	+	+或0	+或0	?	0
泌乳素	+	++	+	+	+或－
濾泡促素	+	+或0	+,0,－	++	－
黃體促素	+	+或0	+,0,－	++	－
甲狀腺素	0	+或0	+,0,－	+或0	0或－
副甲狀腺素	+	+	+	?	?
胰島素	－	－	－	－	－
升糖素	+	+	++	?	－
皮質醇	+ (>60%)	++	++	++	－
兒茶酚胺	+	++	++	++	－
醛固酮	+	++	++	+	0
睪固酮	+	+	+或－	+	0或－
動情素	+	+	?	?	－或0
黃體素	+	+	?	?	－或0

註：「＋」增加；「＋＋」增加很多；「0」沒有改變；「－」減少；「？」未知。資料來源：McMurray & Hackney, 2000。

● 參考文獻 ●

朱勉生、周光儀、施科念、高婷玉、高美媚、張林松、張菁萍、陳杏亮、溫小娟、楊佳璋、廖美華、蔡秀純、顏惠芷譯(2011)．人體功能的研究、內分泌腺、代謝的調節、肌肉：收縮機制與神經控制、生殖．於人體生理學（十一版）(pp. 5-9, 328-363, 390-396, 695-716,721-771)．新北市：新文京。（譯自：Fox, S. I. (2009). *Human physiology* (11th ed). McGraw-Hill.）

何敏夫(2011)．腦下腺激素、甲狀腺激素、腎上腺皮質及性腺激素、其他激素．於：臨床化學（五版）(pp. 523-617)．臺北市：合記。

李意旻、莊曜禎、吳泰賢(2016)．壓力與身心健康、性與生殖．於生理與心理的對話－談精神健康與疾病（二版）(pp. 1-25, 253-282)．新北市：新文京。

林正常(2006)．運動與荷爾蒙．於運動生理學(pp. 69-96)．臺北市：師大書苑。

林貴福、徐臺閣、吳慧君等譯(2002)．體適能與運動表現的理論與應用．於運動生理學（pp. 66-92）．臺北市：藝軒。（譯自：Powers, S. K., & Howley, E. T. (2001). *Exercise Physiology: Theory and application to fitness and performance* (4th ed). McGraw-Hill.）

馬青、王欽文、楊淑娟、徐淑君、鐘九昌、龔朝暉、胡蔭、郭俊明 李菊芬、林育興、邱亦涵、施承典、高婷玉、張琪、溫小娟、廖美華、滿庭芳、蔡昀萍、顧雅真(2018)．生殖，於人體生理學（五版）(pp. 580-610)．新北市：新文京。

黃佩真、蔡素宜、梁女足、詹智強、賴郁君編譯(2004)．生殖系統．於人體生理學由細胞銜接系統導讀(pp. 634-713, 715-765)．臺北市：合記。（譯自：Sherwood, L. (2001). *Human physiology: From cells to systems* (4th ed.). Thomson Learning.）

曾淑芬譯(2014)．內分泌系統．於基礎人體生理學(pp. 198-221)．臺北市：偉明。（譯自：Fox, S. I. (2012). *Fundamentals of Human physiology*. McGraw-Hill.）

廖芳足、王秋惠、黃蕙君、江慧玲、陳清俊、林詠峯、陳媛孃、歐月星、徐慧雯、李素珍、林明政(2019)．臨床內分泌學與相關疾病．於臨床生化學(pp. 15-1~15-72)．臺中市：華格那。

Bonen, A., Belcastro, A. N., Ling, W. Y., Simpson, A. A. (1981). Profiles of selected hormones during menstrual cycles of teenage athletes. *J Appl Physiol, 50*:545-551.

Bonen, A., Ling, W. Y., MacIntyre, K. P., Neil, R., McGrail, J. C., Belcastro, A. N. (1979). Effects of exercise on the serum concentrations of FSH, LH, progesterone, and estradiol. *Eur J Appl Physiol Occup Physiol, 42*:15-23.

Borer, K. T. (1989). Exercise-induced facilitation of pulsatile growth hormone (GH) secretion and somatic growth. In Z. Laron & A. D. Rogol (eds), *Hormones and sport*. New York: Raven Press.

Brandenberger, G., Follenius, M. (1975). Influence of timing and intensity of muscular exercise on temporal patterns of plasma cortisol levels. *J Clin Endocrinol Metab*, 40:845-849.

Bunt, J. C. (1990). Metabolic actions of estradiol: significance for acute and chronic exercise responses. *Med Sci Sports Exerc, 22*(3): 286-290.

Carrasco, L., Villaverde, C., & Oltras, C. M. (2007). Endorphin responses to stress induced by competitive swimming event. *J Sports Med Phys Fitness, 47*(2):239-245.

Carroll, J. F., Convertino, V. A., Wood, C. E., Graves, J. E., Lowenthal, D. T., Pollock, M. L. (1995). Effect of training on blood volume and plasma hormone concentrations in the elderly. *Med Sci Sports Exerc, 27*:79-84.

Carvalho, R.C., Vigário, P.DS., Chachamovitz, D.S.O., Silvestre, D.H.D.S, Silva, P.R.O., Vaisman, M., Teixeira, P.F.D.S. (2018). Heart rate response to graded exercise test of elderly subjects in different ranges of TSH levels. *Arch Endocrinol Metab, 62*(6):591-596.

Chambers, M. A., Moylan, J. S., Smith, J. D., Goodyear, L. J., Reid, M. B. (2009). Stretch-stimulated glucose uptake in skeletal muscle is mediated by reactive oxygen species and p38 MAP-kinase. *J Physiol, 587*:3363-3373.

Charmas, M., Opaszowski, B. H., Charmas, R., Róza ska, D., Jówko, E., Sadowski, J., Dorofeyeva, L. (2009). Hormonal and metabolic response in middle-aged women to moderate physical effort during aerobics. *J Strength Cond Res, 23*:954-961.

Chen, C., Nakagawa, S., An, Y., Ito, K., Kitaichi, Y., Kusumi, I. (2017). The exercise-glucocorticoid paradox: How exercise is beneficial to cognition, mood, and the brain while increasing glucocorticoid levels. *Front Neuroendocrinol, 44*:83-102.

Chwalbínska-Moneta, J., Krysztofiak, F., Ziemba, A., Nazar, K., & Kaciuba-U ci ko, H. (1996). Threshold increases in plasma growth hormone in relation to plasma catecholamine and blood lactate concentrations during progressive exercise in endurance-trained athletes. *Eur J Appl Physiol Occup Physiol, 73*:117-120.

Clemmons D. R. (2012). Metabolic Actions of IGF-I in Normal Physiology and Diabetes. *Endocrinol Metab Clin North Am. 41*(2): 425–443.

Cooper, E. S., Berry, M. P., McMurray, R. G., Hosick, P. A., Hackney, A. C. (2010). Core temperature influences on the relationship between exercise-induced leukocytosis and cortisol or TNF-alpha. *Aviat Space Environ Med, 81*:460-466.

Copeland, K. C., Underwood, L. E., & Van Wyk, J. J. (1980). Induction of immunoreactive somatomedin C human serum by growth hormone: dose-response relationships and effect on chromatographic profiles. *J Clin Endocrinol Metab, 50*:690-697.

Cumming, D. C., Brunsting LA 3rd, Strich, G., Ries, A. L., Rebar, R. W. (1986). Reproductive hormone increases in response to acute exercise in men. *Med Sci Sports Exerc, 18*:369-373.

De Souza, H. S., Jardim, T. V., Barroso, W. K. S., de Oliveira Vitorino, P. V., Souza, A. L. L., & Jardim, P. C. V. (2019). Hormonal assessment of participants in a long distance walk. *Diabetol Metab Syndr, 15*;11:19.

De Souza, M. J., Arce, J. C., Pescatello, L. S., Scherzer, H. S., Luciano, A. A. (1994). Gonadal hormones and semen quality in male runners. A volume threshold effect of endurance training. *Int J Sports Med, 15*:383-391.

Devries, M. C., Hamadeh, M. J., Phillips, S. M., Tarnopolsky, M. A. (2006). Menstrual cycle phase and sex influence muscle glycogen utilization and glucose turnover during moderate-intensity endurance exercise. *Am J Physiol Regul Integr Comp Physiol, 291*:R1120-R1128.

Drouin, R., Lavoie, C., Bourque, J., Ducros, F., Poisson, D., Chiasson, J. L. (1998). Increased hepatic glucose production response to glucagon in trained subjects. *Am J Physiol, 274*:E23-E28.

Elias, A. N., Wilson, A. F. (1993). Exercise and gonadal function. *Hum Reprod, 8*:1747-1761.

Fabbri, A., Giannini, D., Aversa, A., De Martino, M. U., Fabbrini, E., Franceschi, F., Moretti, C., Frajese, G., Isidori, A. (1999). Body-fat distribution and responsiveness of the pituitary-adrenal axis to corticotropin-releasing-hormone stimulation in sedentary and exercising women. *J Endocrinol Invest, 22*:377-385.

Farrell, P. A., Kjaer, M., Bach, F. W., Galbo, H. (1987). Beta-endorphin and adrenocorticotropin response to supramaximal treadmill exercise in trained and untrained males. *Acta Physiol Scand, 130*:619-625.

Frandsen, J., Pistoljevic, N., Quesada, J. P., Amaro-Gahete, F. J., Ritz, C., Larsen, S., Dela, F., Helge, J. W. (2020). Menstrual cycle phase do not affect whole-body peak fat oxidation rate during exercise. *J Appl Physiol* (1985), 128(3):681-687.

Fuss J., Steinle, J., Bindila, L., Auer, M.K., Kirchherr, H., Lutz, B., Gass, P. (2015). A runner's high depends on cannabinoid receptors in mice. *Proc Natl Acad Sci USA, 20*;112(42):13105-13108.

Galbo, H., Holst, J. J., Christensen, N. J., Hilsted, J. (1976). Glucagon and plasma catecholamines during beta-receptor blockade in exercising man. *J Appl Physiol, 40*:855-863.

Galbo, H., Hummer, L., Peterson, I. B., Christensen, N. J., Bie, N. (1977). Thyroid and testicular hormone responses to graded and prolonged exercise in man. *Eur J Appl Physiol Occup Physiol, 14*;36:101-106.

Gardinier, J.D., Al-Omaishi, S., Morris, M.D., Kohn, D.H. (2016). PTH signaling mediates perilacunar remodeling during exercise. *Matrix Biol, 52-54*:162-175.

Gardinier, J.D., Mohamed, F., Kohn, DH. (2015). PTH Signaling During Exercise Contributes to Bone Adaptation. *J Bone Miner Res, 30*(6):1053-1063.

Ghaemmaghami, F., Gauquelin, G., Gharib, C., Yoccoz, D., Desplanches, D., Favier, R., Allevard, A. M. (1987). Effects of treadmill running and swimming on plasma and brain vasopressin levels in rats. *Eur J Appl Physiol Occup Physiol, 56*:1-6.

Ghanbari-Niaki, A., Kraemer, R. R., Abednazari, H. (2011). Time-course alterations of plasma and soleus agouti-related peptide and relationship to ATP, glycogen, cortisol, and insulin concentrations following treadmill training programs in male rats. *Horm Metab Res, 43*(2):112-116.

Goldfarb, A. H., Hatfield, B. D., Potts, J., Armstrong, D. (1991). Beta-endorphin time course response to intensity of exercise: effect of training status. *Int J Sports Med, 12*:264-268.

Grandys, M., Majerczak, J., Duda, K., Zapart-Bukowska, J., Kulpa, J., Zoladz, J. A. (2009). Endurance training of moderate intensity increases testosterone concentration in young, healthy men. *Int J Sports Med, 30*:489-495.

Greenham, G., Buckley, J.D., Garrett, J., Eston, R., Norton, K. (2018). Biomarkers of Physiological Responses to Periods of Intensified, Non-Resistance-Based Exercise Training in Well-Trained Male Athletes: A Systematic Review and Meta-Analysis. *Sports Med, 48*(11):2517-2548.

Greiwe, J. S., Hickner, R. C., Shah, S. D., Cryer, P. E., Holloszy, J. O. (1999). Norepinephrine response to exercise at the same relative intensity before and after endurance exercise training. *J Appl Physiol, 86*:531-535.

Griggs, R. C., Kingston, W., Jozefowicz, R. F., Herr, B. E., Forbes, G., Halliday, D. (1989). Effect of testosterone on muscle mass and muscle protein synthesis. *J Appl Physiol, 66*:498-503.

Grossman, A., Moult, P. J., Gaillard, R. C., Delitala, G., Toff, W. D., Rees, L. H., Besser, G. M. (1981). The opioid control of LH and FSH release: effects of a met-enkephalin analogue and naloxone. *Clin Endocrinol (Oxf), 14*:41-47.

Hackney, A. C. (1989). Endurance training and testosterone levels. *Sports Med, 8*:117-127.

Hackney, A. C. (1996). The male reproductive system and endurance exercise. *Med Sci Sports Exerc, 28*:180-189.

Hackney, A.C., Davis, H.C., Lane, A.R. (2015). Exercise augments the nocturnal prolactin rise in exercise-trained men. *Ther Adv Endocrinol Metab, 6*(5):217-222.

Hackney, A.C., Davis, H.C., Lane, A.R. (2016). Growth Hormone-Insulin-Like Growth Factor Axis, Thyroid Axis, Prolactin, and Exercise. *Front Horm Res, 47*:1-11.

Häkkinen, K., & Pakarinen, A. (1995). Acute hormonal responses to heavy resistance exercise in men and women at different ages. *Int J Sports Med, 16*:507-513.

Hayes, L.D., Bickerstaff, G.F., Baker, J.S.(2010). Interactions of cortisol, testosterone, and resistance training: influence of circadian rhythms. *Chronobiol Int, 27*(4):675-705.

Hew-Butler, T., Noakes, T. D., Siegel, A. J. (2008). Practical management of exercise-associated hyponatremic encephalopathy: the sodium paradox of non-osmotic vasopressin secretion. *Clin J Sport Med, 18*:350-354.

Hew-Butler, T., Noakes, T. D., Soldin, S. J., Verbalis, J. G. (2010). Acute changes in arginine vasopressin, sweat, urine and serum sodium concentrations in exercising humans: does a coordinated homeostatic relationship exist? *Br J Sports Med, 44*:710-715.

Hopkins, N. J., Jakeman, P. M., Hughes, S. C., Holly, J. M. (1994). Changes in circulating insulin-like growth factor-binding protein-1 (IGFBP-1) during prolonged exercise: effect of carbohydrate feeding. *J Clin Endocrinol Metab, 79*:1887-1890.

Ikeda, K., Horie-Inoue, K., Inoue, S. (2019). Functions of estrogen and estrogen receptor signaling on skeletal muscle. *J Steroid Biochem Mol Biol, 191*:105375.

Inder, W. J., Hellemans, J., Swanney, M. P., Prickett, T. C., Donald, R. A. (1998). Prolonged exercise increases peripheral plasma ACTH, CRH, and AVP in male athletes. *J Appl Physiol, 85*:835-841.

Janse, D.E., Jonge, X., Thompson, B., Han, A. (2019). Methodological Recommendations for Menstrual Cycle Research in Sports and Exercise. *Med Sci Sports Exerc, 51*(12):2610-2617.

Jensen, J., Oftebro, H., Breigan, B., Johnsson, A., Ohlin, K., Meen, H. D., Strømme, S. B., Dahl, H. A. (1991). Comparison of changes in testosterone concentrations after strength and endurance exercise in well trained men. *Eur J Appl Physiol Occup Physiol, 63*:467-471.

Jezova, D., Radikova, Z., Vigas, M. (2007). Growth hormone response to different consecutive stress stimuli in healthy men: is there any difference? *Stress*, 10(2): 205-211.

Jimenez, C., Melin, B., Koulmann, N., Charpenet, A., Cottet-Emard, J. M., Péquignot, J. M., Savourey, G., Bittel, J. (1997). Effects of various beverages on the hormones involved in energy metabolism during exercise in the heat in previously dehydrated subjects. *Eur J Appl Physiol Occup Physiol, 76*:504-509.

Johannessen, A., Hagen, C., Galbo, H. (1981). Prolactin, growth hormone, thyrotropin, 3,5,3'-triiodothyronine, and thyroxine responses to exercise after fat- and carbohydrate-enriched diet. *J Clin Endocrinol Metab, 52*:56-61.

Jurkowski, J. E., Jones, N. L., Toews, C. J., Sutton, J. R. (1981). Effects of menstrual cycle on blood lactate, O_2 delivery, and performance during exercise. *J Appl Physiol, 51*:1493-1499.

Jurkowski, J. E., Jones, N. L., Walker, C., Younglai, E. V., Sutton, J. R. (1978). Ovarian hormonal responses to exercise. *J Appl Physiol, 44*:109-114.

Kanikowska, D., Sugenoya, J., Sato, M., Shimizu, Y., Inukai, Y., Nishimura, N., Iwase, S. (2010). Influence of season on plasma antidiuretic hormone, angiotensin II, aldosterone and plasma renin activity in young volunteers. *Int J Biometeorol, 54*(3): 243-248.

Karagiorgos, A., Garcia, J. F., Brooks, G. A. (1979). Growth hormone response to continuous and intermittent exercise. *Med Sci Sports, 11*:302-307.

Keizer, H. A., Poortman, J., Bunnik, G. S. (1980). Influence of physical exercise on sex-hormone metabolism. *J Appl Physiol, 48*:765-769.

Keizer, H. A. & Rogol, A. D. (1990). Physical exercise and menstrual cycle alterations. What are the mechanisms? *Sports Med, 10*:218-235.

Kendrick, Z. V., Steffen, C. A., Rumsey, W. L., Goldberg, D. I. (1987). Effect of estradiol on tissue glycogen metabolism in exercised oophorectomized rats. *J Appl Physiol, 63*:492-496.

Kimura, T., Shoji, M., Iitake, K., Ota, K., Matsui, K., Yoshinaga, K. (1984). The role of central alpha 1- and alpha 2-adrenoceptors in the regulation of vasopressin release and the cardiovascular system. *Endocrinology, 114*:1426-1432.

Kindermann, W., Schnabel, A., Schmitt, W. M., Biro, G., Cassens, J., Weber, F. (1982). Catecholamines, growth hormone, cortisol, insulin, and sex hormones in anaerobic and aerobic exercise. *Eur J Appl Physiol Occup Physiol, 49*:389-399.

Kjaer, M. (1998). Adrenal medulla and exercise training. *Eur J Appl Physiol Occup Physiol*, 77:195-199.

Kjaer, M., Kiens, B., Hargreaves, M., Richter, E. A. (1991). Influence of active muscle mass on glucose homeostasis during exercise in humans. *J Appl Physiol, 71*:552-557.

Klausen, T., Breum, L., Fogh-Andersen, N., Bennett, P., Hippe, E. (1993). The effect of short and long duration exercise on serum erythropoietin concentrations. *Eur J Appl Physiol Occup Physiol, 67*:213-217.

Kocahan, S., & Dundar, A. (2018). Effects of different exercise loads on the thyroid hormone levels and serum lipid profile in swimmers. *Horm Mol Biol Clin Investig*, 14;38(1)

Koistinen, H., Koistinen, R., Selenius, L., Ylikorkala, Q., Seppälä, M. (1996). Effect of marathon run on serum IGF-I and IGF-binding protein 1 and 3 levels. *J Appl Physiol, 80*:760-764.

Kraemer, R. R., Kilgore, J. L., Kraemer, G. R., Castracane, V. D. (1992). Growth hormone, IGF-I, and testosterone responses to resistive exercise. *Med Sci Sports Exerc, 24*:1346-1352.

Kraemer, W. J., & Ratamess, N. A. (2005). Hormonal responses and adaptations to resistance exercise and training. *Sports Med, 35*:339-361.

Kraemer, W. J., Fleck, S. J., Dziados, J. E., Harman, E. A., Marchitelli, L. J., Gordon, S. E., Mello, R., Frykman, P. N., Koziris, L. P., Triplett, N. T. (1993). Changes in hormonal concentrations after different heavy-resistance exercise protocols in women. *J Appl Physiol, 75*:594-604.

Kraemer, W. J., Fleck, S. J., Maresh, C. M., Ratamess, N. A., Gordon, S. E., Goetz, K. L., Harman, E. A., Frykman, P. N., Volek, J. S., Mazzetti, S. A., Fry, A. C., Marchitelli, L. J., Patton, J. F. (1999a). Acute hormonal responses to a single bout of heavy resistance exercise in trained power lifters and untrained men. *Can J Appl Physiol, 24*:524-537.

Kraemer, W. J., Häkkinen, K., Newton, R. U., Nindl, B. C., Volek, J. S., McCormick, M., Gotshalk, L. A., Gordon, S. E., Fleck, S. J., Campbell, W. W., Putukian, M., Evans, W. J. (1999b). Effects of heavy-resistance training on hormonal response patterns in younger vs. older men. *J Appl Physiol, 87*:982-992.

Kuoppasalmi, K., Näveri, H., Härkönen, M., Adlercreutz, H. (1980). Plasma cortisol, androstenedione, testosterone and luteinizing hormone in running exercise of different intensities. *Scand J Clin Lab Invest, 40*:403-409.

Lericollais, R., Gauthier, A., Bessot, N., Zouabi, A., Davenne, D. (2013) Morning anaerobic performance ls not altered by vigilance lmpairment. *PLOS ONE 8*(3):e58638.

Maher, J. T., Jones, L. G., Hartley, L. H., Williams, G. H., Rose, L. I. (1975). Aldosterone dynamics during graded exercise at sea level and high altitude. *J Appl Physiol, 39*:18-22.

Maughan, R. J., Owen, J. H., Shirreffs, S. M., Leiper, J. B. (1994). Post-exercise rehydration in man: effects of electrolyte addition to ingested fluids. *Eur J Appl Physiol Occup Physiol, 69*:209-215.

McArdle, W. D., Katch, F. I., Katch, V. L. (2001). *Exercise physiology: Energy, nutrition, and human performance* (5th ed.). Baltimore: Williams & Wilkins.

McMorris, T., Davranche, K., Jones, G., Hall, B., Corbett, J., Minter, C. (2009). Acute incremental exercise, performance of a central executive task, and sympathoadrenal system and hypothalamic-pituitary-adrenal axis activity. *Int J Psychophysiol, 73*:334-340. .

McMurray, R. G. & Hackney, A. C. (2000). Endocrine responses to exercise and training, In: Garrett, WE & Kirkendall DT (ed.), *Exercise and sport science* (pp. 135-158). Philadelphia: Lippincott Williams & Wikins.

McMurray, R. G., Eubank, T. K. Hackney, A. C. (1995). Nocturnal hormonal responses to resistance exercise. *Eur J Appl Physiol Occup Physiol, 72*:121-126.

McMurray, R. G., Forsythe, W. A., Mar, M. H., Hardy, C. J. (1987). Exercise intensity-related responses of beta-endorphin and catecholamines. *Med Sci Sports Exerc, 19*:570-574.

McMurray, R. G., Proctor, C. R., & Wilson, W. L. (1991). Effect of caloric deficit and dietary manipulation on aerobic and anaerobic exercise. *Int Sports Med, 12*:167-172.

Melin, B., Eclache, J. P., Geelen, G., Annat, G., Allevard, A. M., Jarsaillon, E., Zebidi, A., Legros, J. J., Gharib, C. (1980). Plasma AVP, neurophysin, renin activity, and aldosterone during submaximal exercise performed until exhaustion in trained and untrained men. *Eur J Appl Physiol Occup Physiol, 44*:141-151.

Mendenhall, L. A., Swanson, S. C., Habash, D. L., Coggan, A. R. (1994). Ten days of exercise training reduces glucose production and utilization during moderate-intensity exercise. *Am J Physiol, 266*:E136-E143.

Michelini, L. C. & Morris, M. (1999). Endogenous vasopressin modulates the cardiovascular responses to exercise. *Ann N Y Acad Sci, 897*:198-211.

Mitchell, J.H. (2013). Neural circulatory control during exercise: early insights. *Exp Physiol, 98*(4):867-878.

Montain, S. J., Laird, J. E., Latzka, W. A., Sawka, M. N. (1997). Aldosterone and vasopressin responses in the heat: hydration level and exercise intensity effects. *Med Sci Sports Exerc, 29*:661-668.

Montero, D. & Lundby, C. (2018). Regulation of Red Blood Cell Volume with Exercise Training. *Compr Physiol, 13*;9(1):149-164.

Muguruza, C., Redon, B., Fois, G.R., Hurel, I., Scocard, A., Nguyen, C., Stevens, C., Soria-Gomez E., Varilh, M., Cannich, A., Daniault, J., Busquets-Garcia, A., Pelliccia, T., Caillé, S., Georges, F., Marsicano, G., Chaouloff, F. (2019). The motivation for exercise over palatable food is dictated by cannabinoid type-1 receptors. *JCI Insight, 7*;4(5). pii: 126190.

Negrao, A., Deuster, P., Gold, P., Sing, A., Gold, P., Singh, A., Chrousos, G. (2000). Individual reactivity and physiology of the stress response. *Biomed, Pharmacother, 54*, 122-128.

Nevill, M. E., Holmyard, D. J., Hall, G. M., Allsop, P., van Oosterhout, A., Burrin, J. M., Nevill, A. M. (1996). Growth hormone responses to treadmill sprinting in sprint- and endurance-trained athletes. *Eur J Appl Physiol Occup Physiol, 72*:460-467.

Nielsen, B., Hales, J. R., Strange, S., Christensen, N. J., Warberg, J., Saltin, B. (1993). Human circulatory and thermoregulatory adaptations with heat acclimation and exercise in a hot, dry environment. *J Physiol, 460*:467-685.

Oosthuyse, T, Bosch, A.N.(2010). The effect of the menstrual cycle on exercise metabolism: implications for exercise performance in eumenorrhoeic women. *Sports Med, 1*;40(3):207-227.

Osorio-Fuentealba C., Contreras-Ferrat A.E., Altamirano F., Espinosa A., Li Q., Niu W., Lavandero S., Klip A., Jaimovich E.(2013). Electrical stimuli release ATP to increase GLUT4 translocation and glucose uptake via PI3K γ -Akt-AS160 in skeletal muscle cells. *Diabetes, 62*(5):1519-1526.

Paltoglou, G., Avloniti, A., Chatzinikolaou, A., Stefanaki, C., Papagianni, M., Papassotiriou, I., Fatouros, I.G., Chrousos, G.P., Kanaka-Gantenbein, C., Mastorakos, G. (2019). In early pubertal boys, testosterone and LH are associated with improved anti-oxidation during an aerobic exercise bout. *Endocrine, 66*(2):370-380.

Pyka, G., Wiswell, R. A., Marcus, R. (1992). Age-dependent effect of resistance exercise on growth hormone secretion in people. *J Clin Endocrinol Metab, 75*:404-407.

Raichlen, D.A., Foster, A.D., Gerdeman, G.L., Seillier, A., Giuffrida, A. (2012). Wired to run: exercise-induced endocannabinoid signaling in humans and cursorial mammals with implications for the 'runner' s high' . *J Exp Biol, 15*;215(Pt 8):1331-1336.

Richter, E. A., Kristiansen, S., Wojtaszewski, J., Daugaard, J. R., Asp, S., Hespel, P., Kiens, B. (1998). Training effects on muscle glucose transport during exercise. *Adv Exp Med Biol, 441*:107-116.

Roelfsema, F., Yang, R.J., Olson, T.P., Joyner, M.J., Takahashi, P.Y., Veldhuis, J.D. (2017). Enhanced Coupling Within Gonadotropic and Adrenocorticotropic Axes by Moderate Exercise in Healthy Men. *J Clin Endocrinol Metab, 1*;102(7):2482-2490.

Safarinejad, M. R., Azma, K., Kolahi, A. A. (2009). The effects of intensive, long-term treadmill running on reproductive hormones, hypothalamus-pituitary-testis axis, and semen quality: a randomized controlled study. *J Endocrinol, 200*:259-271.

Salvesen, H., Johansson, A. G., Foxdal, P., Wide, L., Piehl-Aulin, K., Ljunghall, S. (1994). Intact serum parathyroid hormone levels increase during running exercise in well-trained men. *Calcif Tissue Int, 54*:256-261.

Sassin, J.F., Frantz, A.G., Weitzman, E.D., Kapen, S. (1972). Human prolactin: 24-hour pattern with increased release during sleep. *Science, 177*: 1205-1207.

Schwandt, H.J., Heyduck, B., Gunga, H.C., Röcker, L. (1991). Influence of prolonged physical exercise on the erythropoietin concentration in blood. *Eur J Appl Physiol Occup Physiol, 63*(6):463-466.

Sforzo, G. A. (1989). Opioids and exercise. An update. *Sports Med*, 7:109-124.

Shevchuk, N. A. (2007). Possible use of repeated cold stress for reducing fatigue in chronic fatigue syndrome: a hypothesis. *Behav Brain Funct, 3*:55.

Shimojo, G., Joseph, B., Shah, R., Consolim-Colombo, F.M, De Angelis, K., Ulloa, L.(2019) Exercise activates vagal induction of dopamine and attenuates systemic inflammation. *Brain Behav Immun, 75*:181-191.

Stenner, E., Gianoli, E., Piccinini, C., Biasioli, B., Bussani, A., Delbello, G. (2007). Hormonal responses to a long duration exploration in a cave of 700 m depth. *Eur J Appl Physiol, 100*:71-78.

Tankersley, C. G., Nicholas, W. C., Deaver, D. R., Mikita, D., Kenney, W. L. (1992). Estrogen replacement in middle-aged women: thermoregulatory responses to exercise in the heat. *J Appl Physiol, 73*:1238-1245.

Tarnopolsky, L. J., MacDougall, J. D., Atkinson, S. A., Tarnopolsky, M. A., Sutton, J. R. (1990). Gender differences in substrate for endurance exercise. *J. Appl Physiol, 68*:302-308.

Taylor, D. V., Boyajian, J. G., James, N., Woods, D., Chicz-Demet, A., Wilson, A. F., Sandman, C. A. (1994). Acidosis stimulates beta-endorphin release during exercise. *J Appl Physiol, 77*(4):1913-1918.

Uchida, M. C., Crewther, B. T., Ugrinowitsch, C., Bacurau, R. F., Moriscot, A. S., Aoki, M. S. (2009). Hormonal responses to different resistance exercise schemes of similar total volume. *J Strength Cond Res, 23*(7): 2003-2008.

Viru, A. (1992). Plasma hormones and physical exercise. *Int J Sports Med, 13*:201-209.

Vogel, R. B., Books, C. A., Ketchum, C., Zauner, C. W., Murray, F. T. (1985). Increase of free and total testosterone during submaximal exercise in normal males. *Med Sci Sports Exerc, 17*:119-123.

Wade, C. E. (1984). Response, regulation, and actions of vasopressin during exercise: a review. *Med Sci Sports Exerc, 16*:506-511.

Wade, C. E. & Claybaugh, J. R. (1980). Plasma renin activity, vasopressin concentration, and urinary excretory responses to exercise in men. *J Appl Physiol, 49*:930-936.

Wallin, M.K., Selldén, E., Eksborg, S., Brismar, K. (2007). Amino acid infusion during anesthesia attenuates the surgery induced decline in IGF-1 and diminishes the "diabetes of injury". *Nutr Metab (Lond), 9*;4:2.

Watkins BA (2018). Endocannabinoids, exercise, pain, and a path to health with aging. *Mol Aspects Med, 64*:68-78..

Weight, L. M., Alexander, D., Elliot, T., Jacobs, P. (1992). Erythropoietic adaptations to endurance training. *Eur J Appl Physiol Occup Physiol, 64*:444-448.

Weltman, A., Weltman, J. Y., Womack, C. J., Davis, S. E., Blumer, J. L., Gaesser, G. A., & Hartman, M. L. (1997). Exercise training decreases the growth hormone (GH) response to acute constant-load exercise. *Med Sci Sports Exerc, 29*:669-676.

Wenz, M., Berend, J. Z., Lynch, N. A., Chappell, S., Hackney, A. C. (1997). Substrate oxidation at rest and during exercise: effects of menstrual cycle phase and diet composition. *J Physiol Pharmacol, 48*:851-860.

Willis, P. E., Chadan, S., Baracos, V., & Parkhouse, W. S. (1997). Acute exercise attenuates age-associated resistance to insulin-like growth factor I. *Am J Physiol, 272*:E397-E404.

Winder, W. W., Hagberg, J. M., Hickson, R. C., Ehsani, A. A., McLane, J. A. (1978). Time course of sympathoadrenal adaptation to endurance exercise training in man. *J Appl Physiol, 45*:370-374.

Winder, W. W., Hickson, R. C., Hagberg, J. M., Ehsani, A. A., McLane, J. A. (1979). Training-induced changes in hormonal and metabolic responses to submaximal exercise. *J Appl Physiol, 46*:766-771.

Witko , J. & Wróbel, P. (2019). Menstrual disorders in amateur dancers. BMC Womens *Health, 3*;19(1):87.

Zapf, J. & Froesch, E. R. (1986). Acromegaly and insulin-like growth factors. *Schweiz Med Wochenschr, 18*; 116(3): 71-77.

Zappe, D. H., Helyar, R. G., Green, H. J. (1996). The interaction between short-term exercise training and a diuretic-induced hypovolemic stimulus. *Eur J Appl Physiol Occup Physiol, 72*:335-340.

課後練習
Exercise

一、選擇題

（　）1. 運動會造成哪一個激素分泌減少？　(A)胰島素　(B)兒茶酚胺　(C) ACTH
(D)皮質醇

（　）2. 下列激素何者與運動壓力無關？　(A)兒茶酚胺　(B)皮質醇　(C)泌乳素
(D)副甲狀腺素

（　）3. 下列哪一個激素在運動時維持水與鈉的平衡？　(A)胰島素　(B)醛固酮　(C)
生長激素　(D) FSH

（　）4. 下列何者並非兒茶酚胺的功能？　(A)促進肝醣分解　(B)增強心輸出量　(C)
支氣管擴張　(D)增加腎血流

（　）5. 為了避免在正常生理情況之下產生去敏感性，許多多胜肽和蛋白質類的激素
是以哪一種方式分泌？　(A)脈衝式分泌　(B)連續性分泌　(C)週期性分泌
(D)正迴饋分泌

（　）6. 腎上腺素與正腎上腺素在心臟的作用方式是　(A)加成作用　(B)互補作用
(C)允許作用　(D)拮抗作用

（　）7. 胰島素與升糖素對血糖的調節屬於　(A)加成作用　(B)互補作用　(C)允許作
用　(D)拮抗作用

（　）8. 下列激素何者對標的組織的調控需要第二傳訊者？　(A)皮質醇　(B)醛固酮
(C)腎上腺素　(D) 甲狀腺素

（　）9. 下列何種作用在運動時比較不需要？　(A)肝醣分解　(B)糖質新生　(C)肝醣
儲存　(D)脂肪分解

（　）10. 下列因子都會造成生長激素的分泌，何者例外？　(A)高血糖　(B)正腎上腺
素　(C)睡眠　(D)運動

（　）11. 下列何者為腦下腺後葉釋放之激素？　(A) FSH　(B) ADH　(C) LH　(D)
GH

（　）12. 下列何者並非運動刺激ADH分泌的原因？　(A)保留身體水分　(B)維持血液
滲透壓　(C)調節運動時的心血管反應　(D)增加細胞對葡萄糖的攝取量

（　）13. 長期的運動訓練引起哪一個激素的分泌而可能因此會改變月經週期？　(A)生長激素　(B)泌乳素　(C)腎上腺素　(D) ADH

（　）14. 下列何者可提高基礎代謝率？　(A) PTH　(B) ADH　(C) T_4　(D) FSH

（　）15. 腎上腺髓質激素對身體所產生的效應與下列何者類似？(A)交感神經　(B)副交感神經　(C)體運動神經　(D)以上皆是

（　）16. 運動時睪固酮可提高耐力及爆發力，下列何者與這個功能無關？(A)加強肌力與肌肉量　(B)提高血紅素　(C)增加身體帶氧量　(D)減少尿液排出

（　）17. 運動時測定何者的比例可用來作為合成代謝／分解代謝的生物標記？(A)睪固酮／生長激素　(B)睪固酮／皮質醇　(C)腎上腺素／睪固酮　(D) 腎上腺素／皮質醇

（　）18. 下列哪一個狀況不會在長時間運動時造成皮質醇的分泌？　(A)運動造成的水分流失　(B)運動造成的壓力　(C)運動造成的體溫升高　(D)運動造成的低血糖

（　）19. 下列哪一個狀況會造成運輸葡萄糖的載體($GLUT_4$)數量增加？　(A)運動　(B)缺氧　(C)肌肉內高濃度的鈣　(D)以上皆是

（　）20. 有三個標的腺體受到下視丘和腦下腺前葉的影響，這並不包括：(A)甲狀腺　(B)腎上腺皮質　(C)胰臟　(D)性腺

二、問答題

1. 運動過後迅速大量（超過1,000 mL）補充水分會造成何種影響？

2. 什麼原因造成運動時骨骼肌的血流增加？

3. 腎上腺髓質激素在高強度運動與長時間運動時所扮演的角色為何？

4. 長時間運動造成腎素與醛固酮的釋出原因為何？

5. 「跑者的愉悅感」是如何產生的？請說明兩種假說。

6. 說明動情素如何增加運動的耐力？

解答：ADBDA　ADCCA　BDBCA　DBADC

郭婕 編著

運動與呼吸
(Exercise and Respiratory System)

Exercise Physiology

呼吸攸關生命，是人類賴以維生的重要生理活動之一。人無時無刻都在**呼吸**(respiration)，呼吸的目的是氣體的交換，提供身體組織代謝活動所必需的氧，同時將組織代謝所產生的廢物二氧化碳，經肺泡排出體外。氣體進出的另一層意義，是協助身體酸鹼平衡的維持。呼吸還具有相當大的散熱功能。激烈運動時，大量的體熱透過呼吸道排出體外，協助身體進行降溫工作。

「呼吸」一詞包含了兩個過程：**換氣**(ventilation)及**氣體交換**(gas exchange)。自鼻子將外部空氣吸入肺內（換氣），以及肺泡內的空氣與流經肺泡的血液之間所進行的氣體交換，統稱為**肺呼吸**或**外呼吸**(external respiration)；而在全身細胞組織與流經細胞組織的血液之間所進行的氣體交換，稱為**細胞呼吸**或**內呼吸**(internal respiration)。

實際上在進行外呼吸時，肺功能容易受到許多條件的影響而變動，此變動會影響內呼吸，而且內呼吸的狀態也會直接反映在外呼吸上。在生理學上單提到呼吸時，大多指的是外呼吸的部分。然而呼吸的目的是把自肺攝取的氧氣利用於細胞組織內的代謝，使有效率的產生能量，因此內呼吸才是呼吸的主體。

瞭解運動時呼吸系統的功能十分重要，不正確的呼吸方法將會直接影響運動能力的發揮，以及會令體能下降。而呼吸系統同時對激烈運動時的酸鹼平衡調節，扮演著重要的角色。對於肺部疾病和呼吸等相關健康問題，例如缺氧等，應多加瞭解，以預防呼吸疾病的傷害。本章的目的在介紹呼吸系統的功能與機轉，以及運動與呼吸功能之間的關係。

6-1　呼吸系統的構造

呼吸系統是一不斷分支的管道，由鼻腔、咽、喉、氣管、支氣管、細支氣管、肺（終末支氣管、肺泡管、肺泡囊、肺泡）及胸廓所構成（圖6-1）。開始於外鼻、鼻腔和口咽。鼻腔提升空氣濕度與溫度，以濕潤與過濾空氣。鼻、咽喉、氣管、支氣管、小支氣管，是為氣體進出的路徑，稱為呼吸道。左右支氣管各自從肺內側面進入內部，氣管分左右兩支到左右兩肺，肺中有肌肉組織，使氣管收縮及控制空氣流量，最後到非常小且薄壁的肺泡。

以解剖學的區分，上呼吸道是胸腔以外的呼吸器官，包括鼻、咽、喉；下呼吸道是胸腔以內的呼吸器官，包括氣管、支氣管及肺。

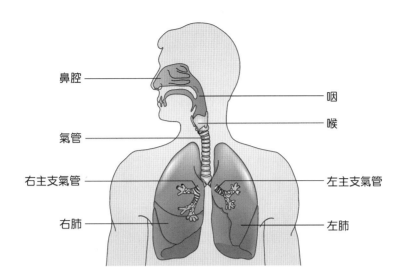

鼻腔

咽

喉

氣管

右主支氣管

左主支氣管

右肺

左肺

▶ 圖6-1　呼吸系統的解剖構造。

一、上呼吸道 (Upper Respiratory Tract)

(一) 鼻 (Nose)

　　鼻(nose)是呼吸道的進出口，可分為外鼻和內鼻。外鼻部與內鼻部的內部構成鼻腔，鼻腔以鼻中隔為界分為左右二部分，鼻中隔的前面部分主要由軟骨構成，其餘部分則由骨板構成。外鼻是由外面覆蓋著皮膚，和裡面襯著黏膜的硬骨及軟骨所組成。外鼻部底下的二個開口稱為外（前）鼻孔。鼻的內鼻部是頭顱內的一個大空腔，位於頭骨下方、口腔上方。前面部分與外鼻部合併，而後方則經由兩個內（後）鼻孔與咽部聯合。

　　鼻子的功能：

1. 濕潤、加溫與過濾：鼻孔內有鼻毛，具清潔、保護之功能，可阻擋、過濾隨吸氣時吸入的灰塵顆粒。對吸入的空氣，鼻腔和鼻甲表面都附有黏膜，而黏膜內的腺細胞會分泌黏液，可黏住灰塵顆粒和致病菌，也可幫助濕潤空氣，藉由纖毛的運動可將黏液所捕捉的灰塵排出體外。黏膜下富含血管，可溫暖乾燥而冷的空氣。經過鼻毛、黏液、血管等的作用，就可以使氣體轉變為溫暖、清潔和濕潤，之後空氣進入咽頭、喉頭、氣管中，最後會經由支氣管進入肺部。

2. 接受嗅覺的刺激：嗅覺感受器位於上鼻甲上方的黏膜，稱為嗅覺區，具有嗅覺神經，能分辨空氣中不同氣味。

3. 作為說話發聲的共鳴腔：鼻腔可以輔助發音，使發出的聲音經由共鳴作用，而變得更宏亮、更悅耳。

(二) 咽及喉 (Pharynx and Larynx)

咽(pharynx)類似前後略扁的漏斗形之肌肉通道，由內鼻孔向下延伸到頸部。咽部壁是由骨骼肌所組成，內襯黏膜，咽部主要的功能是當作空氣與食物的通道及發聲的共鳴腔。它自上而下分為最上面的鼻咽部、中間部分的口咽部和最底下部分的喉咽部。鼻咽部是連接後鼻孔的一段，口咽部和口腔相對，喉咽部是口咽部以下，並在後面與食道相連的部分。在鼻咽部後側上方左右，各有一條通往中耳的**耳咽管**(auditary tube)。口咽部內有二對扁桃腺。

喉(larynx)是由黏膜、軟骨和肌肉所組成，位於頸部約第4~6頸椎的前方，上面連接喉咽部，下面是氣管。它是氣體的通道，也是發音的器官。

喉壁由9塊軟骨所支持，可以保持氣體的暢通。較重要的軟骨有：

1. 甲狀軟骨向前突出的部分稱為喉結，男性較女性明顯。

2. **會厭軟骨**是在喉部上面的一塊樹葉形軟骨。當吞嚥時，喉部上舉而會厭軟骨在聲門上方形成一個蓋子並關閉喉部，這樣的機轉可使食物進入食道，而不會進入喉部氣道和氣管，使不會有嗆到的情形。會厭軟骨在吸氣時打開，以便空氣通過，這就是呼吸與進食不同的情況。假使有異物（非空氣的物質）進入喉部，人體則會引發咳嗽的反射以將外來物體排出。

3. 環狀軟骨形成喉的下壁，它是九塊軟骨中位置最低的一塊，附著於氣管的第一軟骨環杓狀軟骨位於環狀軟骨上緣的成對角錐型軟骨。它們附著於聲帶皺襞及喉部肌肉，藉由其作用可移動聲帶。

二、下呼吸道 (Lower Respiratory Tract)

(一) 氣管及支氣管 (Trachea and Bronchus)

氣管主幹分成左、右主支氣管，主支氣管再分支成小支氣管，小支氣管的末梢為一群細小的肺泡，包埋在微血管網內，是生物體與環境間實際進行氣體交換的部位。

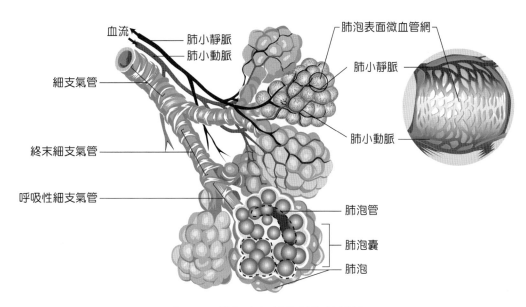

血流
肺小靜脈
肺小動脈
細支氣管
終末細支氣管
呼吸性細支氣管
肺泡表面微血管網
肺小靜脈
肺小動脈
肺泡管
肺泡囊
肺泡

▶ 圖6-2　從細支氣管至肺泡的結構。

　　主支氣管再分成次級支氣管，次級支氣管再分成三級支氣管，這三級支氣管皆有軟骨支撐。三級支氣管再分為細支氣管，沒有軟骨只有平滑肌。細支氣管會再分成肺泡管。肺泡管就像葡萄的主幹，向末端連到一成串的葡萄狀構造，稱為肺泡囊，而成串中每個葡萄是肺泡（圖6-2）。

　　氣管與氣道皆以分泌黏液的纖毛上皮細胞作為內襯，能夠幫助排除進入氣道的異物。這層具有清潔功能的黏液，可藉由數百萬如毛髮般的纖毛的擺動，由支氣管的下方往上方運送到咽喉。纖毛只會往一個方向擺動，如此可將黏液送往咽喉。

(二) 肺臟 (Lung)

　　呼吸器官的主體是左右一對的肺(lung)，是外在環境與血液內氣體交換的場所，分別被胸膜包圍在胸廓內。**胸廓**的上方及側面是以脊柱、肋骨、胸骨為骨架，底面有橫膈(diaphragm)與腹腔為界。胸膜腔經常呈負壓，會將肺拉往胸壁，並使肺擴張。因此肺會隨著胸廓及橫膈的運動而擴張、收縮，形成肺呼吸。肺分為左肺二葉、右肺三葉，上部狹窄處叫肺尖，約與鎖骨同高，肺底部呈凹面與橫膈連接。右心室的血液經由肺動脈輸入肺臟，再經由肺靜脈流返左心室，稱為肺循環。

　　肺泡(alveolus)的氣囊是實際進行氣體交換的主要場所，為肺的構造和功能單位（圖6-2）。兩肺的肺泡總數為3~6億個，表面布滿微血管，平均每一個肺泡的周圍有1800~2000條微血管，肺微血管的總容積達100~200 mL。成人一個肺泡的直徑為

220~300 μm，一般相當於呼吸面的肺泡面積在呼氣時為30~50 m^2，而在深吸氣時高達100 m^2。所有的肺泡均是由有核的上皮細胞所構成的。氣體交換是在經過肺泡上皮與肺泡微血管之間進行的，這兩者之間是由肺泡上皮細胞(0.05~0.3 μm)及肺泡上皮細胞的基底膜(0.02~0.2 μm)所組成。基底膜中存在著膠原纖維、彈性纖維等，有助於防止因肺泡膨脹、縮小、過度伸展所引起的破裂，以及保持微血管血流等。可是肺泡中並沒有平滑肌，因此肺泡不會自己膨脹、縮小。但是可以經由末端小支氣管平滑肌、肺泡管括約肌等的作用，使肺泡繼發性膨脹、縮小及調節空氣流入量。

呼吸系統的主要功能在提供人體內、外環境之間的氣體交換，並提供人體從血液中獲取氧氣，把含氧血帶回心臟，再擠往全身；在肺泡中，當氣體擴散入微血管，二氧化碳則從微血管擴散到肺泡，以待呼出移除二氧化碳。

肺臟與血液之間有氧氣與二氧化碳的交換，藉著擴散作用來交換氣體。擴散(diffusion)是指分子隨機的由高濃度流向低濃度的移動。當肺中氧氣分壓大於血液時，氧氣會從肺移至血液。呼吸系統會快速地產生擴散，因為肺的表面積很大，加上肺中血液和氣體的擴散距離很短。事實上，離開肺的血液內的氧氣與二氧化碳的分壓幾乎與肺完全相等。

6-2 肺換氣 (Pulmonary Ventilation)

換氣是將氣體移入和移出肺臟的機械過程。空氣進出肺，主要受氣體壓力的左右，胸腔擴張，胸腔壓力變小，外界空氣跑進肺部空間；胸腔變小時，壓力變大，肺部空氣受擠壓，流出體外。

一、呼吸的機械原理

呼吸是使肺膨脹、縮小，以更新肺內空氣的運動。呼吸運動並非肺本身的力量進行，而是藉著胸廓與橫膈的擴大、收縮、鬆弛，是

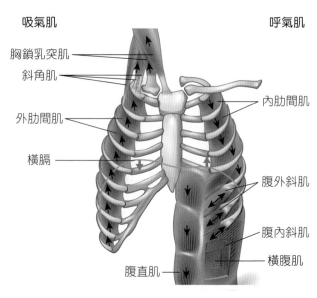

吸氣肌　　　　　　　　　　　　呼氣肌

胸鎖乳突肌

斜角肌

外肋間肌

橫膈

腹直肌

內肋間肌

腹外斜肌

腹內斜肌

橫腹肌

▶ 圖6-3　吸氣肌與呼氣肌。

一種被動的運動。吸氣和呼氣是藉橫膈在安靜呼吸狀態的收縮和放鬆來完成，運動時並藉著附屬的肌肉完成（圖6-3）。這些呼吸肌的收縮和放鬆，在運動終板是直接由來自脊髓的運動神經元所控制。

(一) 吸 氣 (Inspiration)

吸氣是一個主動的過程，主要的吸氣肌肉為橫膈和外肋間肌(external intercostals)。平靜時吸氣是單靠橫膈的收縮而下沉，使胸廓的縱長增加、擴大，外界空氣被動流入肺內進行的運動。若外肋間肌亦收縮（上舉），則胸廓的橫徑也增加。肺臟以胸膜與胸廓相連，可隨之運動，隨胸廓容積的變大而擴增。劇烈運動時，有些輔助吸氣肌，包括胸鎖乳突肌、斜方肌、前鋸肌和提肩胛肌等，亦參與收縮，更額外地增加胸廓和肺的容積。

另外一種是腹式呼吸，經由橫膈收縮鬆弛的方法，當橫膈一收縮下沉，使腹腔受壓迫，腹壁會向前，使胸廓的上下徑增大，促使更多外界空氣吸入肺內。安靜與運動時主要有關的呼吸肌如表6-1。

表6-1 安靜狀態與運動時呼氣與吸氣主要有關的參與肌肉

呼吸相	肌肉	安靜狀態時	運動時
吸 氣	橫膈	✓	✓
	外肋間肌	✓	✓
	斜方肌		✓
	胸鎖乳突肌		✓
呼 氣	內肋間肌	✓	✓
	腹肌		✓

資料來源：林正常，2005。

(二) 呼 氣 (Expiration)

呼氣是一個被動的過程，主要的呼氣肌肉為腹部的肌群和內肋間肌(internal intercostals)。當橫膈鬆弛、肺臟和胸廓的彈性恢復力及腹肌的收縮力皆會迫使橫膈上移，胸廓下降，使胸廓的容積因胸腔的縱長和橫徑的變化而縮小。劇烈運動時，呼氣動作可自被動轉為主動，此時腹肌的收縮力更增加，使腹腔內臟朝向橫膈移動，進一步減少胸廓的容積。

二、肺容積 (Lung Volume)及肺容量 (Lung Capacity)

人體的**肺容積**(lung volume)為評估肺功能的常用方法，包括下列四個容積：

1. **潮氣容積／換氣量**(tidal volume, TV)：指在每一安靜呼吸的週期吸入或呼出的氣體量，正常值約為400~500毫升。每分鐘的呼吸（頻）率，因人而異，大致在8~15次之間。**每分鐘換氣量**是每次呼吸的潮氣容積與每分鐘的呼吸次數（呼吸頻率）的乘積，約為5~8公升之間。除意識性的影響之外，每分鐘換氣量也受到身體姿勢、情緒、疾病、體溫、代謝水準（尤其是運動）等因素的影響。

2. **吸氣儲備容積**(inspiratory reserve volume, IRV)：指安靜吸氣後，若再努力用力吸氣所能吸進的氣體量，約1,500~3,000毫升的氣體容積。

3. **肺餘容積／殘氣量**(residual volume, RV)：指在盡力作最大呼／吐氣之後，尚殘留在肺的空氣量。一般男性約為1,400毫升，女性為1,100毫升。

4. **呼氣儲備容積**(expiratory reserve volume, ERV)：在正常呼氣後，再用力呼氣所能呼出的氣體量，約1,000~1,500毫升。

肺容量(lung capacity)指兩個以上肺容積的加成。影響這些肺容量的因素有身高、年齡與身體鍛鍊等；運動員有比較高的肺活量及肺總量。

1. **肺活量**(vital capacity, VC)：指最大吸氣後進行最大吐氣時所吐出的氣體量，被認為是呼吸功能的重要指標，約4,500 mL＝TV (500 mL) + IRV (3,000 mL) + ERV (1,000 mL)。影響肺活量的因素包括體姿、呼吸肌肌力、肺與胸廓的伸張力。在水中肺活量會稍降；除了游泳選手外，運動訓練的效果不大。據統計，日本成年男性的肺活量為3,500~4,000毫升，女性為2,500~3,500毫升，可是又因體格而有很大的差別，為了減少個人差異而以平均的體表面積換算的話，男性約2,500 mL/m^2，女性約1,800 mL/m^2左右。而且也因年齡而異，在20歲前後最大，隨著年齡的增長而減少。

2. **肺總量**(total lung capacity, TLC)：約5,700 mL＝TV (500 mL) + IRV (3,000 mL) + ERV (1,000 mL) + RV (1,200 mL)。

3. **解剖學的死腔**(dead space, DS)：滯留在呼吸管道中（鼻、口、喉、咽、氣管、支氣管、小支氣管）不進行氣體交換的新鮮空氣，稱之為死腔或無效空間，約有150毫升。

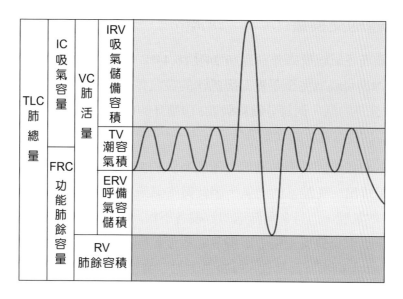

▶ 圖6-4　肺容積與肺容量。

表6-2　描述肺容積和肺容量的名詞

名　詞	定　義
肺容積	肺總量的四個不重複成分。
潮氣容積(TV)	在不費力的呼吸週期，呼出或吸入的氣體容積。
吸氣儲備容積(IRV)	除了潮氣容積之外，用力呼吸期間可以吸入的最大氣體容積。
呼氣儲備容積(ERV)	除了潮氣容積之外，用力呼吸期間可以呼出的最大氣體容積。
肺餘容積(RV)	最大呼氣之後，餘留在肺的氣體容積。
肺容量	兩個或多個肺容積的總和。
肺總量(TLC)	最大吸氣之後，在肺臟內的總氣體量。
肺活量(VC)	最大吸氣之後，再用力呼氣所能呼出的氣體量。
吸氣容量(IC)	一次正常呼吸後，開始吸氣所能吸入的最大氣體量。
功能肺餘容量(FRC)	一次正常呼吸後，呼氣後存留於肺臟的氣體量。

資料來源：Fox, 2006; Fox, 2009。

　　人在漸增負荷的最大運動中，每分鐘換氣量會隨著運動強度的增加而增加。在整個運動過程中（通常是在運動的最後一分鐘），每分鐘換氣量的最大值，稱為**最大換氣量**(maximum pulmonary ventilation, V_E max)。此值的大小因人而異，約在120~140公升之間。個人最大換氣量的影響因素包括：運動種類、訓練程度、年齡以及性別。訓練有素的運動員的最大換氣量幾達一般人的2~2.5倍。一般人運動中的每分換氣量與最大攝氧量（耗氧量2公升以前）呈正比地上升。優秀運動員此直線關係維持更長時間。

三、肺內氣體的交換量

因O_2的吸氣與呼氣容積率分別為20.94及16.44%，CO_2的吸氣與呼氣容積率分別為0.03及3.84%，N則可視為完全不變。因此O_2的吸收差為4.50%，CO_2為3.81%。假設每分鐘換氣量為7公升的話，則每分鐘約吸收310毫升的O_2，排出約260毫升的CO_2，因而呼氣量每分鐘約比吸氣量少約40毫升。

肺泡氣體的組成會因呼吸的速度、深度及肺的血液循環影響而出現變動。呼氣的最初組成部分是排出「死腔」的空氣，因此與空氣幾乎沒有差別，接著才逐漸排出O_2量少、CO_2量多的氣體。而且各個肺泡的容積各不相同，所以未必會分配到與各肺泡容積成正比的吸氣。但是健康正常者不均等的程度較輕微，原則上可視為均勻分布。當吸氣時，肺泡的情況則與肺泡彈性、呼吸道阻力、胸腔與肺泡內壓的差有關。

四、呼吸頻率

呼吸頻率依年齡而異，也會受到戶外空氣溫度、體溫、精神興奮、身體姿勢及肌肉運動等因素影響，意識也能改變呼吸頻率。在運動時，呼吸頻率及呼吸深度都會增加。但當呼吸頻率達每分鐘60~70次以上時，換氣率就會變得非常差，此時是否能真正測定得到呼吸頻率也是個大問題。呼吸頻率主要依年齡而異，如表6-3所示。

表6-3　呼吸頻率（單位：次／分鐘）

人類			
年齡	呼吸頻率	年齡	呼吸頻率
新生兒	40~50	10歲	25
1歲	30~35	15~20歲	18~20
2歲	30	25歲	16
5歲	26~28	50歲	18
動物			
種類	呼吸頻率	種類	呼吸頻率
貓	15~26	猴子	19~52
狗	11~38	老鼠	75~115
兔子	25~60		

五、肺的血管系統

肺循環始於肺動脈，接受右心室的靜脈血（為混合靜脈血）。自右心室搏出的混合靜脈血，經過肺動脈後進入肺，送至肺微血管，發生氣體交換，然後再將充氧血經過肺靜脈後回流到左心房，之後再循環至全身（圖6-5）。

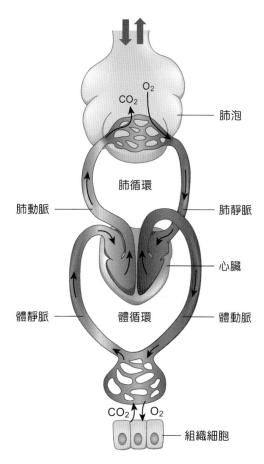

▶ 圖6-5　肺循環及體循環。

6-3　氣體交換

空氣和血液之間，以及血液與組織細胞之間的氣體交換，是藉由擴散作用的方式進行。擴散是指分子隨機的由高濃度流向低濃度的移動，即氣體分子由較多、較密的地方移動至較少、較疏的地方。例如肺中氧氣分壓大於血液，因此氧氣會從肺擴散至血液中。

一、肺泡中的氣體交換

我們所呼吸的空氣組成是乾燥的空氣，含有20.94%的氧氣(O_2)，0.03%的二氧化碳(CO_2)，其餘幾乎是氮氣(N_2)，稀有氣體的含量極少（表6-4）。空氣中變動最大的是伴隨著濕度的水蒸氣。

表6-4 新鮮空氣（吸氣）、呼氣與肺泡氣成分的比較

成分	新鮮空氣(Vol%)	呼氣(Vol%)	肺泡氣(Vol%)
氧	20.93	16~17	14~15
二氧化碳	0.03	3~4	5~6
氮及其他	79.04	79~81	79~81

自鼻腔或口腔吸入的空氣，經過氣管、支氣管後到達肺泡。O_2通過包圍肺泡的微血管壁後被攝取進入血液中，血液中的CO_2則釋放到肺泡內。可是，由肺泡攝取的O_2首先必須通過肺泡上皮細胞、基底膜及微血管內皮細胞膜，這些構造統稱為**呼吸膜**(respiratory membrane)。

肺泡氣體中的氧分壓(P_{O_2})為98~105 mmHg，而肺靜脈血中的氧分壓為40 mmHg，肺泡中的O_2就是經由兩者差約60~65 mmHg的壓力而被送到血液中（圖6-6）。O_2的擴散係數約每分鐘15~35毫升，平均在每分鐘25毫升，只要分壓的差在10 mmHg以上，就足夠吸收實際為每分鐘250~350毫升的O_2。

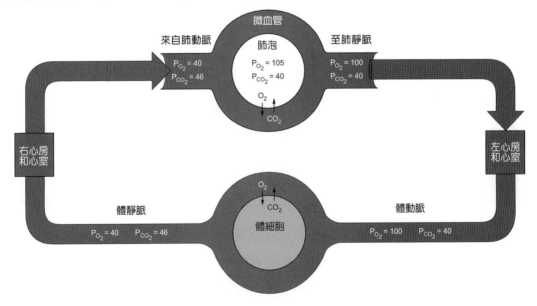

▶ 圖6-6 氣體交換。

　　另一方面，CO_2則藉由肺泡中二氧化碳分壓40 mmHg與靜脈血中二氧化碳分壓46 mmHg的壓差，由靜脈血中擴散到肺泡中。由於CO_2的擴散係數高達O_2的25倍，因此對於實際上呼出約230~300毫升左右的CO_2擴散，只要有0.3 mmHg的壓差便很足夠。而且肺微血管與這些氣體通常約在0.5秒的接觸後即達到平衡，因為正常情況下血液流經肺微血管的時間約0.7秒，在激烈運動時則約為0.3秒，所以在肺的氣體交換能力上具有充分的餘力。

二、組織中的氣體交換

　　組織中的氣體交換也是以同樣的機轉進行。O_2是經由動脈血中72~100 mmHg及組織0~20 mmHg的分壓，兩者差約50~100 mmHg的壓力而被自血液運送到組織中；而CO_2則由於組織中分壓40~70 mmHg，動脈血中分壓約40 mmHg，壓差約0~30 mmHg的壓力，而自組織擴散到血液中。

肺擴散容量 (Pulmonary Diffusion Capacity)

　　肺擴散容量是衡量呼吸時氣體通過呼吸膜能力的指標，即氣體在1 mmHg分壓差作用下，每分鐘通過呼吸膜擴散的氣體毫升數（單位：mL/min/mmHg）。一般來說，女性比男性稍低些。影響肺擴散容量的因素包括：分壓差、擴散路徑的距離、紅血球與血紅素量、擴散面積。分壓梯度（差距）大、擴散路徑短、紅血球與血紅素多時，有利於肺泡交換氣體。

　　運動員有較大的肺擴散容量，其肺擴散容量的增加，是因為訓練增加了肺容量，提供更多肺泡－微血管的接觸面積。

6-4 血液中氧氣及二氧化碳的運輸

　　大部分的氧氣進入肺微血管後，會與紅血球的血紅素結合，形成氧合血紅素(hemoglobin, HbO_2)，氧被紅血球攜帶而送往全身組織。大部分的CO_2會與水(H_2O)形成碳酸(H_2CO_3)，在血液以碳酸氫根離子(HCO_3^-)運送，部分會與紅血球血紅素結合成碳醯胺基血紅素(carbaminohemoglobin, HbNHCOOH)。

一、血液中氧氣的運輸

血液中約有99%的氧是經由與**血紅素**(hemoglobin, Hb)結合成**氧合血紅素**(oxyhemoglobin, HbO₂)的形式運輸，只有不到2%氧直接溶解在血液中。血紅素是紅血球內的一種蛋白質，每一個血紅素分子能運送四分子的氧。當氧合血紅素解離而將氧釋放至組織時，則稱為**去氧血紅素**(deoxyhemoglobin)。

$$Hb + O_2 \rightleftharpoons HbO_2$$

(一) 氧合血紅素解離（結合）曲線

氧合血紅素解離（結合）曲線，表示不同氧分壓情況下的**血氧飽和度**(blood oxygen saturation)（圖6-7）。血氧飽和度指紅血球中的血紅素與氧氣分子結合的百分比，亦即氧合血紅素佔總血紅素的百分比。血氧飽和度受**氧分壓**的影響，血中氧分壓高時，血氧飽和度高；氧分壓低時，血氧飽和度下降。

安靜時，動脈血氧分壓約為100 mmHg，血氧飽和度約為97.5%；靜脈血中，氧分壓約為40 mmHg，血氧飽和度約為75%，即表示當動脈血流到靜脈時，放出25%的氧供組織使用，此為正常之生理性解離。運動時，血流速率增快，使得血液與肺泡氣體接觸時間減短，此將降低血氧飽和度。

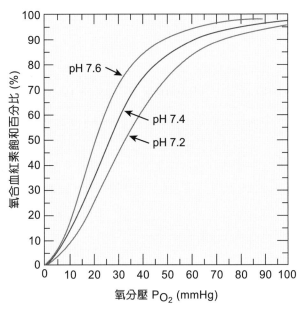

▶ 圖6-7 氧合血紅素解離（結合）曲線。

氧合血紅素解離曲線的特徵，是曲線的右上方幾乎接近水平（往下對應的是肺泡內的氧分壓），中間部分陡峭（往下對應的是組織中的氧分壓）。在氧分壓超過40 mmHg，%HbO₂會緩慢上升，而在90~100 mmHg達到高原，此時的%HbO₂約為97%。休息時人體對氧的需求少，約只有25%的氧會卸載到組織。相反的，劇烈運動時，混合靜脈血氧分壓可能只有18~20 mmHg，此時組織可能由血紅素中得到90%的氧氣。當在高地時，空氣中氧分壓大幅滑落，導致肺泡氧分壓大幅下降，當動脈血氧分壓下降至約60 mmHg，此時血紅素仍有約90%攜氧量，動脈血尚可獲得足夠的氧輸送至組織中。

另一方面，在組織中，相對應的血氧飽和度，由於曲線陡峭，氧分壓適度減少時，血氧飽和度大幅地下降（表示氧與血紅素的結合能力大幅下降），氧更容易由血管往組織中釋放，進入組織中供細胞使用。氧分壓會下降這點很重要。氧分壓少量的減少就會造成血紅素大量釋放出氧氣的這個現象，對運動時，組織對氧的消耗量很大是很重要的。

◐ 影響氧合血紅素解離曲線的因素

促進氧與血紅素解離的因素，會使氧合血紅素解離曲線向右移動；反之，則向左移動，這些因素包括：

1. **酸鹼度**(pH)：活動的肌肉產生乳酸和CO_2，解離之H^+使pH降低，將降低氧合血紅素的親和力（波爾效應(Bohr effect)），使曲線向右移動（見圖6-7）。

2. **溫度**：活動的肌肉在能量代謝時釋放出熱能，導致溫度升高，將減弱氧合紅血素的親和力，使曲線向右移動。

3. **2,3-雙磷酸甘油酸**(2,3-diphosphoglycerate, 2,3-DPG)：紅血球進行無氧醣解時會產生2,3-DPG，此種化合物將降低氧合血紅素的親和力，促進氧與血紅素分離，使曲線向右移動。不過，在高地與貧血等不正常情況下，2,3-DPG才會有明顯影響。

在不同情況下，例如在運動中，當體溫升高、乳酸增加、血中二氧化碳分壓升高、血液pH下降，會使氧合血紅素解離（結合）曲線往右推移。

◐ 波爾效應(Bohr Effect)

血紅素在肺中接收O_2的結果會釋放出H^+，H^+與HCO_3^-結合後便形成$H^+ + HCO_3^- \rightarrow H_2CO_3 \rightarrow H_2O + CO_2$，容易自肺泡釋放出$CO_2$。然而Hb在釋放出$CO_2$時會攝取$H^+$而增加弱酸強度，所以在將$O_2$供給末梢組織的同時亦具有緩衝酸的功能。因此當$P_{CO_2}$降低時，即使$P_{O_2}$維持不變，則Hb接受$O_2$的比例會有增加傾向，此現象稱為**波爾效應**，在末梢組織這種CO_2與H^+多的地方，會呈現Hb與O_2的親和性降低，O_2容易解離的狀態。

(二) 血液攜氧能力

每單位血液能運送氧氣的量取決於血紅素的濃度。當飽和時，每公克血紅素可結合1.34毫升的氧，所以每100毫升動脈血（含約15公克血紅素）可以攜帶15×1.34＝20毫升的氧。運動中，血液濃縮，細胞代謝速率加快，血紅素濃度增加5~10%，血紅素

載氧量可由20.1%增至22.1%。如果血紅素濃度低於正常值，血液含氧量過低，這種情況便稱為**貧血**(anemia)。

二、血液中二氧化碳的運輸

雖然少部分的二氧化碳會藉由溶解於血液來運送，然而二氧化碳主要的運送方式是藉由轉變成碳酸根離子(bicarbonate, HCO_3^-)，約佔70%。其餘的20%的CO_2則與紅血素結合，形成碳醯胺基血紅素(carbaminohemoglobin)。

在組織中：$CO_2 + H_2O \rightarrow H_2CO_3 \rightarrow H^+ + HCO_3^-$

在肺泡中：$H^+ + HCO_3^- \rightarrow H_2CO_3 \rightarrow CO_2 + H_2O$

上述反應在紅血球中可被碳酸酐酶(carbonic anhydrase)催化，故進行較快，但血漿中則較慢。

在100毫升的血液中可以溶解約55毫升的CO_2。自組織產生的CO_2，大部分會進入紅血球中。而進入紅血球內的大部分CO_2，會由於多量存在於紅血球中的碳酸酐酶的作用，迅速的與水結合形成H_2CO_3，再解離為$H^+ + HCO_3^-$。

游離後的H^+在Hb內被處理，而HCO_3^-則通過紅血球膜被釋放到血漿中。陰離子雖能容易的通過紅血球膜，可是Na^+、K^+等的陽離子則不容易通過，為了保持陰陽離子的平衡，因此攝取Cl^-離子到紅血球中，稱之為**氯轉移**(choride shift)。在肺泡方面則是相反，HCO_3^-從血漿中往血球內移動，取而代之Cl^-流出到血漿中，以取得電化學的平衡。結果在組織中引起血漿Cl^-稍微減少，及HCO_3^-濃度有意義的變動。換言之，在組織中，紅血球接受CO_2（酸）並提供HCO_3^-（鹼），具有緩衝酸的功能。

所謂的carbamino結合是指構成Hb的胺基酸$-NH_2$基與CO_2結合，而生成碳醯胺基化合物的碳醯胺基血紅素(carbamino-Hb)。$Hb \cdot NH_2 + CO_2 \rightleftharpoons Hb \cdot NH \cdot COOH \rightleftharpoons Hb \cdot NH \cdot COO^- + H^+$，具有搬運$CO_2$的作用。$H^+$受$Hb \cdot NH_2 + H^+ \rightleftharpoons R \cdot NH_3^+$的反應所調節。生成碳醯胺基化合物的能力對於100毫升的O_2飽和血僅含有約3毫升的CO_2。相反地，釋放出O_2，接受CO_2的血液中則結合了8毫升左右。由此可得知動脈血流向組織變成靜脈血，與CO_2結合的能力也隨之增強，實際上在每100毫升的血液中就把約5毫升的CO_2作為碳醯胺基化合物加以承受。

⊃ 哈登效應 (Haldane Effect)

在肺微血管時，肺泡的高氧分壓使氧擴散進入且溶解於血漿中，溶解的氧再擴散進入紅血球與血紅素結合，形成氧合血紅素(HbO_2)，同時擠出氫離子(H^+)；H^+與HCO_3^-結合成碳酸(H_2CO_3)，碳酸再經碳酸酐酶加速反應形成CO_2及H_2O；高濃度之二氧化碳擴散出紅血球，溶解於血漿中，再擴散到較低壓的肺泡中。這種氧分壓上升有助於二氧化碳釋出的現象，稱為**哈登效應**。

三、肌肉中的氧氣運送

紅血球中含有血紅素，是在血管中的氧氣攜帶者。在肌肉內亦存在有血紅素，稱為**肌紅素**(myoglobin)，是在肌肉組織中的氧氣儲存者。肌紅素增加，肌纖維的微血管增加，增加動靜脈含氧差。慢肌因含豐富的肌紅素，又稱為紅肌(red muscles)；快肌因缺乏肌紅素，故稱為白肌(white muscles)。一般未受運動訓練的人，慢肌和快肌的比例約為48%和52%，但後天的運動訓練可改變此比例。慢肌含有較多的肌紅素，較密的微血管網，較大的粒線體，故能進行有氧醣解，提供持續運動的能量，不易疲乏。快肌因缺乏慢肌的如上性質，故僅能進行無氧醣解或利用現成的高能量磷酸化合物，以維持短暫的運動，且易疲乏。

6-5 呼吸的調節

Exercise Physiology

呼吸需依賴許多相關呼吸肌肉的協調運動才能達成，而且為了經常將肺泡氣體的組成保持在一定的水準，所以必須進行必要的換氣以調整呼吸的週期與大小。此功能是由於延腦中有統御這些呼吸肌的中樞，以及作為調節呼吸運動，存在有神經性反射的調節機制。對應於血液中化學物質變化，會產生中樞性作用的化學調節機制。

一、肺換氣的調節

呼吸中樞(respiratory center)位於延腦網狀結構(reticular formation)附近，其神經元廣泛的散布在延腦及橋腦。呼吸肌的收縮須接受來自延腦與橋腦的呼吸控制中樞的刺激，而呼吸控制中樞則接受身體不同接受器所傳來的訊息，接受器感受氧氣與二氧化碳的濃度及血中酸的濃度。

(一) 腦幹呼吸中樞

延腦的**呼吸節律中樞**(rhythmicity center)包括吸氣及呼氣中樞。吸氣中樞的神經細胞分散在延腦網狀結構的腹內側、下橄欖核的上方4/5處；呼氣中樞同樣是在延腦網狀結構，位於比吸氣中樞稍外背側處。這兩種中樞會呈現拮抗作用，當吸氣中樞興奮時，呼氣中樞就休息，兩者互相替換使得呼吸得以進行。吸氣及呼氣兩中樞間會互相透過中間神經元，當一邊的中樞興奮時便抑制另一邊的中樞，以避免兩中樞同時產生興奮。

其他兩個呼吸中樞位於橋腦，分別是**長吸中樞**(apneustic center)和**呼吸調節中樞**(pneumotaxic area)（圖6-8）。長吸中樞直接和位於節律中樞的吸氣中樞神經元連結，是一種用來終止吸氣的呼吸調節開關。其他的呼吸神經群，是用來調整長吸中樞的活動。當長吸中樞將所有的內、外因性的抑制刺激不活化時，會將刺激運送到延腦的吸氣中樞，阻止呼氣神經元的活動，並持續在吸氣位的長時間呼吸停止。

另一方面，在橋腦的上部背面的兩側存在著呼吸調節中樞，當此中樞興奮，雖會促進呼氣，但並非節律性的作用，吸氣時所引發吸氣中樞的刺激也傳達到此中樞，自此傳達呼氣中樞刺激，並轉移為呼氣。一般認為這是起因於所謂的負迴饋機制，結果將產生週期性的呼吸節奏。

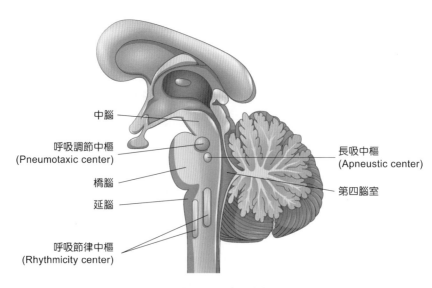

中腦

呼吸調節中樞
(Pneumotaxic center)

橋腦

延腦

呼吸節律中樞
(Rhythmicity center)

長吸中樞
(Apneustic center)

第四腦室

▶ 圖6-8　呼吸中樞。

(二) 體液的化學接受器

　　化學接受器(chemoreceptor)是特化的神經元，能對內在環境變化有所反應。傳統上，呼吸的化學接受器依據分布位置，分為中樞及周邊化學接受器。中樞化學接受器位在脊髓，當腦脊髓液的二氧化碳分壓或氫離子濃度增加，會導致中樞化學接受器受刺激而將訊息輸出至呼吸中樞以增加換氣量。周邊化學接受器主要是位於主動脈弓和一般頸動脈的分支。接受器於主動脈弓稱為**主動脈體**(aortic body)，而在頸動脈的稱為**頸動脈體**(carotid body)。這些周邊的化學接受器受動脈血氫離子濃度和氧分壓增加的影響而反應。

　　中樞和周邊化學接受器是如何受化學刺激而改變呢？一般而言，二氧化碳分壓增加1 mmHg將導致每分鐘換氣量增加2公升。每分鐘換氣量的增加是由於動脈二氧化碳分壓上升所造成的，如同由頸動脈體和中樞化學接受器受二氧化碳的刺激。

　　此外，頸動脈體對血液中鉀離子濃度和氧分壓的減少非常的敏感。在運動中，血液鉀離子濃度上升，是由於鉀從收縮的肌肉中釋放出來，研究證實，刺激增加頸動脈血液中鉀離子的濃度，會增加換氣量。

　　在海平面時，動脈氧分壓的改變對於健康成人的換氣控制只有些微的影響。然而，若暴露在高地、低於海平面的壓力時，改變動脈氧分壓和刺激頸動脈體會改變呼吸中樞的訊號增加換氣量。缺氧閾值通常在動脈氧分壓在60~75 mmHg的情況發生。在低氧的狀況下，頸動脈體內化學接受器增加換氣反應，因為人體內的主動脈和中樞化學接受器並不對氧分壓有反應。

二、運動與肺換氣的調控

(一) 運動時

　　肺換氣量的增加有一個過程。運動之始，肺換氣量驟升，繼之以緩慢的升高，隨後達一穩定程度。運動停止時，也是肺換氣量先驟降，繼以緩慢下降，然後恢復到運動前的情況。運動時，當分流的換氣量超過20~30升，人類就需要用嘴巴協助呼吸，以滿足體內氧氣的需求。透過喘氣，健康且受過訓練的成年人，換氣量由每分鐘120升提高至150升，耐力性運動員更可達每分鐘180升。

　　隨著運動持續進行，氧需求量逐漸增加，因此每分鐘換氣量直線上升。在70% $\dot{V}O_2max$前，氧消耗量及肺換氣量成直線關係，而**乳酸激增點**(onset of blood lactate

accumulation, OBLA)（2 mmol/L及4 mmol/L）乳酸閾值超過段，在接近最大運動量時，直線關係會開始變化。

（二）運動後

　　氧氣被消耗變成二氧化碳，二氧化碳濃度過高會刺激腦幹，使呼吸加快。透過長期參與健康體能活動，可強化肋間肌與橫膈，使之不易因長期的呼吸作用而疲勞，並增進每分鐘最大換氣量，使氣體在體內的輸送更有效率。

　　而長期運動可增加最大強度運動時的潮氣容積，此因降低胸腹膜的彈性阻力和氣道阻力，並增加微血管的密度，減少生理性的死腔。但對肺容積和肺容量並無顯著的改善。

表6-5　運動中換氣反應與控制來源

運動階段	反應	控制來源
運動前	適度增加	大腦皮層之心理因素
運動前段	迅速上升	肌肉關節等肢體活動
運動後段	緩和上升	二氧化碳之堆積
恢復前段	迅速回降	肌肉關節活動之停止
恢復後段	逐漸恢復	二氧化碳逐漸排除

資料來源：林正常，2005。

三、運動對呼吸的影響

（一）經由呼吸增加的氧氣攝取

　　在安靜的狀態下，人體每分鐘需要200~300毫升的氧氣以維持體內代謝。運動時，隨著肌肉活動的增加，人體內的氧氣需要量增加，因此必須促進呼吸及循環功能。就呼吸功能而言，對應於運動能力，至少可達安靜時的10倍。運動時的呼吸頻率自30次到最高60次，潮氣容積最高達2~3公升以上。

（二）運動時的血流分配

　　安靜時的心搏量為60~70毫升／次，心跳速率為65~75次／分鐘，心輸出量為4~5公升／分鐘左右。可是運動時的心搏量及心跳速率會增加，且在與交感神經興奮、回

流血液量增加互相發生作用後，心輸出量會高達20~30公升。也就是說，即使只是輕微運動，心輸出量會增加2倍左右，往肌肉的血液分配也會增加到4倍，而在最大運動量時的心輸出量約為4倍，血液分配也達到20倍左右，因此供給肌肉或他處的氧氣便會增加。

(三) 運動時的換氣調節

安靜休息時，呼吸肌所消耗的能量佔身體消耗的總能量之2%；運動時則增至15%以上；恢復時仍高達9~12%。運動初期，大腦運動皮質發出興奮性神經衝動至吸氣中樞，使肺泡的換氣量增加。運動時，因氣管擴張使氣道的阻力降低，故可促進肺換氣（除非是非常激烈的運動），當血液離開肺臟時皆已充分與氧氣飽和。若與其他的骨骼肌比較，橫膈肌的有氧能力（如氧化酶、微血管的密度和粒線體的數目等）為骨骼肌的2~3倍，且不易發生疲勞。運動中期，由於體溫升高，$P_{CO_2}\uparrow$、$[H^+]\uparrow$等因素的影響，使肺泡的換氣量因應代謝的需要，更進一步地增加，但趨於平緩。較低強度的運動，主要增加肺臟的潮氣容積，但較高強度的運動，也使呼吸頻率同時增加。運動停止後，必須經過數分鐘才能使呼吸恢復正常，此一時期的長短視氧債的多寡而定。

(四) 換氣與能量代謝的配合

換氣當量(ventilatory equivalent)指肺臟的換氣量($\dot{V}_E$)與組織的耗氧量($\dot{V}_{O_2}$)的比率。輕度至中度運動時，$\dot{V}_E/\dot{V}_{O_2}$=23~28；重度運動時，$\dot{V}_E/\dot{V}_{O_2}$>30。通常換氣量的增加與耗氧量的增加為相互平行，惟當運動強度增至某一程度時，$\dot{V}_E$突然呈非比例性的增加（非線性增加），但$\dot{V}_{O_2}$並未顯著地增加，此一時刻稱為換氣的轉折點(ventilatory breakpoint)。轉折點的生理意義為：排除過多重碳酸離子(HCO_3^-)與乳酸(H^+)形成的CO_2。

當開始運動時，體內的O_2需要量會隨著運動強度而增加，但並非在開始運動的同時就會攝取必要的氧氣。這些功能將逐漸亢進，直到滿足必要量為止。因此在開始運動時，氧氣需要量經常會超過攝取量，其中的差額稱為**氧債**(oxygen debt)，即使在運動結束後，呼吸次數及心跳速率仍會保持某程度的高值，負債部分的氧氣則會被償還。

在輕微運動時，呼吸及循環功能會立刻適應，並取得氧氣消耗與補給的平衡，以保持運動安定及繼續的狀態，也就是說能維持穩定狀態。可是，呼吸及循環功能自然有其界限，因此**最大攝氧量**(maximal oxygen uptake, $\dot{V}O_2max$)會成為有氧運動的界限，而**最大氧債量**(maximum oxygen debt)則是無氧運動量最大指標。

換言之，在超越$\dot{V}O_2$max的激烈運動中，即使讓呼吸及循環功能活動到最大限度，氧氣供應量未達人體需要量，人體仍然能在氧債的範圍內繼續運動。可是，如果一開始就超越最大攝氧量加上最大氧債量的話，就不可能繼續運動。

(五) 死點 (Dead Point) 與再生氣 (Second Wind)

進行最大攝氧量以內的運動時，進入穩定狀態前，有時會出現呼吸急促、心悸的非常痛苦時期，稱之為**死點**。最容易出現此情況的原因是呼吸及循環功能或身體的各個條件不適應於該運動，且氧氣攝取尚未與氧氣需求取的平衡的狀態。若放慢腳步、咬牙堅持、不妥協，在過了這個時期後，除了激烈流汗外，呼吸會變得輕鬆，心悸會消失，肢體酸痛之舒緩，運動者逐漸擺脫運動前段身體不適階段，動作也會較敏捷而能繼續運動，將此稱之為**再生氣**。

在長而持續的運動之初，從困擾或疲勞的感覺，突然地轉變成較為舒適、較少干擾的現象，出現於有氧性、強度穩定的運動中。在進入再生氣階段前需要持續一定的運動時間，而且運動的強弱會因人而異，並不會出現於非常輕鬆的運動中。例如在長距離跑步中，若速度不在8.8 km/hr以上就不會出現。耐力性運動員，比賽前的熱身運動，或有助於使再生氣提早來臨，對運動成績表現有所助益。

要出現再生氣的原因包括有：(1)運動初期正確的呼吸調整；(2)活動中血流的調整，排除乳酸；(3)有效的熱身；(4)局部肌肉疲勞（尤其是呼吸肌）的解除；(5)心理狀態的適應；(6)血流再度分配至橫膈；(7)兒茶酚胺(catecholamine)之分泌，增加收縮性；(8)橫膈收縮效率之改善（林正常，2005）。

(六) 過度換氣 (Hyperventilation)

過度換氣指呼吸量超越合理水準，是基於身體在生理上解決酸化之反應。當運動非常激烈時，呼吸急促，可能發生過度換氣的現象。此時往往二氧化碳排出量異常增加，導致血液二氧化碳分壓降低（低於40 mmHg），血液碳酸(H_2CO_3)濃度降低（形成低碳酸血症），血液pH上升（可能造成呼吸性鹼中毒），血氧濃度升高，造成有吸不到空氣的感覺。要避免運動而引起的過度換氣，除控制運動強度和時間勿使造成過度換氣外，尚要學習緩慢而深沉的呼吸法。

(七) 無氧閾值 (Anaerobic Threshold)

無氧閾值是指隨著運動強度的提高，透過人體運動時之各項生理反應判定，而確認由「有氧運動」轉變成開始有「無氧性能量」參與的運動強度。在運動生理學的實際運用上，無氧閾值代表個人的訓練狀況與訓練效果的指標。對一般人來說，無氧閾值大約是$\dot{V}O_2max$的60%，而耐力性運動員的無氧閾值往往大於$\dot{V}O_2max$之80%。無氧閾值越高的人，越能在不大量增加換氣量與乳酸堆積的情況下，勝任長時間的運動。

四、運動中氧的供需

(一) 需氧量及攝氧量

單位時間內（分鐘）人體所需的氧量，稱之為**需氧量**。每分需氧量可做為衡量運動程度的指標。安靜時成年人每分鐘需氧量約為0.25~0.3公升，每公斤體重約為3.5毫升。運動時，每分鐘需氧量將隨運動強度的增大相應增加。如極高強度的100公尺短跑，其每分鐘需氧量約為40公升；而中等強度的馬拉松跑，每分鐘需氧量則為2.2~3.5公升。以運動時間持續1~4分鐘的中跑為例，每分鐘需氧量為8.5~22.5公升，而人體無論如何每分鐘是不能提供如此多的氧量的，從而打破了**攝氧量**與**需氧量**之間的平衡。

肌肉活動期與恢復期所需要的氧量為總需氧量。運動時的總需氧量與運動的持續時間有關，如持續2小時以上的馬拉松跑，其總需氧量達700升以上，而持續時間僅10~20秒左右的短跑，總需氧量為7~14公升（表6-6）。

表6-6 運動強度、持續時間和需氧量的關係

運動項目	運動強度 (m/s)	持續時間 (min)	每分需氧量 (L)	總需氧量 (L)	氧債絕對值 (L)	氧債百分率 (%)
短　　跑	9.8	10~20(s)	40	7~14	6.3~12.5	>90
中　　跑	8.0~6.8	1~4	8.5~22.5	25~30	19~20	40~75
長　　跑	6.3~5.8	8~29	4.5~6.5	50~150	7~15	10~15
馬拉松	5	2H以上	2~3.5	700以上	5	少許

單位時間（分鐘）內人體通過氧運輸系統所吸入的氧量，稱為**攝氧量**。人體單位時間內所消耗的氧量，稱為**耗氧量**。因氧不能在體內大量貯存，一般說來，吸入的氧量即為人體所消耗，所以攝氧量與耗氧量實際相等，均以$\dot{V}_{O_2}$表示之。

(二) 缺氧 (Oxygen Deficit) 與氧債 (Oxygen Debt)

缺氧指在運動中氧攝取量低於運動所需要供給ATP的氧（氧的供應不能滿足氧的需要），在此時間內形成**氧債**。氧債相當於運動後恢復期內，耗氧量超出同時間一般安靜耗氧值的部分。分快速(rapid)和緩慢(slow)即非乳酸與乳酸性氧債兩部分。非乳酸氧債是指沒有乳酸積累的那部分氧債，主要是用以重新合成ATP和磷酸肌酸(creatine phosphate, CP)所需之氧；非乳酸氧債約佔總氧債的25%。

乳酸氧債是只有乳酸積聚的那部分氧債，主要用於處理運動中的無氧代謝產物（乳酸），將1/5的乳酸氧化放出的能量供其餘4/5的乳酸合成為肝醣。乳酸氧債約佔氧債總量的75%。人體的負氧債能力隨訓練水平的提高而增強。健康男子最大氧債為10公升，而受過良好訓練的世界級中跑運動員，其負氧債能力可達15公升，甚至超過30公升。

但應注意的是，近年來對於上述傳統的氧債理論提出了強烈的質疑，認為運動後的過量氧耗並非全部用於償還運動中的氧債，因為運動後恢復期內體內各器官系統的生理活動仍然高於靜止狀態，其氧耗量當然要高於靜止時的水準。同時，運動後恢復期內，血液中的兒茶酚胺濃度和組織的核心溫度也較安靜時為高，故組織細胞的代謝活動也必將比安靜時為高。所以，把運動後恢復期內的過量氧耗籠統稱為氧債是不確切的。此外，用^{14}C標記的乳酸研究還發現，體內乳酸的轉化過程也不符合傳統的氧債理論，實驗顯示，約有55~75%左右的乳酸是在體內進一步被氧化的，而不是1/5。

(三) 最大攝氧量

有氧工作能力(aerobic working capacity)是指人體攝取氧和利用氧的能力，是人體進行長時間運動的基本能力。**最大攝氧量**(maximal oxygen uptake, $\dot{V}O_2$max)是反映氧運輸系統能力的綜合性指標，它是直接反映個人的最大有氧能力(maximal aerobic capacity)最主要的生理指標之一。最大攝氧量是指人體在進行有大肌肉群參加的力竭運動(all-out exercise)時，當氧運輸系統中的心肺功能，和肌肉用氧能力達到極限程度時，人體在單位時間（每分鐘）內所能攝取的最大氧量。所以，常把最大攝氧量與最大有氧能力互相通用。最大攝氧量和最大心輸出量密切相關，心輸出量則和左右心室泵血功能有關。

最大攝氧量可因年齡、性別、體能及運動專項而異。例如，健康成年男性的最大攝氧量為2.5~3.5 L/min（或50~55 mL/kg·min），健康成年女性為男性的90%左右。

年齡、性別、體能、運動專項相同的個體，其最大攝氧量也可能有較大的差異。經研究，優秀的耐力性項目的運動員，其最大攝氧量較其他項目的運動員要高，平均男子為5.75 L/min，女子為3.6 L/min。據文獻報導，最大攝氧量的最高值，男子為94 mL/kg·min（長距離滑雪運動員），女子為77 mL/kg·min。

最大攝氧量的自然增長規律是，男子在18~20歲時達到一生的峰值，約為3.2 L/min，此峰值將穩定地保持到30歲左右。女子在14~16歲時達到峰值，其值約比男子低10%左右（這和男女血液中Hb的性別差異有關），此值約保持到25歲左右。爾後，最大攝氧量將隨年齡的增長而遞減。自然遞減的進度受運動鍛鍊的影響，有運動習慣者，約每10年降5%，而無運動習慣者，則以每10年降低10%的幅度消退。

⊃ 決定最大攝氧量的中央機制

最大攝氧量的中央機制是指心臟的泵血功能。許多研究證明，最大攝氧量和最大心輸出量密切相關，心輸出量則和左右心室泵血功能有關。右心室泵出的血液經肺動脈流到肺部為肺的灌流量；左心室所泵出的血液則分配到全身各組織器官。左右兩心室泵出的血量基本上相等。右心室的心輸出量愈多，則肺的灌流量就愈多，肺部氧擴散容量必然增大，這無疑可提高最大攝氧量。測定表明，耐力運動員靜息時和最大運動時的氧擴散容量大於非耐力運動員和無訓練者。同樣，左心室的心輸出量越多，則身體各組織的血液量也會越多。如前所述，最大運動時通過血液的重新分配，有90%以上的心輸出量將分配到活動的肌肉中去，從而使肌肉細胞攝取更多的氧，最大攝氧量也就增大。

綜上所述，一般規律是：最大心輸出量越大，其最大攝氧量也越大。如一般人最大心輸出量約為20 L/min，其最大攝氧量為3 L/min左右；而有訓練的耐力運動員，最大心輸出量可達30 L/min，個別優秀選手甚至可接近40 L/min，這類運動員的最大攝氧量可達6 L/min，個人甚至超過7 L/min。

由於心輸出量是每搏輸出量與心跳速率的乘積，所以兩者的變化，或任何一方的變化，都可引起最大攝氧量的變化。

⊃ 決定最大攝氧量的周邊機制

最大攝氧量的周邊機制主要是肌細胞的攝氧能力。經研究測定，人體進行劇烈運動時，一般人的最大攝氧量為2.5~3.5 L/min，為靜息時的10~12倍，然而一般人的最大心輸出量只為靜息時的4倍，優秀選手也不超過8倍。由此看來，單位時間的循環血液

並非是影響最大攝氧量的全部機制。在劇烈運動中，90%以上的氧量是為肌細胞所消耗的，所以肌細胞的攝氧能力是決定最大攝氧量的周邊機制。肌細胞的攝氧能力與肌肉中的微血管密度以及細胞中的粒線體數目和體積有關。研究證明，有訓練者肌肉中微血管與肌纖維率增大，粒線體增多增大。反映肌細胞攝氧能力是動靜脈含氧差。如果動靜脈含氧差越大，證明肌細胞之攝氧量越大。在最大運動時，即使不考慮心輸出量的變化，單從腹腔內臟和腎血管的收縮，就可騰出2.2L血液分配到活動肌肉中去，從而使每分攝氧量增加0.5 L/min左右。而個體的最大攝氧量與血紅素總量、血量和心臟容積有關。表6-7總結決定攝氧量與最大攝氧量的各種因素。

表6-7 決定攝氧量與最大攝氧量的因素

時 間	$\dot{V}O_2$或$\dot{V}O_2max$ (mL/min)	=	心搏出量 （mL／次）	×	心跳率 （次／min）	×	動靜脈含氧差 (mL/dL)
安靜時	252	=	70	×	80	×	4.5
最大運動時 （非運動員）	3276	=	120	×	195	×	14
最大運動時 （馬拉松運動員）	4473	=	156	×	15.5	×	15.5

○ 最大攝氧量與耐力運動成績

研究表示，耐力運動員成績與最大攝氧量有高相關性，但決定耐力運動成績的因素是有多項的，較高的最大攝氧量只是取得耐力運動項目優異成績的其中一個重要條件而已。觀察證明，耐力項目的成績並非全部取決於最大攝氧量。例如，世界馬拉松跑冠軍的最大攝氧量還不如第4、5名選手。

（四）激烈運動的換氣控制

漸增式運動中，當血液中氫離子濃度上升，刺激頸動脈，增加換氣量。在漸增式運動當中，乳酸上升已被認為是刺激換氣量呈非線性上升的部分原因（即換氣閾值）。乳酸閾值中血乳酸上升和血液中pH值的下降會刺激換氣。

運動性氣喘 (Exercise Induced Asthma, EIA)

運動性氣喘是指運動誘發的氣喘症狀。乃是在劇烈運動時，引起短暫性呼吸道收縮，造成呼吸困難，其可能之原因，為身體在劇烈運動時，需要更多的氧氣，增加呼吸頻率，而造成呼吸道乾冷，刺激肺細胞釋出引起氣喘之化學物質，結果造成呼吸困難之情形（方進隆，民81）。因此，氣喘病患者在運動時，應注意個人身體的狀況、運動的種類、運動強度、運動時間及溫度變化，減低外在的刺激，以減少氣喘病發作的機率。所有的氣喘患者中，超過80%的孩童及60%的成人，會在運動中或運動後發生EIA。大部分臨床研究認為，引發運動性氣喘(EIA)的過程：運動時吸入空氣（例如：在乾冷環境中運動或轉由嘴巴呼吸）導致氣管乾冷而產生一種化學物質促使氣管縮收。如空氣中有花粉或污染物則會更加加劇EIA的危險。

由於運動對身體健康能帶來很大益處，故專家們仍鼓勵從事定期規律的運動。以下提供幾點修改運動習慣及練習方式策略，供氣喘病患者作參考：

1. 適量的熱身(warm-up)及收操活動(cool down)。

2. 運動的項目是決定EIA程度的關鍵點。戶外跑步最易引起EIA，室內跑步機及騎腳踏車其次，游泳可以說是最佳減少EIA程度的運動，因為水表面濕暖的空氣可預防氣管變乾變冷。

3. 運動性氣喘通常是在最大負荷量下，持續運動5分鐘以上所引發的。因此，氣喘病患者減少運動負荷量及持續時間，將可有效地減少氣喘病之發作。

4. 運動中過度換氣可能會引起氣喘病的發作，所以要避免過度換氣的情況出現。深呼吸可以有效地降低呼吸速度，避免引起支氣管痙攣，藉以降低氣喘病之發作。

5. 多利用鼻子進行呼吸。因為鼻腔有過濾的功能，可以去除空氣中不良的物質，減少外在刺激物刺激呼吸道，並且較能吸到濕暖的空氣。

6. 氣候寒冷時穿戴口罩或圍巾，可增加吸入空氣的溫度和濕度，減少氣管變乾變冷。

7. 監控環境中是否存在潛在的過敏原和刺激物。如果環境中有髒亂處、重鋪設的體操館地板、空氣中的煙霧、春天早晨高濃度的花粉等，應立刻改變運動的時間和地點，以遠離過敏原，減低EIA的發生。

8. 氣喘病患者在運動時應有人伴隨，同時應隨身攜帶控制氣喘病之藥物。

9. 壓力過大或身體疲勞應避免過度運動，以免引起氣喘病或造成其他的運動傷害，如：扭傷、肌肉拉傷等。

（五）疾病與呼吸

全球在2019年12月開始，受到新冠肺炎（世界衛生組織定名為 COVID-19）的影響，截至2020年5月28日，全球已破550萬人確診，死亡人數逾35萬人，造成民眾對呼吸道症候群特別緊張及注意。尤其此病在沒症狀或輕症期即具傳染力，對於年長或有慢性疾病的患者，可能出現肺纖維化的後遺症。老化造成的生理功能下降包括：肌肉力量、肌肉間微血管及粒線體的氣體運輸、肌肉所需之血流速度、血液攜帶氧氣及二氧化碳的能力、心輸出量、肺血管功能（乳酸閾值）、肺部運輸氧氣的能力（最大攝氧量）、通氣量的控制及呼吸肌的功能。由25~80歲過程中，肺功能及有氧能力大約會下降40%。

肺部功能的下降會限制了老年人的活動能力，繼而增加失能及患病死亡的風險(Roman et al., 2016)。加上現今空氣汙染問題嚴重，台灣的肺癌／肺腺癌致死率高，讀者必須多注意保護呼吸系統。PM (particulate matter) 指細顆粒物當進入血液的，PM2.5愈多，愈容易使人罹患呼吸道疾病。上呼吸道無法抵擋PM2.5，於是 PM2.5 可以進入支氣管、甚至肺泡。體內的免疫系統作用，巨噬細胞吞噬PM2.5，會釋放有害物質，導致細胞及組織有發炎反應。運動有助多種疾病的治療及預防，以呼吸系統的疾病來說，慢性肺阻塞疾病、間質性肺病及肺移植(Luan et al., 2019)，均有效藉由運動變的更健康。所以以下加入比較生活化的知識，希望讀者平日多運動訓練。

（六）腹式呼吸與慢跑

正確呼吸法，例如腹式呼吸很重要。一般人使用肋骨與胸骨上提，擴張胸腔達成氣體進入肺部的呼吸方式，稱為胸式呼吸。而腹式呼吸是肋骨與胸骨不動，利用橫膈膜帶動呼吸，吸氣時以橫膈膜下縮，造成胸腔擴張，氣入丹田腹部鼓起，達成增加呼吸深度的有效手段。因 吐氣時腹部凹下，幫助氣體順 的進出呼吸道，減少呼吸速率，增加了肺部擴張、氧合作用及潮氣容積。跑步時採用腹式呼吸的方式來調節，可以顯著提升肺部的氣體交換效率，肺活量會變大。 所以為了避免及減少上呼吸道的感染，定期跑步及快走，將有助呼吸及心血管系統循環，提高心肺功能，使身體得到充足的氧氣及血液，且有助於清除肺部經由空氣所傳播的細菌病毒。科學界的共識，每天規律45分鐘的中強度運動，對於老年人及罹患慢性病人士，有助於增強宿主的免疫力(Simpson et al., 2020) ，對於不方便跑步的讀者，具中醫特色的八段錦也十分推薦。

● 參考文獻 ●

Fox, S. I.（2006）·**人體生理學**（于家城等譯）·臺北市：麥格羅希爾出版·新北市：文京圖書發行。（譯自：Human physiology, 9th ed.）

Fox, S. I.（2009）·**基礎人體生理學**（曾淑芬譯）·臺北市：麥格羅希爾。（譯自：Fundamentals of human physiology）

文淑娟等（2008）·**生理學**·新北市：新文京。

方進隆（1992）·**運動與健康**·臺北：漢文書局。

日本雜學研究會（2006）·**你的臉皮有多厚？人體數字小百科**（張家雯譯）·臺北市：先覺。

王春美等（2004）·**新編生理學**·臺中市：華格那。

甘淑芬等（2007）·**人體生理學**·新北市：高立。

吳鑒鑫、黃超文（2001）·**運動生理學**·臺北市：亞太圖書。

李玉菁等（2000）·**人體解剖學**（第二版）·新北市：新文京。

林正常（2005）·**運動生理學**（二版）·臺北市：師大書苑。

林貴福等（2002）·**運動生理學**·新北市：藝軒。

松村讓兒（2008）·**圖解身體結構**（高淑珍譯）·臺北市：書泉。

郭家驊、劉昉青、祁業榮、劉珍芳、張振崗、邱麗玲、郭婕（2010）·**運動營養學**（第三版）·臺中市：華格那。

郭婕、游書珊(2007)·氣喘的因應之道·**新營養雜誌，72**，50-53。

陳怡慧（2006）·**生理學趣味解密**·臺北：江山。

富永裕久、深谷有花（2002）·**圖解人體的神奇**·臺北：品冠。

曾淑芬（2009）·**基礎人體生理學**·新北市：高立。

當瀨規嗣（2007）·**人體生理學大百科：圖解入門認識我們的身體**·臺北：三悅文化。

樓迎統等（2006）·**生理學**·臺北：偉華。

潘震澤（2007）·**虛擬的解剖刀：透視男女之軀**·臺北市：天下遠見。

潘震澤等譯（2005）·**人體生理學**（Human Physiology 9th ed.中譯本）·臺北市：合記。

盧冠霖等（2005）·**實用人體解剖學**·臺中市：華格那。

賴明德等（2006）·**醫護生理學**·臺中市：華格那。

賴明德等（2009）·**新編人體解剖學**·臺中市：華格那。

賴俊達、錢莉華（2006）·**YOU：你的身體導覽手冊**·臺北市：天下遠見。

錢穎群、梁逸歆、洪逸平（2004）・**初級解剖生理學**・臺北市：合記。

Kakanis, M. W., Peake, J, Brenu E. W., Simmonds, M., Gray, B., Hooper, S. L., & Marshall-Gradisnik, S. M. (2010). The open window of susceptibility to infection after acute exercise in healthy young male elite athletes. *Exerc Immunol Rev, 16*, 119-137.

Kuo, J., Chen, K. W. C., Cheng, I. S., Tsai, P. H., Lu, Y. J., & Lee, N. Y. (2010). The Effect of Eight Weeks of Supplementation with Eleutherococcus Senticosus on Endurance Capacity and Metabolism in Human. *The Chinese Journal of Physiology, 53*(2), 105-111.

Luan, X., Tian, X., Zhang, H., Huang, R., Li, N., Chen, P., & Wang, R. (2019). Exercise as a prescription for patients with various diseases. *Journal of Sport and Health Science, 8*, 422-441.

Roman, M. A., Rossiter, H. B., & Casaburi, R. (2016). Exercise, ageing and the lung . *European Respiratory Journal, 48*, 1471-1486.

Sheel, A. W., MacNutt, M. J., & Querido, J. S. (2010). The pulmonary system during exercise in hypoxia and the cold. *Exp Physiol, 95*(3), 422-430.

Simpson, R. J., Campbell, J. P., Gleeson, M., Krüger, K., Nieman, D. C., Pyne, D. B., Turner, J. E., & Walsh, N. P. (2020). Can exercise affect immune function to increase susceptibility to infection? *Exercise Immunology Review, 26.*

Stone, N. M., & Kilding, A. E. (2009). Aerobic conditioning for team sport athletes. *Sports Med, 39*(8), 615-642.

Teoh, O. H., Trachsel, D., Mei-Zahav, M., & Selvadurai, H.. (2009). Exercise testing in children with lung diseases. *Paediatr Respir Rev, 10*(3), 99-104.

課後練習
Exercise

一、選擇題

（　）1. 下列何項是上呼吸道？　(A)鼻、咽、喉　(B)氣管、支氣管及肺　(C)咽、喉及肺　(D)鼻、氣管及支氣管

（　）2. 最大吸氣後可呼出的最大量空氣稱為：　(A)潮氣容積　(B)用力呼氣容積　(C)肺活量　(D)最大呼氣流速

（　）3. 血紅素的濃度決定每單位血液能運送____的量。　(A)二氧化碳　(B)氧氧　(C) A和B皆對　(D) A和B皆錯

（　）4. 人體的呼吸中樞位於何處？　(A)小腦　(B)大腦　(C)延腦及橋腦　(D)脊髓

（　）5. 可使氧合血紅素結合增加之因素是：　(A)動脈血二氧化碳分壓增加　(B)溫度上升時　(C)動脈血氧分壓增加　(D)一氧化碳濃度上升

（　）6. 血液攜帶二氧化碳最主要的形式是什麼？　(A)溶解於血漿中　(B)與血紅素結合　(C)溶解於細胞內液　(D)形成重碳酸根離子

（　）7. 吸氣當中，橫膈收縮使肋膜腔內壓力變化為：　(A)等於零　(B)變得更負　(C)變得更正　(D)等於肺泡壓

（　）8. 氧合血紅素解離曲線移向左側時，係因：　(A) pH值增加　(B)二氧化碳增加　(C)溫度上升　(D) 2,3-diphosphoglycerate量增加

（　）9. 下列哪兩組肌肉收縮時造成吸氣？　(A)橫膈，內肋間肌　(B)內肋間肌，腹肌　(C)外肋間肌，腹肌　(D)橫膈，外肋間肌

（　）10. 某人的潮氣容積為500 mL，吸氣儲備容積為3,000 mL，呼氣儲備容積為1,000 mL，餘氣容積為1,200 mL，請問此人之肺活量為多少？　(A) 4,500 mL　(B) 4,700 mL　(C) 4,800 mL　(D) 5,700 mL

（　）11. 下列關於運動中氧的供需之描述，何者為是？　(A)每分需氧量不可做為衡量運動程度的指標　(B)許多研究皆證明最大攝氧量與最大心輸出量無關　(C)運動中氧攝取量低於運動所需供給ATP的氧時即為缺氧　(D)人體的負氧債能力無法隨訓練水平的提高而有所提升

二、問答題

1. 請解釋肺臟的主要生理功能。

2. 名詞解釋：潮氣容積／換氣量。

3. 請說明呼吸的目的。

4. 何謂呼吸(respiration)？

5. 影響血氧飽和度的因素有哪些？

6. 何謂最大攝氧量($\dot{V}O_2$max)？

7. 試描述為何傳統的氧債理論被質疑？並請簡述何謂氧債。

解答：ACBCC　DBADA　C

Chapter 7

鄭宇容 編著

運動與循環系統
(Exercise and Cardiovascular System)

Exercise Physiology

　　循環系統，又稱為心血管系統，扮演在運動時供給運動所使用肌肉氧氣與養分的角色。心臟將養分與氧氣輸出，藉由動脈送至全身，透過微血管進行交換，最後經靜脈將血液收集回心臟。組織的缺氧血透過循環系統運送到肺部進行氣體交換後，血液再將含氧血以及組織所需的養分送至組織利用。因此，當運動的時間越長，心血管系統在運動時所扮演的角色越重要。舉例來說，馬拉松賽跑比一百公尺短跑需要更多心血管系統的支援。

　　規律的運動能增進心血管系統的功能，是眾所皆知的事。運動所帶來的效益源自於運動可使心血管系統能夠更有效率的打出血液及運送氧氣至肌肉。長期且規律的運動能增強循環系統各不同方面的功能，例如心搏量、心輸出量，降低收縮壓及平均動脈壓，以及改善血管的結構等等。這些好處不僅僅在普通人身上出現，對於患有高血壓或糖尿病的病人，長期規律的有氧運動其效益更加明顯。規律運動能不受傳統心血管疾病危險因子的影響，誘發血管功能與結構上的抗動脈粥樣硬化適應。此外，運動訓練可增進心臟副交感神經的調節，改善惡性心律不整，以及保護心臟免於缺血再灌注的傷害。

　　撇開在治療上的進步，心血管系統疾病仍然在十大死因排行榜上。在許多心血管疾病的危險因子之中，靜態的生活方式被認為是最主要導致心血管疾病的危險因子。事實上，靜態的生活方式加上不健康的飲食習慣，美國疾病管制局認為比抽菸還要來的危險。因此，瞭解運動跟靜態生活對於心血管的影響，以及其背後的原理，對於臨床上、經濟學上或公共衛生學上都是很重要的。

　　在本章中，第一部分將會先介紹循環系統的結構、功能以及調控方式。第二部分將解釋運動時心血管系統各項指標的變化，最後則討論運動訓練對於心血管系統的改變，其背後改變的機制，以及運動訓練對於心血管疾病患者的好處。

7-1　循環系統的結構與功能

　　心血管系統是一個負責運送如養分、氣體、激素、血液細胞等重要物質的器官系統，並且參與免疫、穩定體溫和維持血液酸鹼度的恆定。循環系統的結構主要分成心臟、血管以及血液。心臟負責唧出血液，提供動力；血管運送及收集血液，血液則是交換氣體及養分的介質。

一、肺循環及體循環

　　人體的循環系統可分為肺循環及體循環，肺循環將血液流過含氧的肺臟，而體循環則是血液流通至身體的其餘部分，以提供含氧血液（圖7-1）。一個普通成年人體內有4.7~5.7公升的血液，其中包括血漿、紅血球、白血球和血小板。肺臟在其中提供氧氣，排出二氧化碳，而消化系統則提供系統需要的養分。

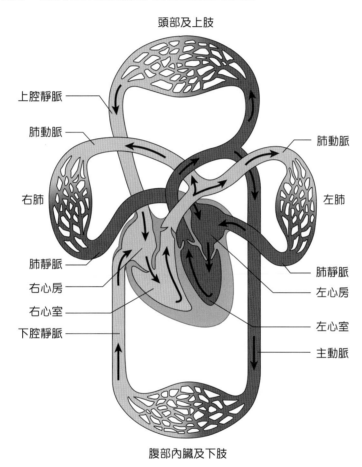

▶ 圖7-1　肺循環及體循環。

(一) 肺循環 (Pulmonary Circulation)

　　肺循環是輸送缺氧血離開心臟到肺部，並將充氧血送回心臟的循環。從靜脈腔回流的缺氧血通過三尖瓣進入心臟的右心房後流入右心室，再從右心室通過半月瓣打到肺動脈。血液在肺臟交換氣體後成為充氧血由肺靜脈返回到心臟，通過二尖瓣進入左心房左心室。

(二) 體循環 (Systemic Circulation)

體循環是心臟將含氧血從左心室通過主動脈送到身體的其他部位，在周邊經微血管將氧氣以及養分交換至組織，並將二氧化碳由組織帶回血液，最後靜脈收集缺氧血後運送回心臟，進入右心房。

肺循環與體循環有許多差異，肺循環的血壓比體循環低很多。相較於體循環相同大小的血管，肺微血管壁較薄。一般來說右心室在收縮時大概產生25 mmHg的壓力，舒張時肺循環的壓力降到8 mmHg左右。肺血管的阻力只有體循環的1/10，肺血管阻力這麼低的原因來自於非常薄的血管壁。而這樣低阻力高順應性(compliance)的特性，讓肺能適應來自於心臟輸出的血流。另一方面，由於肺循環血管的高順應性，肺循環的血管容易因四周的壓力變化打開或關閉。例如當肺泡的壓力大於肺微血管壓力時，肺微血管便會被壓扁。因此，在肺體積變大和肺泡壓力增加時，肺微血管塌陷。與微血管相比，肺容量的變化對大血管的作用不同。隨著肺的擴張，動脈和靜脈的內徑會透過周圍肺實質的牽引會增加。

二、心 臟 (Heart)

(一) 心臟的構造

心臟是一個幾乎在所有動物都有的器官，它是由心肌所組成的，透過重複且有韻律的收縮，將含氧血打至身體各部位，以及將缺氧血液打至肺部。人類的心臟大約跟拳頭大小相近，重量為250~350克。解剖學位置則是在脊柱之前與胸骨之後。心臟被一個雙層的纖維層包裹，稱為**心包膜**(pericardium)。這個纖維層狀組織可以保護心臟，將心臟固定在周邊結構上，以及預防心臟被過多的血液充滿。心包膜中間含有10~20毫升的水樣漿液，具有潤滑及吸收震盪的功能。

心臟的外層結構可以分成三層，最外層稱為心外膜(epicardium)，由於它也是心包膜的最內層，所以也稱為臟層心包膜(visceral pericardium)。中層則稱為心肌(myocardium)，為負責收縮的心肌所組成。最內層則為心內膜(endocardium)，與心臟泵浦內的血液直接接觸。因此，它與血管的最內之內皮細胞層連結在一起，並且覆蓋心臟瓣膜。

在人類的肺循環及體循環中各有一組心房和心室，因此總共有4個腔室：左心房室、左心室、右心房和右心室。右心房是心臟的右側上腔，從全身收集而來的缺氧血先從上下腔大靜脈回到右心房，並傳遞到右心室，通過肺動脈的血液為缺氧並富含二

氧化碳。左心房接受從肺部以及肺靜脈來的新含氧血液，透過強而有力的左心室經過主動脈送至身體的各個器官。心臟將血液打出需要以下兩個有效的機制：一為心房和心室的交替放鬆和收縮，以及血液由心臟流出時透過心臟瓣膜打開及關閉協同控制，使血液為單向的流動。

(二) 心臟的電性活動

與身體的其他細胞不同，心肌是唯一可以自發性跳動及節律性收縮的肌肉。每一次的心跳都是來自於右心房上一個小區域所產生的電脈衝，這塊小區域稱為**竇房結**(sinoatrial node, SA node)。電脈衝的引發會造成心房收縮，然後活化**房室結**(atrioventricular node, AV node)。之後電脈衝會沿著**希氏束**(bundle of His)再至**左右束分支**(right & left bundle branch)及**浦金氏纖維**(Purkinje fibers)系統，引發心肌的同步收縮（圖7-2）。

一個正常的成人休息時每分鐘的心跳約介於60到80之間，而兒童的心跳則快很多。雖然心跳週期能夠藉由竇房結自發性的脈衝運作，但交感神經與副交感神經，以及循環中的兒茶酚胺(catecholamine)還是可以調整心跳的速率，以因應外界情況的發生。

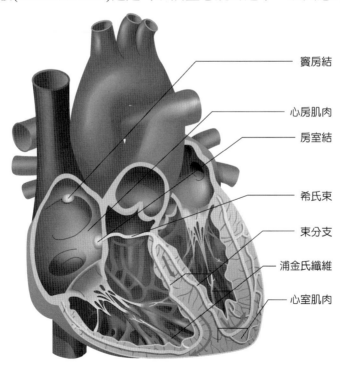

▶ 圖7-2　在正常的心臟，有韻律的電脈衝主導了心臟的收縮及放鬆。竇房結誘發電脈衝，造成心房收縮。訊號沿著房室結到希氏束再至左右束分支及浦金氏纖維系統引發心肌的同步收縮。

(三) 心動週期 (Cardiac Cycle)

心電圖(electrocardiograph, ECG or EKG)的原理是基於心跳的產生是由於電波的傳導，進而興奮心肌纖維而產生收縮。由於肌肉均會產生微弱的電流分布全身，將其電流的變化記錄下來便可描繪出心電圖。

所謂心動週期，是指從一個心跳到下個心跳間所有跟血流或血壓有關的事件。心動週期的頻率則是心跳速率，每個心跳都包含了五個階段：

1. 心舒張晚期(late diastole)：指半月瓣(semilunar valves)關閉、房室瓣(atrioventricular valves)打開，整個心臟處在放鬆的時期。

2. 心房收縮期(atrial systole)：指心房收縮、房室瓣打開，血液從心房流入心室的過程。

3. 心室等容收縮期(isovolumic ventricular contraction)：指當心室開始準備收縮，半月瓣及房室瓣都關閉，而心臟體積不變的時期。

4. 心室射出期(ventricular ejection)：為心室收縮並排空血液的時期，此時半月瓣打開，心室收縮打出血液。

5. 心室等容舒張期(isovolumic ventricular relaxation)：此時心臟的壓力下降，但沒有血液進入心室，心室停止收縮並開始放鬆，而半月瓣由於血液已經進入動脈而關閉。

透過這個心動週期，血壓會隨之上升與下降。心動週期是由一連串的電脈衝所主導。在竇房結(SA node)及房室結(AV node)特化的心肌細胞可以產生出自發性的電頻，不需要外界的神經控制。

竇房結發出電脈衝傳遞至左、右心房，造成左右心房之心肌的收縮（P波），當脈衝到達房室結後約停滯約1/10秒讓血液流至心室。電脈衝繼續藉由傳遞纖維將電脈衝傳遞（Q波）至左右心室，造成左右心室收縮（R波）。當心室收縮完成後，心肌的電性活動會暫時靜止，等待心肌再極化以恢復為靜止帶負電的狀態（T波），以上由P到T的活動稱為一個完整的心動週期（圖7-3）。其中，心室去極化與再極化的波形分別為Q、R、S、與T部分，P為心房的去極化，但心房再極化的波形則被QRS的複合波蓋過，無法由心電圖偵測。

心房收縮是左右心房的心肌收縮所造成的，正常狀況下兩邊的心房會同時收縮，而當心房收縮時，心房內的血壓會上升，促使額外的血液進入心室，這稱為心房強力

收縮(atrial kick)。基本上70%的血液會自動的流入心室，所以心房不太需要用力。但是當心房缺乏正確的電流傳導時，如心房纖維震顫、心房撲動或完全阻斷時，心房強力收縮會消失。此外，結構性的心臟問題也會造成心房強力收縮消失，如舒張功能障礙的病人身上所發現的心臟硬化等。而心室收縮如同心房收縮，是左右心室的心肌收縮所造成的。在心室射出晚期，由於主動脈瓣的關閉使得即使心室的血壓已經低於主動脈壓，血液仍然不會回流到心室。

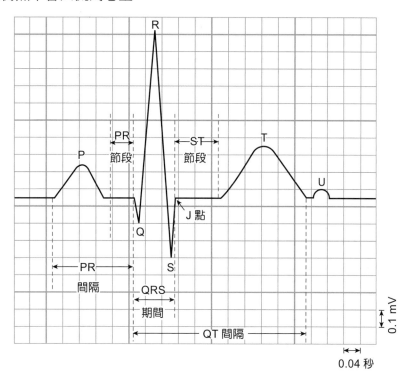

▶ 圖7-3　心電圖中第一個向上的波形為P波，P波代表心房收縮。PR節段為脈衝到達房室結時暫停的時間，QRS波代表心室收縮打出血液，ST節段為心室去極化到心室再極化中間的時間。最後的T波代表心室的快速再極化。

三、心 肌 (Cardiac Muscle)

　　心肌是一種非自主性的橫紋肌，是構成心臟的主要肌肉，特別是在心肌層。心肌是人體最主要的三種肌肉細胞之一，而其他兩種則是骨骼肌及平滑肌。組成心肌的細胞稱為**心肌細胞**(cardiomyocyte)，而且從外觀、結構、代謝、神經興奮及收縮機制上看起來都像是平滑肌與骨骼肌的綜合體。心肌與骨骼肌相似處如它們都是橫紋肌，收縮方式也相近。心肌細胞與平滑肌的相似處是同為不隨意肌。由於心肌本身具有自發性及節律性收縮能力，所以它的收縮不需要受神經系統直接控制，但收縮頻率

與強度會受到自主神經系統與循環的兒茶酚胺調控。心肌細胞互相交接處以**肌間盤**(intercalated disc)互相聯結，由於內含離子極易通過的**間隙結合**(gap junctions)，細胞動作電位可由此結構迅速的傳向相鄰細胞，引起協調性收縮，像是一個完整的合體細胞。

心肌細胞協調地收縮及放鬆主導了心臟的功能。如同其他的組織，心肌也需要氧氣與養分，移除廢物與二氧化碳，而冠狀循環負責此心肌的需要。冠狀動脈分布在心臟的表面稱為心表冠狀動脈(epicardial coronary arteries)，而深入心肌層的則稱心內膜下冠狀動脈(subendocardial coronary arteries)，正常時這些冠狀動脈可以自我調節維持冠狀血流的分布，提供心肌適當的所需養分。但當這些動脈狹窄時，如粥狀動脈硬化會阻塞冠狀動脈，造成心絞痛及心肌缺氧，與身體其他的血管不同，由於心臟收縮時擠壓冠狀動脈，冠狀動脈在心臟放鬆時充滿血液，心臟收縮時則無血液通過。冠狀動脈的灌流壓(perfusion pressure)是主動脈舒張壓與左心室舒張末期壓(left ventricular end-diastolic pressure, LVEDP)的壓力差。因此，冠狀動脈的血流量會受到舒張壓與心臟舒張末期壓力的影響。

四、血 管 (Blood Vessel)

全身的血管可分為：大動脈、中動脈、小動脈、微血管、小靜脈、中靜脈及大靜脈。動脈由內而外可分成外層的彈性纖維與膠原蛋白纖維，中層的彈性纖維與平滑肌細胞，以及內層內皮細胞與結締組織。大動脈為具彈性的傳導動脈，中動脈的功能則是在分布血流，而小動脈則具有調控組織內血流的功能。

靜脈的結構與動脈類似，但是中層的彈性纖維較薄，平滑肌也比較少。小靜脈只有彈性纖維與膠原纖維，以及內皮細胞兩層。由於靜脈的彈性纖維層較薄，靜脈輸送血液的能力較動脈差，但靜脈仍可藉著收縮或舒張來調節回血，並且靜脈內還有靜脈瓣可防止血液回流。微血管是連接小靜脈與小動脈的單層血管，只由單層的內皮細胞組成，是組織與血液間交換氣體及養分的所在。

主動脈分支為動脈，再細分成小動脈。小動脈是交感神經控制循環最大的位置，而小動脈也被稱為阻力血管。血液經由小動脈進入微血管時，由於微血管只有單層內皮細胞，血液流經微血管時方便與組織交換氣體與養分。血液離開微血管後流至小靜脈，小靜脈再匯集成靜脈。身體心臟以下的靜脈會匯集到下腔靜脈，而心臟上方的靜脈則由上腔靜脈將血液輸回右心房。

7-2 循環生理

一、心搏量 (Stroke Volume, SV)

　　心搏量是指每次心臟收縮時所打出的血液總量。在休息時，年輕男性的心輸出量約為每分鐘5公升。在運動時，心搏量的高低是決定心肺耐力一個很重要的因素。其中，心搏量可受到四個因素影響：

1. 靜脈回心血量：又稱為**前負荷**(preload)。
2. 心室的順應性：指心室擴張時能允許灌注的最大血量。
3. 心室的收縮力。
4. 主動脈及肺動脈壓：指心室收縮時打出血液所遇到的阻力，又稱為**後負荷**(after load)。

　　靜脈回心血量與心室的順應性影響的是心室的灌注能力，決定了血液進到心室的量及容易程度。心室的收縮力、主動脈及肺動脈壓則影響心室排空血液的能力，由於動脈壓力給予的阻力，決定血液從心室進入動脈的力量與壓力。

　　心搏量除以身體的表面積可以得到心搏指數(stroke index)，正常值為40~50 mL/m^2。此外，**射出率**(ejection fraction, EF)也常被用於評估心室收縮能力。射出率這個名詞可用於左心室及右心室，因此，也可以分成左心室射出率(left ventricular ejection fraction, LVEF)及右心室射出率(right ventricular ejection fraction, RVEF)。依定義，在心室收縮前心室內的血量稱為舒張末期血量(end-diastolic volume)。類似的，心室收縮完後心室內的血量稱為收縮末期血量(end-systolic volume)。舒張末期血量跟收縮末期血量的差就是心搏量，而射出率則為心搏量除以舒張末期血量，正常值在62±5%，小於40%為心衰竭，而當射出率小於20%時達到換心的標準。

二、心 跳 (Heart Beat)

　　心跳的測量可藉由觸摸腕部之橈動脈量測脈搏速率，也可在喉頭兩側觸摸到頸動脈脈搏。心跳的控制主要受自主神經系統的影響，中樞神經的延腦有心跳加速中樞(cardioacceleratory center)，藉由交感神經傳遞心跳加速的訊號。在意志方面，則由副交感神經傳遞由心跳抑制中樞而來的訊號。此外，透過血壓變化控制的心跳速率的反射途徑有三個，一是在總頸動脈上的動脈竇，會因血壓上升而伸張誘發神經衝動，再

經由舌咽神經（第9對腦神經）傳送至延腦的抑制心跳中樞，使心跳下降；反之，若血壓降低則刺激心跳加速中樞，刺激心跳上升。這個反射稱為**頸動脈竇反射**(carotid sinus reflex)。第二個控制心跳的反射是**主動脈反射**(aortic reflex)，主動脈弓上的主動脈竇接受器受到血壓改變而誘發類似頸動脈竇反射的訊息。第三個調控反射則是**右心房反射**(right atrial reflex)，也稱為Bainbridge reflex。當靜脈壓增加時會拉扯上腔靜脈、下腔靜脈及右心房內的接受器，所誘發的神經脈衝會刺激心跳加速中樞使心跳加快。除此之外，血液中的腎上腺素(epinephrine)、鈣離子、鉀離子及鈉離子的濃度也會影響心跳速率及心肌收縮力。

三、心輸出量(Cardiac Output, CO)

心輸出量是心跳速率與心搏量(stroke volume, SV)的乘積，等於每分鐘由左心室打出的血液總量，也能代表心臟血管系統在功能上對運動的應變能力。普通成人安靜站立時每下的心搏量約為60~80 cc，心跳約為每分鐘70下，所以每分鐘的心輸出量約為5.6公升。由於平均成人的全身血量約為5公升，表示每分鐘都有等同於全身血量的血液由心臟打出。由於身體組織對血液灌流的需求與身體大小有關，心輸出量除以身體表面積所得之心輸出指數(cardiac index)也可以評估心臟的功能，其正常人的平均值約為2.5~4 L/m²。心輸出量代表了心臟的表現，基本上心輸出量是由身體所有細胞的耗氧所需所調控的。當運動時細胞作工增加，需氧量增加的情況下，心輸出量會隨之增加以供給細胞足夠的氧氣。同樣的，當細胞需氧量下降時，心輸出量也會回到基準線。心輸出量的調節不但由心臟收縮力來調控，周邊血管的放鬆或收縮也會影響阻力進而影響血流。

四、血 壓 (Blood Pressure)

血壓是血液施於血管壁的壓力，可分為**收縮壓**(systolic blood pressure, SBP)以及**舒張壓**(diastolic blood pressure, DBP)。收縮壓代表心室收縮時在動脈產生的壓力，數值比較高。由於心臟收縮時，心室用力將血液推往動脈，對動脈管壁造成高度壓力。舒張壓則是動脈的最低壓力，也就是當心室充滿血液時心臟舒張的狀態時的動脈壓。除了常見的收縮壓及舒張壓外，**平均動脈壓**(mean arterial pressure, MAP)也很常在運動訓練評估時拿來討論。平均動脈壓是血液流經動脈時所產生的平均壓力，由於在正常心動週期中，心臟舒張的時間為收縮的兩倍，所以平均動脈壓可由以下的公式估算：

$$MAP = 2/3\ DSP + 1/3\ SBP$$

　　血壓的控制中樞在延腦，稱為**血管運動中樞**(vasomotor center)。它經由交感神經調節小動脈的管徑和張力，控制血壓上升或下降。此外，調節心跳速率的主動脈竇反射、頸動脈竇反射及右心房反射也會影響血壓。主動脈竇與總頸動脈的感壓反射會誘發神經脈衝影響心臟的心輸出量，進而影響血壓。除了改變心搏量之外，小動脈的半徑也會經由主動脈與頸動脈的反射而改變，造成血管收縮血壓上升，或是血管放鬆、血壓下降的調節。主動脈體與頸動脈體上的化學接受器(chemoreceptor)會偵測血液中氧氣、二氧化碳以及氫離子的濃度，調整呼吸及影響血壓。例如氧分壓降低，二氧化碳及氫離子濃度升高時，化學接受器所產生的神經脈衝會刺激血管運動中樞，引起血管收縮、血壓上升。

　　腎素－血管收縮素系統(renin-angiotensin system)是身體中調節血壓上升效果最大也最持久的系統。腎素能將血管收縮素原轉化成血管收縮素 I，再經過轉化酶將血管收縮素 I 轉換成血管收縮素 II，刺激小動脈收縮，血壓升高，並誘發正腎上腺素(norepinephrine, NE)及腎上腺素分泌，上升心輸出量。

五、血液動力學 (Hemadynamics)

　　血液的流動是由靜脈與動脈間的壓力差所造成，血液由壓力高的動脈流向壓力低的靜脈，而如果沒有此壓力差，血液就沒有往前推進的力量，無法產生血流。一般來說，休息時的主動脈平均壓力為100 mmHg，而右心房的壓力驅近於零，所以循環系統中的壓力差約為100 mmHg。

　　血壓的來源可分為血管本身提供的阻力，以及血管對於血流產生的阻抗。血管本身的阻力大都是由血管和血液本身的特性造成，如血管長度與半徑，血液流經血管的黏稠度等等。血流的阻力可由公式推算

$$阻力 = \frac{血液黏稠度 \times 血管長度}{（血管半徑）^4}$$

而血流則與系統壓力差成正比，與阻力成反比，即：

$$血流 = \frac{壓力差}{阻力}$$

　　由於在正常情況下血液的黏稠度以及血管長度不會有很大的改變，所以血管阻力的變化取決於血管半徑的變化。因此，到器官血流量的變化主要是藉由血管的收縮(vasoconstriction)或舒張(vasodilation)來調控。

　　圖7-4為循環系統中血壓的變化，由於小動脈為交感神經最主要控制的部位，所以小動脈在血管系統中平均動脈壓的下降比例最高，約有70~80%，也使得小動脈的半徑小變化可造成平均動脈壓或局部血流的大變化。

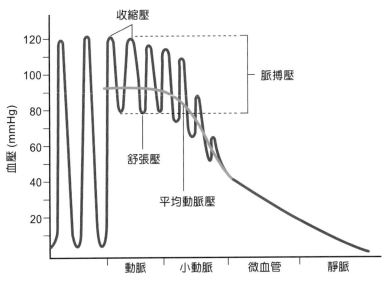

▶ 圖7-4　循環系統中血壓的變化。

六、血液分配

　　血液在身體各器官組織的分布量相當不平均，其分配比例依照組織對於其他身體部位的立即需求而定。在休息時，跟新陳代謝相關的器官組織得到最多的血液分配，例如肝臟與腎臟所得到的分配約為總循環量的二分之一，相較於肝臟與腎臟，骨骼肌在休息時僅接受15~20%的血液。然而，當運動或吃飯後，血液的供給會因為組織的需求而重新分配，例如高強度運動時肌肉接受80%的血液分配，而吃完飯後消化道接受比空腹時更多的血液。為了要達到運動時骨骼肌所需的活動代謝需求，有兩個主要的血流量調整：首先，心輸出量一定要提高；其次，到器官及其他組織的血流一定要重新分配到骨骼肌。

7-3 運動時循環系統的反應及調節

Exercise
Physiology

一、心輸出量的變化

由於心輸出量等於心搏量乘上每分鐘心跳速率，所以當運動時心輸出量的上升來自於心搏量跟心跳的增加。在後面會針對這兩者在運動時的變化作探討。總體來看，當受測者進行強度增強運動時，心輸出量會隨著運動強度增加而增加，這是為了因應增加輸送氧氣到運動中肌肉的血液，這與運動強度增加時，最大耗氧量上升相同。以下針對心搏量與心跳速率在運動時的改變做更詳細的介紹。

(一) 運動時心搏量增加

運動時的每次心臟打出的血液量，高於休息時的量，代表運動時心搏量上升。隨著運動強度的增加，心搏量也隨之增加，然而，增加範圍限制在最大運動強度40~60%間。當運動強度超過最大運動強度的60%後，心搏量達到高原期，不再隨著運動強度增加而增加。

運動時心搏增加的原因可分為：

1. **前負荷增加**：根據法蘭克－史塔林定律(Frank-Starling mechanism)，心室舒張時進入的血液量越多，心室肌肉的伸展越長。由於為了打出更多的血液，心室會更用力的收縮。使心舒期充血量(diastolic filling)增加的直接方法為增進靜脈回心血量(venous return)，因為靜脈是容積性血管，平時貯存64%的血液總量。當運動時骨骼肌收縮，壓迫周圍的靜脈迫使更多靜脈血回流，並且藉著靜脈特有的單向瓣膜，促進血液流返右心房。由於運動時靜脈回流量增加，使得前負荷上升，心肌被增加的血液拉長，進而使心搏量上升。

2. **心室收縮力增加**：運動時心搏量上升的另一個原因是心室收縮的力量增加。交感神經末梢分泌的正腎上腺素和腎臟分泌的腎上腺素，血液中兒茶酚胺的增加，或是以上因素加成作用的影響均能增加心肌的收縮力，此現象稱為增力作用(inotropic effect)。每次心跳心臟在打出血液後，左心室內會殘餘50~70毫升的血液，此稱為功能殘餘容積(functional residual volume)。運動時由於增力作用增加心臟的收縮力，使得殘餘容積下降。

(二) 運動時的心跳改變

　　普通人的休息時每分鐘心跳(resting heart rate)大概是每分鐘60~80次，而高強度耐力訓練的運動員每分鐘心跳可下降至28~40次。

　　運動開始前心跳會因為交感神經釋放的正腎上腺素及腎上腺髓質所分泌的腎上腺素引發預期性的增加，而開始運動後，心跳會隨著運動強度的增加而呈線性的上升。而當運動接近最大強度時，心跳速率達到高原期而不再增加，此時的心跳率稱為**最大心跳率**(maximum heart rate, HR_{max})。最大心跳率會隨著年紀增加而降低，可由年齡估算，其公式為220減去年齡。然而，此最大心跳率為估計值，隨著個體的差異約有±1的標準差。

　　倘若受測者進行非最大運動(submaximal exercise)，每分鐘心跳一開始會迅速的上升，然後進入高原期，而此時的心跳速率稱為穩定期心跳速率(steady-state heart rate)。假若受測者被要求加強運動強度，則穩定期心跳速率會隨著運動強度上升，以適應運動所需。心跳速率由從一個高原期達到另一個高原期大約需要2~3分鐘，而隨著運動強度增大，達到穩定心跳的時間也越長。

二、運動時血液的重新分配

　　血液在休息時主要分布在需要的器官，如肝腎或消化系統。當人體從休息到運動時，血液在體內的分配會有劇烈的改變，以供給所需組織氧氣及養分。運動時交感神經活化，使得血液由不需要增加血流的組織流入所需組織，簡言之，即轉移到骨骼肌。

　　休息時血流的分配以肝臟及腎臟為主，而用餐後消化系統的血流也會因需要而增加。此時的骨骼肌只有15~20%的心輸出量，但隨著運動強度的增加，往骨骼肌的血量也隨之增高。如圖7-5所示，低強度運動時到骨骼肌的血量增加到50%的心輸出量，而當運動強度達到最高時，有約85%心輸出量的血液被分配到骨骼肌。這些增加流向骨骼肌的血液，主要是來自於減少原來分配於肝、腎及消化系統的血流。此外，由於隨著運動強度的增高，心輸出量也會大幅上升，代表每分鐘循環骨骼肌的血量可以達到二十倍以上。

　　運動時血液的重新分配主要是由交感神經所主導。進行運動時，交感神經的活化會收縮肝腎以及腸胃道的小動脈，使得供給的血液量下降。雖然骨骼肌的小動脈半徑也會因為交感神經的作用而收縮，但是肌肉所釋放的血管擴張因子會掩蓋過交感神

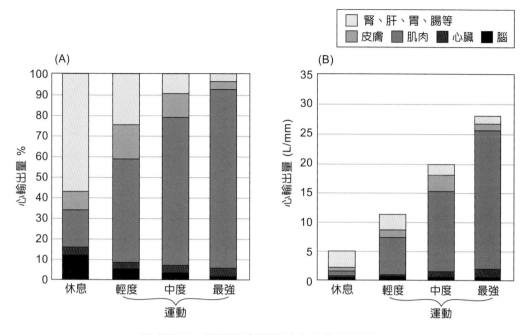

▶ 圖7-5　不同程度運動時血流的再分配。

經的作用，以致於骨骼肌小動脈半徑仍相較於休息時大，血管阻力降低的結果造成血流增加。可讓血管擴張的因子主要來自於代謝產物的累積，由於運動時肌肉的代謝率增加，肌肉中的代謝產物逐漸累積，如二氧化碳增加、溫度升高、酸鹼度下降、血液氧分壓下降或血紅素帶氧量下降等等，都是導致血管放鬆的因子，可以使局部血管擴張。

　　相較於體循環，肺循環是高流量和低血壓的迴路。運動時肺循環的高血流量與高毛細血管壓力有關，而在最大運動時肺動脈壓力可以達到40~50 mmHg。雖然在運動過程中微血管擴張可能會降低阻力，但此現象被運動時的低氧所誘發的血管收縮限制。由於運動時的低氧會造成肺的血壓力上升，進而限制了最大心輸出量。

三、運動時血壓的變化

　　平均來說，運動時收縮壓與舒張壓均會升高，但升高的幅度並不相同。收縮壓會隨著運動強度的增加而呈正相關的增加，而舒張壓則只會小幅上升。舉例來說，正常人在休息時的收縮壓約為120 mmHg，但進行劇烈運動時，收縮壓可達到200 mmHg，而運動員在進行最大強度運動時收縮壓甚至可高達240 mmHg。

當非最大運動強度達到穩定狀態時，收縮壓就不再上升，與心跳相同，假若此時受測者被要求增加運動強度，收縮壓也會跟著上升。有趣的是，固定強度的運動持續一段時間後，收縮壓會慢慢的下降，但舒張壓仍維持不變。收縮壓的上升主要來自於運動時增加的心輸出量，由於收縮壓與心輸出量上升，組織便可接收更多血流的供給。由於血壓上升同時也會增加血漿離開微血管進入組織間，代表有更多含養分的組織液進入運動所需的骨骼肌。此外，倘若運動時的供給骨骼肌養分的小動脈會受到血管擴張因子的調控而舒張，導致**總周邊血管阻力**(total peripheral resistance, TPR)下降，則會導致持續運動時的收縮壓下降的情形。

舒張壓的變化與收縮壓不同的地方是，進行非最大強度運動時舒張壓的變化不大，並不會明顯的隨著運動強度上升而增加，而進行劇烈運動時，舒張壓則會微幅上升。如前所述，運動時骨骼肌以外的器官小動脈會因為交感神經的作用而收縮，而骨骼肌則因為代謝累積物造成血管放鬆，覆蓋過交感神經的作用而造成血管舒張，因此總和來說舒張壓的上升情形並不明顯。

另一個需要被特別提出來的現象是**伐氏操作**(Valsalva maneuver)對血壓的影響。當運動員進行阻力運動時會有深呼吸後閉氣的用力的行為，此動作會造成胸腔內壓急劇增加，用力增加的胸腹腔壓會向周邊血管傳導出去，造成短暫約兩到三秒的血壓上升，其上升幅度甚至可高達至收縮壓／舒張壓480/350 mmHg。

四、運動時血液的改變

血液的組成可分為血液細胞及血漿，而血漿的主要成分是水與蛋白質，此外尚有溶於水中的無機鹽類和有機物。血液中的紅血球是負責運送氧氣的重要成分，而與水形成碳酸根則是二氧化碳主要的運輸方式。當身體的新陳代謝因為運動而增快時，血液功能對理想的運動表現就相對的重要。

在計算氧氣運送時，最常使用的測量標準是**動靜脈含氧差**(arteriovenous oxygen difference)，簡稱為$(a\text{-}v)O_2$ diff。$(a\text{-}v)O_2$ diff代表的是左心打出時動脈血的含氧量與回心時靜脈血的含氧量差異，舉例來說，休息時動脈血液含氧量為每100 mL血液中20 mL，而回心靜脈血中的含氧量為14 mL，$(a\text{-}v)O_2$ diff即為6 mL。這個數值代表血液流經組織時被組織消耗掉的氧量。

當運動強度增大時，$(a\text{-}v)O_2$ diff會隨著運動強度而增加，劇烈運動時的$(a\text{-}v)O_2$ diff可以達到休息時的3倍。差異的增加主要是來自於靜脈血含氧比例的降低，因為動脈血

含氧量並不太會因為運動與否而改變。但運動時由於骨骼肌大量消耗氧氣，靜脈含氧量顯著降低，甚至在活動肌肉中趨近於0，造成$(a-v)O_2$ diff拉大。然而，由於上下腔大靜脈是匯集全身的靜脈血，所以平均靜脈血含氧量很少超過4 mL。

血漿在微血管會滲出進入組織，成為組織間液，這樣的移動是取決於壓力差（血壓）與血漿中蛋白質的含量。當血壓上升或血漿中蛋白量，特別是白蛋白(albumin)的量上升時，微血管內的液體傾向於往周圍組織移動。運動開始時的血漿幾乎是立刻轉入組織間液，原因是運動時血壓上升，將微血管內的液體往組織間推。此外，由於運動時肌肉因代謝產生廢物，累積後造成組織間滲透壓上升，使得微血管內的液體往組織流動。

不管是何種運動都會造成血漿的損失，如阻力訓練時血漿減少量與運動程度成正比，大約減少10~20%，長時間運動所造成的血漿減少量約為10~15%，而反覆一分鐘衰竭運動也會使血漿量下降15~20%。假設再把運動環境考慮進去，血漿損失量還會更高。例如在乾燥與炎熱環境下運動會造成排汗增加，雖然汗液的水分來自於組織間液，但當總體的組織間液水分下降時，會造成滲透壓上升，使微血管的血漿水分持續往組織間移動，造成更高的血漿量損失。血漿量下降會增加血液的黏稠度，當血比容超過60%時，血液中氧氣會更不容易進入組織。

7-4　運動訓練的效果

一、心臟體積和結構

為了適應身體需求量的增加，心臟質量(heart mass)、容積(volume)均會隨著運動訓練而增加。與心臟衰竭病人的心肌肥大不同，運動員心臟增大與心壁增厚是運動訓練的良好反應。除此之外，運動員胸腔擴大能增加心室充滿量，提高心臟儲存唧出血量，心肌肥厚有助於加強心肌收縮力，促進心室排空。而運動導致的心臟肥大(cardiac hypertrophy)稱為**運動員心臟**(athlete's heart)。

左心室由於負責將血液打往全身，所以耐力訓練的效果在左心室特別明顯。適應運動訓練而改變的心臟大小及位置會因為運動種類不同而不同，例如阻力訓練時體循環之後負荷因用力而上升，左心室為了對抗急遽增高的後負荷而出現左心室壁增厚的

補償，以增加左心室的收縮力，克服高後負荷。如前所述，阻力運動特有的伐氏操作會造成胸腔內壓急劇增加，造成極高的收縮壓／舒張壓(480/350 mmHg)，所以左心室肌肉肥大的現象是心臟直接對反覆暴露於阻力訓練衍生的後負荷增加。

與阻力訓練增加左心室壁厚度不同，耐力訓練則是改變左心室腔室(left ventricular chamber)的大小。耐力訓練會增加左心室腔室的容積，使左心室的填充量升高，進而增加心輸出率。增大左心室的容積原因來自於耐力訓練增加的血漿量上升，進而增加回血體積，也就是左心室舒張末期容積（前負荷）。由於整體的血液體積上升，休息時便不需要增加心輸出量，以致於長期耐力運動訓練會因副交感神經的興奮而降低心跳。除此之外，在低工作速率的運動下心跳也較一般人為低，較慢的心跳均可以延長心舒張充血期(diastolic filling)。

雖然說耐力訓練主要是增加左心室的容積，阻力訓練是增加心肌壁的厚度，但研究指出長期耐力訓練也會在增加左心室容積的同時增加心肌壁的厚度。Fagard在1996年統整了許多小型的研究，他利用實證醫學分析方法(meta-analysis)統整，這些研究對象為長距離的慢跑、自行車，或阻力運動員（包括舉重、健力等等），並且這些研究均有配對年齡、性別與身體表面積的非運動員對照組。這些研究利用超音波心臟檢查許多受測者的心臟橫截面，觀察心室空腔面積以及心肌壁厚度。表7-1總結所有研究結果，發現不管是長距離的賽跑、自行車運動，或是阻力運動，其運動員的左心室內徑寬(left ventricular internal diameter, LVID)與心肌厚度均顯著大於對照組。因此，來自大量橫斷式研究(cross-sectional study)證明耐力訓練與阻力訓練同樣會增加心肌厚度。

表7-1 耐力訓練與阻力訓練之運動效果的研究結果

	n	對照組	運動員	p值
A. 慢跑				
年齡（歲）	9	24.2 (1.06)	26.9 (1.61)	無顯著差異
心跳（次／分鐘）	8	65.7 (2.56)	51.6 (0.80)	<0.001
左心室內徑寬($LVID_d$; mm)	10	48.3 (0.42)	53.2 (0.66)	<0.001
心室中隔厚度($IVST_d$; mm)	8	9.3 (0.36)	10.8 (0.27)	<0.01
後壁厚度(PWT_d; mm)	10	8.9 (0.30)	10.5 (0.29)	<0.001
左心室重(LVM; g)	10	149 (6.2)	216 (7.3)	<0.001
相對心壁厚度(h/R)	10	0.372 (0.015)	0.398 (0.011)	=0.05

表7-1 耐力訓練與阻力訓練之運動效果的研究結果

	n	對照組	運動員	p值
B. 健力				
年齡（歲）	7	24.5 (1.49)	24.5 (1.29)	無顯著差異
心跳（次／分鐘）	7	67.2 (2.06)	62.3 (1.77)	無顯著差異
左心室內徑寬(LVID$_d$; mm)	7	51.9 (1.07)	53.2 (0.99)	<0.01
心室中隔厚度(IVST$_d$; mm)	7	8.9 (0.28)	10.3 (0.48)	<0.05
後壁厚度(PWT$_d$; mm)	7	8.4 (0.31)	9.5 (0.55)	<0.05
左心室重(LVM; g)	7	159 (6.3)	198 (7.7)	<0.01
相對心壁厚度(h/R)	7	0.334 (0.016)	0.375 (0.026)	<0.05
C. 自行車				
年齡（歲）	4	25.2 (0.85)	23.9 (0.89)	無顯著差異
心跳（次／分鐘）	4	67.8 (2.4)	52.0 (0.33)	<0.01
左心室內徑寬(LVID$_d$; mm)	4	50.5 (1.25)	55.1 (0.6)	<0.05
心室中隔厚度(IVST$_d$; mm)	4	9.1 (0.32)	11.7 (0.6)	<0.01
後壁厚度(PWT$_d$; mm)	4	8.9 (0.48)	11.6 (0.75)	<0.01
左心室重(LVM; g)	4	159 (4.7)	262 (22.0)	=0.01
相對心壁厚度(h/R)	4	0.357 (0.022)	0.42 (0.021)	<0.05

Values are weighted means (SE).

d, at end diastole; HR, heart rate; h/R, relative wall thickness; IVST, interventricular septal thickness; LVID, left ventricular internal diameter; LVM, left ventricular mass; n, 人數 ; PWT, posterior wall thickness.

資料來源：Fagard, 1996。

二、心率的改變

運動訓練最重要的指標是在休息或非最大運動時的心跳速率降低。不管是動物或人類的實驗，透過交感神經及副交感神經阻斷劑的結果顯示，很明顯的發現心跳減緩是來自於運動訓練改變了心臟原有的節律。研究指出，比起休息時，非最大運動訓練的心率減緩似乎是作用在竇房節(SA node)上的自主細胞。

訓練對於休息時心跳速率降低的原因至今還不清楚，但很明顯的，長期運動訓練可以降低休息時的心跳速率。一個平常有規律運動的受測者，在進行有氧運動的訓練後，休息時心跳可由每分鐘80下逐漸降低，以每週降低一次／分鐘的速率，在10週的訓練後降低為每分鐘70次或更低。Hammond與他的共同研究者發現，長期的運動可以降低右心房上 β 腎上腺接受器(β-adrenergic receptor)的數量，但不會影響到蕈毒鹼接受

器(muscarinic receptor)的數量。其中 β 腎上腺接受器可接受來自交感神經的刺激，因此此研究結果指出訓練可以降低交感神經的興奮。

　　在非最大運動時，心跳下降的比例會隨著運動的強度上升而增加。以圖7-6為例，一個經過訓練的受測者在進行24週的運動訓練後，進行非最大運動測試時，其心率比未接受訓練前低。隨著運動強度的增加，其相對於未訓練前的心跳下降比例更加明顯。例如在以每小時10公里的速度慢跑時，訓練後的每分鐘心跳較訓練前低

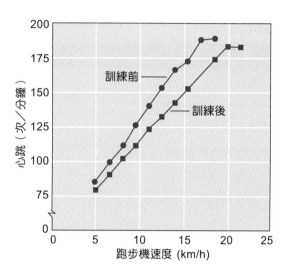

▶ 圖7-6　訓練前後運動心跳的變化。

10下，而在以每小時15公里的速度跑步下，訓練後的每分鐘心跳可降低訓練前25下之多。

　　每分鐘心跳速率的下降代表了心臟經過訓練後更有效率，顯示出心臟對於運動訓練的適應。簡言之，訓練後的心臟可以用較低的心跳及較高的每分鐘心搏量應付休息與非最大運動的所需，比未受過訓練的心臟做較少的功。**最大心跳率**(HR_{max})經過訓練後則會趨向穩定且不容易受到改變，受訓練的運動員最大心跳率會比未受過訓練的普通人微低，然而，超過60歲的運動員其最大心跳率卻會高過於同年齡的未訓練者。

三、訓練對心搏量的影響

　　與每分鐘心跳相反，耐力訓練會造成心搏量的升高，也就是每次心跳心臟可以打出更多的血量。經過訓練後，休息時的心搏量會顯著高於訓練前的心搏量，而同樣的情形也發生在進行非最大運動時與最大運動強度時。除了運動可以增加心搏量外，平常不運動的人最大運動時的心搏量也會出現降低的情形。Spina等人以六位25歲左右的年輕男性與六位年輕女性進行12週、每週三次、每次40分鐘的耐力運動訓練。研究結果指出，心搏量在最大運動時增加16%。在運動訓練前，最大耗氧量時的心搏量比50%耗氧量時的心搏量少約9%，但運動訓練後其減少比例只有2%，而50%耗氧量時的心搏量也在訓練後顯著的增加。

有氧訓練後血漿量比訓練前高，代表血液總量上升，而心舒張時左心室的血液填充也比訓練前更完整。比訓練前更多的血液進入心室會增加心舒張末期容積，也就是增加前負荷，使得心臟收縮力上升。此外，休息時以及非最大運動時的心跳，也會明顯低於受訓練前，這使得心臟有更多的時間增加心舒張的填充。依照**法蘭克－史塔林定律**(Frank-Starling mechanism)，更多血液充滿心室（前負荷增加），會造成心室壁的伸展，使心臟收縮力增加。

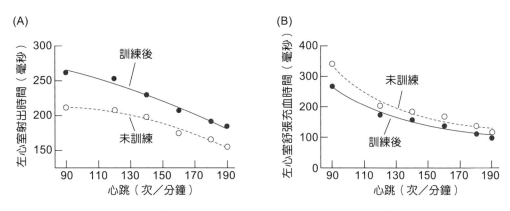

▶ 圖7-7　訓練前後左心室射出時間與舒張充血時間的變化。

由前面Fagard的研究（見表7-1）也可以得知，運動員的心壁厚度也較非運動員來得厚。左心室後側與心中隔壁厚度隨著運動訓練的增加，使得心室肌肉量增加，造成心肌收縮量上升，最後導致每次心跳時有更多的血液被打出心臟，心室殘餘血量下降，造成心搏量上升。

四、訓練對心輸出量的影響

運動時由於交感神經興奮，心輸出量可以增加到4倍以上，而心輸出量的改變來自於心跳加快和心搏量增加（心肌收縮增加），而運動訓練對心輸出量有顯著的影響。由於心輸出量為心跳與心搏量的乘積，而運動訓練對每分鐘心跳及心搏量在休息時與最大運動時有不同的影響，所以運動訓練對於心輸出量的改變也必須分不同情況討論。

在休息時由於身體不需要大量的能量，所以心輸出量在是否受運動訓練的受測者並無明顯變化，這是由於降低的每分鐘心跳率與增加的心搏量乘積後與訓練前無顯著差異。下面的公式可以簡單的表示在休息時每分鐘心跳、心搏量與心輸出量的關係：

安靜休息時

未受訓練者之心輸出量＝心跳（70次／分鐘）×心搏量（71.4毫升／次）
　　　　　　　　　　　＝5,000毫升／分鐘

受過訓練者之心輸出量＝心跳（50次／分鐘）×心搏量（100毫升／次）
　　　　　　　　　　　＝5,000毫升／分鐘

　　然而，當進行劇烈運動時，身體需求量加高，心輸出量也會隨著運動訓練而增加。下面的公式表示運動訓練後的心輸出量增加主要是由於心搏量增加而來。這是由於當進行最大運動強度時，運動訓練對於最大心跳的改變並不顯著。

激烈運動時

未受訓練者之心輸出量＝心跳（195次／分鐘）×心搏量（113毫升／次）
　　　　　　　　　　　＝22,000毫升／分鐘

受過訓練者之心輸出量＝心跳（195次／分鐘）×心搏量（179毫升／次）
　　　　　　　　　　　＝35,000毫升／分鐘

五、運動訓練對血液分配的改變

　　由於運動訓練時的骨骼肌比未訓練前需要更多的血液補充氧氣和養分，所以長期運動訓練下，為了滿足肌肉的需求，會有更多的血液運送到運動中的肌群。而因為運動訓練而增加血流至肌肉的原因可分為四點：(1)增加總體的血量；(2)從不活動的組織重新分配血流至所需肌肉；(3)在所需肌肉形成新的微血管；(4)擴大徵召訓練肌群原有的微血管。

　　總體血量的上升與血液成分的改變有關，會在稍後的章節介紹。而在血流重新分配上，運動訓練與短時間運動影響血流的分配相似，長期運動訓練也可以改變血流分配到所需肌群。為了更有效率地提供肌肉養分及氧氣，運動訓練能更有效率的將血液直接運送到活動肌肉。動物實驗顯示，經過耐力訓練的老鼠在運動中能將血液分配到活動力最大的組織，然而分配到後肢的總血量並無差異，代表受訓練的老鼠能將血液分配到最氧化的肌纖維內。

　　當組織需求養分及氧氣增加時，會在組織附近長出新的血管，供給更充足的養分及氧氣，這在生理學上稱為血管新生(angiogenesis)。運動訓練也會有類似的血管新生現象。新的微血管會在訓練肌群中生成，使血液從小動脈進入運動肌群後更充分地流

經活動組織。如表7-2所示，不管是幼鼠或是成鼠，進行每週5次、每次一個小時地游泳訓練，三週後微血管／纖維比或每平方毫米的微血管數目，亦或是肌纖維的微血管平均值都比未訓練的老鼠要來的高。

表7-2 幼鼠與成鼠訓練前後其肌纖維內微血管的變化

項目	幼鼠		成鼠	
	未訓練 n=7	訓練 n=7	未訓練 n=8	訓練 n=8
微血管／纖維比	0.98±0.08	1.37±0.19***	1.38±0.16	1.74±0.27*
微血管／mm²	460±64	710±127***	393±115	484±135
肌纖維之微血管平均值	3.01±0.24	4.03±0.41***	4.08±0.58	4.87±0.58*

Value are means ±S.D.   *= P < 0.02   *** = P < 0.001

在休息時，並不是所有的微血管都有血液流經。除了形成新的微血管外，運動訓練會徵召平常關閉的微血管打開，使所需的肌肉有更多的血流經過。因為運動訓練而新生的微血管會與被徵召的微血管形成更有效率的微血管網，使得血管系統及活動肌纖維進行更高的交換。

六、運動訓練對血液的影響

短期的運動會因為更多的水分從血液進入組織，而使血漿量喪失，進而降低血量。但長期的運動訓練則會增加總血量(blood volume)，並且血量上升的程度與運動訓練的強度成正比。血量增加的主因來自於血漿量的增加，以及紅血球的數目增加。

大量上升的血漿白蛋白是血漿量增加的第一個因素。由於血液的滲透壓主要是由血漿中蛋白的濃度影響，而白蛋白又是血漿中所佔比例最高的蛋白，所以當白蛋白的量上升後，血漿的滲透壓上升，造成組織間液往血管滲透，增加血液總量。運動訓練會造成身體蛋白質合成增加，使得白蛋白的量上升，將更多的血液留在血漿中。另外，運動訓練也會增加抗利尿激素(antidiuretic hormone)以及醛固酮(aldosterone)的分泌，增加腎臟內水分與鈉離子的再吸收，進而使血液總量上升，而前面所述的白蛋白量上升則可以保持住水分在血漿中。

除了血漿量上升之外，紅血球的數目增加也是增加血液總量的重要因素。長期運動訓練會增加紅血球的量，但是劇烈運動卻會降低紅血球的數目，研究指出在高強度訓練的運動員，其紅血球的數目、紅血球體積以及血紅素濃度都比未受訓練組來得

低。其原因是劇烈運動引起紅血球的破裂，血紅蛋白從紅血球中釋出。劇烈運動造成紅血球破裂的原因則來自於運動大量產生的代謝產物乳酸。大量乳酸會使血液中pH值下降，加速紅血球的破壞和血紅蛋白的分解，導致血液中紅血球數量減少，血紅蛋白下降而引起貧血。此現象稱為運動員的假性貧血。

七、運動訓練對血管結構的影響

運動訓練對血管結構的影響方面，運動訓練能使動脈內壁光滑平整，有助於保持動脈的彈性。Tanaka等人的研究指出，規律的運動可以增加中央動脈的順應性(central arterial compliance)到20~35%。規律的運動可以減緩人類心血管系統彈性(elasticity)的正常損失。此外，他們也發現運動訓練可以減少正常老化下的血管僵硬。因此，運動訓練顯然除了可以降低血脂、增加葡萄糖耐受度、增加冠狀動脈側支循環(collateralization)之外，對於血管構造的改善也能預防心血管疾病。

早在1961年就有研究指出，馬拉松選手的血管管徑較一般人大，而近年來透過超音波與核磁共振的檢查也顯示規律的運動訓練與冠狀動脈的管徑，以及擴張能力成正相關。這樣重塑現象發生的機制，有學者認為是來自於規律運動所造成的血管內壁血液動力刺激(hemodynamic stimuli)。此外，透過分析不同種類運動員其周邊血管的直徑，發現運動訓練能誘發動脈直徑的局部適應，以提供肢體活動足夠的能量。

八、運動訓練對血壓的影響

高血壓是中風、冠狀動脈疾病、鬱血性心臟衰竭以及末期腎臟病的主要危險因子。除了降血壓藥物顯示可降低心血管疾病的發生率外，更多藥物以外的方式逐漸受到重視，例如改變生活習慣如利用有氧運動訓練治療或預防高血壓等。運動訓練對於正常人血壓的改變並不明顯，但對於高血壓的病患，有氧運動訓練對於降低血壓的效果比普通人更好。臨床上可以降低收縮壓的藥物很多，但治療舒張壓的方法卻極少。運動訓練的好處在於可以同時降低收縮壓與舒張壓。臨床測試結果發現，即使平均舒張壓的降低只有2 mmHg，仍然是有意義的降低心血管疾病危險因子。

Duncan等人在1985年發表於JAMA的文章顯示，56名年齡介於21~37歲的原發性高血壓患者，進行16週跑步機的有氧運動訓練後，不僅是體能狀態明顯進步，其收縮壓及舒張壓也明顯的降低。其收縮壓從運動前的146 mmHg降低至133.9 mmHg，而舒張壓則從平均94 mmHg降低至87 mmHg。對於原發性高血壓的患者來說，長時間的運動

訓練對於舒張壓的影響很明確，然而其降低舒張壓的原因仍不清楚。由於運動訓練同時可以降低休息及非最大運動時的心跳以及心輸出量，因此推測可能原因為降低交感神經的活性，例如改變血清中兒茶酚胺的水準，或是增加對胰島素的敏感度。在運動強度方面，若想藉由耐力運動訓練來降低原發性高壓患者的血壓，低強度之運動訓練優於高強度的運動訓練，而且低強度運動訓練的較高強度運動訓練安全。

Whelton等人在2002年利用實證醫學分析方法(meta-analysis)統整了54個隨機抽樣合併有對照組的研究。在分析這54個，合計共2419個受試者的研究後得知，有氧運動訓練可以明顯地降低收縮壓(–3.84 mmHg [95% 信賴區間，–4.97~ –2.72 mmHg])及舒張壓(–2.58 mmHg [95% 信賴區間，–3.35~1.81 mmHg])。降低血壓的效果不只是在高血壓的病人身上被發現，正常血壓、體重過重及正常體重的人身上，都發現有氧運動訓練可以降低收縮壓及舒張壓。有趣的是，進行平均12週的有氧運動訓練後，受測者的體重改變並無顯著且不具生理意義的變化(–0.42 Kg)，而且體重的改變與血壓的變化無關。這些發現認為有氧運動的降血壓效果與體重無關。

此外，在2020年Bersaoui等人，分析了22篇針對非裔與亞裔的隨機對照試驗後發現，在兩個族群有氧運動均能顯著的降低收縮壓與舒張壓，而阻力運動在亞裔則對血壓無明顯影響。次分析表明，與亞洲高血壓患者相比，非洲高血壓患者在有氧訓練後的收縮壓降低幅度更大。

九、運動訓練對改善循環系統功能與交感神經活性的關係

由以上的內容我們已知運動訓練對於循環系統有正面的效果，而靜態的生活方式也是心血管疾病與其他疾病很重要的危險因子。循環系統的疾病，例如高血壓及心臟衰竭，與交感神經系統的過度活化(overactivity)有關。相反的，運動可以改善高血壓與降低交感神經活性。此外，有證據顯示運動也可以降低正常人在休息時的血壓及交感神經活性。雖然在大規模的調查並無一致的結果，但動物實驗的結果顯示，運動訓練可以降低感壓反射所主導的交感神經活化，並且這些結果與運動降低心血管疾病或者靜態生活方式會透過交感神經而增加心血管疾病的假說相符合。然而，運動訓練如何調整交感神經活性的控制，仍然需要更多的研究。

交感神經系統是控制運動時各項循環系統指標變化的最主要因子，因此運動訓練對於交感神經活性的改變，對於心跳、心輸出量及血壓等等的變化有直接的影響。人類研究上遇到的最大瓶頸是對於交感神經活性的測量，大部分的研究透過血清中正

腎上腺素的濃度當作交感神經活性的指標。目前有越來越多的研究結果顯示，中樞神經系統在不同狀態的運動條件下有很大的可塑性。中樞神經系統的改變對於交感神經活性的控制非常的重要，最受重視的假說是運動或靜態生活可以改變神經網路的可塑性，進而調控交感神經。

• 參考文獻 •

Adolfsson, J., Liungqvist, A., Tornling, G., & Unge, G. (1981). Capillary increase in the skeletal muscle of trained young and adult rats. *J Physiol, 310*:529-32.

Bersaoui, M., Baldew, S. M., Cornelis, N., Toelsie, J., & Cornelissen, V. A. (2020). *European Journal of Preventive Cardiology, 27*(5): 457-472.

Boyadjiev, N., & Taralov, Z. (2000). Red blood cell variables in highly trained pubescent athletes: a comparative analysis. *Br J Sports Med, 34*(3):200-4.

Duncan, J. J., Farr, J. E., Upton, S. J., Hagan, R. D., Oglesby, M. E., & Blair, S. N. (1985). The effects of aerobic exercise on plasma catecholamines and blood pressure in patients with mild essential hypertension. *JAMA, 254*(18): 2609-13.

Fagard, R. H. (1996). Athlete's heart: a metaanalysis of the echocardiographic experience. *Int J Sports Med, 17 suppl 3*: S140-4.

Green, D. J., Hopman, M. T., JPadilla, J., Laughlin, M. H., & Thijssen, D. H. (2017). *Physiological Reviews, 97*(2): 495-528.

Hammond, H. K., White, F. C., Brunton, L. L., & Longhurst, J. C. (1987). Association of decreased myocardial beta-receptors and chronotropic response to isoproterenol and exercise in pigs following chronic dynamic exercise. *Circ Res, 60*(5):720-6.

Whelton, S. P., Chin, A., Xin, X., & He, J. (2002). Effect of aerobic exercise on blood pressure: a meta-analysis of randomized, controlled trials. *Ann Intern Med, 136*(7):493-503.

Wilmore J, Costill D, & Larry Kenney W. (2008). *Physiology of sport and exercise* (4th ed.). Human Kinetics Publishers.

課後練習
Exercise

一、選擇題

( ) 1. 測量每分鐘心跳的目的，何者為非？ (A)評估訓練效果 (B)作為運動強度的指標 (C)評估敏捷性的好壞

( ) 2. 女性運動時的心輸出量變化與男性相同，但是，在相同運動強度下心輸出量比男性多出約每分鐘1.5公升，原因可能是 (A)女性血紅素量較少 (B)血液的帶氧能力較低 (C)以上兩者皆是

( ) 3. 長時間耐力訓練後，休息時每分鐘心跳會 (A)下降 (B)增加 (C)不改變

( ) 4. 長時間耐力訓練後，運動時的每分鐘最大心跳率會 (A)下降 (B)增加 (C)不改變

( ) 5. 劇烈運動所造成的假性貧血是由於 (A)血球的量下降 (B)血漿的量增加 (C)以上兩者皆是

( ) 6. 下列何者不是運動訓練對循環系統的影響？ (A)降低休息時的每分鐘心跳 (B)增加血漿體積 (C)大幅降低休息時收縮壓 (D)增加訓練肌肉的微血管密度

( ) 7. 前負荷等於： (A)心收縮末期血量 (B)心臟收縮時所遇到的血管阻力 (C)靜脈回心血量

( ) 8. 下列何者不能增加心臟收縮力？ (A)心肌增生 (B)降低前負荷 (C)心壁增厚 (D)增加血液中兒茶酚胺濃度

( ) 9. 下列何種運動會劇烈增加血壓？ (A)非最大運動測試 (B)最大運動測試 (C)耐力運動 (D)阻力運動

( ) 10. 下列何者非運動訓練帶來的好處？ (A)降低血液體積 (B)降低休息時心跳 (C)增加心搏量 (D)增加組織微血管分布

( ) 11. 下列關於運動訓練對血壓影響的描述何者為是？ (A)運動的好處包含可以同時降低收縮壓與舒張壓 (B)運動降低血壓的效果僅能在高血壓患者身上發現 (C)體重的改變與血壓的變化有關 (D)已有多項研究結果發現長時間的運動訓練可以降低舒張壓的原因

二、問答題

1. 運動時心搏量上升的原因為何？

2. 心輸出量如何測量？影響心輸出量的因素有哪些？

3. 人體血量有限，但在劇烈運動時，其單位時間血流量卻急速增加，試以安靜時及高強度運動時，解釋血流量再分配的原理及分配的量數。

4. 簡述有氧運動訓練對於循環系統的各項指標的影響為何？

5. 試描述開始運動時心跳改變的生理機制。

解答：CCACC　CCBDA　A

吳泰賢　編著

運動與免疫系統
(Exercise and Immune System)

Exercise Physiology

　　過去許多的研究都顯示運動可以影響免疫系統的功能。免疫系統包含產生對抗潛在致病原的防禦作用與過程，這些防禦作用可以簡單區分為先天性免疫與適應性免疫兩大類型，且彼此會相互影響。在保護身體免於外物侵犯的過程中，先天性免疫的防禦機制會使免疫系統對病原體不需要產生特定的辨識功能，也就是說此種防禦機制，並沒有針對特定的物質與細胞（表8-1），且在感染或組織受傷的幾分鐘內就會立即產生反應，屬於早期的免疫反應。例如覆蓋體表的表皮會先阻止大部分致病原對身體的感染、或是胃裡的酸性胃液(pH＝1~2)也會將食物中的微生物給殺死、或是活化的巨噬細胞將侵入傷口的細菌吞噬。適應性免疫則透過免疫細胞（白血球中的淋巴球）對特定的物質或細胞先產生辨識後再發動攻擊，而此種攻擊是專門針對該物質而發動的，因此產生免疫反應的時間從數小時到數天不等，屬於晚期的免疫反應。一般白血球的吞噬作用則是同時具有先天性與適應性的防禦。也就是說當暴露於病原體後，白血球會進行初步的吞噬，並提供訊息給負責適應性免疫的淋巴球，引導這些經過特選的細胞，產生更進一步的特定的攻擊反應。

　　在了解了本章第一節的基本概念與第二節的免疫防禦的過程後，本章第三節旨在介紹運動是如何透過生理機制來影響免疫系統內相關的免疫細胞，進而調節免疫反應。

表8-1　依序參與對抗病原防禦的相關組織

保護機制	構造
天然屏障	皮膚、口腔黏膜、呼吸道、生殖道與腸道上皮
補體／抗菌蛋白	補體蛋白、干擾素
先天性免疫	巨噬細胞、顆粒球、自然殺手細胞
適應性免疫	B淋巴球與T淋巴球

8-1 免疫系統的基本介紹 (Basic Immune System)

Exercise Physiology

一、免疫細胞 (Immunocytes)

　　所有分布在體內與血液中各處負責執行免疫防禦的細胞，便可稱為免疫細胞，又稱為白血球(leukocyte)。從細胞的型態觀察與分化上可以區分成骨髓幹細胞(myeloid stem cell)與淋巴幹細胞(lymphoid stem cell)兩大類。骨髓幹細胞所分化的子細胞都是先天免疫反應的細胞，包括顆粒球(granulocytes)、肥大細胞(mast cell)、樹突細胞(dendritic cell)與單核球(monocyte)。而顆粒球有三種類型包括嗜中性球(neutrophils)、嗜酸性球(eosinophils)與嗜鹼性球(basophils)。淋巴球則包括B細胞(B cell)、T細胞(T cell)與自然殺手細胞(natural kinner cell, NK cell) (Naldini, 2019)（圖8-1）。其中顆粒球又因在顯微鏡下可以觀察到具有多葉狀分布的細胞核，又稱為多形核白血球(polymorphonuclear leukocytes, PML)。顆粒球、單核球與淋巴球會利用循環系統為運輸工具，藉由血流運送到作用位置的附近，並離開循環系統進入組織(Murphy, 2016)。

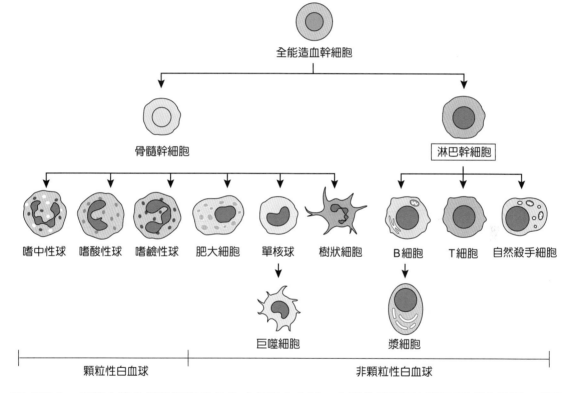

▶ 圖8-1　骨隨中的全能幹細胞會分化成各種白血球。在顯微鏡下可以觀察到嗜中性球、嗜酸性球與嗜鹼性球 具有多葉狀分布的細胞核以及細胞質中的顆粒，因此這三種細胞又稱為顆粒性白血球，其餘的則為非顆粒性白血球。摘自：Collin, 2018。

（一）顆粒性白血球 (Granulocytes)

簡稱顆粒球，壽命大約只有幾天的時間。當我們將血液置於顯微鏡下，並以不同性質的染料染色觀察時，會發現不同的顆粒性白血球的細胞質含有許多微小的顆粒且會被染上不同的顏色。第一種嗜酸性球即是可以被紅色的酸性染劑給染上色；第二種

可以被藍色的鹼性染劑給染上色的白血球，稱為嗜鹼性球；第三種白血球則是不被上述兩種染劑給染上色，便稱為嗜中性球，亦是血液中數量最多顆粒性白血球，佔白血球的50-70%。嗜中性球可以將細菌吞噬後再利用胞內酵素將其分解。而嗜酸性球與嗜鹼性球則是對抗寄生蟲，在受到活化後，會將胞內的酵素與毒性蛋白釋放到胞外。

（二）非顆粒性白血球 (Agranulocytes)

細胞質不含特殊顆粒的白血球，包括肥大細胞、單核球、樹突細胞與淋巴球。

● 肥大細胞 (Mast Cell)

是免疫系統中重要的免疫調節細胞。肥大細胞由骨髓產生，移動到身體內可能跟外界病原體接觸的周邊組織後才分化成熟，例如皮膚、腸道以及呼吸道黏膜。肥大細胞的細胞質內的顆粒內含豐富的免疫調節物質，例如溶酶體酶、生物胺（組織胺、血清素與多巴胺）、細胞激素、生長因子與蛋白酶等。當肥大細胞遭遇病原體時，**會透過釋放免疫調節物質吸引其他免疫細胞而引發強烈的發炎反應，或當病原體消失後解除免疫反應**(Wernersson, 2014)。

● 單核球 (Monocyte)

體內最重要的白血球，壽命長，活化後會主動吞噬多種物質，包括侵入體內的微生物病原體，或是毒殺腫瘤細胞。單核球平常存在血液之中，當血液中的單核球受到刺激離開血管移入組織後，始發育成具吞噬能力的巨噬細胞(macrophage)。在外型上，單核球比顆粒性白血球大，細胞質中的顆粒性物質相對較少。具吞噬能力的巨噬細胞通常存在於多數容易與病原體接觸的器官或組織之中（例如肺臟、腦、肝臟、脾臟、淋巴結、關節滑液等）。

● 樹突細胞 (Dendritic Cell)

外型有很多像是神經細胞的突起，數目約占白血球的0.2%，**是體內重要的偵測細胞**。樹突細胞主要是由骨隨幹細胞分化而來，部分的巨噬細胞也會在必要時轉化成樹突細胞。樹突細胞會透過血液由骨髓移動到組織。當樹突細胞遭遇病原體時，樹突細胞會透過吞噬作用吞噬外來病原體，並將該病原體的蛋白質分解成小碎片放置於樹突細胞表面呈現給其他免疫細胞（主要是T細胞），以引導與活化免疫細胞去消滅特定的病原體(Collin, 2018)。

⊃ 淋巴球 (Lymphocyte)

　　細胞核與單核球類似，但細胞質更少。**淋巴球能專一性的辨識各種病原體**（不論病原體是在組織液與血液中或是細胞內），並對特定的病原體產生反應。淋巴球可以分為三種主要類型(Hammer, 2018)：

1. T細胞 (T cell)：屬適應性免疫，可依功能再細分為三類，第一類型的T細胞可以控制B淋巴球的生長與發育；第二類型的T細胞可以協助吞噬細胞將吞入的病原體摧毀（圖8-2）；第三類型的T細胞則能辨識與摧毀已經被病毒感染的身體細胞（又稱為宿主細胞）。

2. B細胞 (B cell)：同屬適應性免疫，B細胞被活化後可以藉由釋放具專一性辨識特定目標的物質——抗體，透過抗體來對抗特定的病原體（或稱抗原）。

3. 自然殺手細胞 (Natural killer cell)：在感染初期就迅速活化，屬於先天性免疫反應的淋巴細胞。自然殺手細胞主要的功能是在殺死腫瘤細胞以及被特定病毒感染的細胞。由於細胞表面缺乏專一性的抗原接受器，因此不同於T細胞的適應性免疫。

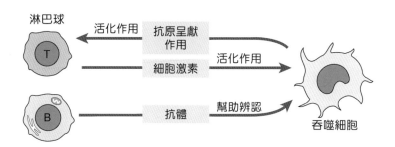

▶ 圖8-2　淋巴球協助吞噬細胞增進吞噬作用。吞噬細胞會將外來病原體以抗原的型式呈獻給淋巴球，當淋巴球確認抗原後會透過細胞激素來活化吞噬細胞以加強吞噬作用。

二、免疫細胞調節分子 (Soluble Mediators of Immunity)

　　從免疫反應的發生到結束的過程中，除了免疫細胞的參與之外，**細胞間尚須透過細胞激素(cytokines)，即具有不同功能的免疫細胞調節分子參與溝通跟協調，讓免疫反應能有節奏的依序發生。**就如同一支球隊在比賽中要取得冠軍，就要靠隊員之間相互合作。免疫反應亦是如此，若是缺乏這些免疫細胞調節分子的參與，那將會是免疫系統的大災難。

從一開始體細胞受到感染或損傷時，體內有些趨化因子(chemokines)的濃度會急速增加，此類趨化因子稱為急性期蛋白。透過急性期蛋白的作用，可以喚醒周遭組織，讓血流量增加，並啟動先天性免疫反應。隨著接下來適應性免疫的產生（首次感染需要5~10天的時間啟動，若是相同病原體的第二次感染則僅需數小時），透過第二類的細胞激素，來協調不同淋巴細胞與白血球之間的攻擊步調。在協調攻擊步調的過程當中，啟動B細胞分泌第三類的免疫調節分子——抗體，將免疫反應帶入高潮。最後再由T細胞與肥大細胞來讓體內的免疫風暴平息。同時間細胞激素亦會刺激骨髓造血幹細胞製造與分化新的白血球。

(一) 急性期反應蛋白 (Acute Phase Reactant Proteins)

急性期反應蛋白是**由肝臟所製造的一群蛋白質，這些蛋白質參與身體的發炎反應，協調白血球清除細胞碎片、病原體與促進組織的修復。**因此有的急性期反應蛋白具有促進發炎的效果，有的則有抑制的效果。其中最重要的就屬**C反應蛋白**(C-reactive protein, CRP)，**CRP具有促進發炎的效果。**當CRP與細菌結合之後，可以使細菌易於被吞噬細胞給破壞。除了細菌感染所造成的發炎反應外，體內有組織損壞或是腫瘤發生也都會使血液中的CRP濃度升高。

(二) 細胞激素 (Cytokines)

細胞激素是一群超過60種分子的統稱，主要是由免疫細胞所分泌，但不同的細胞所產生的細胞激素各有其特別的名稱。**細胞激素目的在影響鄰近的細胞參與宿主的免疫防禦**，但亦可以透過血液循環，作用於遠處的組織與器官。例如當免疫反應發生時，免疫細胞會透過細胞激素的分泌將訊息傳遞給相關的細胞（例如淋巴球、吞噬細胞等），以協助調節先天性與適應性的免疫防禦。在病原體消滅後，部分細胞激素會抑制免疫反應讓受損的組織可以復原。

細胞激素的功能非常多元，但它的主要目的若用一句話來表示，就是「溝通」。免疫反應中不同的**免疫細胞必須透過細胞激素來相互溝通**，以進行工作分配，相互協同對抗病原體。非免疫細胞（例如血管的內皮細胞）也會藉由分泌細胞激素來與免疫系統溝通，例如受傷組織透過細胞激素的釋放將白血球給聚集起來。

細胞激素的分泌也常常是環環相扣的，由第一個啟動的細胞激素去刺激第二個細胞激素的釋放，如此來引發細胞激素間的連鎖反應。有些細胞激素的作用有很多的重

複性，也就是說不同的細胞激素可以產生非常類似的功能。甚至有些細胞激素還會參與非免疫性的功能（例如骨質的形成與分解）。各種細胞激素之間的區別分述如下：

⊃ 介白素 (Interleukin, IL)

　　介白素是細胞激素中最大的一群，主要是由淋巴球所製造，少部分是由單核球或周邊組織細胞產生。除了促進**細胞的分裂與分化**（表8-2）外還有其他許多功能，例如介白素-6（IL-6或稱第6介白素）就具有許多種調節免疫的功能，像是促使下視丘升高體溫、促進巨噬細胞的活化、促進骨釋放出鈣離子、B淋巴球的發育與肌細胞生長(Pedersen, 2008)等。介白素的功能十分複雜，每一種介白素只能作用在具有該種介白素的專一性接受器的細胞上，如同鑰與鎖的關係，例如介白素6只會跟介白素6接受器結合（IL-6 receptor, IL-6R或稱CD126）（圖8-3），而且不同濃度或是不同的分泌頻率都可能會導致有不同的反應發生。

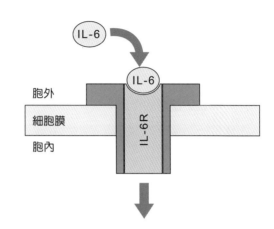

▶ 圖8-3　介白素6透過與細胞膜上的介白素6接受器結合，以刺激標的細胞。摘自：Wolf, 2014。

表8-2　介白素的功能

細胞激素	功　能
IL-1	促使T細胞的增殖與活化；增加血管通透性；升高體溫
IL-1ra	抑制IL-1所引起的發炎反應
IL-2	促使活化態的T淋巴球的增殖
IL-3	刺激骨髓幹細胞與肥大細胞的增生
IL-4	刺激活化態的B細胞增生；促進IgE抗體的製造；增加毒殺性T細胞的活性
IL-6	刺激B細胞與T細胞的增殖與活化；促進巨噬細胞的活化；促進骨釋放出鈣；促進肝臟釋出肝醣與CRP；升高體溫
IL-8	促進發炎反應；嗜中性球的趨化作用
IL-10	抑制腫瘤壞死因子(TNF-α)所引起的發炎反應
IL-13	促進發炎反應，增加嗜酸性球活性；增進肌肉與脂肪的能量轉換效率，以增加肌耐力(Mannon, 2012)

➲ 干擾素 (Interferon, IFN)

干擾素的功能主要是用來阻止病毒在正常細胞間的擴散（表8-3）。當細胞遭受病毒感染時，受感染的細胞會分泌干擾素至細胞外，然後干擾素會與鄰近細胞的細胞膜外表面上的接受器接合（不論是否有遭受感染），以引發細胞合成各種對抗病毒的蛋白質，抵抗病毒感染。干擾素並沒有專一性，因此可以抑制多種病毒的複製能力，是抵抗病毒的第一道防線。

表8-3　簡述干擾素的作用

刺　激	抑　制
巨噬細胞吞噬作用	細胞分裂
細胞毒殺性細胞活性	腫癌生長
自然殺手細胞活性	脂肪細胞成熟
抗體生成	紅血球成熟

干擾素有三種類型分別為 α 型干擾素(IFN-α)、β 型干擾素(IFN-β)與 γ 型干擾素(IFN-γ)。**當體細胞受到感染時都可以製造IFN-α與IFN-β。而IFN-γ僅由T細胞與自然殺手細胞所分泌**，並參與了部分對抗感染及癌症的免疫反應。透過這些干擾素的作用，雖然病毒仍然可以侵入這些細胞，但複製與組裝新病毒的能力則會受到抑制。

➲ 集落刺激因子 (Colony Stimulating Factor, CSF)

集落刺激因子主要的功能是刺激骨髓內幹細胞製造更多對抗感染的白血球，讓白血球從骨髓細胞中製造出來並進入血液中。例如顆粒性白血球激素因子(granulocyte colony-stimulating factor, G-CSF)，是由單核球、巨噬細胞、纖維母細胞以及內皮細胞所分泌細胞激素，可以使血液內嗜中性球與單核球數量增加。因此體內不同的CSF濃度會影響到血液中各種白血球的比例。

➲ 其他細胞激素 (Others)

包括腫瘤壞死因子(tumor necrosis factor, TNF)或第一型單核球趨化因子(monocyte chemoattractant protein-1, MCP-1)等。腫瘤壞死因子依結構可分為由巨噬細胞分泌的 α 型腫瘤壞死因子(TNF-α)與由淋巴球分泌的 β 型腫瘤壞死因子(TNF-β)，其最主要的功能在於促進發炎反應、增加血管通透及腫瘤細胞毒殺作用(Chu, 2013)；而第一型單核球趨化因子的作用則會吸引單核球與T細胞集中到分泌此激素的組織中。

(三) 抗 體 (Antibody)

抗體又稱為免疫球蛋白(immunoglobulins, Ig)。抗體的基本構造呈現Y形，由輕鏈與重鏈兩種蛋白所組成（圖8-4A）。**依功能抗體可以分成五類：IgA、IgD、IgE、IgG及IgM**（圖8-4B）。IgA占全部抗體的10~15%，半衰期為6天，會組合成二元體存在，主要出現在外分泌液，例如唾液、氣管黏液、淚液、泌尿生殖道與乳汁。IgD占0.25%，半衰期為3天，出現在B細胞的細胞膜表面，可以活化嗜鹼性球與肥大細胞參與呼吸系統的免疫反應(Chen, 2009)。IgE占0.05%為過敏反應中最重要的抗體，半衰期為1~5天，會活化嗜鹼性球與肥大細胞引發過敏反應。IgG占80%為體內最多的抗體，半衰期為23天，由漿細胞（活化後的B細胞）所分泌。IgM占5~10%，存在於B細胞的細胞膜表面，以五元體的方式存在，當身體初次與病原體遭遇時，大約5~10天後體內就會出現IgM抗體，IgG則初次感染的14天後才會出現且終身表現。

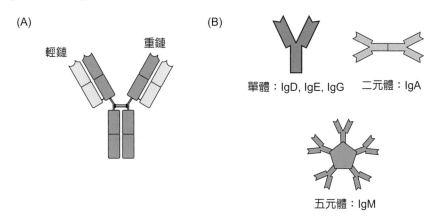

▶ 圖8-4　抗體的構造。(A)抗體的基本構造由兩種蛋白，重鏈與輕鏈組合而成；(B) IgD, IgE, IgG以單體的形式存在，IgA會形成二元體，IgM會形成五元體。

8-2 免疫防禦機制 (Immune Defenses)

任何**免疫反應都含有三個過程分別為辨識、反應與恢復**。首先,要能辨識出不屬於自身身體的外來物質;其次是產生免疫反應並將之消滅或驅趕出體內;最後讓免疫系統恢復初始的平靜狀態。免疫反應可以分為先天性(innate immunity)與適應性免疫(adaptive immunity)反應兩大類。兩者的差異在於適應性免疫對於特定的病原體具有高度的專一性。先天性免疫反應不會因為重複暴露於同一特定病原體而改變反應模式,但是適應性免疫則會隨著與相同病原體的接觸頻率增加而增強其反應,且能對感染的病原體產生記憶,當下次再度與相同病原體接觸時,即能迅速產生反應消滅病原體,避免身體因再度感染而發病。

一、先天性免疫 (Innate Immunity)

先天性免疫又被稱為非特異性免疫(nonspecific immunity)是身體的第一道防線。它不需要非常明確的認得外來細胞或物質就能對抗其侵犯。但是這種防禦仍然需要一些基本的辨識能力以辨識與身體構造不相同的外來物,包括碳水化合物(醣類)或脂質。先天性免疫的免疫防禦過程包括**表皮的防禦、因感染而產生的發炎反應、補體與干擾素的反應**。

(一) 表皮的防禦 (Epithelial Barrier)

身體與外界環境直接接觸的表皮層(上皮組織)提供對病原體的第一道防線,阻止大部分微生物的入侵,同時皮膚上的腺體(如汗腺與淚腺等)都會分泌對抗微生物的化學物質。

皮膚是最為熟知的表皮層,皮膚會透過脂肪酸的分泌與皮膚上的益菌(或稱共生菌)來合作抑制微生物。若是在呼吸時將細菌吸進鼻腔與氣管,此時呼吸系統可以靠鼻腔與氣管內的黏液來阻止微生物,並透過氣管內的纖毛運動將微生物排出氣道外;當微生物伴隨食物吞下肚時,消化道透過胃的強酸、十二指腸內迅速的酸鹼改變與腸道共生菌等方式來消滅微生物;而尿道中則是靠尿液的沖刷來完成。最後,在女性的陰道則是靠酸性的黏液與陰道內的共生菌合作,將微生物驅趕出去(圖8-5)。

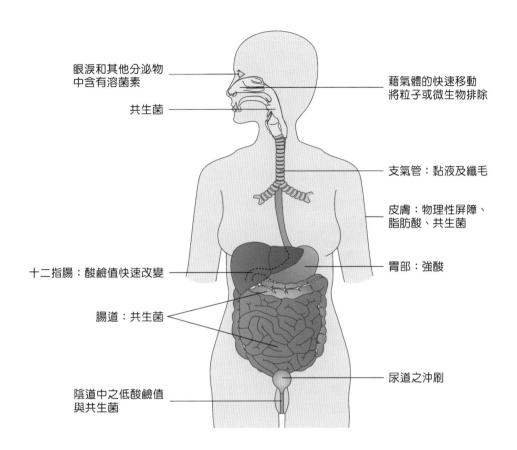

眼淚和其他分泌物
中含有溶菌素

共生菌

藉氣體的快速移動
將粒子或微生物排除

支氣管：黏液及纖毛

皮膚：物理性屏障、
脂肪酸、共生菌

十二指腸：酸鹼值快速改變

胃部：強酸

腸道：共生菌

尿道之沖刷

陰道中之低酸鹼值
與共生菌

▶ 圖8-5　表皮的防禦。大部分的病原體是無法穿透身體的表面進入血液或組織中，因為體表會透過化學性跟物理性障礙，以及共生菌的協助，阻止病原體入侵。

(二) 發 炎 (Inflammation)

　　發炎是將白血球和大量血漿帶到受損或受感染組織部位的一種暫時性反應。其作用是為了對病原體進行初步的破壞或是降低其攻擊能力，並為組織的修復作準備，但過度的發炎反應卻會對組織造成嚴重的傷害。在身體局部區域由組織受傷所引起的發炎反應，常常可以見到局部的**紅、腫、熱及痛**的現象。除了微生物之外，其他機械性或化學性刺激，例如冷、熱、創傷、肌肉損傷與蚊蟲叮咬，都會引起相似的發炎反應。發炎反應有三個過程：第一，**受感染部位的血流量供應增加**，以便帶來更多的白血球與血漿；第二，**微血管的通透性增加**，使得血液內能調節感染反應的免疫調節分子例如細胞激素、補體和抗體等更容易滲出血管到達受損部位；第三，白血球離開微血管，移動到受傷的組織，開始進行吞噬作用。

● 血流與血管通透性增加 (Increasing Blood Flow And Vascular Permeability)

當組織受到微生物感染或是受傷時，附近的組織（例如巨噬細胞、血小板、肥大細胞、甚至是脂肪細胞等）會釋放許多的化學物質（表8-4），造成周遭血管的舒張，以增加發炎區域附近的血流，使白血球與其他相關蛋白質流入（造成發紅與發熱）。同時也使得微血管對蛋白質的通透性增加，讓發炎相關蛋白質與白血球能穿出血管進入發炎組織（圖8-6），亦使得血漿中的液體隨著進入組織，而形成腫脹（水腫）。

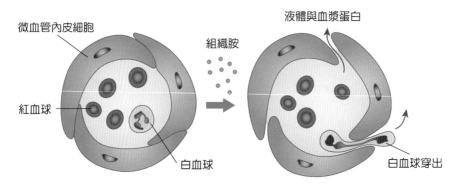

▶ 圖8-6　微血管受刺激導致通透性增加。當微血管受到如組織胺等化學物質刺激時，使得微血管內皮細胞之間的接合鬆動，血液內的白血球、液體以及血漿蛋白滲出血管。

表8-4　發炎時，影響血液供應、血管通透性與細胞移動的常見化學物質

化學物質	來　源	作　用
C3a	由補體分子C3裂解而來	促肥大細胞釋放化學物質；平滑肌收縮
C5a	由補體分子C5裂解而來	血管通透性增加；平滑肌收縮；促肥大細胞釋放化學物質；嗜中性球和巨噬細胞的趨化作用；嗜中性球活化
介白素6	巨噬細胞	促肥大細胞、肝細胞釋放C反應蛋白與升高體溫
組織胺	肥大細胞；嗜鹼性球	血管通透性增加；平滑肌收縮
血清素	血小板	血管通透性增加；平滑肌收縮
血小板活化因子(PAF)	嗜鹼性球；嗜中性球；巨噬細胞	血管通透性增加；平滑肌收縮；嗜中性球活化
前列腺素E2 (PGE2)	一般細胞；肥大細胞	血管通透性增加；血管舒張
白三烯素B4 (LTB4)	一般細胞；肥大細胞	血管通透性增加；平滑肌收縮
緩激肽(bradykini)	激肽系統	血管通透性增加；平滑肌收縮；血管舒張；疼痛
嗜中性球趨化因子(NCF)	肥大細胞	嗜中性球趨化作用

　　肥大細胞是發炎反應早期最重要的免疫細胞，肥大細胞幾乎位於所有的組織與器官，大多分布在靠近血管壁的組織之中，但特別容易聚集在皮膚、支氣管和腸壁的黏膜。當組織受傷時，附近的細胞，例如脂肪細胞或組織巨噬細胞，會透過釋放介白素6對肥大細胞與其他細胞發出受傷警訊(Lau et al., 2005; Pepys & Hirschfield, 2003)。肥大細胞受到介白素6刺激活化後，會釋放出組織胺(histamine)、肝素(heparin)、前列腺素(prostaglandin)、白三烯素(leukotrienes)等物質來促進血管擴張與增加血管的通透性(Misiak-T oczek & Brzezi ska-B aszczyk, 2009)。

⊃ 白血球的遷移 (Leukocyte Migration)

　　為了指引伴隨著血流而攜過來的白血球能往受傷的組織移動，肥大細胞會接續分泌腫瘤壞死因子等細胞激素，引導嗜中性球穿過微血管移向感染處。這種發炎區域微血管內的白血球穿過微血管移動到受傷組織的過程稱為趨化作用(chemotaxis)。**白血球的趨化作用受到特定的化學物質**（例如補體蛋白C4a與C5a等）**濃度變化所影響，主動由低濃度往高濃度處遷移**（圖8-7）。

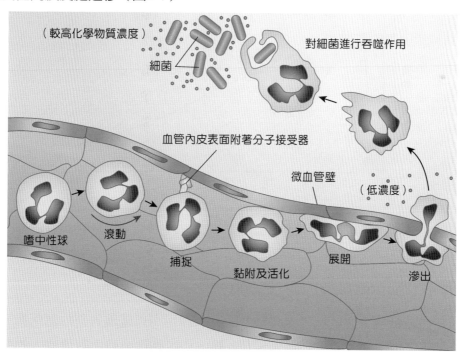

▶ 圖8-7　白血球從血管移動到組織的過程。當細菌侵入時，由細菌或受傷組織所分泌的化學物質來啟動此過程。嗜中性球經由滾動、吸附及活化等步驟，最後滲出血管壁。此過程中需要白血球表面特定分子與血管內皮細胞表面附著分子接受器的結合。

　　白血球的遷移可以分為兩個階段，首先當血管內皮細胞受到前述肥大細胞所分泌的腫瘤壞死因子的刺激，會開始在細胞表面分泌出許多細胞附著分子(intercellular adhesion molecule, ICAM)。當白血球移動到發炎區域的微血管時，透過白血球表面分子與血管內皮細胞交互作用，白血球就會被血管內皮細胞上的細胞附著分子給吸引而開始減緩移動速度，並附著在發炎區域的血管內皮上。我們可以把細胞附著分子想像成磁鐵，把白血球想像成鐵金屬，磁鐵只會吸引帶有鐵的金屬。所以血管內皮細胞膜表面的細胞附著分子越多，對白血球的吸附力就越強，越能吸引更多白血球移動過來。

　　接下來白血球會穿透血管進入組織，此時白血球會往組織內含高濃度趨化因子（補體蛋白C5a或是白三烯素等）的方向移動。不同免疫細胞的活化並抵達受傷組織的時間略有差異，首先在幾個小時內活化並抵達感染處的是嗜中性球，其次是單核球（轉變成巨噬細胞），而T細胞在感染的48小時後才活化抵達（圖8-8）。

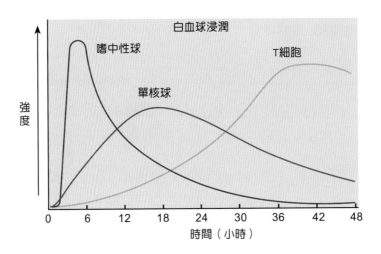

▶ 圖8-8　白血球進入發炎部位（浸潤）的速度。發炎後首先抵達的是嗜中性球，其次是單核球，最後是T細胞。

⊃ 吞噬作用 (Phagocytosis)

　　一旦白血球抵達受傷區域就會開始展開吞噬作用，以破壞入侵的微生物。吞噬細胞伸出偽足包圍微生物，並將之吞入。吞入後，吞噬細胞會藉由細胞體內的酵素將微生物毒殺（圖8-9）。

　　發炎反應的過程中還牽涉到許多細胞激素與目標細胞上接受器之間的交互作用。透過運動可以影響細胞激素或其接受器的增加或減少，甚至是內分泌激素的改變，進而達到調節免疫系統的目的。詳細的過程將在第三節中討論。

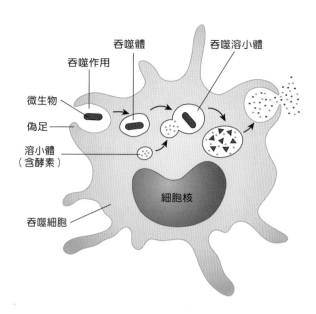

▶ 圖8-9　嗜中性球或巨噬細胞的吞噬作用。吞噬細胞將病原體吞入後，形成被包圍的吞噬體，並利用溶小體內的酵素將之破壞後，最終產物被釋放到細胞外或是被細胞再吸收利用。

(三) 發 燒 (Fever Syndrome)

　　發燒亦屬先天性免疫的一環，人體的體溫是由下視丘的體溫調節中樞所控制，使體溫維持在37℃。但當身體受到某些感染的時候，白血球會釋放一些細胞激素例如介白素1、介白素6與腫瘤壞死因子，這些細胞激素會刺激下視丘的體溫調節中樞把體溫設定調高，造成發燒的現象。雖然高燒有其危險性，但短暫時間的輕度至中度的體溫升高對控制感染來說是有益的，可以協助人體抑制細菌或病毒的活性與加速身體復原。

(四) 補體系統 (Complement System)

　　當病原菌穿過人體皮膚等天然屏障後，接下來會遭遇到的免疫屏障就是補體系統。補體系統是學者波達德(Jule Boradet)於1890年代在血漿中發現，為一種不耐熱但卻可以增強與啟動免疫系統殺菌能力的物質(Schmalstieg, 2009)。補體是由一群約30種不同類型的蛋白所組成的系統，平常即以不具活性的形式存在血液中。補體蛋白之間可以相互合作，亦可以與其他免疫系統成員合作。

　　補體系統的反應過程分三階段，依序為病原體辨識、相關補體活化與病原體清除。在前二個階段，病原體辨識與相關補體活化的過程中，補體系統可再依補體活化的差異區分為**凝集素路徑**(lectin pathway)、**古典路徑**(classical pathway)與**替代路徑**(alternative pathway) (Merle, 2015) （圖8-10）。

　　補體對病原體的辨識主要有兩種方式，第一種是補體蛋白直接被病原體表面的特殊醣類活化，例如補體分子會受到某些微生物（某些細菌、酵母菌、病毒與寄生蟲）的刺激而活化，引起補體分子自動包圍微生物，這種活化補體的方式稱為凝集路徑，屬先天性免疫。第二種方式則是抗體（IgG或IgM）先與病原體結合後，補體再被抗體活化，進而與抗體結合，此種活化方式被稱為古典路徑，屬適應性免疫。第三種則是少量補體蛋白C3受到細菌內毒素、壞死或凋亡的體細胞刺激而自發性水解活化，稱為替代路徑。

　　由於補體系統是由許多分子所組成，相互的合作關係使得各個**補體蛋白分子之間的活化是一種連鎖式反應**，如同組合積木一般，各個成分彼此依序活化或組合。因此在相關補體活化階段，未活化的C3會被裂解成次單位C3a與C3b，之後再去活化其他補體分子（例如C5a與C5b）。在這個過程中補體系統除了上述的凝集路徑與古典路徑之外，替代路徑還可以進一步強化放大上述反應的過程(Ekdahl, 2019)。

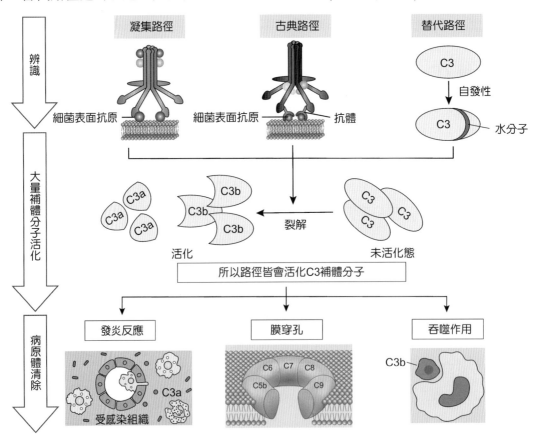

▶ 圖8-10 補體系統的活化過程包含辨識、活化與清除。經過凝集、古典或替代路徑後未活化的C3會被裂解成次單位C3a與C3b，C3a會刺激血管通透性增加。C3b則會協助細菌的膜穿孔與吞噬作用。

當完成病原體辨識與大量補體活化後，補體系統會同時以發炎、吞噬以及將細菌的細胞膜穿孔三種方式來清除病原體。第一，增加微血管的通透性。補體蛋白C3a與C5a會促使周圍細胞釋放組織胺，造成感染區血管擴張，血流增加，並增加白血球的趨化作用，吸引吞噬細胞到受感染部位（例如補體蛋白C5a會將嗜中性球與單核球吸引過來）。第二，活化的補體C5b可以破壞細菌的細胞膜、具外套膜的病毒或革蘭氏陰性菌，以降低病原體的感染。第三，補體C3b結合在病原體表面，使病原體可以被巨噬細胞辨識，最終被巨噬細胞給吞噬清除。

二、適應性免疫 (Adaptive Immunity)

適應性免疫亦稱特異性免疫(specific immunity)，與先天性免疫最大的差別在於免疫系統必須先辨識特定的外來物質才能引發免疫系統專一性的攻擊反應。淋巴球是負責適應性免疫最主要的細胞，能被負責適應性免疫的淋巴球所辨識並產生反應的分子稱之為抗原(antigen)。大多數的抗原為分子量大且複雜的分子，例如蛋白質、細菌、毒素、病毒、癌細胞等種類繁多。當抗原與少數能夠辨識它的淋巴球結合後，就能誘導這些淋巴球迅速增殖，幾天之後便有足夠的淋巴球來產生適當的免疫反應。

免疫系統如何能夠事先「知道」個體一生需要何種專一性抗體？事實上並不知道，免疫系統在未遇到抗原之前，就已經隨機產生可以辨識各式各樣不同抗原之不同抗體。大多數的抗體終其一生可能從未用來保護人體以對抗感染，但世界上的微生物數量龐大，且會經由突變而增加不同種類。因此在人類演化的過程中，人體需要事先準備各式各樣為數眾多的不同抗體來對抗。

(一) 辨識抗原是適應性免疫的基礎 (Antigen Recognition Is The Fundamental to Adaptive Immunity)

抗原有一個很重要的觀念，就是抗原會引發及維持適應性免疫反應的發生。免疫系統能夠因抗原的出現而依序啟動辨識反應，並消滅其根源—含有抗原的細菌或受病毒感染的細胞等。等到抗原被清除後，免疫反應隨即關閉。

當宿主細胞被病毒感染，或**抗原呈獻細胞**(antigen-presenting cell, APC)主動吞噬抗原（例如毒素）後，會透過細胞內稱為**免疫組織相容複合體**(major histocompatibility complex, MHC)的蛋白分子，把病毒蛋白或毒素的一小部分呈獻在細胞表面，將抗原表現出來，如此當T細胞與抗原呈獻細胞接觸時才能夠辨識出抗原（T細胞無法對游離

的抗原產生反應，抗原必須透過樹突細胞或B細胞呈獻才行）（圖8-11①）。MHC又分為兩大類，第一型免疫組織相容複合體(class I MHC protein, MHC I)，是除了紅血球外，所有細胞都具有。另一種是第二型免疫組織相容複合體(class II MHC protein, MHC II)，則只有在巨噬細胞與B細胞才有。

(二) 參與適應性免疫反應的淋巴球 (Lymphocytes Involved The Adaptive Immunity)

參與適應性免疫反應的淋巴細胞，可以簡單區分為三大類，分別是T細胞、B細胞與自然殺手細胞。

淋巴球在身體內並不是固定在組織中不動，當淋巴球從淋巴結產生後，會透過血管或淋巴管輸送，在體內不斷的循環移動。此種淋巴球在體內的循環，可以因為許多生理性的刺激（例如運動）來改變（加快或減慢）。這些刺激可以影響細胞膜表面附著分子或是一些化學因子（例如細胞激素）的分泌。研究顯示，正常的人在進行衰竭性運動(exhaustive exercise)後，血中的第一型細胞附著分子的濃度會明顯的上升(Rehman et al., 1997)，而導致白血球往組織移動的發炎現象。

➲ 白血球表面的CD標記蛋白 (Leukocyte Surface Markers)

白血球透過細胞膜表面的蛋白質分子執行微環境變化的偵測、周遭細胞的訊息溝通以及細胞接觸（接合）。這些蛋白質分子的類型為接受器、運輸蛋白、通道、細胞黏著分子與酶。國際上對這群分子依其功能與構造的差異給與統一的命名——CD (cluster of differentiation)分子(www.hcdm.org)——與不同的編號，目前已發現超過400種以上的CD標記蛋白(Engel, 2015)。例如CD8就是指具有細胞毒殺功能的蛋白質分子，目前僅在毒殺性T細胞的細胞膜表面上發現；或所有的B細胞皆具有CD19。對淋巴球而言，細胞膜表面上的CD標記蛋白可以協助免疫細胞執行許多特殊的功能。例如當組織發生發炎反應時，淋巴球就可以藉由CD62L來附著到發炎區域附近的靜脈內皮，並穿出血管移動到發炎位置（圖8-7）。由此可知，不同的CD標記蛋白可以協助淋巴球執行許多不同的功能。換句話說，一個淋巴球若是擁有了許多不同功能的CD標記蛋白，就同時具有許多不同的功能，例如自然殺手細胞就同時具有CD8與CD56。表8-5整理了與運動行為有關的部分CD抗原。

表8-5 部分CD標記蛋白的編號、分布與功能

CD標記編號	分布位置	功 能
CD2	T細胞，自然殺手細胞	細胞附著
CD4	輔助型T細胞	T細胞活化
CD8	毒殺性T細胞	T細胞活化
CD11a	淋巴球，單核球，巨噬細胞	細胞附著
CD11b	單核球，嗜中性球，自然殺手細胞	細胞附著
CD18	淋巴球，單核球，巨噬細胞	細胞附著
CD19	B細胞，漿細胞	細胞間訊息傳遞
CD28	T細胞，漿細胞	T細胞增殖，細胞激素產生
CD40	B細胞	B細胞活化，分化
CD40L	T細胞	活化的T細胞暫時出現，跟CD40結合以活化B細胞
CD45	全部白血球	T細胞與B細胞活化
CD54	血管內皮細胞	第一型細胞附著分子(ICAM-1)
CD62L	淋巴球，單核球，巨噬細胞與自然殺手細胞	細胞附著（會與CD54結合）
CD86	樹突細胞	為抗原呈獻細胞，將抗原呈獻給T細胞
CD95	活化的B細胞與T細胞	為Fas接受器，引發目標細胞的細胞凋亡
CD103	上皮的淋巴細胞（腸道，支氣管）	細胞附著並活化自身細胞

註：截至2020年6月止，人體內的CD標記蛋白的編號已超過400。有興趣的讀者可自行上網查詢各CD蛋白標記的相關資訊，網址是http://www.hcdm.org。

⊃ T細胞 (T Cells)

　　T細胞（表面皆帶有CD3標記蛋白）在適應性免疫中具有關鍵性角色，有多種型態與功能。第一類T細胞可以協助B細胞活化，以製造抗體或與單核球交互作用並幫助其消滅病原體，此種T細胞稱為輔助型T細胞(T helper cell, T_H)。第二類T細胞會將活躍的免疫反應給關閉，以避免過度的免疫反應，此種T細胞稱為調節型T細胞(regulatory T cells, T_{reg})。第三類T細胞負責破壞受到病原體感染（例如病毒）的體內細胞，此過程稱為**細胞毒殺作用**(cytotoxicity)，此種T細胞稱為**毒殺性T細胞**(cytotoxic T cell, T_C)。在與其他細胞的溝通上，T細胞藉由釋放細胞激素，來傳遞訊息給其他細胞，或是透過與其他細胞的接觸產生功效（圖8-11）。

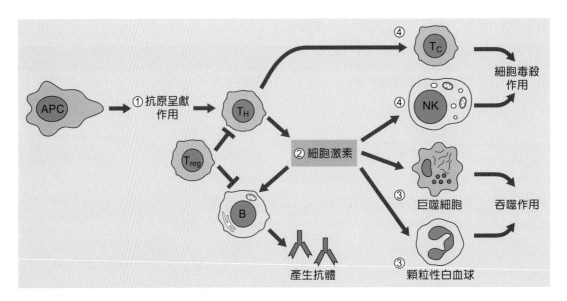

▶ 圖8-11　T細胞與其他淋巴球的交互作用。輔助型T細胞(T_H)受到抗原呈獻細胞(APC)的抗原呈獻作用刺激①，而會開始製造細胞激素而控制免疫反應②。吞噬細胞因而被活化而殺死已被吞噬的微生物③，毒殺性T細胞(T_C)和自然殺手細胞(NK cell)開始辨識並殺死被病毒感染的宿主細胞或是癌細胞④。此外T細胞與B細胞皆會受到調節型T細胞(Treg)的抑制。

1. 輔助型T細胞 (T Helper Cell)

輔助型T細胞（除CD3外，表面還帶有CD4標記蛋白）又可以依功能再細分為第一型、第二型與第十七型輔助型T細胞。輔助型T細胞的主要功能是「輔助」或是「誘發」免疫反應。輔助型T細胞需要受第二型免疫組織相容複合體的刺激才會被活化並且辨識抗原，活化後的輔助型T細胞便開始分泌細胞激素（例如IL-2、IL-4、IL-5、IL-6、IL-10及IFN-γ等）（圖8-11②），增進B細胞、巨噬細胞、毒殺性T細胞與自然殺手細胞的活性。

2. 調節型T細胞 (Regulatory T Cell)

調節型T細胞的功能恰巧與輔助型T細胞相反，它的目的是抑制淋巴球的活性，也就是說當淋巴球對抗原產生過度反應時，調節型T細胞就會減低他們的活性，以避免過度的免疫反應（例如過敏或自體免疫）而傷害身體細胞。在調節型T細胞與輔助型T細胞的合作下，身體的免疫系統才會維持平衡，在抗原出現時打開，抗原消滅時立即關閉。

3. 毒殺型T細胞 (Cytotoxic T Cell)

毒殺型T細胞又稱為殺手性T細胞(killer T cell)，可以藉由其細胞表面的CD8標記蛋白辨識。它主要的功能是破壞身體中具有外來分子的細胞，這些分子通常來自病毒，

例如受病毒感染的細胞，也可能是基因轉型的細胞例如癌細胞，或是不曾被免疫系統辨識過的分子例如金屬物。

對於那些太大而無法被吞噬的目標，毒殺型T細胞可以透過細胞毒殺(cytotoxic)反應，直接針對目標細胞，透過毒殺細胞所釋出的穿孔素(perforin)，將目標細胞的細胞膜給穿孔打洞，使目標細胞因細胞質外流，造成細胞壞死(necrosis)。毒殺型T細胞也能透過訊息傳遞給目標細胞，以啟動目標細胞的自毀程式，這個過程稱為細胞凋亡(apoptosis)。在凋亡的過程中，細胞內的DNA會產生斷裂，並且分別被細胞膜給包圍起來，形成許多小的凋亡小體(apoptotic body)。細胞的凋亡小體可以很迅速的被周遭健康的細胞、巨噬細胞或是嗜中性球給吞噬(Los et al., 2001)。細胞凋亡與細胞壞死的差異性在於細胞凋亡後不會引起嚴重的發炎反應，但細胞壞死卻會。

⊃ B細胞 (B Cell)

當暴露在適當的抗原下，休息中的B細胞便開始活化增生成具攻擊能力的漿細胞(plasma cell)，另一部分的B細胞則會變成記憶細胞(memory cell)。此時漿細胞便會開始分泌大量抗體到細胞外（圖8-12）。這些抗體會與原先刺激活化B細胞的抗原相結合。當抗體與抗原結合後，一方面可以消除抗原的傷害性（例如抗原為毒素時），另一方面可以吸引補體系統與吞噬細胞來共同破壞病原體。

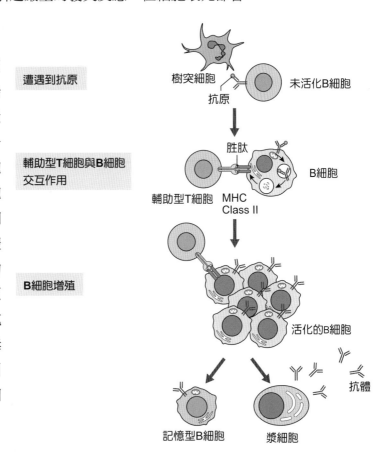

▶ 圖8-12　B細胞的活化。未活化的B細胞遭遇樹突細胞所呈現的抗原，再將抗原加工傳遞給輔助型T 細胞，以驅使B細胞活化並增殖成可以分泌抗體的漿細胞以及記憶型B細胞。

1. 抗體與抗原結合 (Antigen-antibody Binding Interaction)

抗體藉著與病原體結合以對抗病原體的反應稱為**中和作用**(neutralization)，抗體跟特定抗原之間如同鑰匙和鎖之間的關係，使得一種抗體僅能與一種抗原進行專一性的結合。當病原體的表面抗原被抗體所結合後，此時抗體的功能如同「刀鞘」，可以將病原體的「刀子」給包圍起來，使其武器不具攻擊性，讓病原體失去武裝容易被吞噬細胞所吞噬並摧毀。例如當抗體與引起上呼吸道感染的鼻病毒(rhinoviruses)結合後，就可以阻止病毒侵入宿主細胞。此外抗體與補體合作可以增強吞噬細胞的吞噬作用。換句話說，當兩者都存在的時候，吞噬細胞的吞噬作用會更有效率。

2. 記憶型B細胞 (Memory B Cell)

當B細胞受到抗原刺激活化後，會增生分化為兩個子代分支，一個分支為漿細胞，另一個分支為記憶細胞（圖8-12）。記憶細胞的目的就是為預防下一次再遇到相同抗原而準備。當再次遇到相同抗原時，記憶型B細胞就可以迅速活化反應，讓抗原無法再次傷害身體。

從動物實驗中可以發現，進行長時間的劇烈運動（例如鐵人三項），會短暫降低體內的B細胞與T細胞再次遇到相同抗原時的反應能力，這表示在沒有改變體內抗體的濃度的狀況下，運動是可以短暫的降低淋巴球對同一抗原的敏感性(Bruunsgaard et al., 1997)。

➔ 自然殺手細胞 (Natural Killer Cell)

淋巴球中除了B細胞與T細胞二大類外，還有第三類稱為自然殺手細胞(natural killer cell, NK)的淋巴球（細胞表面帶有CD16標記蛋白），自然殺手細胞的功能主要是透過與目標細胞接觸的方式，消滅體內特定的腫瘤細胞與被感染的宿主細胞。但與毒殺性T細胞不同的是，自然殺手細胞並不具有抗原特異性，也就是說，只要體細胞受到病毒感染或是有癌細胞的存在，自然殺手細胞就會直接攻擊，不需要事先辨識宿主細胞是否有表現特定抗原。

(三) 免疫反應時細胞間之交互作用 (Immune Effector Mechanism for Pathogen)

當病原體的抗原被抗原呈獻細胞呈獻，並且受到淋巴球的辨識之後，輔助型T細胞就會透過分泌細胞激素啟動白血球的攻擊反應程序，這個程序就是上述發炎反應的過程之一，簡單的說，發炎反應是非特異性與特異性免疫反應共同合作的結果。

　　被活化的淋巴球,第一步的反應就是細胞增殖(圖8-12)。它們在細胞膜上產生出新的細胞激素接受器,透過接受器以接受其他細胞所分泌的細胞激素刺激。增生的淋巴細胞本身也會開始分泌細胞激素,在分化為成熟細胞之前,它們通常會經歷許多分裂週期,當然這又是受到其他細胞激素的調控。

　　在感染初期,淋巴球分泌的不同類型的細胞激素可以決定免疫反應的類型。在活化免疫細胞的過程當中,輔助型T細胞扮演很重要的居中協調角色(圖8-13),它會因病原體的不同(例如病毒與細菌),透過分泌不同的細胞激素而活化相對應的免疫反應,因為活化不適當的作用機轉,可能會增加對病原體的敏感度但卻無法完成清除病原體的保護作用。

⊃ 病毒與寄生蟲 (Virus and Parasite)

　　當所要對抗的病原體是會寄生在細胞內的病毒或寄生蟲時,例如感染流行性感冒病毒,活化毒殺型T細胞就能發揮保護功能,若是活化巨噬細胞則會增加巨噬細胞的敏感度,但卻無法消滅受感染的體細胞。同樣的,若是受到寄生蟲感染,活化巨噬細胞就能發揮保護功能,但同時也要活化B細胞轉變成漿細胞製造抗體,若沒有抗體協助,巨噬細胞的活化反而會對正常體細胞產生有害的影響。

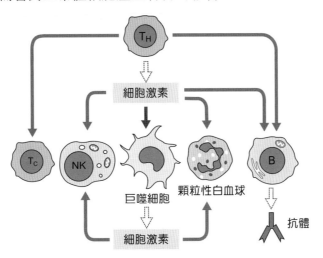

▶ 圖8-13　輔助型T細胞(T$_H$)在免疫中所扮演的角色是透過不同的細胞激素來選擇與活化適當的免疫反應。但是受活化的巨噬細胞所分泌的細胞激素亦相當重要,它可以增強其他免疫細胞的攻擊能力。

⊃ 癌細胞 (Cancer Cell)

若是與癌細胞遭遇，輔助型T細胞會透過分泌細胞激素（例如介白素2）活化巨噬細胞，促使巨噬細胞分泌 α 型腫瘤壞死因子或是FasL，引起癌細胞的細胞表面上的腫瘤壞死因子接受器或Fas接受器(CD95)活化而造成癌細胞的細胞凋亡。

⊃ 細 菌 (Bacteria)

若是身體受到細菌等微生物的感染時，輔助型T細胞會透過細胞激素（例如介白素4、介白素5與介白素6等）活化B細胞轉變成漿細胞分泌抗體，並透過細胞激素（例如 γ 型干擾素）活化其他的吞噬細胞，例如巨噬細胞與顆粒性白血球來吞噬細菌。

當感染原被清除後，活化態的T細胞與B細胞也必須摧毀，透過T細胞表面上的Fas接受器與FasL（來自因淋巴球釋放而游離於組織液中或是存在T細胞表面）的作用，開始引發淋巴球本身的細胞凋亡(Russell & Ley, 2002)（註：限於篇幅，詳細的過程不在本書討論範圍，請參閱免疫學專書）。

(四) 再次與相同抗原遭遇 (Second Encounter with A Pathogen)

⊃ 主動免疫 (Active Immunization)

人類第一次被病原體感染時，必須經過5~10天的時間抗體才會緩慢的生成，這種現象稱為**初級免疫反應**(primary response)。血液中抗體的濃度會在遭遇感染源後的第4週達到高峰，接下來便會下降。但若是在未來再次遭遇到相同抗原的感染後，身體內的抗體濃度便會立即達到高峰，這種現象稱為**次級免疫反應** (secondary response)（圖8-14）。次級免疫反應發生時，抗體在與抗原接觸的2小時內便會開始分泌，並且在血液中可以維持較長的時間，抗體如此快速的產生是為了防

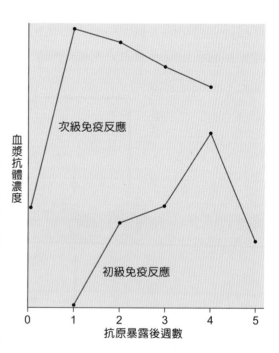

▶ 圖8-14　與抗原接觸時初級與次級免疫的反應時間。初級免疫反應產生抗體的速度較慢是由於B細胞需要時間來製造適合的抗體。當再次遇到相同抗原時，淋巴球可以直接喚醒曾遭遇過此抗原的記憶細胞直接活化，所以次級免疫反應的速度較快且強。

止相同疾病的再次發生。這種**身體透過與抗原接觸而產生抵抗力的免疫反應稱為主動免疫**(active immunity) (Akkaya, 2020)。

主動免疫有兩個特性,即專一性與記憶性。免疫系統與抗原接觸時,次級免疫反應較初級免疫反應快速有效,透過這個現象,主動免疫的實際應用就是疫苗的接種。疫苗接種後,當人體第二次與疫苗相同的抗原接觸時,體內的記憶細胞會使免疫系統引發更強且迅速的反應以對抗相同抗原。

⊃ 被動免疫 (Passive Immunization)

被動免疫是指將其他個體所產生的抗體,直接送到接受者的體內,讓接受者可以立即對特定抗原具有保護力。例如懷孕與哺乳的過程中,母體會透過胎盤或是分泌乳汁的方式將抗體傳送給胎兒,使其獲得被動免疫力;或是被毒蛇咬,而注射抗毒血清。但與主動免疫不同的是,因為抗體是透過轉移而非自體製造而來,通常在數週之後,這些轉移過來的抗體就會自動分解消失,同時個體也再次失去對相同抗原的保護力。

三、免疫系統疾病 (Autoimmune Disease)

免疫系統的疾病型態可以分成二種基本類型,分別為過度的免疫反應(過敏、自體免疫)與無效的免疫反應(免疫不全)。

過敏反應(hypersensitivity)是免疫系統對常見的環境抗原產生過度反應的結果。免疫反應的強度有時也會超過病原體對身體所引發的傷害,例如免疫系統對無害的抗原起反應,像是花生或海鮮等食物。這種因為免疫系統對一般生活周遭常見抗原反應過度且無法關閉的現象,即稱為過敏反應,例如氣喘、花粉熱與蕁麻疹等。

自體免疫(autoimmunity)是免疫系統對自體細胞產生過度反應的結果。在正常情況下,免疫系統可以區別所有外來抗原與自己的身體細胞,免疫細胞不會對正常的體細胞產生反應,僅對外來抗原產生抵抗反應。但如果免疫系統將自己身體的正常組織視為抗原而產生免疫反應,即稱為自體免疫疾病。例如類風濕性關節炎(rheumatoid arthritis)或紅斑性狼瘡等。

免疫不全(immunodeficiency)為免疫細胞不會對外來抗原產生反應。如果免疫系統中的任何一部分產生缺陷,使個體無法對外來抗原產生適當的反應,這種情況稱為免疫不全。有些缺陷是由遺傳所產生,在出生後即會明顯的表現出來;有些則是後天所導致,例如由人類免疫缺乏病毒所引起的後天免疫缺乏症候群。

8-3 運動與免疫 (Exercise and Immune)

　　運動對免疫系統的影響起源於壓力生理學。壓力是什麼？簡單的說，壓力是所發生的事在沒有心理準備的情況之下，造成心理情緒與生理的改變。因此當戰鬥、逃跑、恐懼等不舒服的感覺發生時，生理上與心理上所產生的相對應反應就是壓力反應。

　　在生理與心理上，壓力是一系列的事件，包含壓力源、腦部的反應以及身體對壓力產生反應。當大腦（神經系統）對壓力源產生反應後，透過刺激交感神經末梢與腎上腺來分泌兒茶酚胺（正腎上腺素與腎上腺素），並且刺激內分泌腺的下視丘－腦下腺－腎上腺皮質軸線，促使腎上腺皮質釋放皮質醇（糖皮質素中最主要的激素），告訴全身細胞壓力源的存在。例如，我們從睡醒中起床或是被狗追等突如其來的短暫壓力，會立即促使體內兒茶酚　胺（正腎上腺素與腎上腺素）的濃度增加，強化注意力的集中與交感神經的反應，有利個體在環境的存活。上述的這些壓力激素同時會進一步引起其他激素的分泌，例如血管加壓素、催產素與細胞激素（例如介白素1β、介白素6與介白素13）(Steptoe, 2007; Knudsen, 2020)，進而影響免疫細胞的反應以及腎上腺素接受器與皮質醇接受器在數量上的改變。

　　在運動的過程中腎上腺對免疫系統的作用，可以透過一般適應症候群(general adaptation syndrome, GAS)中看出來，也就是說不同的壓力源都會產生非常類似的反應（李意旻等，2016；Selye, 1978）（詳見第5章）。學者達巴(Dhabhar)首次提出，面對短期的壓力時，除了心血管、肌肉與神經內分泌系統會產生戰鬥－逃跑反應之外，某些情況下大腦與免疫系統也會為壓力源（例如運動競賽、工作機會、手術醫療等）的挑戰而預先活化準備（例如馬拉松賽跑、尋找逃生路線、工作面試、感染或受傷等）(Dhabhar, 1995)。所以短期的正向壓力有利健康，但慢性或長期暴露於負向壓力之下卻會對健康有不良的影響(McEwen, 1998)（圖8-15）。

　　運動除了會影響內分泌與細胞激素的變化之外，也會影響免疫細胞在數量及功能上暫時性或長期性的改變(Dhabhar, 2018)。例如短期壓力（從數分鐘到數小時）會使免疫系統活化先天性與適應性免疫反應。其免疫活化機制包括樹突細胞、嗜中性球、巨噬細胞與淋巴球在移動、成熟與功能的活化以及局部或全身的細胞激素濃度變化。相反的，若是面臨像是馬拉松或是超出個人極限的訓練等巨大的壓力源，則會使生理上面臨過度的生理壓力，造成體內皮質醇的濃度長時間處在高濃度的狀況，進而改變細胞激素的平衡，以抑制或調整先天性或適應性免疫反應，包括慢性發炎及抑制免

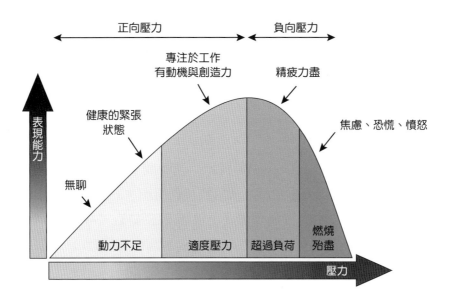

▶ 圖8-15　壓力曲線對情緒及表現能力的影響。正向壓力有助於提高表現能力，負向壓力則會降低表現能力，表現出焦慮、恐慌與憤怒的情緒。

疫細胞（數量、移動與功能）(Dhabhar, 2014)。在二十世紀早期的研究中即發現，運動員在獨自跑完馬拉松之後，血液中白血球數量會增多(Larrabee, 1902)；但若是在競爭性強的馬拉松比賽後，則反而會降低體內嗜中性球對細菌的吞噬能力(Chinda et al., 2003)。所以依個人體質狀況進行適度的運動對身體才是有益的運動（一般人的日常活動代謝當量(metabolic equivalent, MET)小於7），不運動或過度的體能鍛鍊都可能對健康有不利的影響（圖8-16）。

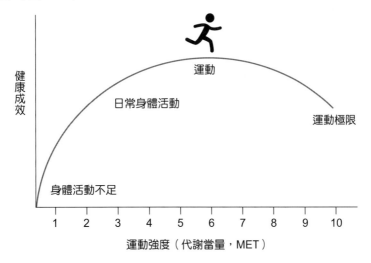

▶ 圖8-16　一般人身體活動、運動與過度運動訓練對健康成效的影響。摘自：Scheffer, 2020。

註：身體活動的強度通常以代謝當量(metabolic equivalent, METs)表示。代謝當量是以人坐下靜止時熱量消耗為每公斤體重每小時消耗1大卡(1 kcal/kg/hour)為定義，計算身體活動時代謝率與靜止時代謝率的比值。適度運動的熱量消耗大約坐下時3~6倍(3-6 MET)，強度略強的劇烈運動熱量消耗則為坐下的6倍以上。

一、運動對免疫細胞的影響 (Exercise and Leukocytes)

(一) 運動後的免疫空窗期理論 (Open-window Hypothesis After Exercise)

運動訓練被認為可以改變運動當下與運動結束後的免疫反應。以運動時間的持續性分為單次的急性運動(acute exercise)與持續一段時間多次重複運動訓練的長期運動(long-term exercise)。除此之外，免疫系統對於運動所產生的生理反應也會受到運動類型(包括耐力運動或阻力性運動)與運動強度（包括低運強度($<40\%$ $\dot{V}O_2max$)、適度運動($40\sim69\%$ $\dot{V}O_2max$)、劇烈運動($70\sim90\%$ $\dot{V}O_2max$)、高強度運動($>90\%$ $\dot{V}O_2max$)）的影響。

免疫系統的功能會因為劇烈運動結束後而出現暫時性的妥協現象。這種在劇烈運動後，免疫系統功能暫時性低下約3~72小時，並增加感染風險的時期被稱為空窗期(open window)。空窗期持續的時間，會因運動強度與時間而有差異，適度的運動結束後，免疫系統約在12小時候即可恢復正常，但長時間的劇烈運動結束後，免疫系統則可能會延長到72小時才恢復（圖8-17）。

適度運動與劇烈運動期間都會促使免疫細胞從組織移動到血液裡，但若是有氧的劇烈運動(70% $\dot{V}O_2max$)時間持續超過1個小時，雖然在運動後（2小時以內）會暫時性的促使血液中嗜中性球數量增加，但淋巴球與單核球的數量，以及口腔黏膜中IgA抗體濃度會降低一段時間。在這段時間，呼吸系統很容易受到細菌跟病毒的侵犯而導致感染而生病(Nieman, 2007; Peake , 2017)

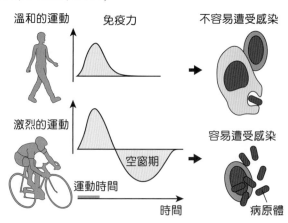

▶ 圖8-17　免疫力在開窗期會下降而增加感染的機會。當進行長時間的劇烈運動後（例如足球比賽），會導致免疫系統對抗病原體的能力降低，使得身體容易遭受感染。摘自：Hoffman-Goetz, 2005。

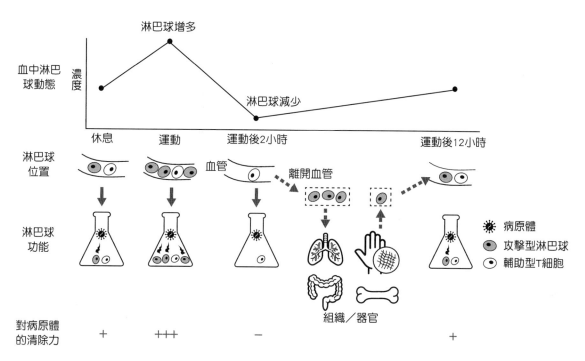

▶ 圖8-18　急性運動後特定淋巴球包括毒殺型T細胞與自然殺手細胞由血管進入周邊組織器官。運動當下血管中淋巴球在數量與對病原體的清除力會增加，運動後2小時攻擊型淋巴球會離開血管進入組織器官，運動後12小時組織中部分的攻擊型淋巴球會重新回到血管中。摘自：Simpson, 2020。

　　雖然上呼吸道感染是35~65%的運動員在劇烈運動後最常見的疾病之一(Gleeson, 2016)，但並非每個人都會受到感染。個人的免疫功能調節能力（包括遺傳、營養狀況、心理壓力、日夜週期）、環境因子（極端溫度、過敏原，二氧化氮或硫化物等空氣汙染物）或基本健康狀況（施打疫苗）都會影響到每個人感染風險的差異(Bermon, 2017; Walsh, 2011)。

　　另一方面，在空窗期血液中減少的淋巴球與自然殺手細胞並非消失或死亡，透過螢光追蹤技術發現，在空窗期血液中減少的淋巴球會從血管中移動到周邊組織或器官裡(Krüger, 2008)（圖8-18）。長期規律運動會使免疫細胞頻繁的在體內重分配，反而有益於強化身體對腫瘤免疫能力，提高淋巴球與自然殺手細胞對位於組織裡的腫瘤細胞的接觸辨識機率並消除，降低癌症風險(Pedersen, 2016)。

(二) 細胞附著分子的改變 (Cell Adhesion Molecules Express)

白血球會透過循環系統不斷的在皮膚、小腸黏膜、肺臟與泌尿生殖道之間移動，以提早發現並消滅入侵體內的抗原。當發炎反應發生時，受傷組織藉由增加細胞附著分子的分泌將白血球吸引到發炎組織。人體透過運動，可以調節白血球與血管內皮上的細胞附著分子的濃度，就算是不同的運動類型，只要隨著運動強度及運動時間的增加，都會影響細胞附著分子的表現(Shephard, 2003)。例如在短暫運動、間歇運動(interval exercise)或離心運動(eccentric exercise)後，淋巴球與嗜中性球表面上的細胞附著分子（CD62L與CD11a）都會明顯的增加(American College of Sports Medicine, 2005)。

特別的是經過長時間的動態運動後反而使血管內皮的細胞附著分子減少，導致巨噬細胞及嗜中性球對血管內皮的附著性降低。因此動態運動可以透過三種機制來在抑制細胞附著分子，分別是：第一透過內分泌的調節，利用皮質醇與腎上腺素的作用(Nakagawa et al., 1999)；第二減少白血球細胞膜的細胞附著分子的表現(Matsuba et al., 1997)；第三利用氧化物（例如血管內皮所分泌的一氧化氮）來影響嗜中性球(Cuzzolin et al., 2000)。

(三) 運動與淋巴球的凋亡 (Exercise and Lymphocyte Apoptosis)

細胞凋亡(apoptosis)是體內細胞按照死亡程序，主動自我毀滅。對正常的免疫系統來說，本來就會透過細胞凋亡來調節免疫細胞的發育(Phaneuf & Leeuwenburgh, 2001)。然而細胞凋亡也可以被其他外界因子給誘發，例如游離輻射、熱、激素、抗癌藥以及劇烈運動壓力。長時間（＞1小時）劇烈運動和過度的訓練會引起免疫系統的損害，導致淋巴球的消失與免疫能力受到抑制。劇烈運動會引發免疫細胞的細胞凋亡造成免疫系統的功能改變。引起細胞凋亡的路徑分為兩部分，一是細胞內路徑，二是細胞外路徑。

◐ 胞內凋亡路徑 (Intrinsic Apoptosis Pathway)

當粒線體在提供細胞能量的過程當中，會產生大量的氧自由基副產物，稱為活性氧化物(reactive oxygen species, ROS)。活性氧化物具有很強的反應性，會造成細胞內DNA、蛋白質、脂質與粒線體的破壞(Ayala et al., 2014; Wei et al., 1998)，當細胞所受的破壞達到無法修復的程度時，會引發細胞自己啟動凋亡蛋白執行自我毀滅，造成細胞凋亡。也就是說活性氧化物越多，越容易導致細胞凋亡的發生。所以我們可以透

過偵測細胞內活性氧化物的濃度變化來了解體內自由基的多寡與細胞凋亡的程度。另外，脂質過氧化物(lipid peroxidation, LPO)也具有與活性氧化物相同破壞細胞的功能。因此在進行單次馬拉松等衰竭性運動(exhaustive exercise)會促使淋巴球產生大量的活性氧化物與脂質過氧化物，造成細胞凋亡(American College of Sports Medicine, 2005)。

⊃ 胞外凋亡路徑 (Extrinsic Apoptosis Pathway)

第二種細胞凋亡路徑是透過活化細胞膜外表面上的死亡訊息接受器，包括fas接受器(CD95)或腫瘤壞死因子接受器(TNFR)所引發。首先，單次過度訓練（$\dot{V}O_2max$ ＞80%，1小時）以及嚴重的肌肉損傷運動會造成血中α型腫瘤壞死因子的濃度增加(Steinacker et al., 2004)，接著細胞的DNA受損程度會決定該細胞要活化還是凋亡。當淋巴球DNA正常沒有受損（年輕淋巴球）時，淋巴球內的細胞核訊息轉錄因子NF-κB (nuclear factor kappa-light-chain-enhancer of activated B cells) 會被活化，進而啟動該淋巴球的活化程序(Vider et al., 2001)。但當淋巴球DNA已經損壞無法修復（老舊淋巴球）時，此無法修復的訊息會抑制訊息分子NF-κB的活化而導致淋巴球自己啟動細胞凋亡程序(Stagni, 2008)（圖8-19）。

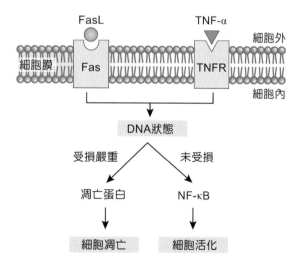

▶ 圖8-19　當劇烈運動引起Fas接受器與腫瘤壞死因子接受器(TNFR)反應時，若細胞DNA沒有受損細胞會啟動NF-κB以促使活化細胞，若DNA損害太大無法修復，則會自發性的啟動凋亡蛋白引發細胞凋亡。

當胞外或胞內的凋亡路徑啟動細胞的凋亡程序時會透過胞內酵素（例如bcl-2、bax等）將粒線體打洞，使粒線體受破壞將其內所含的細胞色素c (cytochrome c)，釋放到細胞質中(Ashe & Berry, 2003)，接著再活化細胞質內的凋亡蛋白(caspase)而導致細胞質與細胞核被分解以及DNA斷裂，隨後細胞膜的脂質外翻（磷脂雙層膜的磷酸分子與脂肪酸分子位置對調）形成凋亡小體。因此我們發現，不管是胞外或是胞

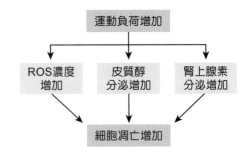

▶ 圖8-20　導致免疫細胞發生細胞凋亡的運動負荷。在急性劇烈運動之下引起活性氧化物濃度(ROS)增加、皮質醇與腎上腺素分泌增加而引起老舊免疫細胞發生細胞凋亡。

內的細胞凋亡路徑，都必須引起凋亡蛋白(caspase)的活化才能導致細胞死亡。與細胞壞死(necrosis)不同的是，細胞凋亡不會引起體內嚴重的發炎反應發生（不會活化巨噬細胞或是導致發炎的介白素產生），但細胞壞死則會。

　　雖然劇烈運動或是高強度運動會增加細胞內活性氧化物的產生、刺激皮質醇分泌增加、抑制生長激素分泌、增加腎上腺素以及腫瘤壞死因子的分泌來導致免疫細胞發生細胞凋亡（圖8-20）。然而研究發現，規律運動可以減緩運動壓力所導致的免疫系統抑制。發生凋亡的是DNA受損嚴重的老舊免疫細胞，在長期規律訓練的運動員身上沒有觀察到免疫細胞有細胞凋亡的現象，只有當沒有運動習慣的人進行劇烈運動後才會觀察到免疫細胞發生凋亡的現象(Krüger, 2014)。

二、運動內分泌對免疫細胞的調節 (Exercise Endocrine Regulate Leukocytes)

　　運動會引起體內激素的劇烈改變，進而調節血中免疫細胞的濃度。單次的劇烈運動行為會引起體內許多激素的分泌增加，包括腎上腺素、正腎上腺素、皮質醇等，但是胰島素的分泌卻會減少(de Vries et al., 2000)。即使運動結束，體內的激素依然會持續改變，例如劇烈運動後，血中腎上腺素與皮質醇的濃度分別在運動結束後6與30分鐘達到最高峰，隨後開始下降(Dhabhar, 2012)（圖8-21A），而相同的時間點，血中免疫細胞也會產出濃度的波動（圖8-21B）。也就是說運動後內分泌激素亦能持續調節免疫功能一段時間。

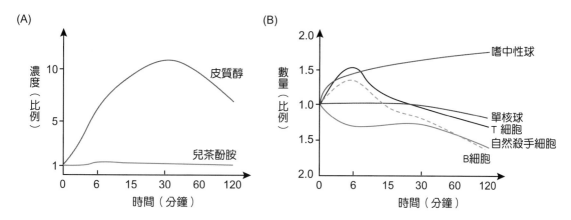

▶ 圖8-21　劇烈運動結束後血中皮質醇與兒茶酚胺（腎上腺素與正腎上腺素）濃度變化對免疫細胞的影響。(A)血中皮質醇與兒茶酚胺濃度分別在運動結束後30與6分鐘後達到最大值；(B)血管中免疫細胞數量，T細胞與B細胞在運動結束後6分鐘達到最高，自然殺手細胞與單核球是運動後持續下降，嗜中性球則是持續上升。摘自：Dhabhar, 2012。

(一) 兒茶酚胺 (Catecholamines)

　　在運動期間腎上腺髓質會增加分泌腎上腺素，而交感神經的末梢則會增加分泌正腎上腺素，使得體內兒茶酚胺（腎上腺素與正腎上腺素）的濃度都增加許多(de Vries et al., 2000)。這是由於兒茶酚胺的主要功能就是在促使個體應付戰鬥、逃跑等狀況並促使免疫系統為受傷預做準備。因此跟運動前相比在劇烈運動停止後，正腎上腺素可以影響血中嗜中性球的數量增加，而腎上腺素可以影響單核球與嗜中性球的數量增加，相反的腎上腺素會影響淋巴球中B細胞與毒殺型T細胞的數量降低（圖8-21B）。

　　在內分泌的觀點中，激素必須要與接受器接合，目標細胞才會產生反應。因此T細胞、B細胞、自然殺手細胞、巨噬細胞與嗜中性球的細胞膜上皆具有 β 型腎上腺素接受器，所以這些免疫細胞才會受到兒茶酚胺的調控(Madden & Felten, 1995)。其中，腎上腺素接受器含量由多到少依序為自然殺手細胞、B細胞、毒殺型T細胞與輔助型T細胞 (Maisel et al., 1990)。細胞膜上的接受器越多，就表示在相同激素濃度下，目標細胞對激素的反應會越強烈。除此之外，動態運動又可以促進自然殺手細胞上的腎上腺素接受器數量增加，這表示運動更容易強化自然殺手細胞對腎上腺素產生反應，但是輔助型T細胞的反應最差(Hoffman-Goetz & Pedersen, 1994)。由此可知，運動後所分泌的兒茶酚胺，對不同的免疫細胞所造成的不同反應與淋巴球細胞膜外表面的腎上腺素接受器的數量有關。

(二) 皮質醇 (Cortisol)

在生理上,長時間的運動會引起皮質醇的分泌(Stuempfle et al., 2010);而短暫的運動反而不會影響皮質醇的分泌。唯一的例外是,當人面臨有時間限制(1小時內)的壓力下的劇烈運動(例如$VO_2max>80\%$或計時性的5,000公尺障礙賽)才會導致血液中皮質醇發生變化。若是進行競爭性運動,不管是時間的長短,都會促使皮質醇的濃度上升。對免疫細胞而言,皮質醇會促使血中淋巴球、單核球與嗜酸性球的數量改變(Pedersen & Hoffman-Goetz, 2000)。在運動結束後2個小時,因為皮質醇濃度的增加會使血中B細胞、T細胞與單核球的數量減少約35% (Dhabhar, 2012),而自然殺手細胞的數量卻會增加50%。若是進行劇烈運動,則皮質醇的增加會更進一步的促使組織內老舊的淋巴球發生細胞凋亡。

體內免疫細胞會因為短期或劇烈的運動壓力而重新分布。即使運動結束後2小時,在體內腎上腺素、正腎上腺素與皮質醇三者的交互作用下,仍可以持續影響血液中的免疫細胞數量變化(嗜中性球增加75%、單核球減少20%、B細胞減少65%、T細胞減少25%、自然殺手細胞減少50%)(圖8-21B)。

三、運動對細胞激素的調節

(一) 慢性發炎 (Chronic Inflammation)

久坐不動會加速內臟脂肪(visceral fat)的堆積,導致全身性的慢性發炎;增加心血管問題、肌肉萎縮、貧血、胰島素抗性、血脂異常(dyslipidemia)、動脈粥樣硬化加速(accelerated atherosclerosis)以及神經病變(neurodegeneration)的併發症;增加第二型糖尿病、心血管疾病以及失智等慢性非傳染性疾病的風險。這些症狀會降低人的行動能力(mobility)、日常活動能力(physical activity)以及體力(physical capacity),使人更久坐不動,再次強化慢性發炎導致惡性循環(Benatti, 2015)(圖8-22)。運動訓練量越大(>45分鐘),越可以減少腹部脂肪堆積(圖8-23),同時中斷並改變慢性發炎的惡性循環過程。運動的過程中,肌肉所產生的肌原激素(myokines)可以直接調節抗發炎反應與改善併發症。

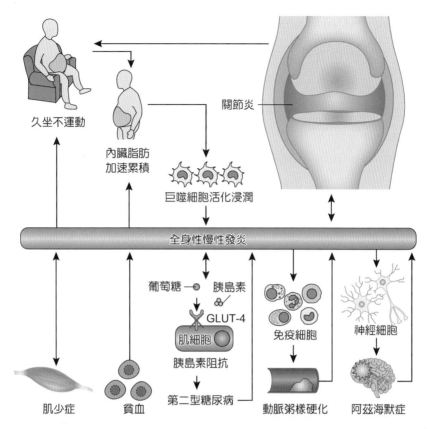

▶ 圖8-22 慢性發炎惡性循環。摘自：Benatti, 2015。

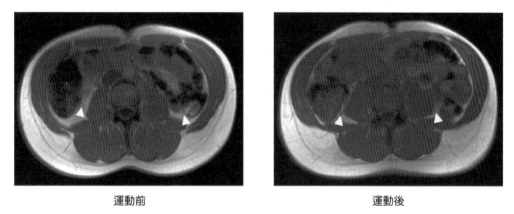

運動前　　　　　　　　　　　　　　　　　運動後

▶ 圖8-23 運動促進腹部脂肪分解。透過腹部磁振造影顯示，運動前與持續運動14天後減少1.4公斤體重。白色三角形即為內臟脂肪位置。摘自：Pedersen, 2019。

(二) 肌原激素 (Myokines)

　　肌肉占全身體重的36~42%，透過肌肉的收縮可以影響或刺激體內其他的組織或器官（例如肝臟與脂肪組織）。近年來肌肉被認為具有內分泌功能，可以分泌一群稱為肌原激素的細胞激素，肌原激素一詞最早是由瑞典科學家薩爾丁(Saltin Bengt)於2003年所提出(Pedersen, 2003)。骨骼肌的重複性收縮會誘導肌原激素的分泌，這些肌原激素參與了肌肉本身的代謝與調節其他組織，例如脂肪、肝臟、大腦和血管(Carson, 2017)（圖8-24）。到目前為止已經發現了600多種的肌原激素(Görgens, 2015)，常見的肌原激素種類包括細胞激素（例如與發炎反應有關的介白素6、白血病抑制因子(leukaemia inhibitory factor, LIF)、促進能量代謝的介白素15，以及胜肽類的鳶尾素(Irisin)）、促進肌肉氧氣利用率與粒線體生長的成纖維細胞生長因子21 (fibroblast growth factor 21, FGF21)與神經肌肉發育有關的腦源性神經營養因子(Brain-Derived Neurotrophic Factor, BDNF)等(Lee, 2019)。

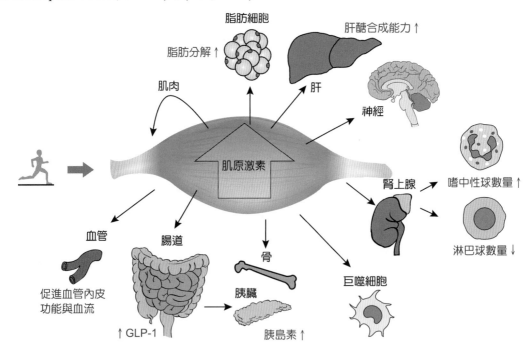

▶ 圖8-24　肌肉重複性的收縮會使肌原激素分泌，以調節肌肉自身或其他組織。GLP-1: glucagon like peptide-1（升糖素類似胜肽）(Benatti FB, 2015; Carson BP, 2017)。

(三) 細胞激素的免疫調節 (Immune-regulatory Cytokines)

當身體受到病原體的感染時，體內的細胞透過細胞激素的釋放來調節免疫反應。在感染初期，病原體會刺激樹突細胞及巨噬細胞分泌與發炎有關的細胞激素包括介白素6、介白素1與腫瘤壞死因子來活化發炎反應（圖8-25A）。在感染後期，隨著病原體的清除，為了避免過度的發炎反應造成身體的傷害，巨噬細胞會分泌抗發炎的細胞激素介白素1ra (IL-1 receptor antagonist, IL-1ra)與介白素10分別抑制介白素1與腫瘤生長因子以平息發炎反應。

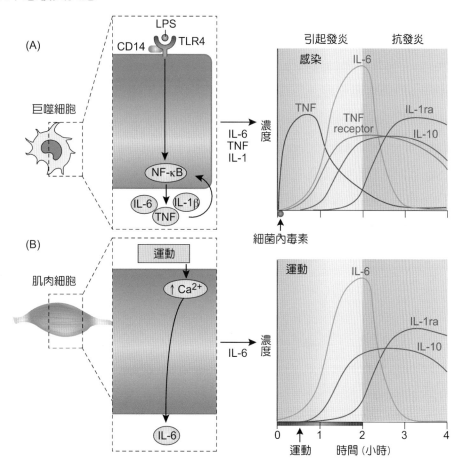

▶ 圖8-25　感染與運度引起不同的發炎反應。(A)表示當發生感染時細菌的內毒素(LPS, lipopolysaccharide)引起的發炎反應會刺激巨噬細胞活化，並分泌腫瘤壞死因子、介白素6與介白素1，同時細胞膜上的腫瘤壞死因子接受器數量也會增多；(B)則顯示肌肉收縮所引發的發炎反應僅會促使肌肉釋放介白素6。摘自：Benatti, 2015。

○ 介白素6 (IL-6)

　　每次適度運動都有抗發炎的效果，在運動期間肌肉會大量釋放介白素6進入血液中。但運動與感染狀況不同的是，運動過程中介白素6的升高卻沒有伴隨腫瘤壞死因子與介白素1的升高(Pedersen, 2008)（圖8-25B）。運動的持續時間和強度以及參與運動的肌肉量會影響介白素6的濃度變化程度。例如一般性的騎腳踏車運動不會造成介白素6濃度的改變(Starkie et al., 2000)，但涉及許多大肌群的跑步卻可以使血中介白素6明顯的增加(Fischer, 2006)。肌肉中肌肉肝醣(muscle glycogen)的含量是另一項決定血中介白素6濃度的因素。肌肉肝醣含量較低的人，例如沒有運動習慣的人，在運動的過程中會產生更多的介白素6，相反的長期的運動與高肌肉肝醣則會減緩介白素6的增加(Pedersen, 2012)。另外，運動過程中補充額外的葡萄糖也會減緩血中介白素6的增加。因此血中介白素6的濃度變化取決於運動時間與強度、參與運動的肌肉量、肌肉中肌肉肝醣量以及在運動的過程中是否有補充碳水化合物。

　　運動所產生的介白素6會進一步影響肌肉細胞對葡萄糖攝取、脂肪氧化以及血中免疫細胞數量的改變。例如感染所產生的介白素6不會影響葡萄糖的攝取，但運動所產生的介白素6會刺激運動後胰島素的分泌增加，進而加強肌肉對血中葡萄糖的攝取(Steensberg, 2003a; Febbraio, 2004)。介白素6亦會透過血液循環影響腹部內臟脂肪，促進腹部脂肪分解，成熟的脂肪細胞釋出脂肪酸(Wedell-Neergaard, 2019)（圖8-26）。

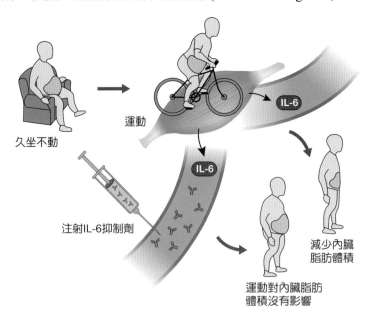

▶ 圖8-26　血中的介白素6會促進腹部內臟脂肪分解，脂肪細胞釋出脂肪酸，若抑制運動後血中IL-6的活性會使得內臟脂肪體積沒有改變。摘自：Wedell-Neergaard, 2018。

同時也會影響成骨細胞的分化，促進骨質新生增加骨密度(Huang et al., 2018)（圖8-27）。對免疫細胞的影響上，介白素6會強化腎上腺對皮質醇的分泌(Steensberg et al., 2003b)，進而增加血管中嗜中性球的數量與減少淋巴球的數量。然而長期過量暴露於介白素6反而會對組織或肌肉有負面的影響，過量的介白素6對肌肉的影響包括減緩肌肉的修復、引起肌肉萎縮與增加肌肉纖維化(Wada, 2017)；對脂肪細胞的影響則是會促進脂肪母細胞分化，形成更多新生的脂肪細胞(Huang et al., 2018)（圖8-27）。對免疫系統的影響為抑制調節性T淋巴球的分化與成熟(Xu, 2017)；對心血管的影響是促進腎上腺對血管收縮素II (angiotensin II)的分泌，導致血壓上升(Muñoz-Cánoves, 2013)。

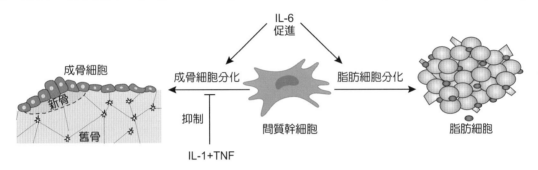

▶ 圖8-27　介白素6會促進間質幹細胞分化成脂細胞與成骨細胞，以增加脂肪細胞數量與增加骨密度。而促發進發炎的IL-1與腫瘤壞死因子卻會抑制成骨細胞的分化，抑制骨質的新生。摘自：Huang et al., 2018。

⊃ 介白素13 (IL-3)

　　動物實驗顯示，耐力型運動會促進肌肉釋放介白素13，介白素13會回頭刺激肌細胞，當肌肉細胞受到介白素13刺激後會促使肌肉細胞增強粒線體的活性、對血糖攝取量與脂肪酸氧化以增加肌肉的耐力(Knudsen, 2020)。

⊃ 介白素15 (IL-15)

　　介白素15是在進行有氧與阻力性運動後所分泌的肌原激素。老年人進行有氧與阻力性運動後，血中介白素15的濃度增加會刺激成肌肉幹細胞——衛星細胞(satellite cell)的增殖與發育，同時抑制由腫瘤生長因子對成肌細胞的負面效應，以促進肌肉肥大(O'Leary, 2017)，刺激自然殺手細胞與T細胞的增殖與分化(Carson , 2017)。

⊃ 白血病抑制因子 (Leukemia Inhibitory Factor)

　　白血病抑制因子是肌肉進行無氧呼吸的運動（例如急性運動）後分泌。白血病抑制因子是重要的幹細胞生長和抗發炎因子，可以在肌肉損傷後促進肌肉幹細胞的增殖

(Hunt, 2013)，同時也是神經發育與神經保護的效果，可以協助神經髓鞘的形成與修復，例如視神經與腦神經的保護避免神經退化。在抗發炎方面，可以抑制由介白素6對調節型T細胞的負面影響(Metcalfe, 2019)，並與介白素10合作抑制巨噬細胞的活性(Hamelin-Morrissette, 2020)。

(四) 肌肉損傷與修復 (Muscle Damage And Repair)

肌酸激酶(creatine kinase, CK)是肌肉收縮時能量代謝的關鍵酵素，當肌細胞發生損傷時會導致細胞內的肌酸激酶滲漏進入血液中。因此血液中的肌酸激酶被視為肌肉傷害的指標(Yamin et al., 2008)。例如無規律運動的年輕人與老年人進行單次劇烈的離心收縮運動一個小時後，在接下來的五天中都可以測量到血液中有肌酸激酶的存在。血液中過量的肌酸激酶會將單核球活化成巨噬細胞(Loike, 1984)，進而導致巨噬細胞分泌發炎相關的介白素6、腫瘤壞死因子與介白素1用以活化休眠中的肌肉幹細胞，接著巨噬細胞與調節型T細胞會分泌抗發炎物質介白素10促進成活化的肌肉幹細胞分化成肌細胞(Saclier, 2013)。

四、免疫系統與新陳代謝 (Immunometabolism)

➲ 胺基酸 (Amino Acid)

動態運動除了透過激素之外，亦可以透過改變身體的代謝功能而影響免疫系統。麩胺酸(glutamine)是人體血液中含量最多的游離胺基酸，主要用在肌肉組織的合成上，可以提供淋巴球與巨噬細胞在活化時的能量來源(Xi et al., 2011)，並提供抗發炎的保護效果(Thébault et al., 2010)。有一個假說是，因為T細胞的粒線體需要麩胺酸當產能原料，而運動中的肌肉會造成血液中麩胺酸濃度下降，導致T細胞的粒線體無法獲得足夠的能量來源，故T細胞無法活化，進而影響到免疫系統的功能(Carr et al., 2010)。例如在急性或是衰竭性運動後，所造成的麩胺酸濃度低下，會引起免疫功能的暫時性抑制。劇烈運動後補充麩胺酸確實可以增加，提高免疫力與減緩發炎。所以我們可以將運動後體內麩胺酸濃度的減少當成是否有過度訓練的指標(Agostini & Biolo, 2010)。

⊃ 碳水化合物 (Carbohydrates)

碳水化合物是體內能量的主要來源，運動期間適時的直接補充碳水化合物可以提高血糖，並且減少壓力激素的產生。在適度或劇烈運動時，當骨骼肌細胞的葡萄糖含量下降時，會引起肌肉細胞內介白素6 mRNA的濃度增加進而導致肌肉細胞釋放大量的介白素6 (Petersen & Pedersen, 2005)，透過介白素6的作用促進肝臟或肌肉中的肝醣分解與脂肪細胞分解以提供能量（圖8-28）(Banzet et al., 2009; Wolsk et al., 2010)。另外，在跑步與騎腳踏車等運動期間補充碳水化合物會抑制血液中介白素6與皮質醇濃度的增加(Nehlsen-Cannarella et al., 1997)，進而抑制淋巴球與嗜中性球的改變。

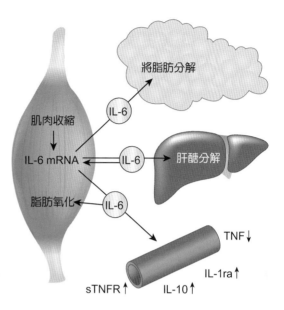

▶ 圖8-28 肌肉所釋放的介白素6會促進肝醣分解、血中抗發炎細胞激素增加與脂肪細胞中的脂肪分解，而介白素6亦會進一步刺激肌肉內介白素6 mRNA的增加與脂肪氧化。資料來源：Petersen & Pedersen, 2005。

⊃ 抗氧化劑 (Antioxidant)

維生素C與維生素E是身體所需的抗氧化劑。維生素C同時也是細胞合成肉鹼(Carnitine)所需的輔酶，可以增強肌肉粒線體的對脂肪酸的利用(Fielding, 2018; Johnston, 2006)。在劇烈運動與耐力運動（例如馬拉松、游泳）的過程中會產生大量的活性氧化物，造成嗜中性球與淋巴球的氧化傷害(Ferrer et al., 2009; Teixeira et al., 2009)。研究顯示，在上述運動過程中補充適量的維生素C，可以協助降低運動對淋巴球所造成的氧化傷害與血中皮質醇濃度的增加(Carr, 2017)。但若是長期補充高劑量的抗氧化劑，反而有可能會因干擾到細胞的自身的抗氧化機制而造成更多的氧化傷害(Bailey et al., 2011; McGinley et al., 2009; Neubauer et al., 2010)。也就是說，補充適量的維生素C與維生素E可以協助運動後細胞自身的修復機制減輕運動引起的發炎反應(Chou, 2018; Morrison, 2015)，但若是運動員長期補充高量抗氧化劑，則會因生理的負迴饋作用，使細胞關閉自身的抗氧化修復機制，而在運動後造成身體潛在性的長期損害。

五、運動模式對免疫系統的影響 (Relationship to Exercise Type And Immune Function)

　　許多運動模式包括運動的強度、運動的競賽程度、運動訓練的負荷與運動時間的長短都會對先天性與適應性免疫功能造成影響，例如影響免疫反應的強弱、免疫系統的活化、抑制與恢復正常所需的時間。透過前文中所敘述的開窗假說，可以解釋當我們面對細菌或病毒等病原體充斥的環境之下，為何適度運動(2-7 METs; 20-70% $\dot{V}O_2max$)可以平衡免疫系統的功能、促進肌肉生長、降低免疫細胞的發炎反應、減少感染的風險、降低非傳染性疾病（心血管疾病、糖尿病等）的風險並增加神經保護作用。而運動不足或過度的運動反而會抑制免疫系統，增加不正常發炎與感染的風險(Scheffer, 2020)（圖8-29）。

　　在討論運動壓力對免疫系統所造成的反應時，需要以影響免疫的相關激素與免疫細胞的變化進行分類，例如是先天性或適應性免疫、T細胞與巨噬細胞等皆是依免疫細胞及細胞激素的變化來討論的。因此運動模式的免疫反應可分成免疫保護、免疫病理性與免疫調節性反應三種類型。免疫保護反應的目的是為有效促進傷口癒合與消滅病原（包括感染與癌症）而引發的免疫反應。免疫病理反應是指對自己的細胞（自體免疫疾病、類風濕性關節炎、紅斑性狼瘡等）或無害的抗原（氣喘、過敏）所產生的反應。免疫調節反應主要是指免疫系統的抑制，例如具抑制功能的輔助型T細胞、介白素10與 β 型腫瘤壞死因子等。

活動不足 <2 MET	輕度／適度 >MET	規律運動訓練 >>MET	急性劇烈運動 >>>MET
↑IL-6	↑IL-6	↑IL-6	↑↑IL-6
↑發炎狀態	↓發炎狀態	↓發炎狀態	↑↑發炎狀態
↑感染風險	↓感染風險	↓↓感染風險	↑↑感染風險
↑↑非傳染性疾病風險	↓非傳染性疾病風險	↓非傳染性疾病風險	↓非傳染性疾病風險
神經保護作用持平	↑神經保護作用	↑↑神經保護作用	↓神經保護作用

▶ 圖8-29　缺乏運動與不同運動強度對發炎反應與健康成效（感染風險、慢性非傳染性疾病、神經保護作用）的影響。體內的發炎狀態可以透過檢測新蝶呤(Neopterin)來確定。摘自：Scheffer DDL, 2020。

(一) 規律的適度運動 (Regulated Moderate Intensity Exercise)

　　規律性的運動（包括動態與靜態運動）可以使身體機能維持在面臨短暫壓力的狀態，促進免疫保護與免疫調節反應。讓一位身體狀況健康但沒有固定運動的人，連續3日進行1小時最大攝氧量($\dot{V}O_2max$)達65%的動態運動，可以明顯的發現其免疫保護反應，血液中的白血球、輔助型T細胞與自然殺手細胞濃度短暫的增加(Hoffman-Goetz et al., 1990)。將運動時間持續3個月後，可以發現每天快走的人比起都沒有運動習慣的人，因生病而請假的時間比起後者要少了一半(Nieman & Pedersen, 1999)。若再將規律運動時間延長30年，可以發現規律運動會影響血中抗發炎細胞激素的濃度，有規律運動的人介白素10與介白素15的會比年輕時高，而無規律運度則是剛好相反（圖8-30）。

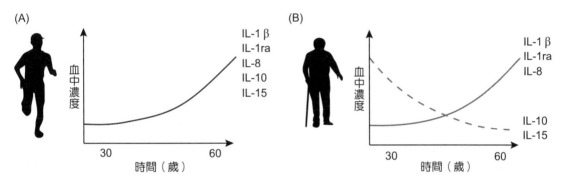

▶ 圖8-30　比較長期規律運動與長期久坐不動的中年人在單次運動後1個小時的細胞激素的變化。從年輕時期即開始有規律運度的人(A)比不運動的人(B)在中老年時，血中抑制發炎的IL-10與IL-15較能維持在高濃度狀態。摘自：Minuzzi LG, 2019。

(二) 激烈的運動 (Vigorous Intensity Exercise)

　　若是比較平常每天都有固定進行1小時動態運動的運動員。在實驗時，將第一位改為每天做二項以上的運動（時間＞2小時），而第二位每天僅進行一項1小時適度運動強度的運動，發現前者出現免疫調節反應，其血液中嗜中性球、輔助型T細胞及毒殺型T細胞的濃度皆有提高，但是自然殺手細胞的活性卻降低(Ronsen et al., 2001)。

(三) 長期過度訓練 (Long-lasting Arduous Intensity Exercise)

　　動態運動會短暫的造成白血球數量的減少。但是一些長期的劇烈運動或過度訓練，像是7個月的游泳集訓(Gleeson et al., 1995)、軍事人員10天的集訓(Fry et al., 1994)或是進行為期10天的2倍量跑步集訓(Pizza et al., 1995)後，會出現免疫抑制反應，血液中淋巴球與自然殺手細胞的濃度皆會降低。這是由於活性氧化物、α型腫瘤壞死

因子、腎上腺素與皮質醇的分泌增加，導致輔助型T細胞發生細胞凋亡所造成(Lakier Smith, 2003)。而且細胞凋亡的程度與運動強度的增強成正比(Navalta et al., 2007)。

六、運動影響青少年與老人的免疫系統變化 (Exercise Regulate the Immune Function in Adolescent and Elder)

比較青春期前後青少年他們在適度運動訓練後與休息時的免疫細胞變化，發現青春期後的青少年體內自然殺手細胞的數量比青少年稍低，嗜中性球數量則增多(Timmons, 2006)，女性則都沒有差異。

根據世界衛生組織的定義，年齡大於60或65歲就屬於老年人，大於80歲即是更老的人。隨著年齡的增加，免疫系統會受到許多複雜的生物因子影響而衰老與停擺，現象包括免疫反應的改變、身體發炎與氧化壓力增加以及自體抗體所導致的自體免疫疾病。免疫系統改變的過程包括胸線的萎縮、淋巴細胞再生速度減緩、抗體的產量降低等免疫細胞在品質與數量上的下降（表8-6）。

老化同時會增加促進發炎的細胞激素的分泌，包括介白素1、介白素6、腫瘤生長因子與C反應蛋白(C reactive protein) (Benatti, 2015)。而對免疫細胞的影響，除了嗜中性球的數量隨著年齡而逐漸增加外(Ballou et al., 1996)，巨噬細胞會更容易釋放腫瘤壞死因子與介白素12，在兩種細胞激素合併作用下會加速身體組織的傷害。所以在高齡化社會的臺灣，心血管疾病、癌症、呼吸道疾病、糖尿病、消化道疾病與肌少症等慢性非傳染性疾病(non-communicable diseases, NCDs)成為老人的重大健康威脅。研究顯示，運動是對抗老化的外在干預過程，可以延緩免疫系統衰退、降低慢性發炎以及改善老人施打流感疫苗後的副作用(Sellami, 2018)。

表8-6 老化所造成的免疫系統的衰老與停滯

現象	細節
免疫反應降低	• 胸腺萎縮與淋巴細胞生成減緩
	• T細胞與B細胞數量減少，特別是年輕的T細胞與B細胞
	• 遭遇新抗原刺激時，需要更長時間才會產生適應性免疫且抗體的產量下降
	• 造血幹細胞的功能下降
	• 樹突細胞在數量與辨識抗原的能力下降
發炎與氧化壓力增加	• 巨噬細胞與其他細胞增加釋放促發炎細胞激素
	• 組織的受損的速度加快
自體免疫的症狀增加	• 自體抗體的產生與釋放增加

⊃ 兒茶酚胺改變 (Aging Negatively Affects Catecholamine Secretion)

雖然免疫系統的反應會因為運動類型與形式（例如急性或長期、耐力或阻力性訓練）而產生變化。但兒茶酚胺的變化仍是影響老年人免疫系統變化的主要因素之一，包括神經－內分泌系統的反應遲緩以及腎上腺素接受器的調降。年齡在40歲以後，兒茶酚胺與生長激素的分泌會逐漸減少，但長期運動例如短跑或阻力性運動可以促進兒茶酚胺與生長激素的分泌，減緩老化對兒茶酚胺與生長激素的不良影響。

⊃ 急性運動 (Acute Exercise)

急性運動可以促進老年人自然殺手細胞在數量增加與功能的強化，並且在體內位置的重新分配，此外也會增加嗜中性球的數量；強化與重複抗原接觸時的次級免疫反應；調節血中T細胞的數量，誘導T細胞增殖。

⊃ 長期運動 (Chronic Exercise)

一項3,075人的研究發現，每週適度運動（每週至少走路180分鐘）的70~79歲老人，血中介白素6、腫瘤壞死因子與C反應蛋白的濃度比沒運動習慣者要低。

⊃ 耐力運動 (Endurance Exercise)

規律的運動訓練有益於免疫系統，但長期的耐力訓練則可能會降低先天性免疫反應的免疫細胞對病原體的反應能力。長期耐力運動訓練不會改變嗜中性球、嗜酸性球與嗜鹼性球的功能，但可以提高老年人血中T細胞與自然殺手細胞的數量，提升對流行性感冒病毒與腫瘤的抵抗力。

⊃ 阻力性運動 (Resistance Exercise)

長期的阻力性運動對老年人的免疫細胞在數量與功能上沒有影響，但可以使老年人的肌肉強度增加、減少代謝性疾病、心血管疾病與跌倒的風險。

老化會降低免疫細胞的增殖能力，但運動對老年人的免疫系統具有正面的影響，包括增加T細胞的增殖能力、嗜中性球的功能與自然殺手細胞的功能。但只進行一種運動對免疫系統的改善效果就不是很大，需要結合不同類型的運動才會有比較好的效果。例如讓有心血管疾病的人進行結合動態運動與阻力運動的整合性運動訓練後，反而發現可以降低腫瘤壞死因子接受器的反應(Conraads et al., 2002)。這表示就算血液中的 α 型腫瘤壞死因子增加，因沒有腫瘤壞死因子接受器配合反而無法刺激細胞進行細胞凋亡，造成組織的傷害。

8-4 結 論

　　自從上個世紀末因馬拉松運動的流行所造成的許多併發症之後，科學界開始重視運動與免疫之間的關聯性。特別是當臺灣的超馬女將邱淑容在2008年西班牙參加比賽時，因為腳底破皮感染仍繼續參加比賽，導致最後因敗血症而必須截肢的狀況發生後，國內也因此開始注意到長期耐力運動所造成的免疫力改變的問題。而到目前為止，在運動免疫的範圍之內，仍然有一些問題無法被明確的釐清（例如不同運動型態、生活模式與老化之間的交互作用）。然而明顯的進步是，運動與免疫系統之間的關聯性，逐漸由巨觀的探討運動對免疫系統的外在表象反應，走向更微觀如對生理影響、對生化的影響以及對分子生物學的影響方面。這可以讓我們更容易釐清運動與免疫系統之間的因果關係。現在我們已經很清楚的知道，運動所造成的白血球增加，是因為運動期間透過體內激素（例如皮質醇與細胞激素）的改變，引導細胞附著分子的表現與白血球的遷移所致。而且在運動期間所釋放的細胞激素，可以藉由調節輔助型T細胞來控制體內其他細胞的免疫反應、發炎反應與抗發炎反應。除了調節免疫系統之外，肌肉細胞所釋放的肌原激素例如介白素6對於調節代謝作用也有很重要的影響。在臨床上透過適度運動可以促使肌肉釋放具抗發炎效果的介白素10與介白素1ra，這對於控制與慢性發炎（例如動脈粥狀硬化、阿茲海默症、關節炎與第二型糖尿病等）相關的慢性非傳染性疾病有很大的幫助(Pedersen, 2019)。

● 參考文獻 ●

李意旻、莊曜禎、吳泰賢(2016)・生理與心理的對話：談精神健康與疾病（二版）・新文京。

Agostini, F., & Biolo, G. (2010). Effect of physical activity on glutamine metabolism. Current opinion in clinical nutrition and metabolic care, 13(1), 58-64. https://doi.org/10.1097/MCO.0b013e328332f946

Akkaya, M., Kwak, K., & Pierce, S. K. (2020). B cell memory: Building two walls of protection against pathogens. Nature reviews. *Immunology, 20*(4), 229-238. https://doi.org/10.1038/s41577-019-0244-2

American College of Sports Medicine (2005). *ACSM's Advanced Exercise Physiology.* Lippincott Williams & Wilkins.

Ashe, P. C., & Berry, M. D. (2003). Apoptotic signaling cascades. *Progress in Neuro-Psychopharmacology & Biological Psychiatry, 27*(2), 199-214. https://doi.org/10.1016/S0278-5846(03)00016-2

Ayala, A., Muñoz, M. F., & Argüelles, S. (2014). Lipid peroxidation: production, metabolism, and signaling mechanisms of malondialdehyde and 4-hydroxy-2-nonenal. *Oxidative medicine and cellular longevity*, 360438. https://doi.org/10.1155/2014/360438

Bailey, D. M., Williams, C., Betts, J. A., Thompson, D., & Hurst, T. L. (2011). Oxidative stress, inflammation and recovery of muscle function after damaging exercise: effect of 6-week mixed antioxidant supplementation. *European journal of applied physiology, 111*(6), 925-936. https://doi.org/10.1007/s00421-010-1718-x

Ballou, S. P., Lozanski, F. B., Hodder, S., Rzewnicki, D. L., Mion, L. C., Sipe, J. D., Ford, A. B., & Kushner, I. (1996). Quantitative and qualitative alterations of acute-phase proteins in healthy elderly persons. *Age and ageing, 25*(3), 224-230. https://doi.org/10.1093/ageing/25.3.224

Banzet, S., Koulmann, N., Simler, N., Sanchez, H., Chapot, R., Serrurier, B., Peinnequin, A., & Bigard, X. (2009). Control of gluconeogenic genes during intense/prolonged exercise: hormone-independent effect of muscle-derived IL-6 on hepatic tissue and PEPCK mRNA. *Journal of Applied Physiology (Bethesda, Md. : 1985), 107*(6), 1830-1839. https://doi.org/10.1152/japplphysiol.00739.2009

Benatti, F. B., & Pedersen, B. K. (2015). Exercise as an anti-inflammatory therapy for rheumatic diseases-myokine regulation. *Nature Reviews. Rheumatology, 11*(2), 86-97. https://doi.org/10.1038/nrrheum.2014.193

Benatti, F. B., & Pedersen, B. K. (2015). Exercise as an anti-inflammatory therapy for rheumatic diseases-myokine regulation. *Nature reviews. Rheumatology, 11*(2), 86-97. https://doi.org/10.1038/nrrheum.2014.193

Bermon, S., Castell, L. M., Calder, P. C., Bishop, N. C., Blomstrand, E., Mooren, F. C., Krüger, K.,··· Nagatomi, R. (2017). Consensus Statement Immunonutrition and Exercise. *Exercise immunology review, 23*, 8-50.

Bruunsgaard, H., Hartkopp, A., Mohr, T., Konradsen, H., Heron, I., Mordhorst, C. H., & Pedersen, B. K. (1997). In vivo cell-mediated immunity and vaccination response following prolonged, intense exercise. *Medicine and Science in Sports and Exercise, 29*(9), 1176-1181. https://doi.org/10.1097/00005768-199709000-00009

Carr, A. C., & Maggini, S. (2017). Vitamin C and Immune Function. *Nutrients, 9*(11), 1211. https://doi.org/10.3390/nu9111211

Carr, E. L., Kelman, A., Wu, G. S., Gopaul, R., Senkevitch, E., Aghvanyan, A., Turay, A. M., & Frauwirth, K. A. (2010). Glutamine uptake and metabolism are coordinately regulated by ERK/

MAPK during T lymphocyte activation. *Journal of Immunology (Baltimore, Md. : 1950), 185*(2), 1037-1044. https://doi.org/10.4049/jimmunol.0903586

Carson B. P. (2017). The potential role of contraction-induced myokines in the regulation of metabolic function for the prevention and treatment of type 2 diabetes. *Frontiers in endocrinology, 8*, 97. https://doi.org/10.3389/fendo.2017.00097

Carson B. P. (2017). The potential role of contraction-induced myokines in the regulation of metabolic function for the prevention and treatment of type 2 diabetes. *Frontiers in Endocrinology, 8*, 97. https://doi.org/10.3389/fendo.2017.00097

Chen, K., Xu, W., Wilson, M., He, B., Miller, N. W., Bengtén, E., Edholm, E. S., Santini, P. A., Rath, P., Chiu, A., Cattalini, M., Litzman, J., B Bussel, J., Huang, B., Meini, A., Riesbeck, K., Cunningham-Rundles, C., Plebani, A., & Cerutti, A. (2009). Immunoglobulin D enhances immune surveillance by activating antimicrobial, proinflammatory and B cell-stimulating programs in basophils. *Nature Immunology, 10*(8), 889-898. https://doi.org/10.1038/ni.1748

Chinda, D., Nakaji, S., Umeda, T., Shimoyama, T., Kurakake, S., Okamura, N., Kumae, T., & Sugawara, K. (2003). A competitive marathon race decreases neutrophil functions in athletes. *Luminescence: The Journal of Biological and Chemical Luminescence, 18*(6), 324-329. https://doi.org/10.1002/bio.744

Chou, C. C., Sung, Y. C., Davison, G., Chen, C. Y., & Liao, Y. H. (2018). Short-Term High-Dose Vitamin C and E Supplementation Attenuates Muscle Damage and Inflammatory Responses to Repeated Taekwondo Competitions: A Randomized Placebo-Controlled Trial. *International Journal of Medical Sciences, 15*(11), 1217-1226. https://doi.org/10.7150/ijms.26340

Chu W. M. (2013). Tumor necrosis factor. *Cancer Letters, 328*(2), 222-225. https://doi.org/10.1016/j.canlet.2012.10.014

Collin, M., & Bigley, V. (2018). Human dendritic cell subsets: an update. *Immunology, 154*(1), 3-20. https://doi.org/10.1111/imm.12888

Conraads, V. M., Beckers, P., Bosmans, J., De Clerck, L. S., Stevens, W. J., Vrints, C. J., & Brutsaert, D. L. (2002). Combined endurance/resistance training reduces plasma TNF-alpha receptor levels in patients with chronic heart failure and coronary artery disease. *European Heart Journal, 23*(23), 1854-1860. https://doi.org/10.1053/euhj.2002.3239

Cuzzolin, L., Lussignoli, S., Crivellente, F., Adami, A., Schena, F., Bellavite, P., Brocco, G., & Benoni, G. (2000). Influence of an acute exercise on neutrophil and platelet adhesion, nitric oxide plasma metabolites in inactive and active subjects. *International Journal of Sports Medicine, 21*(4), 289-293. https://doi.org/10.1055/s-2000-13308

de Vries, W. R., Bernards, N. T., de Rooij, M. H., & Koppeschaar, H. P. (2000). Dynamic exercise discloses different time-related responses in stress hormones. Psychosomatic Medicine, 62(6), 866–872. https://doi.org/10.1097/00006842-200011000-00017

Dhabhar, F. S. (2014). Effects of stress on immune function: The good, the bad, and the beautiful. *Immunologic Research, 58*(2-3), 193-210. https://doi.org/10.1007/s12026-014-8517-0

Dhabhar, F. S. (2018). The short-term stress response-Mother nature's mechanism for enhancing protection and performance under conditions of threat, challenge, and opportunity. *Frontiers in Neuroendocrinology, 49*, 175-192. https://doi.org/10.1016/j.yfrne.2018.03.004

Dhabhar, F. S., Malarkey, W. B., Neri, E., & McEwen, B. S. (2012). Stress-induced redistribution of immune cells--from barracks to boulevards to battlefields: a tale of three hormones--Curt Richter Award winner. *Psychoneuroendocrinology, 37*(9), 1345-1368. https://doi.org/10.1016/j.psyneuen.2012.05.008

Dhabhar, F. S., Malarkey, W. B., Neri, E., & McEwen, B. S. (2012). Stress-induced redistribution of immune cells--from barracks to boulevards to battlefields: A tale of three hormones-Curt Richter Award winner. *Psychoneuroendocrinology, 37*(9), 1345-368. https://doi.org/10.1016/j.psyneuen.2012.05.008

Dhabhar, F. S., Miller, A. H., McEwen, B. S., & Spencer, R. L. (1995). Effects of stress on immune cell distribution. Dynamics and hormonal mechanisms. *Journal of Immunology, 154*(10), 5511-5527.

Ekdahl, K. N., Mohlin, C., Adler, A., Åman, A., Manivel, V. A., Sandholm, K., Huber-Lang, M., Fromell, K., & Nilsson, B. (2019). Is generation of C3 (H_2O) necessary for activation of the alternative pathway in real life? *Molecular Immunology, 114*, 353-361. https://doi.org/10.1016/j.molimm.2019.07.032

Engel, P., Boumsell, L., Balderas, R., Bensussan, A., Gattei, V., Horejsi, V., Jin, B. Q., Malavasi, F., Mortari, F., Schwartz-Albiez, R., Stockinger, H., van Zelm, M. C., Zola, H., & Clark, G. (2015). CD Nomenclature 2015: Human leukocyte differentiation antigen workshops as a driving force in immunology. *Journal of Immunology, 195*(10), 4555-4563. https://doi.org/10.4049/jimmunol.1502033

Febbraio, M. A., Hiscock, N., Sacchetti, M., Fischer, C. P., & Pedersen, B. K. (2004). Interleukin-6 is a novel factor mediating glucose homeostasis during skeletal muscle contraction. *Diabetes, 53*(7), 1643-1648. https://doi.org/10.2337/diabetes.53.7.1643

Ferrer, M. D., Tauler, P., Sureda, A., Tur, J. A., & Pons, A. (2009). Antioxidant regulatory mechanisms in neutrophils and lymphocytes after intense exercise. *Journal of Sports Sciences, 27*(1), 49-58. https://doi.org/10.1080/02640410802409683

Fielding, R., Riede, L., Lugo, J. P., & Bellamine, A. (2018). l-Carnitine Supplementation in Recovery after Exercise. Nutrients, 10(3), 349. https://doi.org/10.3390/nu10030349

Fischer C. P. (2006). Interleukin-6 in acute exercise and training: What is the biological relevance? Exercise Immunology Review, 12, 6-33.

Fry, R. W., Grove, J. R., Morton, A. R., Zeroni, P. M., Gaudieri, S., & Keast, D. (1994). Psychological and immunological correlates of acute overtraining. *British Journal of Sports Medicine, 28*(4), 241-246. https://doi.org/10.1136/bjsm.28.4.241

Gleeson, M., & Pyne, D. B. (2016). Respiratory inflammation and infections in high-performance athletes. *Immunology and Cell Biology, 94*(2), 124-131. https://doi.org/10.1038/icb.2015.100

Gleeson, M., McDonald, W. A., Cripps, A. W., Pyne, D. B., Clancy, R. L., & Fricker, P. A. (1995). The effect on immunity of long-term intensive training in elite swimmers. *Clinical and Experimental Immunology, 102*(1), 210-216. https://doi.org/10.1111/j.1365-2249.1995.tb06658.x

Görgens, S. W., Eckardt, K., Jensen, J., Drevon, C. A., & Eckel, J. (2015). Exercise and Regulation of Adipokine and Myokine Production. *Progress in Molecular Biology and Translational Science, 135*, 313-336. https://doi.org/10.1016/bs.pmbts.2015.07.002

Hamelin-Morrissette, J., Dallagi, A., Girouard, J., Ravelojaona, M., Oufqir, Y., Vaillancourt, C., Van Themsche, C., Carrier, C., & Reyes-Moreno, C. (2020). Leukemia inhibitory factor regulates the activation of inflammatory signals in macrophages and trophoblast cells. *Molecular Immunology, 120*, 32-42. https://doi.org/10.1016/j.molimm.2020.01.021

Hammer, Q., Rückert, T., & Romagnani, C. (2018). Natural killer cell specificity for viral infections. *Nature Immunology, 19*(8), 800-808. https://doi.org/10.1038/s41590-018-0163-6

Hoffman-Goetz, L., & Pedersen, B. K. (1994). Exercise and the immune system: a model of the stress response? *Immunology Today, 15*(8), 382-387. https://doi.org/10.1016/0167-5699(94)90177-5

Hoffman-Goetz, L., Simpson, J. R., Cipp, N., Arumugam, Y., & Houston, M. E. (1990). Lymphocyte subset responses to repeated submaximal exercise in men. *Journal of Applied Physiology (Bethesda, Md.: 1985), 68*(3), 1069-1074. https://doi.org/10.1152/jappl.1990.68.3.1069

Huang, R. L., Sun, Y., Ho, C. K., Liu, K., Tang, Q. Q., Xie, Y., & Li, Q. (2018). IL-6 potentiates BMP-2-induced osteogenesis and adipogenesis via two different BMPR1A-mediated pathways. *Cell Death & Disease, 9*(2), 144. https:// doi.org/10.1038/s41419-017-0126-0

Hunt, L. C., Upadhyay, A., Jazayeri, J. A., Tudor, E. M., & White, J. D. (2013). An anti-inflammatory role for leukemia inhibitory factor receptor signaling in regenerating skeletal muscle. *Histochemistry and Cell Biology, 139*(1), 13-34. https://doi.org/10.1007/s00418-012-1018-0

Johnston, C. S., Corte, C., & Swan, P. D. (2006). Marginal vitamin C status is associated with reduced fat oxidation during submaximal exercise in young adults. Nutrition & Metabolism, 3, 35. https:// doi.org/10.1186/1743-7075-3-35

Knudsen, N. H., Stanya, K. J., Hyde, A. L., Chalom, M. M., Alexander, R. K., Liou, Y. H., Starost, K. A., Gangl, M. R., Jacobi, D., Liu, S., Sopariwala, D. H., Fonseca-Pereira, D., Li, J., Hu, F. B., Garrett, W. S., Narkar, V. A., Ortlund, E. A., Kim, J. H., Paton, C. M., Cooper, J. A., ⋯ Lee, C. H. (2020). Interleukin-13 drives metabolic conditioning of muscle to endurance exercise. *Science, 368*(6490), eaat3987. https://doi.org/10.1126/science.aat3987

Knudsen, N. H., Stanya, K. J., Hyde, A. L., Chalom, M. M., Alexander, R. K., Liou, Y. H., Starost, K. A., Gangl, M. R., Jacobi, D., Liu, S., Sopariwala, D. H., Fonseca-Pereira, D., Li, J., Hu, F. B., Garrett, W. S., Narkar, V. A., Ortlund, E. A., Kim, J. H., Paton, C. M., Cooper, J. A., ⋯ Lee, C. H. (2020). Interleukin-13 drives metabolic conditioning of muscle to endurance exercise. *Science, 368*(6490), eaat3987. https://doi.org/10.1126/science.aat3987

Krüger, K., & Mooren, F. C. (2014). Exercise-induced leukocyte apoptosis. *Exercise Immunology Review, 20*, 117-134.

Krüger, K., Lechtermann, A., Fobker, M., Völker, K., & Mooren, F. C. (2008). Exercise-induced redistribution of T lymphocytes is regulated by adrenergic mechanisms. *Brain, Behavior, and Immunity, 22*(3), 324-338. https://doi.org/10.1016/j.bbi.2007.08.008

Lakier Smith L. (2003). Overtraining, excessive exercise, and altered immunity: Is this a T helper-1 versus T helper-2 lymphocyte response? *Sports medicine (Auckland, N.Z.), 33*(5), 347-364. https://doi.org/10.2165/00007256-200333050-00002

Larrabee, R. C. (1902). Leucocytosis after violent Exercise. *The Journal of medical research, 7*(1), 76-82.

Lau, D. C., Dhillon, B., Yan, H., Szmitko, P. E., & Verma, S. (2005). Adipokines: molecular links between obesity and atheroslcerosis. American journal of physiology. *Heart and Circulatory Physiology, 288*(5), H2031-H2041. https://doi.org/10.1152/ajpheart.01058.2004

Lee, J. H., & Jun, H. S. (2019). Role of myokines in regulating skeletal muscle mass and function. *Frontiers in Physiology, 10*, 42. https://doi.org/10.3389/fphys.2019.00042

Loike, J. D., Kozler, V. F., & Silverstein, S. C. (1984). Creatine kinase expression and creatine phosphate accumulation are developmentally regulated during differentiation of mouse and human monocytes. *The Journal of Experimental Medicine, 159*(3), 746-757. https://doi.org/10.1084/jem.159.3.746

Madden, K. S., & Felten, D. L. (1995). Experimental basis for neural-immune interactions. *Physiological Reviews, 75*(1), 77-106. https://doi.org/10.1152/physrev.1995.75.1.77

Maisel, A. S., Harris, T., Rearden, C. A., & Michel, M. C. (1990). Beta-adrenergic receptors in lymphocyte subsets after exercise. Alterations in normal individuals and patients with congestive heart failure. *Circulation, 82*(6), 2003-2010. https://doi.org/10.1161/01.cir.82.6.2003

Mannon, P., & Reinisch, W. (2012). Interleukin 13 and its role in gut defence and inflammation. *Gut, 61*(12), 1765-1773. https://doi.org/10.1136/gutjnl-2012-303461

Matsuba, K. T., Van Eeden, S. F., Bicknell, S. G., Walker, B. A., Hayashi, S., & Hogg, J. C. (1997). Apoptosis in circulating PMN: Increased susceptibility in L-selectin-deficient PMN. *The American Journal of Physiology, 272* (6 Pt 2), H2852–H2858. https://doi.org/10.1152/ajpheart.1997.272.6.H2852

McEwen, B. S. (1998). Protective and damaging effects of stress mediators. The New *England Journal of Medicine, 338*(3), 171-179. https://doi.org/10.1056/NEJM199801153380307

McGinley, C., Shafat, A., & Donnelly, A. E. (2009). Does antioxidant vitamin supplementation protect against muscle damage? *Sports Medicine (Auckland, N.Z.), 39*(12), 1011-1032. https://doi.org/10.2165/11317890-000000000-00000

Merle, N. S., Church, S. E., Fremeaux-Bacchi, V., & Roumenina, L. T. (2015). Complement system part I-molecular mechanisms of activation and regulation. *Frontiers in Immunology, 6*, 262. https://doi.org/10.3389/fimmu.2015.00262

Metcalfe SM (2019). Neuroprotective immunity: Leukaemia Inhibitory Factor (LIF) as guardian of brain health. *Medicine in Drug Discovery, 2*, 100006, 10.1016/j.medidd.2019.100006

Minuzzi, L. G., Chupel, M. U., Rama, L., Rosado, F., Muñoz, V. R., Gaspar, R. C., Kuga, G. K., Furtado, G. E., Pauli, J. R., & Teixeira, A. M. (2019). Lifelong exercise practice and immunosenescence: Master athletes cytokine response to acute exercise. *Cytokine, 115*, 1-7. https://doi.org/10.1016/j.cyto.2018.12.006

Misiak-T oczek, A., & Brzezi ska-B aszczyk, E. (2009). IL-6, but not IL-4, stimulates chemokinesis and TNF stimulates chemotaxis of tissue mast cells: involvement of both mitogen-activated protein kinases and phosphatidylinositol 3-kinase signalling pathways. *APMIS: Acta Pathologica, Microbiologica, et Immunologica Scandinavica, 117*(8), 558-567. https://doi.org/10.1111/j.1600-0463.2009.02518.x

Morrison, D., Hughes, J., Della Gatta, P. A., Mason, S., Lamon, S., Russell, A. P., & Wadley, G. D. (2015). Vitamin C and E supplementation prevents some of the cellular adaptations to endurance-training in humans. *Free Radical Biology & Medicine, 89*, 852-862. https://doi.org/10.1016/j.freeradbiomed.2015.10.412

Muñoz-Cánoves, P., Scheele, C., Pedersen, B. K., & Serrano, A. L. (2013). Interleukin-6 myokine signaling in skeletal muscle: A double-edged sword? *The FEBS Journal, 280*(17), 4131-4148. https://doi.org/10.1111/febs.12338

Murphy, K, & Weaver, C. (2016). *Janeway's immunobiology* (9th ed). Garland Sciences.

Nakagawa, M., Bondy, G. P., Waisman, D., Minshall, D., Hogg, J. C., & van Eeden, S. F. (1999). The effect of glucocorticoids on the expression of L-selectin on polymorphonuclear leukocyte. *Blood, 93*(8), 2730-2737.

Naldini, L. (2019). Genetic engineering of hematopoiesis: current stage of clinical translation and future perspectives. *EMBO Molecular Medicine, 11*(3), e9958. https://doi.org/10.15252/emmm.201809958

Navalta, J. W., Sedlock, D. A., & Park, K. S. (2007). Effect of exercise intensity on exercise-induced lymphocyte apoptosis. *International Journal of Sports Medicine, 28*(6), 539–542. https://doi.org/10.1055/s-2006-955898

Nehlsen-Cannarella, S. L., Fagoaga, O. R., Nieman, D. C., Henson, D. A., Butterworth, D. E., Schmitt, R. L., Bailey, E. M., Warren, B. J., Utter, A., & Davis, J. M. (1997). Carbohydrate and the cytokine response to 2.5h of running. *Journal of Applied Physiology (Bethesda, Md. : 1985), 82*(5), 1662-1667. https://doi.org/10.1152/jappl.1997.82.5.1662

Neubauer, O., Reichhold, S., Nics, L., Hoelzl, C., Valentini, J., Stadlmayr, B., Knasmüller, S., & Wagner, K. H. (2010). Antioxidant responses to an acute ultra-endurance exercise: impact on DNA stability and indications for an increased need for nutritive antioxidants in the early recovery phase. *The British Journal of Nutrition, 104*(8), 1129-1138. https://doi.org/10.1017/S0007114510001856

Nieman D. C. (2007). Marathon training and immune function. Sports medicine (Auckland, N.Z.), 37(4-5), 412-415. https://doi.org/10.2165/00007256-200737040-00036

Nieman, D. C., & Pedersen, B. K. (1999). Exercise and immune function. Recent developments. *Sports Medicine (Auckland, N.Z.), 27*(2), 73-80. https://doi.org/10.2165/00007256-199927020-00001

O'Leary, M. F., Wallace, G. R., Bennett, A. J., Tsintzas, K., & Jones, S. W. (2017). IL-15 promotes human myogenesis and mitigates the detrimental effects of TNFα on myotube development. *Scientific Reports, 7*(1), 12997. https://doi.org/10.1038/s41598-017-13479-w

Peake, J. M., Neubauer, O., Walsh, N. P., & Simpson, R. J. (2017). Recovery of the immune system after exercise. *Journal of Applied Physiology, 122*(5), 1077-1087. https://doi.org/10.1152/japplphysiol.00622.2016

Pedersen B. K. (2012). Muscular interleukin-6 and its role as an energy sensor. *Medicine and Science in Sports and Exercise, 44*(3), 392-396. https://doi.org/10.1249/MSS.0b013e31822f94ac

Pedersen B. K. (2019). The Physiology of Optimizing Health with a Focus on Exercise as Medicine. *Annual Review of Physiology, 81*, 607-627. https://doi.org/10.1146/annurev-physiol-020518-114339

Pedersen, B. K., & Febbraio, M. A. (2008). Muscle as an endocrine organ: focus on muscle-derived interleukin-6. *Physiological Reviews, 88*(4), 1379-1406. https://doi.org/10.1152/physrev.90100.2007

Pedersen, B. K., & Febbraio, M. A. (2008). Muscle as an endocrine organ: Focus on muscle-derived interleukin-6. *Physiological Reviews, 88*(4), 1379-1406. https://doi.org/10.1152/physrev.90100.2007

Pedersen, B. K., & Hoffman-Goetz, L. (2000). Exercise and the immune system: regulation, integration, and adaptation. *Physiological Reviews, 80*(3), 1055-1081. https://doi.org/10.1152/physrev.2000.80.3.1055

Pedersen, B. K., Steensberg, A., Fischer, C., Keller, C., Keller, P., Plomgaard, P., Febbraio, M., & Saltin, B. (2003). Searching for the exercise factor: is IL-6 a candidate? *Journal of Muscle Research and Cell Motility, 24*(2-3), 113-119. https://doi.org/10.1023/a:1026070911202

Pedersen, L., Idorn, M., Olofsson, G. H., Lauenborg, B., Nookaew, I., Hansen, R. H., Johannesen, H. H., Becker, J. C., Pedersen, K. S., Dethlefsen, C., Nielsen, J., Gehl, J., Pedersen, B. K., Thor Straten, P., & Hojman, P. (2016). Voluntary Running Suppresses Tumor Growth through Epinephrine- and IL-6-Dependent NK Cell Mobilization and Redistribution. *Cell Metabolism, 23*(3), 554-562. https://doi.org/10.1016/j.cmet.2016.01.011

Pepys, M. B., & Hirschfield, G. M. (2003). C-reactive protein: a critical update. *The Journal of Clinical Investigation, 111*(12), 1805-1812. https://doi.org/10.1172/JCI18921

Petersen, A. M., & Pedersen, B. K. (2005). The anti-inflammatory effect of exercise. *Journal of Applied Physiology (Bethesda, Md. : 1985), 98*(4), 1154-162. https://doi.org/10.1152/japplphysiol.00164.2004

Phaneuf, S., & Leeuwenburgh, C. (2001). Apoptosis and exercise. *Medicine and Science in Sports and Exercise, 33*(3), 393-396. https://doi.org/10.1097/00005768-200103000-00010

Pizza, F. X., Flynn, M. G., Starling, R. D., Brolinson, P. G., Sigg, J., Kubitz, E. R., & Davenport, R. L. (1995). Run training vs cross training: influence of increased training on running economy, foot impact shock and run performance. *International Journal of Sports Medicine, 16*(3), 180-184. https://doi.org/10.1055/s-2007-972988

Rehman, J., Mills, P. J., Carter, S. M., Chou, J., Thomas, J., & Maisel, A. S. (1997). Dynamic exercise leads to an increase in circulating ICAM-1: Further evidence for adrenergic modulation of cell adhesion. *Brain, Behavior, and Immunity, 11*(4), 343-351. https://doi.org/10.1006/brbi.1997.0498

Ronsen, O., Pedersen, B. K., Øritsland, T. R., Bahr, R., & Kjeldsen-Kragh, J. (2001). Leukocyte counts and lymphocyte responsiveness associated with repeated bouts of strenuous endurance exercise. *Journal of Applied Physiology (Bethesda, Md.: 1985), 91*(1), 425-434. https://doi.org/10.1152/jappl.2001.91.1.425

Russell, J. H., & Ley, T. J. (2002). Lymphocyte-mediated cytotoxicity. *Annual Review of Immunology, 20*, 323-370. https://doi.org/10.1146/annurev.immunol.20.100201.131730

Saclier, M., Cuvellier, S., Magnan, M., Mounier, R., & Chazaud, B. (2013). Monocyte/ macrophage interactions with myogenic precursor cells during skeletal muscle regeneration. *The FEBS Journal, 280*(17), 4118-4130. https://doi.org/10.1111/febs.12166

Scheffer, D., & Latini, A. (2020). Exercise-induced immune system response: Anti-inflammatory status on peripheral and central organs. Biochimica et biophysica acta. *Molecular Basis of Disease, 1866*(10), 165823. Advance Online Publication. https://doi.org/10.1016/j.bbadis.2020.165823

Scheffer, D., & Latini, A. (2020). Exercise-induced immune system response: Anti-inflammatory status on peripheral and central organs. Biochimica et biophysica acta. *Molecular Basis of Disease, 1866*(10), 165823. Advance online publication. https://doi.org/10.1016/j.bbadis.2020.165823

Schmalstieg, F. C., Jr, & Goldman, A. S. (2009). Jules Bordet (1870-1961): A bridge between early and modern immunology. *Journal of Medical Biography, 17*(4), 217-224. https://doi.org/10.1258/jmb.2009.009061

Sellami, M., Gasmi, M., Denham, J., Hayes, L. D., Stratton, D., Padulo, J., & Bragazzi, N. (2018). Effects of acute and chronic exercise on immunological parameters in the elderly aged: Can physical activity counteract the effects of aging? *Frontiers in Immunology, 9*, 2187. https://doi.org/10.3389/fimmu.2018.02187

Selye, H. (1978). *The Stress of Life.* New York: McGraw-Hill.

Shephard R. J. (2003). Adhesion molecules, catecholamines and leucocyte redistribution during and following exercise. *Sports Medicine, 33*(4), 261–284. https://doi.org/10.2165/00007256-200333040-00002

Stagni, V., di Bari, M. G., Cursi, S., Condò, I., Cencioni, M. T., Testi, R., Lerenthal, Y., Cundari, E., & Barilà, D. (2008). ATM kinase activity modulates Fas sensitivity through the regulation of FLIP in lymphoid cells. *Blood, 111*(2), 829-837. https://doi.org/10.1182/blood-2007-04-085399

Starkie, R. L., Angus, D. J., Rolland, J., Hargreaves, M., & Febbraio, M. A. (2000). Effect of prolonged, submaximal exercise and carbohydrate ingestion on monocyte intracellular cytokine production in humans. *The Journal of Physiology, 528*(Pt 3), 647-655. https://doi.org/10.1111/j.1469-7793.2000.t01-1-00647.x

Steensberg, A., Fischer, C. P., Keller, C., Møller, K., & Pedersen, B. K. (2003b). IL-6 enhances plasma IL-1ra, IL-10, and cortisol in humans. American journal of physiology. *Endocrinology and Metabolism, 285*(2), E433–E437. https://doi.org/10.1152/ajpendo.00074.2003

Steensberg, A., Fischer, C. P., Sacchetti, M., Keller, C., Osada, T., Schjerling, P., van Hall, G., Febbraio, M. A., & Pedersen, B. K. (2003a). Acute interleukin-6 administration does not impair muscle glucose uptake or whole-body glucose disposal in healthy humans. *The Journal of Physiology, 548*(Pt 2), 631-638. https://doi.org/10.1113/jphysiol.2002.032938

Steinacker, J. M., Lormes, W., Reissnecker, S., & Liu, Y. (2004). New aspects of the hormone and cytokine response to training. *European Journal of Applied Physiology, 91*(4), 382-391. https://doi.org/10.1007/s00421-003-0960-x

Steptoe, A., Hamer, M., & Chida, Y. (2007). The effects of acute psychological stress on circulating inflammatory factors in humans: a review and meta-analysis. *Brain, Behavior, and Immunity, 21*(7), 901-912. https://doi.org/10.1016/j.bbi.2007.03.011

Stuempfle, K. J., Nindl, B. C., & Kamimori, G. H. (2010). Stress hormone responses to an ultraendurance race in the cold. *Wilderness & Environmental Medicine, 21*(1), 22-27. https://doi.org/10.1016/j.wem.2009.12.020

Teixeira, V., Valente, H., Casal, S., Marques, F., & Moreira, P. (2009). Antioxidant status, oxidative stress, and damage in elite trained kayakers and canoeists and sedentary controls. International *Journal of Sport Nutrition and Exercise Metabolism, 19*(5), 443-456. https://doi.org/10.1123/ijsnem.19.5.443

Thébault, S., Deniel, N., Galland, A., Lecleire, S., Charlionet, R., Coëffier, M., Tron, F., Vaudry, D., & Déchelotte, P. (2010). Human duodenal proteome modulations by glutamine and antioxidants. Proteomics. *Clinical applications, 4*(3), 325-336. https://doi.org/10.1002/prca.200800175

Timmons, B. W., Tarnopolsky, M. A., Snider, D. P., & Bar-Or, O. (2006). Immunological changes in response to exercise: influence of age, puberty, and gender. Medicine and *Science in Sports and Exercise, 38*(2), 293-304. https://doi.org/10.1249/01.mss.0000183479.90501.a0

Vider, J., Laaksonen, D. E., Kilk, A., Atalay, M., Lehtmaa, J., Zilmer, M., & Sen, C. K. (2001). Physical exercise induces activation of NF-kappaB in human peripheral blood lymphocytes. *Antioxidants & Redox Signaling, 3*(6), 1131-1137. https://doi.org/10.1089/152308601317203639

Wada, E., Tanihata, J., Iwamura, A., Takeda, S., Hayashi, Y. K., & Matsuda, R. (2017). Treatment with the anti-IL-6 receptor antibody attenuates muscular dystrophy via promoting skeletal muscle regeneration in dystrophin-/utrophin-deficient mice. *Skeletal Muscle, 7*(1), 23. https://doi.org/10.1186/s13395-017-0140-z

Walsh, N. P., Gleeson, M., Pyne, D. B., Nieman, D. C., Dhabhar, F. S., Shephard, R. J., Oliver, S. J., Bermon, S., & Kajeniene, A. (2011). Position statement. Part two: Maintaining immune health. *Exercise Immunology Review, 17*, 64-103.

Wedell-Neergaard, A. S., Lang Lehrskov, L., Christensen, R. H., Legaard, G. E., Dorph, E., Larsen, M. K., Launbo, N., Fagerlind, S. R., Seide, S. K., Nymand, S., Ball, M., Vinum, N., Dahl, C. N., Henneberg, M., Ried-Larsen, M., Nybing, J. D., Christensen, R., Rosenmeier, J. B., Karstoft, K., Pedersen, B. K.,… Krogh-Madsen, R. (2019). Exercise-Induced Changes in Visceral Adipose Tissue Mass Are Regulated by IL-6 Signaling: A Randomized Controlled Trial. *Cell Metabolism, 29*(4), 844-855. https://doi.org/10.1016/j.cmet.2018.12.007

Wei, Y. H., Lu, C. Y., Lee, H. C., Pang, C. Y., & Ma, Y. S. (1998). Oxidative damage and mutation to mitochondrial DNA and age-dependent decline of mitochondrial respiratory function. *Annals of the New York Academy of Sciences, 854*, 155-170. https://doi.org/10.1111/j.1749-6632.1998.tb09899.x

Wernersson, S., & Pejler, G. (2014). Mast cell secretory granules: armed for battle. Nature reviews. *Immunology, 14*(7), 478-494. https://doi.org/10.1038/nri3690

Wolf, J., Rose-John, S., & Garbers, C. (2014). Interleukin-6 and its receptors: A highly regulated and dynamic system. *Cytokine, 70*(1), 11-20. https://doi.org/10.1016/j.cyto.2014.05.024

Wolsk, E., Mygind, H., Grøndahl, T. S., Pedersen, B. K., & van Hall, G. (2010). IL-6 selectively stimulates fat metabolism in human skeletal muscle. American journal of physiology. *Endocrinology and Metabolism, 299*(5), E832-E840. https://doi.org/10.1152/ajpendo.00328.2010

Xi, P., Jiang, Z., Zheng, C., Lin, Y., & Wu, G. (2011). Regulation of protein metabolism by glutamine: implications for nutrition and health. *Frontiers in Bioscience (Landmark edition), 16*, 578-597. https://doi.org/10.2741/3707

Xu, E., Pereira, M., Karakasilioti, I., Theurich, S., Al-Maarri, M., Rappl, G., Waisman, A., Wunderlich, F. T., & Brüning, J. C. (2017). Temporal and tissue-specific requirements for T-lymphocyte IL-6 signalling in obesity-associated inflammation and insulin resistance. *Nature Communications, 8*, 14803. https://doi.org/10.1038/ncomms14803

Yamin, C., Duarte, J. A., Oliveira, J. M., Amir, O., Sagiv, M., Eynon, N., Sagiv, M., & Amir, R. E. (2008). IL6 (-174) and TNFA (-308) promoter polymorphisms are associated with systemic creatine kinase response to eccentric exercise. *European Journal of Applied Physiology, 104*(3), 579-586. https://doi.org/10.1007/s00421-008-0728-4

課後練習
Exercise

一、選擇題

( ) 1. 下列何者屬於非顆粒性白血球？ (A)嗜酸性球 (B)嗜中性球 (C)嗜鹼性球 (D)淋巴球

( ) 2. 受刺激時可以發育成具吞噬能力的巨噬細胞(macrophage)的白血球是： (A)嗜酸性球 (B)嗜中性球 (C)淋巴球 (D)單核球

( ) 3. 特異性免疫的主角是： (A)淋巴球 (B)單核球 (C)嗜酸性球 (D)嗜中性球

( ) 4. 補體系統能被抗體活化，並與抗體合作攻擊病原體的方式稱為： (A)替代路徑 (B)古典路徑

( ) 5. 在唾液與乳汁中數量最多的抗體是： (A) IgA (B) IgD (C) IgE (D) IgG

( ) 6. 不需要非常清楚辨識外來物質，就能對抗其侵犯是屬於： (A)特異性免疫 (B)非特異性免疫

( ) 7. 在發炎反應的初期，會分泌組織胺與前列腺素等物質，促使血管擴張與增加血管通透性的免疫細胞是： (A)脂肪細胞 (B)巨噬細胞 (C)肥大細胞 (D)淋巴球

( ) 8. 趨化作用是白血球因化學物質的何種濃度變化而往受傷組織移動？ (A)主動的由低濃度往高濃度移動 (B)主動的由高濃度往低濃度移動 (C)被動的由低濃度往高濃度移動 (D)被動的由高濃度往低濃度移動

( ) 9. 請排列因趨化作用抵達感染組織的白血球：(1)T細胞、(2)嗜中性球、(3)單核球，依序為 (A) 123 (B) 231 (C) 321 (D) 132

( ) 10. 細胞死亡後會引起嚴重發炎反應的死亡方式是： (A)細胞凋亡(apoptosis) (B)細胞壞死(necrosis)

( ) 11. 下列何種免疫反應不屬於特異性免疫反應？ (A)細胞毒殺作用 (B)抗體分泌 (C)發燒 (D)細胞凋亡

( ) 12. 可以將活躍的免疫反應給關閉，防止發生過度免疫反應的淋巴球是： (A)輔助型T細胞 (B)毒殺性T細胞 (C)調節性T細胞 (D) B細胞

（　）13. 不需要經辨識作用就會透過接觸將目標細胞殺死的淋巴球是：　(A)毒殺性T細胞　(B) B細胞　(C)自然殺手細胞　(D)巨噬細胞

（　）14. 母親透過母乳將抗體傳送給胎兒，而使胎兒獲得免疫力的方式是：　(A)初級免疫反應　(B)次級免疫反應　(C)被動免疫　(D)主動免疫

（　）15. 影響免疫細胞發生凋亡的關鍵因素是：　(A)NF-κB活性　(B)DNA的缺損狀態　(C)Fas的活性　(D)活性氧化物濃度

（　）16. 促進腹部脂肪分解的細胞激素是：　(A)介白素1　(B)介白素6　(C)介白素10　(D)介白素13

（　）17. 何種運動對老人的免疫功能沒有正面的效果，僅可改善肌肉強度？　(A)阻力性運動 (B)耐力性運動 (C)急性運動 (D)長期運動

（　）18. 競爭性運動不管時間長短都會造成體內何種激素濃度的增加？　(A)胰島素　(B)甲狀腺素　(C)皮質醇　(D)以上皆是

（　）19. 在淋巴球中含有數量最多的腎上腺素接受器的是：　(A) B細胞　(B)自然殺手細胞　(C) 毒殺型T細胞　(D) 輔助型T細胞

（　）20. 何者是導致抗發炎的細胞激素？　(A) 介白素1　(B) 介白素6　(C) 介白素10　(D) 腫瘤壞死因子

二、問答題

1. 說明白血球可以分為哪幾種類型？

2. 說明補體的作用。

3. 說明發炎反應的過程。

4. 說明主動免疫與被動免疫之間的差異。

5. 何謂免疫系統的空窗期？

6. 劇烈運動導致免疫系統空窗期的原因為何？

7. 敘述介白素6的功能。

8. 在不同的運動模式中，為何過度訓練對免疫系統的傷害最大？

9. 試描述T細胞、B細胞及自然殺手細胞三種作用的機制。

10. 試描老化對免疫系統所造成的影響。

解答：DDABA　BCABB　CCCCB　BACBC

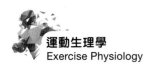

溫小娟、蔡佈曦　編著

運動與營養
(Exercise and Nutrition)

Exercise Physiology

運動員的能量來源有醣類、蛋白質、脂肪和酒精，但僅醣類和脂肪對運動員而言扮演重要角色，其中又以醣類對活動中的肌肉更是重要能量來源。圖9-1可見對一耐力訓練的運動員而言，在非最大負荷長時間運動的前一小時，其能量來源主要來自肌肉肝醣，當肌肉肝醣下降一段時間後，血糖就會變成重要的能量來源。需注意的是：在運動初期，血漿游離脂肪酸和肌肉中的三酸甘油酯，能量消耗的比例是相等的，且隨著運動時間的增加，以游離脂肪酸為主要的能量來源比例則顯著的增加。且運動效率的提升、能量提供則非藥丸、補充劑就可以完成的。

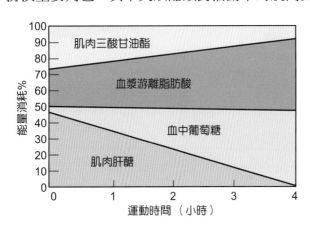

▶ 圖9-1　在非最大運動負荷時（65~75% $\dot{V}O_2max$），耐力訓練運動員獲得各營養物質當能量的百分比。

依美國建議運動員的（每日）健康飲食目標：

1. 增加醣類的攝取量：從佔55%的總卡路里量提升至60%。

2. 減少糖（單醣）攝取至≦15%的總卡路里量。

3. 減少脂肪的攝取量至≦30%的總卡路里量。

4. 減少飽和脂肪酸的攝取量≦10%的總卡路里量。

5. 每日減少300毫克膽固醇的攝取量。

6. 每日攝取低於3克鹽的食用。

9-1　營養素 (Nutrients)

Exercise
Physiology

一、醣　類 (Carbohydrate)

醣類又稱為碳水化合物，其中以貯存在肌肉及肝臟中的肝醣在運動中扮演了重要的角色；因此對於長距離賽跑、長距離游泳的耐力性運動員而言，肝醣的含量

非常的重要。由於肝醣分解獲得能量的速度非常的快，故在長時間的競賽上（馬拉松比賽），肌肉中的肝醣更是重要。因此，提升肌肉中肝醣的含量—施行**醣類負荷**(carbohydrate loading)是必需的。

　　一般而言，身體中含有約300~350克的肝醣，其中100克存在肝臟，另外200~250克則存在心肌、平滑肌及骨骼肌，約15克則在於血液及細胞外液中。肝臟中的肝醣可以分解成葡萄糖且進入血液中參與血糖的調節，而肌肉中的肝醣僅能提升肌肉能量來源而不能參與血糖的調節。

二、脂 肪 (Fat)

　　若貯存的肝醣耗盡，則運動員的表現就會受到限制；因此肌肉另一個能量來源就是脂肪，皮下脂肪（以三酸甘油酯為貯存的型式）分解為游離脂肪酸（三分子）及甘油（一分子），如此運動員就同時以脂肪酸及肝醣做為能量來源，就可使得肝醣的使用時間延長。

　　在耐力型運動時，游離脂肪酸是非常重要的能量來源。而游離脂肪酸主要來自肌肉下、血漿、脂肪組織。所以長距離賽跑者其在脂肪組織及骨骼肌的脂蛋白脂酶(lipoprotein lipase)活性會上升，脂肪分解成脂肪酸的量會增加，以脂肪酸變成主要能量來源。如果游離脂肪酸的游離速率、氧化速率增加，就可以節省肝醣及葡萄糖。

　　脂肪分解後的另一組成分為甘油，則會進入醣解作用(glycolytic pathway)形成磷酸甘油酯(glycerophosphate)，此物為合成葡萄糖及肝醣的成分之一。

　　一般而言，奧運選手的體型是低相對脂肪。符合健康標準的體脂肪值為：

　　　　男：約佔體重10~20%。

　　　　女：約佔體重15~25%。

　　表9-1為各項運動需要的體脂肪值，此表只是一個平均值，會有5~10%的誤差，但可以確定的是，對於體重佔很大影響的運動，如跑步或跳高、跳遠，體脂肪與運動表現是呈反比的。

表9-1　男性、女性運動員其體脂肪百分比對照表

運動	男性	女性
棒球選手	11.8~14.2	－
籃球選手	7.1~10.6	20.8~26.9
輕艇選手	12.4	－
足球		
後衛	9.4~12.4	－
線衛	13.7	－
前鋒	15.5~19.1	－
四分衛、守門員	14.1	－
體操選手	4.6	9.6~23.8
冰上曲棍球選手	13~15.1	－
騎師	14.1	－
定位運動選手	16.3	18.7
現代五項運動選手	－	11.0
牆球選手	8.3	14.0
滑雪		
阿爾卑斯式滑雪選手	7.4~14.1	20.6
越野滑雪選手	7.9~12.5	15.7~21.8
北歐式混合滑雪選手	8.9~11.2	－
滑雪跳遠選手	14.3	－
美式足球選手	9.6	－
競速滑冰選手	11.4	－
游泳選手	5.0~8.5	20.3
網球選手	15.2~16.3	20.3
田 徑		
長跑選手	3.7~18.0	15.2~19.2
中跑選手	12.4	－
短跑選手	16.5	19.3
擲鐵餅選手	16.3	25.0
跳部 / 跨欄選手	－	20.7
推鉛球選手	16.5~19.6	28.0
排球選手	－	21.3~25.3
角力選手	4.0~14.4	

資料來源：Wilmore, 1983。

不能隨便降低運動員體脂肪的原因有二：一是測量體脂肪的方法不一樣，則體脂肪的含量就不一樣；二是每個運動員一定會有體脂肪的差異，例如一群優秀的排球選手的平均體脂肪值為12%，有些人會高到16%，有些人低到6%，故不能隨便建議16%體脂肪的人降低體脂肪，也不會隨便建議6%體脂肪的人增加體脂肪以達平均體脂肪值。且選手若隨便改變體脂肪值，可能會有損於其目前的運動表現和身體狀況，如飲食、心理狀態及睡眠。若把運動時間加長或降低熱量攝取，雖可以降低體脂，但卻會將運動員累壞了。

三、蛋白質 (Protein)

對於一個需長期且低量運動而言，特別是在醣類量很低時，蛋白質才會成為能量來源。但需注意的是蛋白質只能提供10%的能量。

成人蛋白質飲食建議攝取量為0.8 g/kg/d，亦即每日每公斤體重只要攝取食物中12%熱量的蛋白質。例如一個年輕男性每日建議攝取量為2,900大卡，其中348大卡需來自蛋白質，相當於一天要攝取87克蛋白質。而運動到底要如何注意蛋白質攝取量？可從以下兩方面來討論：

1. 若從事輕鬆到和緩的耐力運動的人，其蛋白質需要量為0.8 g/kg/d；對於從事高強度的耐力運動，標準就必須提高至1.2~1.4 g/kg/d。

2. 若從事耐力和肌力訓練，其對蛋白質的需求就可能高於飲食建議攝取量，例如阻力運動員的需要量1.4~1.8 g/kg/d，對增加肌肉和肌力的運動員則可能需要提高至1.4~1.8 g/kg/d。

四、礦物質 (Minerals)

運動員由於流汗及排尿排出鐵，且劇烈跑步時腳用力踏在地上，使紅血球溶血再加上血漿裡血紅素結合素(haptoglobin)減少（血紅素結合素是一種攜帶血紅素至肝臟的攜帶者），此為造成運動員易產生缺鐵性貧血的原因。基於運動員補充鐵質來恢復正常鐵質儲存量是很難的，勢必一定要額外補充（尤其女性運動員因有生理月經出血而流失，故更需要補充鐵質）。有些人可能會採服用鐵劑的方式，可是這麼做也要考慮很多問題，如：藥物不耐、藥物濫用或藥物交互作用，故不得大意。美國建議女性運動員每天要多補充18毫克的鐵質。

五、維生素 (Vitamins)

運動員各生理功能與維生素的關係如表9-2。一般而言，專家的結論如下：

1. 運動員若均衡飲食的話，則維生素的補充並非必需。

2. 若原先知道缺乏某些維生素，經充分補充則運動表現會改善。

3. 若服下大量脂溶性維生素或維生素C，則會有營養素中毒的現象。

表9-2　運動員各生理功能與維生素關係

生理功能	相關維生素
眼睛功能	維生素A
牙齒	維生素A、維生素D、維生素C
血液細胞	維生素E
激素形成	類固醇、維生素A、維生素B_6、泛酸(pantothenic acid)
神經肌肉功能	維生素A、維生素B_6、維生素B_{12}、維生素B_1、菸鹼酸、泛酸
細胞膜	維生素E
能量釋量	維生素B_1、維生素B_2、菸鹼酸、生物素、維生素B_6、泛酸
皮膚	維生素A、維生素C、維生素B_6、菸鹼酸、維生素B_2、泛酸
生殖	維生素A、維生素B_2
骨骼形成	維生素A、維生素D、維生素C
血液形成	維生素B_6、維生素B_{12}、維生素C、葉酸

六、 營養素的建議攝取量

國人膳食營養素參考攝取量(Dietary Reference Intakes, DRIs)是衛生福利部以健康人為對象，為維持和增進健康以及預防營養素缺乏而訂定。其建議攝取量(recommended dietary allowance, RDA)值是可滿足97~98%的健康人群每天所需要的營養素量，而上限攝取量(tolerable upper intake levels, UL)則是對於絕大多數人不會引發危害風險的營養素攝取最高限量。瞭解表9-3後，方能對運動員給一適當建議。

表9-3　營養素的主要功效、參考攝取量(RDA)及上限攝取量(UL)

營養素	主要功效	RDA	UL
β-胡蘿蔔素	維生素A的前趨物，為最安全的維生素A來源，保護細胞預防自由基傷害		
維生素C	維持牙齦及骨骼健康，幫助鐵質吸收，增進免疫功能	100 mg	1,800 mg

表9-3　營養素的主要功效、參考攝取量(RDA)及上限攝取量(UL)（續）

營養素	主要功效	RDA	UL
維生素E	為形成紅血球細胞、肌肉及組織的重要營養素，增進免疫系統，抗氧化，可延緩細胞老化，預防自由基侵害	13 mg α-TE	800 mg α-TE
銅	幫助鐵質吸收，形成血紅素		
錳	幫助骨骼、結締組織成長及再生，維持正常細胞功能		
硒	活化免疫系統，協助維生素E保護細胞抗氧化	55 μg	400 μg
鋅	參與新陳代謝的酵素所含的重要成分，維持免疫系統的健康，幫助傷口復原	15 mg	35 mg
維生素A	保護皮膚、眼睛、牙齒及黏膜的重要營養素	700 μg RE	2800μg RE
維生素B$_1$	幫助能量轉換，維持神經、心臟及肌肉正常功能	1.4 mg	
維生素B$_2$	幫助能量轉換，促進紅血球形成，維持神經系統運作	1.6 mg	
維生素B$_6$	增進代謝，維持神經及免疫系統正常運作，促進紅血球細胞形成	1.5 mg	80 mg
維生素B$_{12}$	促進紅血球形成，幫助代謝及維護細胞健康，為素食者最容易缺乏的維生素	2.4 μg	
生物素	促進維生素B群的利用及代謝碳水化合物，維護皮膚及肌肉正常功能	27 μg	
葉酸	維護神經系統健康，促進紅血球細胞生成，並預防胎兒中樞神經管缺陷	400 μg	900 μg
菸鹼素	幫助食物轉化能量，維持神經系統健康	18 mg NE	30 mg NE
泛酸	幫助能量轉換，為荷爾蒙、神經系統形成及正常成長的必要營養素	5 mg	
維生素D	促進鈣與磷的吸收，強化骨骼及牙齒	10 μg	50 μg
維生素K	幫助凝血，維護血液正常功能	75 μg	
鈣	維持骨骼及牙齒的健康，幫助肌肉收縮及神經系統運作	1,200 mg	2,500 mg
氯	維持酸鹼平衡，刺激胃酸分泌		
鉻	協助碳水化合物、蛋白質及脂肪正常代謝		
鐵	形成血紅素，預防貧血	15 mg	40 mg
碘	維持新陳代謝、甲狀腺功能	150 μg	1,000 μg
鎂	心臟、肌肉及神經系統運作	390 mg	700 mg
鉬	為新陳代謝過程中的重要物質		
鎳	幫助鐵質的吸收		
磷	與鈣結合，強健牙齒與骨骼，維持肌肉及神經系統正常運作	1,000 mg	4,000 mg
鉀	維持酸鹼平衡及細胞含水量		
矽	形成膠原、軟骨及骨骼		
錫	維持正常成長發育所必需		
釩	骨骼、牙齒生長所必需		

註：表內之RDA及UL係依據衛生福利部於2020年修訂之國人膳食營養素參考攝取量（第八版），並以16~18歲男性為基準。有些微量元素雖知其功能，但卻無建議攝取量。

9-2 水分和電解質 (Water and Electrolytes)

水分對運動員的必需性可從三方面來看：

1. 水分有利於體內生化反應向產能的方向進行。

2. 水分有利於運動時營養物及廢物的運送。

3. 運動所產生的熱量靠水分來散失。故比賽前後體重的差值，即水分的流失量。

故攝水量需從運動前、運動中、運動後來考量。運動前2小時攝取500~600 cc的水，而運動前10~15分鐘則攝取400~500 cc的水，最好少量多次，每次補充200~300 cc。在運動時補充水分可以降低心跳率及體溫，且喝得越多，上述反應更明顯。比賽後1~1.5小時則補充白開水（無營養素為主的）或葡萄糖水（但葡萄糖水建議每小時不超過50克，否則腸胃會產生滲透性的腹瀉）。

運動員不需再額外添加補充鹽分，吃飯時加鹽即可。但由於運動員的汗是高張的，換句話若需補充電解質的話，則建議：每日攝取鈉1,100~3,300毫克，氯1,700~5,100毫克，鉀1,875~5,625毫克。

9-3 運動訓練所需的營養

不同運動項目需要營養素比例不同的飲食，如果是偏重肌力型以及爆發力型的運動員，如舉重、摔角、拳擊等運動員，為使其具有強健之肌肉，必須補充大量具高品質的蛋白質；但仍需要有同比例的醣類攝取以達增重的效果，如果只有蛋白質的攝取，反而造成肝、腎臟的負荷，卻不能達到肌肉量的增加。

如果是偏重耐力型運動員，如中、長距離長跑，400公尺以上的游泳，及各類球類運動的運動員，為增加其耐力，對於熱量的需求很高，此類運動員需要大量容易消化之醣類，需要量約為每公斤體重10克醣類。

運動訓練時會採用特別的增補方式來增加運動員的表現，最著名的是肌肉**肝醣超補法**(glycogen supercompensation)。在正常情況下，人體內每千克肌肉約儲存著15克的肝醣，還有些儲存在肝臟內。進行長時間耐力項目（如馬拉松）時，體內的糖分可提

供約個半小時的能量。因此，如果可以增加人體內的肝醣儲備，理論上就能夠促進耐力項目的表現。

肌肉肝醣超補法有以下幾種方法：

1. 在比賽前的3~4天進行高碳水化合物飲食，而且在這段期間減少運動訓練，研究發現這種方法可以提高體內的肝醣儲存量約每公斤肌肉儲存25克肝醣。

2. 先以運動來消耗體內的肝醣儲存，然後再連續幾日進行高碳水化合物飲食，研究發現這種方式可以把體內的肝醣儲備提升至原來的2倍。

3. 較新的方式是先以運動來消耗體內的肝醣儲存，再加上連續3日進行低碳水化合物、高脂肪及蛋白質飲食，並同時進行劇烈的運動訓練；之後再連續3日進行高碳水化合物飲食，同時降低訓練量。研究發現可以把體內的肝醣儲備提升至原來的3.5倍。

但是肌肉肝醣超補法的缺點就是身體會同時多儲存一定份量的水分，每儲存1克肝醣，同時增加2.6克水的儲存，造成體重增加，但身體肌肉量並沒有增加。

在此附上一份菜單例子，如表9-4。一些注意事項如下：

1. 因為核果類大多是醣類，故在第一期需嚴格限制。

2. 醣類負荷並不建議在短期競賽運動員進行，會引起負荷感。但若像馬拉松賽者則可採用此法。

3. 長期施行醣類負荷的負作用包括：胸痛、心電圖改變，偶爾心律不整、心絞痛、高三酸甘油酯及尿肌球蛋白，但上述的症狀並不多見。較常見的副作用是會有負荷沉重感（因為醣類負荷下來會增加肌肉水分及電解質含量；一般而言，1公斤的肝醣含水量為3.4公升）。

4. 醣類負荷不建議在青春期運動員施行。若一定要施行的話，一年建議不超過2~3次。

5. 儘管醣類負荷時間的長短涉及肌肉肝醣的含量，但卻不適合施行在很劇烈的短跑運動員。

表9-4 菜單舉例

食物種類	第一期	第二期
主食	18盎司	6盎司
牛奶（全脂）	2杯	2杯
麵包	3份	14份
脂肪	20份	6份
蔬菜	2份	2份
水果或果汁	2份	8份
甜點	無	2份
糖	無	8份
總卡路里	2,900	3,100
總含醣量	110克	465克

9-4　運動飲料

　　含電解質的飲料能在運動結束後幫助液體之保留與電解質的平衡，含碳水化合物的飲料提供一些在運動時所需的能量，但高濃度的蔗糖、葡萄糖或其他糖類會使胃排空速率和水分吸收減緩。

　　運動後補充碳水化合物飲料，以補充葡萄糖與果糖的混合溶液或葡萄糖聚合物較佳，因為葡萄糖溶液對於肌肉中之肝醣合成比對肝臟中之肝醣合成有利，而由於果糖主要是由肝臟代謝，所以補充果糖溶液對於合成肝臟中之肝醣的比率大於合成肌肉肝醣。

　　體內的電解質，主要有鈉、鉀、鈣、氯、重碳酸根離子及氫離子等，其中運動飲料添加的電解質，主要為鈉、鉀、鈣及氫離子。這些離子的功能介紹如下：

1. 鈉離子：為構成體內滲透壓之主要成分，也是神經與肌肉動作電位形成與傳導所必需，對於血壓以及體液的調節，扮演著非常重要的角色。

2. 鉀離子：主要功能在維持細胞膜電位、細胞內、外新陳代謝與酸鹼之平衡。當血液中鉀的濃度超過7 mmoVL時，稱之為**高鉀血症**(hyperkalemia)，可能引發心臟功能的病變，如心肌收縮力減弱、心律不整或心跳停止等，因而導致死亡。

3. 鈣離子：主要功能和神經傳導以及肌肉的收縮有關。鈣離子濃度太高，形成**高鈣血症**(hypercalcemia)。但人體具有調節血鈣的能力，當血液中鈣離子濃度上升，降鈣素就會促進鈣離子進入骨中儲存起來，當血液中鈣離子的濃度下降，副甲狀腺素就會調節升高血鈣濃度。人體的皮膚、腎臟、腸道均會參與血鈣調控。

4. 氫離子：酸鹼度（pH值）主要以血液中氫離子濃度的多寡來表示，血液中的pH值，維持在7.35~7.45之間，靜脈血含有較多二氧化碳所轉換而成的碳酸，pH值會較「酸」（低）。維持體液pH值於恆定之正常範圍是很重要的，不正常之pH值環境，會影響體內蛋白質酵素之活性，進而影響體內化學反應速率以及新陳代謝的活性。

　　運動流汗導致鉀、鈉等電解質大量流失，從而引起身體疲乏，甚至抽筋，導致運動能力下降。而飲料中的鈉、鉀不僅有助於補充汗液中流失的鈉、鉀，還有助於水在血管中的停留，使個體得到更充足的水分。如果飲料中的電解質含量太低，則得不到補充的效果；若太高，則會增加飲料的滲透壓，引起胃腸的不適，並使飲料中的水分不能很快被身體吸收。

9-5　運動營養增補劑

一、高碳水化合物補充劑

高碳水化合物飲食，有助於在高強度訓練中保持肌肉肝醣儲存量。可配合肝醣超補的方式，可以增加肝醣的儲存量，以提高耐力運動表現。

高碳水化合物飲食建議可將碳水化合物佔飲食中的百分比提高至60~70%。在比賽前1~4小時可補充醣類1~4克／公斤體重，但對低血糖反應敏感者，在賽前30~45分鐘避免糖的攝取。對於60分鐘以上的運動，在比賽中每小時應補充30~60公克的醣類食物，並在賽後30分鐘內立即攝取每公斤體重1.5公克的醣類。

二、高蛋白質補充劑

高蛋白質、胺基酸補充劑之主要成分均為胺基酸，胺基酸可合成蛋白質，而增加肌肉量，進而增強力量及耐力，但需配合訓練才能達到效果。乳清蛋白(whey protein)為一種牛奶蛋白質，具有較高的生物價(biological value)，且可以刺激免疫系統，保留肌肉中的麩醯胺酸，防止因重度的訓練所造成的免疫力下降。

一個70公斤重的選手每日蛋白質的攝取量為70~105公克，而一塊6盎司的牛排含有蛋白質約35公克。將牛奶粉末和水而成奶昔狀物質或製成棒狀產品中，最受歡迎的商品是乳清蛋白。其他的蛋白質成分包括牛奶蛋白質中另一種成分－酪蛋白(casein)或黃豆蛋白，對於需要較強肌力、維持低熱量攝取及高度訓練的運動員與素食者均有幫助。建議量為每日一至數份，只要足以彌補飲食之不足即可。過量由補充劑中攝取蛋白質並不會有傷害，是合法的補充劑，但也不會有益處，而且昂貴。

三、胺基酸補充劑

(一) 精胺酸 (Arginine)

精胺酸的主要作用為：

1. 可刺激生長激素的分泌，增加肌肉組織的增生能力。

2. 促進肝臟中尿素循環(urea cycle)的作用，增加尿素(urea)合成，進而排泄至尿液中，由於一分子的尿素合成需兩分子的氨(ammonia)，因此可望能減少血中氨的堆積。

3. 精胺酸A亦可幫助肌酸合成，肌酸合成的原料為精胺酸、甘胺酸(glycine)及甲硫胺酸(methionine)三種胺基酸，因此增加此三種胺基酸的攝取可能有助於肌酸的合成，可增加磷酸肌酸(creatine-phosphate)的儲存，再經由肌酸激酶(creatine kinase)的作用，可增加ATP的能量來源。

4. 增加一氧化氮(NO)的生成，而使肌肉舒張，可治療心血管疾病及陽萎。

5. 增加免疫力。

　　早在1960年代起即已開始研究胺基酸刺激生長激素分泌的研究，當時主要的目的是臨床醫學上應用於生長激素分泌不足的病患，並探討刺激生長激素分泌的劑量及分泌的時間，但皆是研究靜脈注射高量胺基酸的效果。近年來研究口服胺基酸對生長激素刺激的研究，而口服胺基酸有顯著影響的劑量最低約2~2.4克，最高約10克，可為運動員服用的參考。

(二) 支鏈胺基酸 (Branched-Chain Amino Acids, BCAAs)

　　支鏈胺基酸主要作用為：

1. 可減少高強度運動下蛋白質的分解，但其效果並不如補充醣類。

2. 對於為了達到減少脂肪而醣類攝取不足的運動員有幫助。

3. 支鏈胺基酸的消耗，可減少長時間運動中蛋白質之代謝量，而延緩中樞疲勞之時間。

4. 過量支鏈胺基酸會與色胺酸競爭，減少色胺酸進入腦中使得體內血清素(serotonin, 5-HT)之生成減少，因而達到延緩中樞疲勞的效果。

5. 有助於肌肉生長，提供能量，修補受損肌肉及促進生長激素之作用。

　　建議量為運動中與運動後服用4克，過量長期使用會傷腎。BCAA的作用是恢復身體的水分和電解質、迅速回復肝醣儲存、增強肌肉耐力和重建肌肉內的蛋白質。

(三) 麩醯胺酸 (Glutamine)

　　麩醯胺酸主要作用為：

1. 細胞內的非必需胺基酸，為免疫系統的主要能量來源。

2. 防止肌肉分解和抑制因運動引起的免疫能力下降。

適用於高強度訓練的運動員，在運動期間補充或長時間劇烈運動後立即補充。運動後2小時內補充100 毫克／公斤體重，目前並無任何副作用之證據，是合法的補充劑。

(四) 麩胺酸 (Glutamate)

麩胺酸可與氨作用合成麩醯胺酸，血液中若有少量的氨存在即可對中樞神經產生毒性引起氨中毒，將氨加到麩胺酸上具有解毒及降疲勞的功能。

麩胺酸補充劑是使用麩胺酸單鈉(monosodium glutamate, MSG)，即味精，過去臨床上發現口服或注射MSG皆可降低血中氨濃度。但味精吃多會噁心、呼吸不順，因此較少人研究麩胺酸補充劑的作用。

(五) 天門冬胺酸 (Aspartate)

天門冬胺酸可與氨作用，合成天門冬醯胺(asparagines)，可清除血中的氨，具有解毒的功能，另外天門冬胺酸為檸檬酸循環(TCA cycle)及尿素循環的代謝中產物，有助於能量供應。

天門冬胺酸的補充劑通常是口服天門冬胺酸的鎂鹽或鉀鹽，每天7~12克，但對運動員的影響，尚待進一步的證實。

(六) 甘胺酸 (Glycine)

甘胺酸可刺激生長激素的分泌，而且是肌酸合成的材料之一，而肌酸和磷酸肌酸在高能磷酸鍵的貯存和轉換作用中扮演相當重要的角色，而肌力型運動員需要短時間立即能量的來源，因此補充甘胺酸對肌力型運動的耐力提升有幫助。

甘胺酸的人體實驗發現補充每天口服6克，為期10週，並不能對肌力產生變化，但尿中的肌酸有增加的情形，而靜脈注射甘胺酸則發現可引起生長激素的分泌。

(七) 離胺酸 (Lysine)

離胺酸被認為可以刺激生長激素的分泌，通常與其他胺基酸補充劑一起合用，而生長激素可幫助肌肉生長，身體發育。過去研究靜脈注射離胺酸可使生長激素分泌提高，口服的效果則尚未肯定，有的研究認為可以顯著提高生長激素，有的則沒有效果，尚待進一步的研究證實。

(八) 鳥胺酸 (Ornithine)

主要作用機轉為：

1. 刺激生長激素的分泌。

2. 增加去脂體重：鳥胺酸刺激生長激素分泌，可使運送到細胞內的胺基酸增加，並可經由數種途徑刺激細胞內蛋白質的合成，影響去脂體重。

3. 對尿素循環的影響：鳥胺酸為尿素循環的中間產物，理論上可增加尿素循環的作用，如此則有助於減少體內氨(ammonia)的量，透過氨的減少可能有助於排除在無氧運動中快速增加的含氮物質，而增加運動耐力。但對無氧運動中也可能因腎臟排泄尿素的能力降低，使血中尿素量上升。

一般胺基酸的服用都以綜合胺基酸的方式補充，市面上很少可購得純的鳥胺酸，而胺基酸的服用建議為：口服胺基酸有顯著影響的劑量最低約2~2.4克，最高約7克，可為運動員服用的參考。

四、代謝中產物補充劑

(一) 鹼性鹽類、重碳酸鹽類 (Alkalinizer, Bicarbonate)

鹼性鹽類的補充是針對高強度運動時會產生大量的乳酸，使體液的pH值下降，甚至可降到pH值7.0以下。而在運動前攝取大量的鹼性鹽類，如重碳酸氫鈉(sodium bicarbonate)、檸檬酸鈉(sodium citrate)等，可緩衝乳酸的作用，使血液和肌肉中的pH值升高，有助於維持體內環境的恆定，促進運動後肌肉收縮有關的酵素功能和膜電位之恢復正常。

在激烈運動時，血中pH值將低於7，而肌肉中的pH約在7~6.4之間，乳酸的堆積是pH下降的主因之一，也是造成疲勞的原因。尤其是無氧運動，乳酸快速大量堆積，通常運動員較能忍受乳酸的堆積，如果可以因為服用鹼性鹽類來提高肌肉中的pH值，可能可以延長運動的持續時間，增加運動員的耐力。

一般超市都有賣的小蘇打即為重碳酸氫鈉，大部分為粉末的型式販賣，但純度較低，須自行注意用量。另外在藥局也可以買到制酸劑即為重碳酸鹽，有的是錠劑，或是注射液，或口服液，制酸劑要有醫師指導才能使用。

(二) 肌 酸 (Creatine)

肌酸作用為：

1. 是由體內三種胺基酸（精胺酸、甘胺酸及甲硫胺酸）自然轉換而來的，大部分以磷酸肌酸形式儲存於肌肉中。在高強度的運動中，磷酸肌酸會產生能量。

2. 其可延長最大輸出動力、高強度訓練中各組間的恢復速度、增加體重、中和肌肉中產生的乳酸。

3. 適用於高強度及無氧運動、間歇訓練及可能包含一些無氧運動的有氧運動項目的運動員。每天20克(4g×5)持續5天的超補期，而後持續每天2克的維持期。亦可每天分次服用共3~6克，持續30天。8~12週後再重新超補一次。可使體重增加（可能是水分或肌肉），是合法的補充劑。

(三) 輔酶 Q_{10} (Coenzyme Q_{10}, Ubiquinone)

輔酶Q_{10}的主要功能為參與呼吸鏈上之氧化磷酸化作用(oxidative phosphorylation)，呼吸鏈上的電子由較高還原電位的NADH及$FADH_2$在通過電子傳遞鏈傳到低還原電位的氧分子時，會在內膜的內外二側產生膜電位差(membrane potential)，此一電位差可以驅動位在內膜上的ATP合成酶(ATP ase)產生ATP。輔酶 Q_{10}在其中扮演提供反應場所的角色，有助於粒線體將飲食營養轉變成能量（圖9-3）。而在氧化磷酸化的過程中，輔酶Q_{10}為電子的接受者，在產生能量的過程中可以抑制自由基的產生，是一種很強的抗氧化劑，與維生素E一樣，所以它還可以防止皮膚氧化，延緩衰老。在臨床上其主要功效可歸納為：

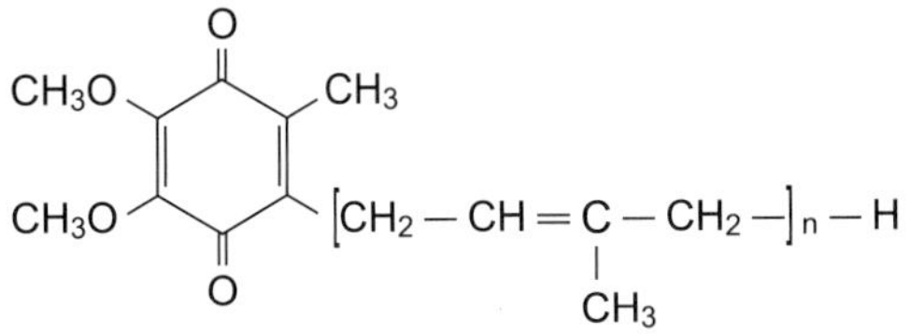

▶ 圖9-2 輔酶Q_{10}的結構圖。

1. 保護細胞與組織的抗氧化劑。

2. 保護心血管系統。

3. 提供細胞的生物能量。

4. 有利於需氧活動、耐力與能量代謝。

5. 預防男性不孕。

6. 免疫增強。

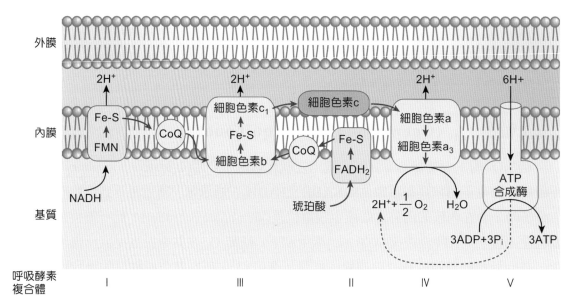

▶ 圖9-3　粒線體電子傳遞鏈與磷酸化作用的生化機轉。電子傳遞鏈的五個呼吸酵素複合體 (respiratory enzyme complexes I, II, III, IV, V)皆位於粒線體之內膜(inner membrane)上。其中 Fe-S代表鐵硫蛋白(iron-sulfur protein)，CoQ為輔酶Q_{10}。

輔酶Q_{10}是呼吸鏈上的氧化磷酸化作用的輔酶，有助ATP能量的產生，對於運動耐力的增加，或無氧運動的能量來源都有幫助。（見圖9-2為輔酶Q_{10}結構圖；圖9-3為粒線體電子傳遞鏈電子傳遞過程中輔酶Q_{10}所扮演的角色。）

輔酶Q_{10}是粒線體內膜呼吸鏈的主要氧化還原成分。臨床上常用於治療心血管疾病。當心肌缺血時即呈缺乏狀態，心肌內因此無法產生高能量的ATP，輔酶Q_{10}吸收至體內後，可改善心肌的代謝障礙，增強心臟之收縮力，其劑量為每日30~240 毫克。至於粒線體呼吸鏈損傷引起的神經變性疾病，劑量可用到每日1,200 毫克。其副作用為大劑量治療時，會產生頭痛、胃灼熱、疲乏，不隨意之運動和短暫的排尿改變。上述副作用均屬輕微反應，停用後即消失。

(四) 二甲基甘胺酸 (Dimethylglycine, DMG)

DMG又稱為維生素B$_{15}$(vitamin B$_{15}$)或平葡酸(Pangamic acid)，主要成分為N,N-Dimethylglycine。對人體生理上的功能，依蘇俄科學家在科學文獻中多次報告指出，DMG可以增加人類和動物的免疫系統，改善運動操作成績。除此外還可以：

1. 增加肌肉的氧氣使用，增進肌肉耐受性，促進運動中血糖提供及減少疲倦。

2. 賦活脂肪代謝，減少運動產生乳酸引起的疲倦，增加工作耐受力。

3. 增加磷酸肌酸，對運動速度的爆發力和體能的產生很重要。

4. 改善人體對細菌的抗體和免疫反應的生產。

5. 調整神經不安，減緩老化現象及結締組織的退化，加速骨折的癒合。

DMG主要在血液中增加提供氧氣，吸進身體組織中。同時對血液中耗氧的污染加以解毒。減輕心臟血管的症狀和呼吸引起的心絞痛，使疼痛消失。對下述情況很有用：血液循環不良，懶洋洋倦怠，智能不足，晨間精神不振，運動氧氣需求，體能缺少，加強免疫抵抗力。

(五) HMB (β-Hydroxy-β-Methylbutyrate)

HMB是一種胺基酸（白胺酸(leucine)）的代謝物。可降低肌肉的損傷、於運動後建造及修補肌肉、增加肌肉強度、減少體脂肪。適用於肌力及爆發力項目、計畫增加肌肉量的運動員。可能對高強度的耐力運動員有幫助。補充量為38.1毫克／公斤體重／每天，大約是每天2克（女性）~3克（男性）。動物試驗顯示，即使在極高的劑量下，仍無任何副作用。因為HMB是水溶性的，過多的量會由尿液中排出。是合法的補充劑。

在運動配合之下，能增加較瘦體質的肌肉，減少肌肉組織分解，提升運動表現。建議混合於蛋白質產品中沖泡一起服用。

五、抗氧化物（酵素類）

自由基活性極大，堆積在體內將使細胞受到損傷。人體內有一套抗氧化防禦系統，過量的超氧自由基會被體內一系列的抗氧化酶將其消除，其中最重要的酵素有三種：**超氧化歧化酶**(superoxide dismutase, SOD)、**麩胱甘肽過氧化酶**(glutathione peroxidase, GSH-Px)及**過氧化氫酶**(catalase)。

SOD是首先與超氧自由基產生反應的酶，能夠將超氧化物變成過氧化氫，再經足夠的GSH-Px及catalase清除掉過氧化物。GSH-Px為防止多元不飽和脂肪酸(polyunsaturated fatty acid, PUFA)氧化的第二道防線，防止細胞內容物及細胞膜被氧化破壞。**硒、維生素E**及GSH-Px構成抗氧化的鐵三角，硒為GSH-Px活性所必需，可以幫助維生素E的吸收，而維生素E可以維持硒於活躍之狀態，防止硒被排除。而維生素E、維生素C、β-胡蘿蔔素、輔酶Q_{10}等則可幫助消除羥基自由基、單電子態氧(O·)及過氧化脂質等過氧化物。

激烈的衰竭運動，及身體不適應的運動皆會引起氧化壓力的提高而產生過量的超氧自由基，另一方面，因為人體在休息狀態即有2~5%的氧會在電子代謝轉換的過程中產生超氧化物，所以中低強度的運動，如果長時間運動到衰竭也會引起氧化壓力。所以藉由補充各種抗氧化劑，可能有助於減少運動引起的氧化傷害。現在市面上有販售人工合成的SOD、GSH等抗氧化物的補充劑，但其功效是否與人體產生的SOD一樣，這些疑點生化學家及營養家的觀點仍然不盡相同。

目前仍有許多研究在開發菇類、靈芝等食品含有的SOD，但這些產品的功效亦仍未有充分的研究證實。另外，人工提煉的GSH也是一樣的情形。

9-6　運動前、中、後營養成分的需求

一般人認為運動前吃大份的牛排，即增加蛋白質的攝取，有助於運動時的成績表現，但是不論肌力型或耐力型運動，運動前高醣類攝取以儲存肝醣比較重要，且高蛋白質攝取比較不容易消化，反而影響營養素的吸收。在運動前（非比賽期間），三大營養素的比例應維持醣類在60%的水準，而蛋白質可以在20~25%，依運動項目與運動強度而稍微修正。

在運動時，如果肝醣耗盡，蛋白質也會分解以產生能量，且肌肉激烈運動會造成損傷而使蛋白質流失，這段時期可以提高蛋白質攝取的比例，但維持醣類攝取的比例。而運動中（比賽期）可以固定醣類為55%，蛋白質為30%，脂肪為15%。在運動後，各種營養素都需適量補充，在運動後（比賽完）固定醣類為55%，但降低蛋白質比例為25%，脂肪20%。基本上醣類的比例較固定，但蛋白質的比例則專項運動項目不可做調整，肌力型、爆發型運動項目仍建議運動後或非比賽期蛋白質比例25%、醣類55%，耐力型運動員蛋白質比例可降為20%，醣類增加為60%。

● 參考文獻 ●

于家城、林嘉志、施科念、高美媚、張林松、陳瑩玲、陳聰文、黃慧貞、溫小娟、廖美華、蔡宜容譯(2006)‧**人體生理學**‧臺北：新文京。（譯自：Fox, S. I. (2005). *Human physiology* (9th ed). McGraw-Hill.）

李寧遠、張志平、蔡櫻蘭、鍾珮(1997)‧**運動營養學**‧臺北：華香園出版社。

林貴福、徐臺閣、吳慧君等譯(2002)‧**運動生理學**‧臺北：藝軒。（譯自：Powers, S. K., & Howley, E. T. (2001). *Exercise Physiology: theory and application to fitness and performance* (4th ed). McGraw-Hill.）

郭家驊、劉昉青、祁業榮、劉珍芳、張振崗、邱麗玲、郭婕(2001)‧**運動營養學**‧臺中：華格那。

行政院體委會(2004)‧**運動員營養增補劑手冊**‧中華奧林匹克委員會編印。

蔡佈曦、李寧遠(1995)‧胺基酸補充劑對肌力型運動員的影響‧**國立體育學院論叢**，5(1)，47-53。

McArdle, W. D., Katch, F. I., & Katch, V. L. (2004). *Essentials of exercise physiology* (2nd ed.). Lippincott Williams & Wilkins.

McArdle, W. D., Katch, F. I., & Katch, V. L. (2004). Energy, nutrition, and human performance. In: *Exercise physiology* (5th ed.) Lippincott Williams & Wilkins.

Wilmore, J. H. (1983). Body composition in sport medicine: directions for future research. *Medicine and Science in sports Medicine 15*: 21-31.

課後練習
Exercise

一、選擇題

( ) 1. 運動員的能量來源首先為醣類，其次為　(A)脂肪　(B)蛋白質　(C)磷酸肌酸 (D)胺基酸

( ) 2. 造成運動員缺鐵性貧血的原因為　(A)鐵隨著汗液流失　(B)血紅素結合素 (haptoglobin)減少　(C)月經量增多　(D)骨髓製血量減少

( ) 3. 過量的支鏈胺基酸(BCAAs)與下列哪種胺基酸競爭，使得體內血清素減少，而達到延緩中樞疲勞的效果？　(A)甘胺酸　(B)精胺酸　(C)麩胺酸　(D)色胺酸

( ) 4. 下列哪一種物質與抗氧化無關？　(A)SOD　(B)GSH-Px　(C)HMB　(D)維生素E

( ) 5. 下列哪一種代謝中間產物可以增加磷酸肌酸，對運動可增加爆發力及體能？ (A)輔酶Q_{10}　(B)DMG　(C)HMB　(D)肌酸

( ) 6. 體內能量分子中，何者可最快速提供？　(A)葡萄糖　(B)肌酸　(C)ATP (D)離胺酸

( ) 7. DMG無法舒緩以下何種症狀？　(A)血液循環不良　(B)肺結核　(C)體能缺少　(D)因呼吸引起的心絞痛

二、問答題

1. 何謂醣類負荷？為建立肌肉肝醣的貯存，需從哪二個時期進行？

2. 請列舉三種重要的抗氧化酵素及其作用方式。

3. 請列出所有與抗氧化相關的營養素。

4. 試描述運動前、中、後所需的營養需求有何不同。

解答：ABDCD　CB

Chapter 10

吳慧君　編著

身體組成與體重控制
(Body Composition and Weight Control)

Exercise Physiology

　　近年世界各國肥胖盛行率逐年攀升，主因是飲食習慣改變（高脂、高醣類飲食）及坐式生活型態。2005年世界衛生組織統計資料顯示，全球將近有16億成人（年齡大於15歲）為過重，至少4億成人為肥胖，並預估2015年時，將約有23億成人為過重，7億多成人為肥胖。此外，美國也有超過66%的成人為過重(BMI>25 kg/m^2)或肥胖(BMI≧30 kg/m^2)，肥胖在美國及全世界的其他開發國家均是重大的公共衛生問題。在台灣，衛生福利部委託中央研究院(2009)針對台灣地區19~64歲成人進行「2005~2008國民營養健康狀況變遷調查」，結果發現「肥胖」已是國人健康最大的危險因子。和10年前相較，成年男性體重過重(BMI>24)比率從33%大幅提高至51%；成年女性則從32%微增至37%。也就是說兩個男的就有一個胖，三個女的就有一個胖。研究更發現男性血糖與三酸甘油酯增加快速，但俗稱「好的膽固醇」的高密度膽固醇持續降低，以31~44歲壯年男性整體惡化狀況最讓人憂心，三酸甘油酯異常最嚴重，近6成過重或肥胖，領先其他年齡層。

10-1　身體組成

一、何謂身體組成

　　身體組成(body composition)是指身體內脂肪與非脂肪對體重所佔的比率。一般常將體重分成脂肪重(fat)和非脂肪重(fat-free body)兩部分，非脂肪的部分包括了肌肉、

▶ 圖10-1　不同學者對身體組成的定義。引用自：Lohman, 1986。

骨骼及其他非脂肪組織，Lohman綜合了一些學者對身體組成的定義模式整理成圖10-1 (Lohman, 1986)。由於，脂肪對健康的影響越來越受到重視，因此，身體組成焦點著重在體脂肪佔全身組織的比例。身體內的脂肪可以分為兩類，一為必要性脂肪，如骨髓、肝臟、肺臟等，若缺乏脂肪，身體正常生理機能的運作勢必會受到影響；另一類則稱為貯存性脂肪，大多堆積在皮下。過多脂肪的囤積與心臟病、高血壓、膽囊疾病、糖尿病等的疾病都有很密切的相關。

二、測量身體組成的方法

(一) 理想體重

衛生福利部為國人理想體重的設定之計算方式為：

1. 理想體重之算法：
   (1) 男：（身高−170）×0.6＋62
      女：（身高−160）×0.5＋52
   (2) 男：（身高−80）×0.7
      女：（身高−70）×0.6

2. 體重理想與否之判斷標準
   (1) 正常：介於理想體重±10%內
   (2) 過重：超過理想體重±10%至20%內
   (3) 肥胖：超過理想體重±20%以上
   (4) 過輕：低於理想體重±10%至20%內

然而，對運動員而言，以上簡易的計算方式可能不太合適，因為他們超重的可能是肌肉量，而不是體脂肪。因此，精確的量測體脂肪百分比，才能真實掌握運動員之身體組成情形。

(二) 身體質量指數

衛生福利部、行政院體委會、教育部體育司及美國運動醫學會與世界衛生組織皆用**身體質量指數**(body mass index, BMI)來代表身體組成情形。其計算公式為：體重（公斤）除以身高（公尺）的平方。同樣的，BMI的標準也不適用於以下五種族群：年紀小於18歲者、競技運動員、孕婦或哺乳婦女、體弱或久坐不動的老人（近年來，

許多設計完善的大型研究均指
出，老年人特別是70歲以上者，
體重稍重最長壽）及肌肉發達的
健美先生、小姐。

不同國家有不同的判定標
準，我國衛生福利部(2009)公布
BMI大於24為過重，大於27為肥
胖；而WHO則是將BMI的標準界
定在當25.0~29.9為過重，30以上則為肥胖。

表10-1	衛生福利部與世界衛生組織之BMI分級	

	衛生福利部	WHO
體重過輕	<18.5	<18.5
正常	18.5~24	18.50~24.99
體重過重	24~27	25.00~29.9
輕度肥胖	27~30	30~34.99
中度肥胖	30~35	35.0~39.99
重度肥胖	≧35	≧40

(三) 腰 圍

研究顯示，體脂肪的分布相當重要，男性式的肥胖（指脂肪囤積在腰部）較之女
性式肥胖（指脂肪囤積在臀部和大腿）具較高的心血管疾病罹患率及死亡率。因此，
衛生福利部於2002年9月首度以腰圍大小當作肥胖指標之一，當男性腰圍大於90公分，
女性腰圍大於80公分，則稱為肥胖；而ACSM男、女性肥胖腰圍的標準則分別是100公
分及88公分。

(四) 身體組成測量法

身體組成可經由測量身體總水重（同位素稀釋法、生物電阻法）、骨密度（光束
吸收法）、淨組織質量（鉀40計量法）、身體密度（水中稱重法）及不同組織的脂肪
厚度（超音波法、X光攝影法、皮下脂肪測量法）而得之。

➋ 皮脂厚測量法 (Skinfold Thickness)

皮脂厚測量是指測量皮下脂肪層的厚度。人體內的脂肪，據估計有三分之二儲
存在皮下，因此，以皮下脂肪量來推估全身體脂肪，是體育及營養學界經常採用的方
法。

一般測量皮下脂肪的部位有七處，其測量位置分述如下（圖10-2）：

1. 三頭肌皮脂厚(triceps skinfold)：測量部位是介於肘部鷹嘴突（肘關節彎曲後最尖部
   位）與肩突（肩外側上方之突出點）之中間，形成垂直線。

2. 肩胛下方皮脂厚(subscapular skinfold)：測量部位是在肩胛骨之下緣，而與脊柱形成
   45°之斜線。

3. 小腿皮脂厚(calf skinfold)：測量部位是在最大小腿圍中央側面。

4. 腹部皮脂厚(abdominal skinfold)：測量部位是在肚臍右邊約2公分形成垂直線。

5. 腸骨上方皮脂厚(suprailiac skinfold)：測量部位是在腸骨外側上方（臀骨外側上方最突之點）並與髂骨後緣形成45°斜線。

6. 大腿皮脂厚(thigh skinfold)：測量部位是介於膝蓋骨與髂骨前棘（最容易找出的前突出部位）之中間形成垂直線。

7. 胸部皮脂厚(chest skinfold)：測量部位介於腋窩折層與乳頭中間形成斜線。

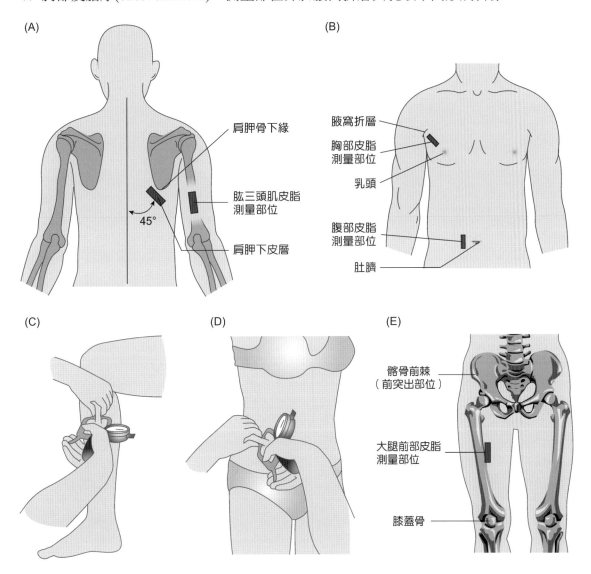

▶ 圖10-2　測量皮下脂肪的部位：(A)肱三頭肌及肩胛下方，(B)腹部與胸部，(C)小腿，(D)腸骨上方，(E)大腿。

表10-2　以肱三頭肌、腸骨和大腿前部三處皮脂厚總和預測女性各年齡層體脂肪百分比

三皮脂厚總和（釐米）	年齡（歲）								
	22歲以下	23~27	28~32	33~37	38~42	43~47	48~52	53~57	57歲以上
23~25	9.7	9.9	10.2	10.4	10.7	10.9	11.2	11.4	11.7
26~28	11.0	11.2	11.5	11.7	12.0	12.3	12.5	12.7	13.0
29~31	12.3	12.5	12.8	13.0	13.3	13.5	13.8	14.0	14.3
32~34	13.6	13.8	14.0	14.3	14.5	14.8	15.0	15.3	15.5
35~37	14.8	15.0	15.3	15.5	15.8	16.0	16.3	16.5	16.8
38~40	16.0	16.3	16.5	16.7	17.0	17.2	17.5	17.7	18.0
41~43	17.2	17.4	17.7	17.9	18.2	18.4	18.7	18.9	19.2
44~46	18.3	18.6	18.8	19.1	19.3	19.6	19.8	20.1	20.3
47~49	19.5	19.7	20.0	20.2	20.5	20.7	21.0	21.2	21.5
50~52	20.6	20.8	21.1	21.3	21.6	21.8	22.1	22.3	22.6
53~55	21.7	21.9	22.1	22.4	22.6	22.9	23.1	23.4	23.6
56~58	22.7	23.0	23.2	23.4	23.7	23.9	24.2	24.4	24.7
59~61	23.7	24.0	24.2	24.5	24.7	25.0	25.2	25.5	25.7
62~64	24.7	25.0	25.2	25.5	25.7	26.0	26.2	26.4	26.7
65~67	25.7	25.9	26.2	26.4	26.7	26.9	27.2	27.4	27.7
68~70	26.6	26.9	27.1	27.4	27.6	27.9	28.1	28.4	28.6
71~73	27.5	27.8	28.0	28.3	28.5	28.8	29.0	29.3	29.5
74~76	28.4	28.7	28.9	29.2	29.4	29.7	29.9	30.2	30.4
77~79	29.3	29.5	29.8	30.0	30.3	30.5	30.8	31.0	31.3
80~82	30.1	30.4	30.6	30.9	31.1	31.4	31.6	31.9	32.1
83~85	30.9	31.2	31.4	31.7	31.9	32.2	32.4	32.7	32.9
86~88	31.7	32.0	32.2	32.5	32.7	32.9	33.2	33.4	33.7
89~91	32.5	32.7	33.0	33.2	33.5	33.7	33.9	34.2	34.4
92~94	33.2	33.4	33.7	33.9	34.2	34.4	34.7	34.9	35.2
95~97	33.9	34.1	34.4	34.6	34.9	35.1	35.4	35.6	35.9
98~100	34.6	34.8	35.1	35.3	35.5	35.8	36.0	36.3	36.5
101~103	35.3	35.4	35.7	35.9	36.2	36.4	36.7	36.9	37.2
104~106	35.8	36.1	36.3	36.6	36.8	37.1	37.3	37.5	37.8
107~109	36.4	36.7	36.9	37.1	37.4	37.6	37.9	38.1	38.4
110~112	37.0	37.2	37.5	37.7	38.0	38.2	38.5	38.7	38.9
113~115	37.5	37.8	38.0	38.2	38.5	38.7	39.0	39.2	39.5
116~118	38.0	38.3	38.5	38.8	39.0	39.3	39.5	39.7	40.0
119~121	38.5	38.7	39.0	39.2	39.5	39.7	40.0	40.2	40.5
122~124	39.0	39.2	39.4	39.7	39.9	40.2	40.4	40.7	40.9
125~127	39.4	39.6	39.9	40.1	40.4	40.6	40.9	41.1	41.4
128~130	39.8	40.0	40.3	40.5	40.8	41.0	41.3	41.5	41.8

摘自：Pollock, Schmidt, & Jackson, 1980。

表10-3 以胸部、腹部及大腿前部三處皮脂厚總和預測男性各年齡層體脂肪百分比表

三皮脂厚總和（釐米）	年齡（歲）								
	22歲以下	23~27	28~32	33~37	38~42	43~47	48~52	53~57	57歲以上
8~10	1.3	1.8	2.3	2.9	3.4	3.9	4.5	5.0	5.5
11~13	2.2	2.8	3.3	3.9	4.4	4.9	5.5	6.0	6.5
14~16	3.2	3.8	4.3	4.8	5.4	5.9	6.4	7.0	7.5
17~19	4.2	4.7	5.3	5.8	6.3	6.9	7.4	8.0	8.5
20~22	5.1	5.7	6.2	6.8	7.3	7.9	8.4	8.9	9.5
23~25	6.1	6.6	7.2	7.7	8.3	8.8	9.4	9.9	10.5
26~28	7.0	7.6	8.1	8.7	9.2	9.8	10.3	10.9	11.4
29~31	8.0	8.5	9.1	9.6	10.2	10.7	11.3	11.8	12.4
32~34	8.9	9.4	10.0	10.5	11.1	11.6	12.2	12.8	13.3
35~37	9.8	10.4	10.9	11.5	12.0	12.6	13.1	13.7	14.3
38~40	10.7	11.3	11.8	12.4	12.9	13.5	14.1	14.6	15.2
41~43	11.6	12.2	12.7	13.3	13.8	14.4	15.0	15.5	16.1
44~46	12.5	13.1	13.6	14.2	14.7	15.3	15.9	16.4	17.0
47~49	13.4	13.9	14.5	15.1	15.6	16.2	16.8	17.3	17.9
50~52	14.3	14.8	15.4	15.9	16.5	17.1	17.6	18.2	18.8
53~55	15.1	15.7	16.2	16.8	17.4	17.9	18.5	19.1	19.7
56~58	16.0	16.5	17.1	17.7	18.2	18.8	19.4	20.0	20.5
59~61	16.9	17.4	17.9	18.5	19.1	19.7	20.2	20.8	21.4
62~64	17.6	18.2	18.8	19.4	19.9	20.5	21.1	21.7	22.2
65~67	18.5	19.0	19.6	20.2	20.8	21.3	21.9	22.5	23.1
68~70	19.3	19.9	20.4	21.0	21.6	22.2	22.7	23.3	23.9
71~73	20.1	20.7	21.2	21.8	22.4	23.0	23.6	24.1	24.7
74~76	20.9	21.5	22.0	22.6	23.2	23.8	24.4	25.0	25.5
77~79	21.7	22.2	22.8	23.4	24.0	24.6	25.2	25.8	26.3
80~82	22.4	23.0	23.6	24.2	24.8	25.4	25.9	26.5	27.1
83~85	23.2	23.8	24.4	25.0	25.5	26.1	26.7	27.3	27.9
86~88	24.0	24.5	25.1	25.7	26.3	26.9	27.5	28.1	28.7
89~91	24.7	25.3	25.9	26.5	27.1	27.6	28.2	28.8	29.4
92~94	25.4	26.0	26.6	27.2	27.8	28.4	29.0	29.6	30.2
95~97	26.1	26.7	27.3	27.9	28.5	29.1	29.7	30.3	30.9
98~100	26.9	27.4	28.0	28.6	29.2	29.8	30.4	31.0	31.6
101~103	27.5	28.1	28.7	29.3	29.9	30.5	31.1	31.7	32.3
104~106	28.2	28.8	29.4	30.0	30.6	31.2	31.8	32.4	33.0
107~109	28.9	29.5	30.1	30.7	31.3	31.9	32.5	33.1	33.7
110~112	29.6	30.2	30.8	31.4	32.0	32.6	33.2	33.8	34.4
113~115	30.2	30.8	31.4	32.0	32.6	33.2	33.8	34.5	35.1
116~118	30.9	31.5	32.1	32.7	33.3	33.9	34.5	35.1	35.7
119~121	31.5	32.1	32.7	33.3	33.9	34.5	35.1	35.7	36.4
122~124	32.1	32.7	33.3	33.9	34.5	35.1	35.8	36.4	37.0
125~127	32.7	33.3	33.9	34.5	35.1	35.8	36.4	37.0	37.6

摘自：Pollock, Schmidt, & Jackson, 1980。

⊃ 生物電阻法 (Bioelectrical Impedance Analysis, BIA)

此法的原理是採生物電阻分析法，其理論基礎是淨組織及水分比脂肪更容易傳導，由去脂質量特殊的阻抗和傳導的數量，可計算出身體總水重，因此，可用來評估男、女性體脂肪百分比(Lohman, 1992)；對於老年人的皮脂厚度測量更準確 (Goinget et al., 1995)。其技術是以八點（左、右腳跟及左、右手之四肢、拇指）觸感式電極系統、分段（左、右臂，軀幹，左、右腿）生物電阻抗及多頻(5, 50, 250, 500 kHz)電阻抗下所量得之阻抗值來分析。應用生物電阻分析法得以：(1)評量身體組成（細胞內、外液、蛋白質重、骨質重及脂肪量）之情形；(2)診斷肌肉、脂肪均衡情形；(3)診斷各肢段肌肉發達狀況；(4)瞭解細胞外液對身體總水重之比例（水腫診察）。生物電阻法在過去幾年已獲得相當大的接受度，由於其操作簡便且不費時，國內許多體育相關科系所、設有減重門診之醫院及坊間健身中心均已普遍購置（圖10-3）。

▶ 圖10-3　生物電阻法。

⊃ 水中稱重法 (Underwater Weighing)

水中稱重法是以阿基米德原理來測量脂肪對瘦組織的比例。操作程序是比較人體在乾燥、陸地上的體重與水中的體重，並校正在肺中的空氣以及水的密度。水的密度大約是1 gm/mL；而人體的脂肪密度約0.9 gm/mL，所以脂肪會浮在水面上，成人的淨組織密度約為1.1 gm/mL，所以會沉於水中，而全身密度就是淨組織和脂肪組織所構成的。水中稱重法是一種普遍用來測量身體密度的方法。

⊃ 同位素稀釋法 (Isotope Dilution)

此法是令受測者飲用同位素水(^3H_2O)、(^2H_2O)或($H_2^{18}O$)使之分布全身，大約在3~4小時後取體液樣本（血清或唾液）並檢測其同位素濃度，計算需要多少的水分才能達到該濃度。一位擁有較大身體水分的人，將大大的稀釋同位素，因此，一位擁有較大身體總水重的人便表示有較多的淨組織及較少的脂肪組織。

➲ 光束吸收法 (Photon Absorptiometry)

此種方法是用來檢測礦物質及骨密度。碘125光束可以通過骨質,且可以藉由骨和軟組織來傳送。光束吸收和骨中的礦物質密度,是非常有關聯的。

➲ 鉀40計量法 (Potassium-40)

鉀是人體細胞中最主要的部分,且跟淨(瘦)組織之質量成比例,放射性同位素^{40}K可在人體中測量出其數量。

➲ 超音波 (Ultrasound)

聲波可藉由組織的傳送,且其共鳴可被接受及分析。此項技術是用以測量皮下脂肪的厚度。目前的技術可以做到全身掃描,且可確定不同器官的脂肪含量。

➲ X光攝影 (Radiography)

X光可測出脂肪、肌肉和骨骼的密度,且更可廣泛的運用在監控這些組織的成長上。脂肪寬度也可用來評估身體總脂肪量。

➲ 雙能X光吸收法 (Dual Energy X-Ray Absorptiometry)

這項新的技術,是以單X光來測量全身,來評估淨組織、骨質、礦物質及脂肪。此軟體在進行測量上愈來愈精準,而且DEXA將成為未來身體組成分析的主流。

➲ 全身體積描記法 (Whole Body Plethysmography)

全身體積描記器與在密閉空間的空氣體積有關。最常見的產品BodPod,與水中稱重的原理相同,可在研究型實驗室以及大型商業俱樂部中看見。在測試過程,空氣體積會取代水中稱重中被水置換的體積。過程舒適,但BodPod儀器非常昂貴,且並非有利於所有的環境。

以上所介紹的10種方法,在一般大學體育相關科系中最普遍被使用的是皮脂厚度測量法、水中稱重法及生物電阻法,其餘方法均相當耗費人力及設備昂貴,難以定期用來分析身體組成。

運動生理學
Exercise Physiology

三、理想身體組成的標準

符合健康標準的體脂肪百分比為：男約佔體重10~20%；女15~25%。

表10-4　不同性別、年齡依據體脂肪百分比評估身體組成等級

	年齡	非常好	很好	普通	過重	肥胖
男	≦19	12.0	12.1~17.0	17.1~22.0	22.1~27.0	≧27.1
	20~29	13.0	13.1~18.0	18.1~23.0	23.1~28.0	≧28.1
	30~39	14.0	14.1~19.0	19.1~24.0	24.1~29.0	≧29.1
	40~49	15.0	15.1~20.0	20.1~25.0	25.1~30.0	≧30.1
	≧50	16.0	16.1~21.0	21.1~26.0	26.1~31.0	≧31.1
	年齡	非常好	很好	普通	過重	肥胖
女	≦19	17.0	17.1~22.0	22.1~27.0	27.1~32.0	≧32.1
	20~29	18.0	18.1~23.0	23.1~28.0	28.1~33.0	≧33.1
	30~39	19.0	19.1~24.0	24.1~29.0	29.1~34.0	≧34.1
	40~49	20.0	20.1~25.0	25.1~30.0	30.1~35.0	≧35.1
	≧50	21.0	21.1~26.0	26.1~31.0	31.1~36.0	≧36.1

註：「很好」、「非常好」表示達高體適能標準，「普通」表示達健康體能標準。
摘自：Hoeger & Hoeger, 2010。

10-2　身體組成與運動表現

已有大量的研究證明，體重過重（體脂肪過多）或肥胖會導致肌肉骨骼傷害、降低運動表現（運動能力下降、散熱能力差、心臟負荷重、反應遲鈍）、影響運動訓練，以及與許多健康問題（如高血壓、肥胖、憂鬱、高血脂及心血管疾病等）有關；而相對的，由於1 cm^{2}的肌纖維面積可以產生6 kg的肌力，如果運動員能減少1 kg的脂肪、增加1 kg的肌肉，則力量將會大大提昇，因此，世界一流的選手都十分注意自己的體脂肪百分比。

表10-5　各項目男、女運動員體脂肪百分比（單位：%）

運動項目	男子	女子
棒壘球	11~13	21~25
籃球	8~13	16~20
健美	5~8	6~12
獨木舟	6~12	10~16
自由車	5~11	8~15
擊劍	8~12	10~16
美式足球	6~18	—
高爾夫	10~16	12~20
體操、溜冰、跳水	<7	<15
賽馬	6~12	10~16
冰上曲棍球	8~16	12~18
定位運動	5~12	8~16
近代五項	—	8~15
牆網球	6~14	10~18
划船	6~14	8~16
橄欖球	6~16	—
十項全能	8~10	16~18
滑雪	7~15	10~18
滑降（滑雪）	7~15	10~18
足球	6~14	10~18
游泳	6~12	10~18
水上芭蕾	~	10~18
網球	6~14	10~20
田徑		
徑賽	5~12	8~15
田賽	8~18	12~20
鐵人三項	5~12	8~15
排球	7~15	10~18
舉重	5~12	10~18
角力	5~16	—

資料來源：Wilmore, & Costill, 2007。

運動項目	男性		女性	
	BMI	%Fat	BMI	%Fat
籃球	26.0		24.5	20.7
角力	25.2			
曲棍球	26.0			
美式足球	28.1			
足球前鋒	36.0			
划船			24.2	26.4
壘球			25.7	26.0
非運動員	26.0	17.7	23.4	28.5

修改自：Neville et al., 2006。

10-3　過重及肥胖

Exercise
Physiology

一、造成的原因

　　能量來源是食物攝取，而能量的消耗管道最主要是用在基礎代謝率(60~75%)上，其次是運動的熱效應(15~30%)及食物的生熱效應(~10%)。當熱量攝取與消耗達平衡時則體重固定，正平衡則體重增加；反之，負平衡則體重減輕。而造成過重及肥胖的原因除飲食過量及運動不足外，還有以下因素：

(一) 遺傳基因

　　父母體重正常，小孩肥胖的機率為7%，父母一方肥胖，小孩肥胖的機率為40%，而父母雙方都肥胖者，小孩肥胖的機率則高達80%。肥胖的形成當然也和家庭生活型態及飲食習慣有關，但越來越多的證據顯示，肥胖基因的遺傳是造成肥胖的主因之一。1995年肥胖基因(Ob gene)的發現提供了最佳的佐證。Ob基因所轉錄出的脂肪系衍生性荷爾蒙－**瘦體素**(leptin)，此荷爾蒙是一種由169個胺基酸所組成的蛋白質，由脂肪細胞製造產生並經由血液循環傳達到腦部，藉以調節食物的攝取和增加能量的消耗。

而能量的攝取與消耗則靠下視丘來調控，瘦體素的作用機轉是在下視丘中降低神經胜肽Y(neuropeptide Y, NPY)的作用，而NPY可刺激食慾、抑制交感神經且增加副交感神經活性；因此肥胖家族的成因除了生活型態和飲食習慣之外，瘦體素的功能是否正常實屬重要，因為血液中瘦體素的濃度較低或腦部中與瘦體素結合之接受器(receptor)出現異常時，就容易造成攝食過量、體脂肪堆積、能量消耗降低，最後體重上升造成肥胖。一般而言，青春期以前肥胖者與基因較有密切關係，而成年以後才發生的肥胖則環境因素影響較大。

(二) 增殖型與肥大型肥胖

人一生當中有三個時期是脂肪細胞增殖期：胎兒的最後三個月、出生後的第一年及青春期，通常，正常人脂肪細胞個數約250~300億，而極度肥胖者有600~800億之多。因此，「小時候胖不是胖」這句話或許有待修正，小時候胖長大很可能也會胖，因為他比別人多了脂肪細胞數目，自然也就增加了未來可以填充脂肪的空間。未成年或發育期的肥胖症較屬**增殖型肥胖**(hyperplasia)。另外，還有一種是**肥大型肥胖**(hypertrophy)，多發生於成年期或女性懷孕期，指的是脂肪細胞的體積變大，這也是成年期肥胖的原因。因此，肥胖症的種類有：增殖型、肥大型或二者都有（增殖型加肥大型）的肥胖症。

(三) 瘦體素與飢餓素

有兩種在夜間分泌、負責協調食慾的荷爾蒙對體重控制扮演著重要的角色。其一是**飢餓素**(ghrelin)，這種荷爾蒙會造成飢餓感、減緩新陳代謝並降低人體燃燒體脂肪的能力。另一種則是先前提過的**瘦體素**。瘦體素是由脂肪組織產生的蛋白質荷爾蒙，負責調節脂肪儲量。缺乏睡眠（連續兩天睡4小時）的情況下，體內降低食慾的瘦體素會減少18%，而增加食慾的飢餓素則會增加28%。這樣荷爾蒙的增減，會令人想攝取高油高糖的食物，像是洋芋片、餅乾、蛋糕和花生。

美國國家健康與營養調查中心(NHANES)於1980年代針對大約1萬8000名成年人的健康習慣進行分析，歸納出影響肥胖的各種因素，結果發現睡眠對肥胖有獨特的效應。研究結果證實，人體夜間正常睡眠時間應保證7小時，如果睡眠時間少於4小時者，將比正常人多出73%的肥胖機率；平均5小時及6小時者也將會比正常人多出50%及23%的肥胖機率。

(四) 內分泌疾病及藥物

內分泌疾病如甲狀腺功能低下、庫欣氏症候群(Cushing's syndrome)、成年人生長激素缺乏或多囊性卵巢(polycystic ovary syndrome)常伴隨肥胖。下視丘腫瘤或外傷、手術等可能因造成食慾中樞失調而導致肥胖。某些藥物會經由影響中樞食慾或周邊新陳代謝造成肥胖的副作用，常見的包括抗癲癇藥物（如sodium valproate、phenytoin、gabapentin）、抗焦慮劑（如citalopram、mirtazepine）、抗精神病藥物（如chloropram、risperdone、olanzpine）、類固醇、降血糖劑（如glibenclamide、gliclazide、rosiglitazone）等。

(五) 飲食及生活型態

由不良生活習慣而引發的兒童肥胖，約有80%會延續為成年人肥胖。美國人是世界上最胖的民族，其因有以下：首先，擁有汽車的人比例高，並用大量時間看電視，因此能量消耗比其他國家的人少；第二，膳食的質和量也有差別，高熱量食物攝入過多；雖然肥胖者的能量消耗大於瘦子，但其攝入的能量更多。安靜代謝率主要依賴於肌肉量。肥胖者伴隨著肥胖的發生，其肌肉量雖然也相應增加，但他們需要更多的能量來滿足身體的需求。另外，在站立和行走等身體活動時，肥胖者要克服自身的體重負擔也需要消耗較多的能量。因此，與正常人相比，肥胖者的能量消耗增多。儘管肥胖者的能量消耗高於瘦的人，但是其食物攝入量更多，不僅一餐的食物量較大，而且吃的也較快。

此外，值得注意的是，成年過後隨著年齡的增加，男、女性每十年其基礎代謝率分別降低2%和3%，即個體基本的能量消耗會逐漸降低，若食物攝入量沒有隨著減少，則隨著年齡的增加，肥胖發生率也就會增加。

二、對健康造成的影響

肥胖會導致許多的併發症，我國國民健康署(2005)研究調查顯示，代謝症候群患者中，83.3%有腹部肥胖；此外，過重者罹患代謝症候群的比例是正常人的4.7倍，而肥胖者則高達30.6倍(Katzmarzyk et al., 2005)。以下就肥胖相關的一些常見的疾病做敘述：

1. 糖尿病：WHO (2005)指出，糖尿病致死率在全球10年內成長50%，而肥胖是第二型糖尿病重要的危險因子。糖尿病會產生許多的併發症，包括心血管疾病、腎臟病變、末梢神經血管病變及視網膜病變等。

2. 心血管疾病：腹部型肥胖為代謝症候群最重要的因子，同時也會增加高血壓、糖尿病與高血脂的發生，進一步造成冠狀動脈心臟病（心絞痛、心肌梗塞）、鬱血性心臟衰竭及腦中風。同時，冠狀動脈心臟病的死亡率會隨著體重增加而升高。適當的減重5~10%可以改善胰島素的阻抗性、降低血壓、血糖及膽固醇，進而減少心血管疾病的發生。

3. 癌症：女性肥胖者會增加子宮頸癌、卵巢癌、乳癌、膽囊癌的風險，男性則會增加大腸直腸癌及攝護腺癌的風險。

4. 睡眠呼吸中止：肥胖者因為皮下脂肪壓迫到呼吸道，導致睡眠時嚴重打鼾以及呼吸中止的現象，患者會出現缺氧的狀態，進一步影響心肺功能，也會增加麻醉手術時的風險，甚至有猝死的可能性。

5. 退化性關節炎：肥胖者會增加負重關節（如膝關節、踝關節以及腰椎）的負荷，造成退化性關節炎。對於非負重的關節如手部關節，也可能因為軟骨及骨頭關節代謝的改變而增加退化性關節的危險。

6. 非酒精性脂肪肝：肥胖會增加非酒精性脂肪肝的風險，造成肝臟的發炎，肝功能異常，甚至長時間造成肝纖維化以及肝硬化的可能性。減重與適度的運動是改善非酒精性脂肪肝的不二法門。

7. 膽結石：若體重超過理想體重的50%，發生有症狀的膽結石合併膽管炎是一般人的6倍。因為身體過多的脂肪會增加膽汁中膽固醇的含量，增加膽固醇結石的機會。

8. 內分泌失調：肥胖女性常有月經不規則以及不孕症的問題，懷孕後的併發症以及剖腹產的機率較高。減重後，受孕的成功率增加且癒後較好。

9. 心理的影響：重度肥胖者可能會出現自卑、焦慮、抑鬱等心理健康問題，甚至影響到他們的日常生活。

　　肥胖會增加許多疾病的罹病率及死亡率。減重則有助於改善血壓、血糖及血脂肪，美國癌症協會研究追蹤40~64歲婦女，意圖減重者可以減少20~25%的死亡率。減重5%可以減少糖尿病的發生率，而減重10%幾乎所有的併發症都可以得到顯著的改善。肥胖者減重是一種終身的健康管理工作，正確的減重，安全而持久，才能夠遠離疾病，過的健康又有品質的生活。

　　表10-7是2019年國人主要十大死因，其中與肥胖直接相關之疾病有6種（惡性腫瘤、心臟疾病、腦血管疾病、糖尿病、高血壓及腎病）之死亡率達死亡總人數之

59%，以上死因之潛伏期約為10~20年，因此，你不是突然生病，而是有一天終於生病，而所有癌症病患的共同特徵就是飲食高油脂。

表10-7　2019年國人主要十大死因與肥胖相關之情形

排名	死亡原因	原因	佔死亡總人數
1	惡性腫瘤	飲食不均衡、環境、有害物質等	28.6%
2	心臟疾病	肥胖、飲食不均衡、高脂肪、高膽固醇等	11.3%
3	肺炎	環境、呼吸系統等	8.7%
4	腦血管疾病	肥胖、飲食不均衡、高脂肪、高膽固醇等	6.9%
5	糖尿病	肥胖、胰島素問題、飲食不均衡等	5.7%
6	事故傷害	個人行為、環境等	3.8%
7	慢性下呼吸道疾病	吸菸、空氣汙染	3.6%
8	高血壓	肥胖、飲食不均衡、高脂肪、高膽固醇等	3.6%
9	腎炎、腎病症候群及腎病變	飲食不均衡、個人行為等	2.9%
10	慢性肝病及肝硬化	酒、藥物、熬夜等	2.4%

10-4　體重控制

Exercise Physiology

一、飲食與運動

體重控制取決於熱量的平衡，若無特別之身體活動，一般人可依以下職業別，攝取適當之熱量。

標準體重＝身高$(m)^2 \times 22$

適當的熱量攝取量(kcal)＝標準體重×25~40* (kcal)

*日常活動量

- 低強度工作量（無職、技術、事務管理、家庭）：25~30 kcal
- 中強度工作量（製造、加工、販賣、服務業等）：30~35 kcal
- 高強度工作量（農業、漁業、建設業等）：35~40 kcal

例：身高160公分的大學生（大學生之日常活動量屬中強度）

適當的熱量攝取＝1.6×1.6×22×(30~35 kcal)＝1,690~1,971 kcal

一般人的體重過重，往往是熱量的攝取比實際消耗來得多，有關常見食物熱量表在一般營養學書籍中均容易取得，本文不再詳述，僅列舉出一些大家耳熟能詳且深受大學生歡迎的食物供參考（表10-8）。

表10-8 常見市售食物熱量

食物名稱	數目	熱量（大卡）	食物名稱	數目	熱量（大卡）
麥克雞塊	6個	350	張君雅手打麵	1碗	464
糖醋醬	1個	50	鮪魚御飯糰	1個	220
薯條（中）	1包	330	紅燒牛肉燴飯	1個	548
可樂（中）	1杯	230	魚香肉絲燴飯	1個	600
勁辣雞腿堡	1個	440	真飽便當	1個	785
大麥克	1個	530	國民便當	1個	800
金莎	3顆	240	新國民便當	1個	825以上
可樂果	1包	420	滷肉飯	1碗	440
樂事	1包	340	炸臭豆腐	2塊	245
蝦味先	1包	514	OREO	1條	750
雙胞胎	1個	696	健達繽紛樂	100g	570

運動在體重控制中所扮演的角色，除了能量消耗外，不僅是在運動的當下，在運動後的一段時間，其耗氧量仍會超過安靜時期的水平，其影響程度是運動強度及持續時間而定，運動還會影響脂肪組織對能源的吸收。運動中血流重新分配，肌肉組織獲得較多的血液供應，造成脂肪組織的血液供應減少，因此，肌肉組織的能源競爭力提高，研究顯示，運動後2小時內，肌肉組織對營養素的競爭力會顯著的高於脂肪組織。此外，經常運動也會增加肌肉組織及抑制脂肪組織之脂蛋白脂酶(lipoprotein lipase, LPL)的活性與基因表現；而且早上運動更是會提高一整天的基礎代謝率。

ACSM (2007)提出針對所有18~65歲之健康成人，若要維持及促進健康，則每週需從事5天、每天至少30分鐘之中等強度或每週3天每天至少20分鐘激烈強度之有氧運動；此外，也可以結合中等及激烈強度之活動來達到此一建議量，例如，一週當中可以有2天是快走30分鐘，而另外2天是慢跑20分鐘。

表10-9	各類運動所消耗之熱能（單位：大卡／公斤體重／小時）		
運動項目	消耗熱能	運動項目	消耗熱能
騎腳踏車（8.8公里／小時）	3.0	騎腳踏車（20.9公里／小時）	9.7
走步（4公里／小時）	3.1	跑步（16公里／小時）	13.2
快步走（6.0公里／小時）	4.4	游泳（0.4公里／小時）	4.4
爬岩（35公尺／小時）	7.0	溜冰刀（16公里／小時）	5.9
溜輪鞋	5.1	划船（4公里／小時）	4.4
滑雪（16公里／小時）	7.2	高爾夫球	3.7
划獨木舟（4公里／小時）	3.4	羽毛球	5.1
保齡球	4.0	乒乓球	5.3
排球	5.1	手球	8.8
網球	6.2	方塊舞	5.1
拳擊	11.4	划船比賽	12.4
騎馬（小跑）	5.1		

具體運動處方建議原則：

1. 選擇有興趣的運動。

2. 沒運動習慣的先以中低強度運動養成運動習慣。

3. 強調「相對運動強度」與「運動持續時間」。

4. 利用持續性耐力運動逐漸動員較多的肌肉。

5. 利用間歇性高負荷運動來動員較多的肌肉。

6. 選擇兩種不同型態的運動來動員不同部位的肌肉群。

二、增 重

　　「體重控制」是近年來大眾所關心的議題，就體重控制一詞來看，其所代表的意義應包含體重的增加、減少與維持三個部分。但由於國人生活型態的改變以及飲食習慣日漸西化的影響，體重控制的目標都是在於如何有效的減重，而增重的部分經常被忽略，事實上，也有一些人會有增重上的需求：如天生身材纖瘦而想變壯者、因疾病或飲食失調造成體重過度流失者以及以體重分級的運動選手，甚至不健康與過輕的人都有增重的需求(Cardwell, 2006)。但這裡所說的增重，主要強調的是增加肌肉質量而

非脂肪質量。許多研究指出增重的健康比率應該以每星期不增加超過半公斤為原則，一旦達到可接受的範圍，就應維持、勿再超過此範圍。

(一) 肌肉肥大之重量訓練模式

根據Baechle與Earle (2008)於美國肌力與體能訓練學會(NSCA)出版的肌力與體能訓練一書中，提及肌肉肥大的訓練模式為反覆次數6~12次，組數3~6組，組間休息時間為30~90秒，持續8~10週以上。美國運動醫學會(ACSM) 2002年作出阻力訓練建議，針對不同體能水準者，其肌肉肥大之訓練方式如表10-10所示。

表10-10 2002年ACSM提出肌肉肥大訓練方式

訓練者程度	初學者	中學者	高級者
動作選擇	單關節與多關節		
順序性	大肌群 < 小肌群 多關節 < 單關節 高強度 < 低強度		
負荷	60~70% 1 RM	70~80% 1 RM	70~80%1RM，並強調70~85%的週期性
訓練量	1~3組，8~12次	多組數，6~12次	多組數，1~12次並強調6~12次週期性
休息間隔	1~2分鐘	1~2分鐘	極高強度：2~3分鐘 低至中高強度：1~2分鐘
動作速度	慢速、中速	慢速、中速	慢速、中速、快速
訓練頻率	2~3天 / 週	2~4天 / 週	4~6天 / 週

(二) 增重期間之飲食

每日增重飲食需包含整體熱量的增加。一般較健康的增加比例為重量訓練當天可多增加750卡路里，而在非訓練日則僅需250卡路里；大致上以低脂肪高蛋白質的餐飲為原則（例如：去脂肉類、蛋類、低脂肪餐飲、豆品蛋白質類）。攝取更多蛋白質，主要因為蛋白質為身體建構與修補肌肉組織的主要功能；若無法由食物中獲取足夠蛋白質，則增重幅度與增加肌肉質量的程度是有限的。一般所被接受的增重餐巨量營養素範圍如表10-11所示。

不同健身專家與研究各自擁有營養素的配套比率，一派認為40-40-20的比例餐飲是為最佳的，另一派則表示40-30-30餐飲為增重的黃金比例。其實，眾說紛紜的論點往往因研究者或專家的提倡而造成不同結果，因此只要在這些論證的比例內調配餐飲，應可達到增加體重與提升肌肉質量之目的。

一般認為維持生命飲食量為每日攝取體重15倍的卡路里。而欲增加體重則以每星期增加自身體重的1磅（0.45公斤）為原則。因此，假設你的體重為130磅，你的基本維持生命餐飲為1,950 kcal（130×15＝1,950）。倘若欲增加重，量則需增加熱量攝取，大部分皆會建議以增加自己體重的18~20倍作為卡路里的攝取原則：

表10-11	增重餐之巨量營養素的需求範圍
巨量營養素	增重餐百分比(%)
蛋白質	20~50%
醣　類	30~60%
脂　肪	20~30%

表10-12	每磅體重所需卡路里簡易計算法
目標	每磅體重所需卡路里
維持體重	15~16 kcal
增　　重	18~19 kcal
減　　重	12~13 kcal

表10-13	增重比例40-30-30比例營養素範例
巨量營養素	每日所需卡路里數（卡路里）
蛋白質	1,950×40% (40) = 780
醣　類	1,950×30% (30) = 585
脂　肪	1,950×30% (30) = 585

$$(18{\sim}20) \times [體重（磅）] = 每日熱量攝取$$

另外，透過正確的巨量營養素（蛋白質、醣類與脂肪）卡路里計算公式亦可獲得更精確增重飲食比例及每日熱量攝取目標：

$$（每日熱量攝取目標）\times（營養比例\%）= 每日營養素熱量攝取量$$

倘若某人每日攝取熱量目標為1950 kcal，而其增重比例設為40-30-30，故其營養素熱量比例為表10-13所示。

(三) 肌酸增補 (Creatine Supplementation)

肌酸增補可以促進肌肉組織的質量增加，結合阻力訓練可使效果更為顯著(Nissen & Sharp, 2003)，文獻建議肌酸的增補可以一天攝取20克，補充5~7天，或是以一天攝取3~5克方式維持一個月的長時間增補，兩者對於提升細胞內磷酸肌酸濃度的效益是相等的；而透過額外肌酸的補充可以增加肌肉橫斷面積，促使肌肉產生肥大，但肌肉尺寸增加的原因可能是細胞內含水量增加所造成的結果(Bemben & Lamont, 2005)。

　　此外，不建議18歲以下青少年服用，因為目前並沒有研究顯示，長期服用肌酸增補劑對於成長與發展中的青少年的效果。

(四) 適切的休息與恢復

　　適應運動訓練的過程往往發生在運動後的休息與恢復期。所謂超補償的原則，就是透過一段運動訓練的破壞，之後一段時間的恢復，循序漸進的增加補償，達至最佳的效果。因此適當的休息與恢復會加速體重與肌肉生長，而晚睡與過度訓練後無充分休息，則是增重的阻礙。

三、運動員的體重控制

(一) 醣類的攝取

　　運動時，主要消耗的能源為體內的醣類，因此，一般建議運動員每日應攝取每公斤體重8~10克的醣類，以讓肌肝醣濃度恢復正常，而在運動後4~5小時期間，每30分鐘攝取每公斤體重0.6~0.75克的醣類，可使肌肝醣再合成的速率達到最大值(Williams, 2005)。表10-14為Cardwell整理之一般人與運動員醣類需求量一覽表。

表10-14　醣類需求量

每天每公斤體重所需的醣類	身體活動型態
1	減重計畫者、極少參與有氧活動者
2	睡覺、看電視或坐姿型態者
3	繁忙於耕作田地或家庭事務者
4~5	動態身體活動者（每週3~5小時）：走路、休閒式競賽、體適能課程
5~7	中等運動（每週6~10小時）：激烈的業餘競賽，包括美式足球、橄欖球、合球、健美、重量訓練
7~9	每週訓練超過10小時：激烈的專業競賽、耐力運動、馬拉松
10+	每週訓練超過15小時：專業運動員、超級馬拉松、鐵人三項、奧林匹克選手

資料來源：Cardwell, 2006。

(二) 蛋白質的攝取

對於年輕運動員來說，如果要增重，一天需攝取每公斤體重1.5~1.75公克的蛋白質(American Academy of Pediatrics, 2005)。表10-15為Cardwell整理之不同運動型態選手每天建議的蛋白質攝取量，選手一天需攝取的蛋白質量範圍為每公斤體重1.0~1.7公克。Williams (2005)建議運動員於重量訓練或激烈訓練後，亦應補充足夠的蛋白質，以讓肌肉足以進行合成與修補的工作(Williams, 2005)。

表10-15　每天建議的蛋白質攝取量

類型	以理想體重估計每天應攝取的蛋白質量(g)	75 kg男性	65 kg女性
成人（非運動員）	0.8	60	52
優秀耐力運動員	1.6	120	88
耐力性運動員	1.2~1.4	90~105	66~77
爆發力型態運動	1.4~1.7	105~127	77~94
肌力型運動員（初期訓練）	1.5~1.7	112~127	83~94
肌力型運動員（進階訓練）	1.0~1.2	75~90	55~66
休閒式運動員	1.0	75	55
類型	每天實際攝取的蛋白質量(g)		
成人平均值	1.0~1.5		
女性運動員平均值	1.0~2.8		
男性運動員平均值	1.5~4.0		

資料來源：Cardwell, 2006。

(三) 膳食脂肪攝取

體重的增加需要循序漸進，一週如果增重超過體重的1.5%，可能會增加多餘的脂肪。儘管有適合的訓練課表、充足的休息和營養的飲食，如果運動員還沒有獲得理想的體重，可以建議增加膳食脂肪。研究指出，傑出運動員膳食脂肪的攝取範圍為：男生29~41%，女生29~34% (American Academy of Pediatrics, 2005)。選擇食物時，應多攝取好的脂肪，如：橄欖油、花生醬、含油脂的魚（鮭魚、鯖魚等）；尤其要設法減少攝取壞的脂肪，如香腸、牛肉、雞皮、奶油、培根裡的飽和脂肪等（郭婕，2009）。

(四) 運動員正確減重的方式

在體重分級的運動項目中，快速減重的現象極為普遍，為了避免危及健康並維持身體能力，建議採取以下的方法行之：

1. 賽前一至二個月前開始進行減重計畫。

2. 攝取均衡的飲食，但每日熱量減少200~500大卡。

3. 每週減重以一公斤為原則。

4. 增加運動量，以加速脂肪的消耗。

5. 持續進行量化的肌力週期訓練計畫，以保持肌力。

6. 維持正常的水分、維生素及礦物質的攝取。

7. 必要時每週可在醫師的指示下，注射1~2次的胺基酸合成劑或口服肌酸。

8. 定期實施體脂肪百分比的測量。

9. 定期實施生化及免疫功能檢查，例如：

   (1) 血紅蛋白會因為減重不當，導致蛋白質的流失而下降。

   (2) 免疫球蛋白IgG、IgM、IgA和抗體C3、C4如減低，顯示身體免疫能力下降。

10. 嚴格禁止使用利尿劑及未經醫生處方的藥物進行「減肥」。

● 參考文獻 ●

中央研究院(2009)·**2004~2008國民營養健康狀況變遷調查**·衛生福利部。2010年5月19日，取自 http://nahsit.survey.sinica.edu.tw/

吳慧君、林正常(2005)·**運動能力的生理學評定（增訂二版）**·臺北：師大書苑。

郭婕(2009)·**健康增重不傷身**·2010年4月12日，取自樂活營養師，營養師觀點http://www.foodcare. com.tw/teacher.aspx?article=2722

衛生福利部統計處（2020，6月19日）·**108年死因統計**·取自https://dep.mohw.gov.tw/DOS/lp-4927-113.html

American Academy of Pediatrics Committee on Sports Medicine and Fitness (2005). *Promotion of healthy weight-control practices in young athletes.* America: American Academy of Pediatrics.

American College of Sports Medicine (2006). *ACSM's Certification Review* (2nd ed). Lippincott Williams & Wilkins.

Baun, W. B., Baun, M. R., & Raven, P. B. (1981). A nomogram for the estimate of percent body fat from generalized equations. *Research Quarterly for Exercise and Sport*, *52*, 380-384.

Bemben, M. G., & Lamont, H. S. (2005). Creatine supplementation and exercise performance. *Sports Medicine, 35*(2), 107-125.

Cardwell, G. (2006). *Gold medal nutrition* (4th ed.). Champaign, IL: Human Kinetics.

Going, S., Willian, D., & Lohman, T. (1995). Aging and body composition: Biological changes and methodological issues. In *Exercise and Sports Science Reviews, 23*, ed.J. O. Holloszy, 411-458. Baltimore: Williams& Wikins.

Hoeger, W. W. K., & Hoeger, S. A. (2010). *Principle and Labs for physical fitness* (10th ed.). Florence, KY: Cengage Learning.

Jackson, A. S., & Pollock, M. L. (1978). Generalized equations for predicting body density of men. *British Journal of Nutrition, 40*, 497-504.

Jackson, A. S., & Pollock, M. L., & Ward, A. (1980). Generalized equations for predicting body density of women. *Medicine and science in Sports and Exercise, 3*, 175-182.

Katzmarzyk, P. T., church, T. S., Janssen, I., Ross, R., & Blair, S. N. (2005). Metabolic syndrome, obesity and mortality: Impact of cardiorespiratory fitness. Diabetes care, 28, 391-397.

Lohman, T. G. (1986). Applicability of body composition techniques and constants for children and youths. *Exercise and Sports Science Reviews*, *14*, 325-357.

Lohman, T. G. (1989). *Tutorial on body composition*. Presented at ACSM Convention, Baltimore.

Lohman, T. G. (1992). *Advances in Body Composition in Assessment.* Champaign, IL: Human Kinetics.

Neville, A., Stewart, A., Olds, T., et al. (2006). Relationship between adiposity and body size reveals limitations of BMI. *Am J Anthropol, 129*: 151-56.

Nissen, S. L., & Sharp, R. L. (2003). Effect of dietary supplements on lean mass and strength gains with resistance exercise: a mata-analysis. *Journal of Physiology, 94*, 651-659.

Pollock, M. L., Schmidt, D. H., & Jackson, A. S. (1980). Measurement of cardiorespiratory fitness and body composition in clinical setting. *Comprehensive Therapy*, *6* (9), 12-27.

Thomas, R. B., & Roger, W. E. (2008). *Essentials of Strength Training and Condtioning* (3rd ed.). Champaign, IL: Human Kinetics.

Williams, M. H. (2005). *Nutrition for health, fitness & sport* (7th ed.). NY: McGraw-Hill.

Wilmore, J. H., & Costill, D. L. (1988). *Training for sport and activity: The physiological basis of the conditioning process* (3rd ed). Boston: Allyn and Bacon.

Wilmore, J. H., & Costill, D. L. (2007). *Physiology of Sport and Exercise* (4th ed.). Champaign, IL: Human kinetics.

課後練習
Exercise

一、選擇題

(　) 1. 衛生福利部與WHO分別界定BMI大於多少時是過重？ (A) 24, 25 (B) 25, 27 (C) 27, 30 (D) 30, 35

(　) 2. 衛生福利部界定女、男性腰圍大於多少公分時即稱為肥胖？ (A) 70, 80 (B) 80, 90 (C) 90, 100 (D) 88, 100

(　) 3. 目前在坊間健身中心及各大學較普遍使用體脂肪測量法為何者？ (A)超音波法 (B)光束吸收法 (C)生物電阻法 (D)全身體積描計法

(　) 4. 能量消耗最主要的管道是以下何項？ (A)運動 (B)食物生熱效應 (C)基礎代謝率 (D)身體活動

(　) 5. 能量攝取與消耗是靠何者調控？ (A)中腦 (B)橋腦 (C)小腦 (D)下視丘

(　) 6. 熬夜會降低何種荷爾蒙之分泌？ (A) Leptin (B) Grehlin (C) Endorphin (D) Epinephrine

(　) 7. 男、女性每10年其基礎代謝率分別會降低多少？ (A) 1%, 2% (B) 2%, 3% (C) 3%, 4% (D) 4%, 5%

(　) 8. 運動後何時攝取能量最不好？ (A) 2小時內 (B) 3小時 (C) 4小時 (D) 4小時以上

(　) 9. 2007年ACSM建議18~65歲之健康成人，每週需要從事幾天每天至少30分鐘的運動？ (A) 2天 (B) 3天 (C) 4天 (D) 5天

(　) 10. 一般成人每天每公斤體重應攝取之蛋白質量應約為多少？ (A) 1g (B) 2g (C) 3g (D) 4g

(　) 11. 正確的減重，一週應以幾公斤為限？ (A) 0.5 (B) 1 (C) 2 (D) 3

(　) 12. 身體組成測量法中以測量身體總水重來得到體脂肪百分比的是何方法？ (A)水中稱重法 (B)光束吸收法 (C)皮下測量法 (D)同位素稀釋法

(　) 13. 一般測量皮下脂肪的部位有7處，其中並不包含哪一處？ (A)三頭肌 (B)肩胛下方 (C)二頭肌 (D)腸骨上方

（　）14. 1 cm^{2}的肌纖維橫斷面積可以產生幾公斤的肌力？　(A) 4　(B) 5　(C) 6
　　　(D) 7公斤

（　）15. 符合健康標準的男、女體脂肪百分比分別約佔體重多少百分比？　(A)
　　　5~10%, 10~15%　(B) 10~20%, 15~25%　(C) 15~25%, 20~35%　(D)
　　　20~25%, 25~30%

二、問答題

1. 一般測量皮下脂肪之部位有哪七處？

2. 何謂Leptin與Ghrelin？其功能及作用機轉如何？

3. 十大死因中與肥胖直接相關的死因有哪些？

4. 身體組成與運動表現之關係為何？

5. 何謂hyperplasia與hypertrophy？發生之時機及成因為何？

6. 試問：人一生中有哪三個時期是脂肪細胞的增殖期？

7. 試描述ACSM針對所有18~65歲之健康成人欲維持及促進健康者提出之建議內容。

解答：ABCCD　ABDDA　BDCCB

Chapter 11

溫小娟、劉介仲　編著

運動與環境溫度
(Exercise and Environmental Temperature)

Exercise Physiology

　　正常人的體溫為37℃±1℃(98.6℉±1.8℉)，其中會隨著運動、情緒而有所變動。通常口腔溫度又比肛溫低0.56℃(1.0℉)；且在睡覺時，體溫會比較低。而人所可以容忍的體溫變動為10℃~42℃(18℉~107.6℉)。從1997年開始，熱傷害和脫水逐漸成為死亡的重要原因；一般而言，熱傷害普遍存在於從事訓練的軍人及長時間運動的運動員，故瞭解體溫調控及控制溫度的機轉是最有效降低熱傷害的方式。

11-1 體溫調節

一、熱能平衡

　　由圖11-1可知，生熱及散熱的途徑，當二者平衡時，則身體達熱平衡。人體體溫反應出身體的熱平衡狀態，一旦平衡受到破壞，體溫必定改變；因此要維持體溫的恆定，必須先在熱的獲得及散熱取得平衡。人體的主要生熱來源是基礎代謝、肌肉活動（運動）、激素、食物的生熱反應、姿勢變化與環境等。

　　環境溫度並非造成熱病的唯一因素，還有幾個影響因子，包括：濕度、風速與輻射量。過度暴露於熱環境下，不但工作（運動）能力降低，同時也會引起熱痙攣、熱衰竭與熱中暑等傷害。

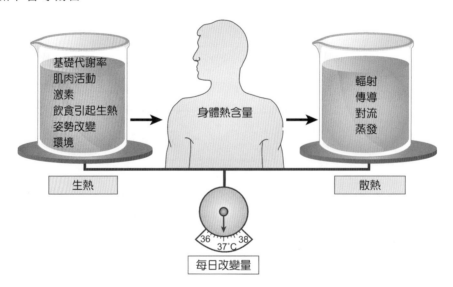

▶ 圖11-1　影響生熱和散熱的因素。經由這些因素的調節，使得身體體溫維持在37℃（98.6℉）。

　　運動時，體熱的散發主要靠皮膚排汗來蒸發，每一克的汗水蒸發可以散熱大約0.58卡的熱。

　　熱能的單位是卡(cal)。身體組織的比熱是0.83 kcal/kg/℃，若一個人體重是70公斤，則必須儲存58大卡（Cal或kcal）的熱才能提升體溫1℃。在比熱是0.82時，一升氧的消耗可產生4.83大卡的熱，因此安靜時，代謝的熱產生大約每分鐘1.45大卡(0.3 L×4.83 kcal/L O$_2$)或87 kcal/hr。如果熱不散發，體溫可能在一小時內上升1.5℃（即87÷70÷0.83）。另一個代表例子是運動員，從事平均每分鐘2L耗氧量的活動達1小時，如果熱不散發，體溫可能上升8.7℃。

二、熱的傳遞

　　熱的傳遞方式主要有三種，分別是**傳導**(conduction)、**對流**(convection)及**輻射**(radiation)，圖11-2說明了熱的產生及傳遞的轉移途徑。當運動時，身體所產生的熱除了藉由排汗、血管擴張及呼氣等方式來散熱外，就是靠這三種方式來進行轉移，轉移至整體都相等為止。此三種方式介紹如下：

▶ 圖11-2　熱量轉移的途徑。

1. 傳導：熱從介質中較高溫度的部分流向較低溫度的部分。例如：將熱水倒進手中的玻璃杯，就會有熱的感覺。那就是因為玻璃杯內外表面溫度不同，熱由溫度高處傳至溫度低處所引起。金屬，例如銅和鐵，導熱比較快，稱為良好的導熱體。不同的金屬也有不同的導熱性。非金屬，例如木頭和玻璃，導熱比較慢，稱為不良的導熱體，或稱為熱絕緣體。

2. 對流：對流是指流體（即液體或氣體）大範圍流動所產生的熱傳遞過程。對流不會在固體內發生，它只會在流體產生。以圖11-3為例，當流體被加熱，在流體中受熱最多（即最接近熱源）的粒子，其能量增加，且速度增加，即流體中較熱也就是密度較低的部分便會上升；另一方面，流體中較冷即密度較高的部分則下降。因此，因而形成環流（圖11-3）。

　　另一個常見對流的代表例子就是，在日間陸地上的空氣受熱上升，而海面上較冷的空氣便會移進來填補它的位置，造成白天的海風。在晚上，因為海水較能保持熱量，所以海水的溫度較陸地為高，地面上的冷空氣向海上移動，形成陸風。

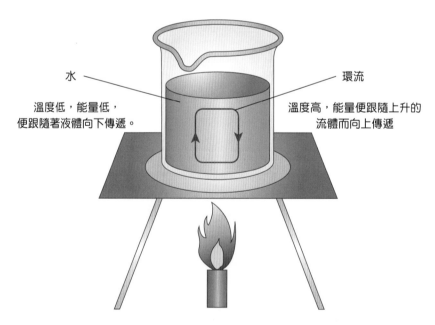

水

環流

溫度低，能量低，
便跟隨著液體向下傳遞。

溫度高，能量便跟隨上升的
流體而向上傳遞

▶ 圖11-3　對流的例子。當燒杯底部加熱，環流便形成。

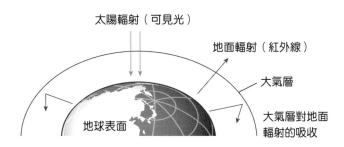

太陽輻射（可見光）

地面輻射（紅外線）

大氣層

大氣層對地面
輻射的吸收

地球表面

▶ 圖11-4　地球暖化及溫室效應的說明。這些溫室效應的氣體吸收地球表面釋放的紅外線輻射，從而保留更多來自太陽的輻射能量，導致地球溫度上升。其所帶來的災難，包括兩極冰塊溶解導致沿海地區泛濫。

3. 輻射：是由電磁波導致的熱傳遞的過程，其間是不需要任何介質的。例如太陽的照射使我們感到溫暖，所以光就是電磁波。一個熱的物體主要就是釋放紅外線輻射，所以我們的皮膚接收到紅外線輻射時會感到「溫暖」。近年來，大氣層中的二氧化碳含量增加，導致來自地球表面的紅外輻射吸收，這些分子再把能量以紅外線輻射出來，因而使地球表面加熱（圖11-4）。

　　此外，「蒸發」雖不是熱的傳遞方式，但卻是人體散熱方式，是指液體轉化成氣體導致熱的流失。

三、人體生熱及散熱

　　由圖11-1可知，身體達熱平衡時體溫就維持恆定；一般而言，在平靜時，體內溫度在37℃；運動時，由於人體散熱速度不及生熱速度快，以致溫度會超過40℃。但溫度持續超過40℃則會對身體帶來不利的影響。

　　在人體主要生熱來源中，產熱最大效果是肌肉活動。人體在運動時，如果能量消耗10倍，生熱效果就會增加10倍。其次是環境溫度，曬太陽時，人體吸收大量輻射熱，進而引起散熱。

　　圖11-5顯示人體散熱的方式。在正常情況下，人體散熱方式所佔比率：輻射：60%；對流：18%；排汗與蒸發：22%。表11-1則為人體在冷環境及熱環境下其產熱及散熱的機轉。

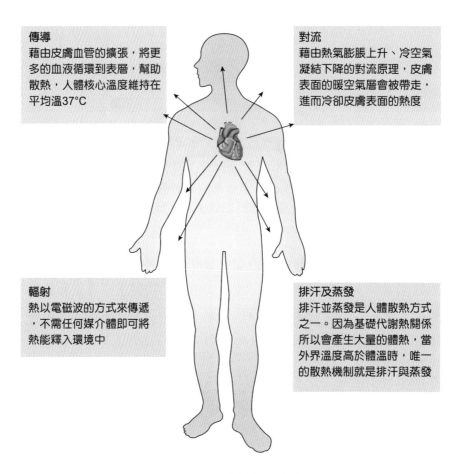

傳導
藉由皮膚血管的擴張，將更多的血液循環到表層，幫助散熱，人體核心溫度維持在平均溫37°C

對流
藉由熱氣膨脹上升、冷空氣凝結下降的對流原理，皮膚表面的暖空氣層會被帶走，進而冷卻皮膚表面的熱度

輻射
熱以電磁波的方式來傳遞，不需任何媒介體即可將熱能釋入環境中

排汗及蒸發
排汗並蒸發是人體散熱方式之一。因為基礎代謝熱關係所以會產生大量的體熱，當外界溫度高於體溫時，唯一的散熱機制就是排汗與蒸發

▶ 圖11-5　人體散熱的方式。

表11-1　人體產熱及散熱的機轉

冷環境下	
降低散熱	皮膚血收縮；降低身體表面積
增加產熱	發抖並增加活動；增加甲狀腺素及腎上腺素分泌
熱環境下	
增加散熱	皮下微血管擴張；流汗
降低產熱	降低肌肉張力；降低甲狀腺素及腎上腺素的分泌

四、體溫調節 (Thermoregulation) 的機制

　　體溫調節系統的作用在於維持穩定的內部體溫。不同於家用的恆溫調控器，下視丘無法關掉熱。故要行體溫恆溫系統需要下列要項來執行：溫度感受器(thermal receptor)以反應熱。

　　人體溫度感受器有二：一個在腦中的下視丘的神經細胞（即中樞溫度感受器），可感受流經腦部的動脈血液溫度變動，於是活化下視丘後面的細胞以保熱或活化下視丘前面的細胞以散熱。另一個溫度感受器（即末梢感受器）則位於皮膚。前者感受熱，後者感受冷。中樞與末梢感受器都連結皮質和下視丘的溫度調節中樞，產生隨意的與反射的調節動作。表11-2歸納了溫度調節的機轉，其中溫度調節需透過骨骼肌、平滑肌、運送的血液、汗腺，及內分泌激素如：甲狀腺素、腎上腺素和副腎上腺素來達成。其中有關激素如何調節體溫則見圖11-6。

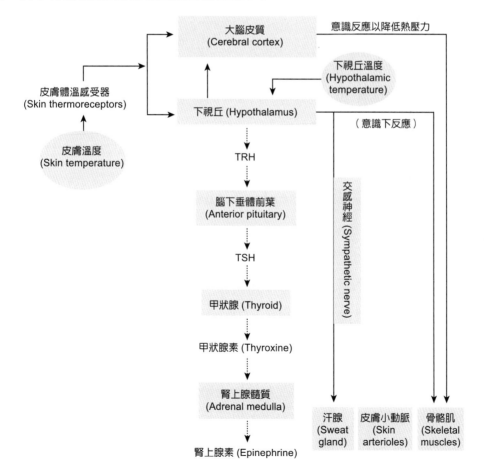

▶ 圖11-6　甲狀腺素、腎上腺素對溫度的調節。TSH＝甲促素(thyroid stimulating hormone)；TRH＝甲釋素(thyrotropin releasing hormone)。

11-2　在高溫環境下運動 (Exercise in the Heat)

一、在高溫環境運動的生理反應

在高溫熱環境下運動，利用蒸發降溫以消耗過多的代謝熱量及保持水份達到低含水量(hypohydration)的狀態是運動員運動時非常重要的情形，故身體因應的調節敘述如下：

(一) 循環性的適應 (Circulatory Adjustments)

1. 氧快速的送至骨骼肌以增加能量代量。
2. 流經體表的血流速度加快以帶走更多的代謝熱量。

整體而言，即在熱及冷環境下適量運動，心輸出量(cardiac output)維持一定，但心搏量(stroke volume)變小，心跳速率(heart rates)變快。但在熱壓力下大量運動，則心輸出量加大，且代價下來的結果，心跳速率的加快無法彌補心搏量的降低，於是心輸出量會降低。計算心輸出量的公式如下：

心輸出量（升／分鐘）＝心搏量（升／次）×心跳速率（次／分鐘）

(二) 血管的收縮和擴張 (Vascular Constriction and Dilation)

在熱壓力下運動時，提供皮膚及運動肌足夠的血流是非常重要的，因此，內臟的血管床及腎臟血管會代償性的收縮，皮膚及運動肌的血管會擴張，以提供足夠的血量至皮膚及運動肌。但提供內臟的血流量若長期處於降低的狀態，就會引發熱壓力下，肝及腎的不良症狀。

(三) 血壓的維持 (Maintaining Blood Pressure)

在運動時所產生的體熱，小動脈血壓會因身體種種的代償反應（內臟收縮、總周邊阻力增加、重新分配血流）而維持一定。但若大量的運動，則會因流汗而失水及相對地流至周邊的血量降低而無法有效的散熱。故循環性的調節及肌肉血流的維持，其目的就是在維持運動時體溫的調控。

二、運動時的體溫 (Core Temperature during Exercise)

肌肉運動時所產生的熱可增加身體核心溫度。如運動選手跑完3哩比賽後，肛溫會增加到41℃（105.8℉），而沒有生病。

研究顯示：受測者隨著運動量的增加，則體溫會上升，且最大攝氧量也會增加($\dot{V}O_2max$)（圖11-7）。意謂著工作負擔決定了隨著運動量改變的體溫；更可能的是，體溫之所以增加是為了適應生理及代謝功能需求。

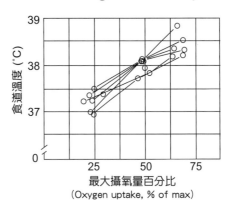

▶ 圖11-7　食道溫度和最大攝氧量百分比($\dot{V}O_2max$)的關係。圖中得知運動量越大時，其氧的攝取量增加，食道溫度也會隨著增加。資料來源：Saltin & Hermansen, 1966。

三、熱中風 (Heat Stroke)

熱中風為一古老且常見之臨床急症，文獻中對於熱中風之報告，最早見於西元前二十四年，由羅馬人Aelius Gallus率領之阿拉伯遠征部隊軍醫沿途之記載。熱中風致死率甚高，為10~50%；若僥倖得以存活，則造成其神經系統之永久傷害率為7~14%。

熱中風可分為二類：一為運動誘發型熱中風，另一為非運動誘發型熱中風。運動誘發型熱中風主因為激烈運動所造成，好發於青年、田徑選手或於高溫潮濕環境下工作之勞工。非運動誘發型熱中風則常見於老年人及長期患心血管疾病等患者。除此之外，服用抗乙醯膽鹼類藥物、利尿劑、交感神經抑制劑及抗精神病藥物等之患者患熱中風之機率亦較一般人為高。

熱中風之臨床症狀極為複雜。包括有高體溫（超過40.5℃），急性且多為不可回復性之神經傷害（如運動協調失調、暴燥易怒、頭痛、囈語、譫妄、昏迷、痙攣等）。一般而言，急性神經傷害之生成與否為熱中風之最重要之判別指標。循環系統異常（例如平均動脈血壓降低進而導致周邊組織供血量降低、心悸、心跳傳導系統異常）與呼吸過速所誘發之呼吸性鹼中毒及代謝性酸中毒亦為患者常見之症狀。而運動誘發型熱中風患者血液生化異常症狀則正好與非運動誘發型熱中風患者相反，其症狀包括高血鉀、高血磷、低血鈣等。非運動誘發型熱中風患者皮膚乾燥、大量體液流失，導致周邊血管急遽收縮，血比容、血中尿素含量增加。運動誘發型熱中風患者一般無體液大量流失之症狀，然而經常伴隨過高之心血管動力參數及周邊血管舒張等現

343

象。除此之外，熱中風患者之凝血系統亦有嚴重損傷而易導致瘀血(ecchymoses)、血尿(hematuria)、出血等症狀。

　　臨床上對於熱中風之治療，首要即降低其體溫，除去患者身上不必要之衣物，將溫水輕潑於病患身上，再利用風扇輕吹使水分蒸發而降低體溫。由於體溫之急遽降低會誘發顫抖之反應，故另外靜脈注射投予Valium以抑制顫抖發生。此外，靜脈注射葡萄糖與生理食鹽水以補充流失之體液。

11-3　改善熱耐受力的因子

　　若重複曝露在熱環境下運動，則可以提高在熱壓力運動的適應。首先，介紹一個名詞：熱馴化(heat acclimatization)來說明這種現象。

1. **熱馴化**：即改善熱耐受力的適應。圖11-8顯示每日曝露熱環境下2~4小時，可以產生之後10天的馴化現象。故要在熱環境下運動的話，最好每天規律間隔曝露15~20分。

　　當馴化在進行時，更大量的血流流至皮膚表面血管以便運送身體過多的熱。運動時，更多有效心輸出量分佈以維持血壓，且在循環系統馴化部分，則見到流汗閾值(threshold)的降低。這些反應會在身體內部環境升高時就啟動。在熱曝露10天後，會更容易分佈至體表。一般而言，經過熱馴化訓練的運動員會比未

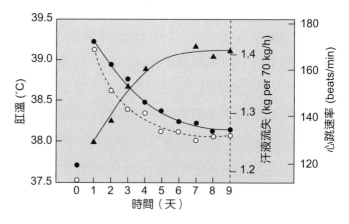

▶ 圖11-8　連續9天在熱曝露下運動（每日100分鐘）的平均肛溫(○)、心跳(●)和流汗值(▲)。

經過熱馴化訓練的運動員有較低的體溫、皮表溫度和心跳速率。熱馴化的適應作用整理於表11-2。但一般而言，熱馴化適應的好處回到正常環境僅能維持2~3週。

表11-2 熱馴化時的生理適應

馴化反應	作　用
改善體表血流	運送代謝產生的熱從深層組織至體表
心輸出量有效分佈	因應代謝需求，血流適當的送至皮膚及肌肉；且運動時血壓有較大的穩定度
流汗的閾值(threshold)降低	運動時提早蒸發降溫
體表的汗液更有效的分佈	有效的在體表蒸發降溫
增加汗液輸出	增加蒸發降溫
降低汗液鹽分濃度	保存電解質於細胞外液

2. **運動訓練**(exercise training)：運動員在較冷環境下體能訓練所產生的熱壓力適應其原理同熱馴化。故訓練過的運動員較能處理炎熱。這些有益的反應是與血漿量增加有關。在熱壓力，血漿量的增加是為了支持汗腺的功能及維持體表血流及肌肉血流。因此，經過訓練的運動員在運動初期比未訓練過的運動員貯存較少的熱及快速到達穩定的核心溫度。故運動訓練的好處對一個完全缺乏水分的個體而言是增加體溫調節的功能。

3. **年齡**(age)：對體溫調節能力而言，身體大小、體組成、有氧運動、馴化程度均與年齡無關。例如：年輕者和中老年齡者，在跑馬拉松賽程時的體溫調節能力並不因年齡的增加而降低。且一個58~84歲的老運動員在沙漠中運動，其體溫調節能力不受影響。對幼小兒童而言，兒童的汗液有較高的鈉，較低乳酸、氫和鉀，和成人比較起來，兒童需較長時間適應熱。

4. **性別**(gender)：就男性和女性體溫調節能力比較下，男性在運動時較女性更具熱耐受力。但需考慮以下各種生理狀態，才能有更客觀的比較：

   (1) 流汗能力：女性在單位體表面積有較多活化的汗腺，故女性在較高體表溫度及體溫時流汗，但在運動時所產生的熱，她們則產生較少的汗。

   (2) 蒸發與循環散發的比較：若不考慮流出的汗液，女性所表現出的熱耐受力在同樣有氧運動程度下是同於男性。雖然女性會動用較多的循環機轉來散熱，但男性是可以表現出較大的蒸發散熱能力。

   (3) 體表面積與質量的比值(body surface area / mass ratio)：女性擁有較大的體表面積與質量比值，故在同樣熱曝露環境下，女性冷卻的速度快於男性。且幼童的比值亦大於成人。

   (4) 其他因素：如流汗程度、循環蒸發熱、月經週期。

5. **體脂肪**(body fat level)：脂肪會防礙熱傳導，故會影響至周邊的散發的熱。

11-4　在低溫環境下運動

冷壓力的產生是因為環境、代謝速率及衣著因素所造成的溫度及熱量流失。正如同熱壓力，冷壓力也是生熱及散熱失調所導致（見圖11-1）。

在冷壓力環境下，適當的衣著是最可以維持熱平衡的方式；且在低溫環境下，運動者的衣物可以減少體表溫度的下降，衣物防止熱能流失能力的單位為clo (clothing insulation)，一件羊毛衣絕緣的效果約1 clo，一單位的clo指衣物可以在21℃，風速與濕度極低的情況下，衣物隔熱的能力。

在不同環境下，所需要的衣服隔熱能力(clo)不同，由圖11-9中得知不同溫度下運動時，建議的衣料禦寒力。

熱流失的主要方式是透過對流，但也可能透過衣物的傳導而流失熱。若運動者的衣物被水穿透，覆蓋在身體表面的濕衣物由於水分傳導熱的速率較空氣快，故失溫的現象會更容易發生。

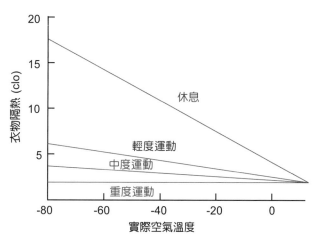

▶ 圖11-9　實際空氣溫度與衣物隔熱的關係。圖中說明休息及三種程度運動其衣物防止熱能流失情形，可看出重度運動下其衣物隔熱效果好。

一、低溫造成的傷害

在低溫壓力下，身體會降低周邊循環及增加代謝來保溫。一旦身體無法充分的防止體溫流失就會造成傷害。表11-3為低溫造成相關的傷害。

表11-3　低溫造成的傷害

傷害	症狀	表徵	急救方式
低溫(Hypothermia)	寒冷、困倦、肢體末梢疼痛	說話含糊不清、微弱的脈搏、發抖、無意識、體溫<35℃	移至溫暖場所，移走濕冷衣物、提供含醣類液體飲料，送醫
凍傷(Frostbite)	刺痛、麻木、寒冷	皮膚由白轉灰轉紅及起水泡	同上
霜咬(Frost nip)	痛癢	皮膚轉白	同上
戰壕腳(Trench foot)	因濕寒引起足痛	水腫、水泡	同上

二、預防方法

低溫環境下所造成的傷害不只是因氣溫低造成，風速大也會造成傷害；風大的地方即使溫度不低，仍可能造成失溫。因此，當運動員在風大的環境下運動，即使環境溫度沒有很低，運動員也容易失溫。因此**等效風寒溫度**(equivalent chill temperature, ECT)是根據不同溫度下調整風速變項後的實際溫度，可以作為低溫風速大環境下運動的參考及預防低溫造成的傷害（圖11-10）。一般而言，運動員如在低於10℃就需考量會造成一些傷害。

風速	空氣溫度 (°C)											
	10	4	-1	-7	-12	-18	-23	-29	-34	-40	-45	-51
KMH	等效風寒溫度											
0	10	4	-1	-7	-12	-18	-23	-29	-34	-40	-45	-51
8	9	3	-3	-9	-14	-21	-26	-32	-38	-44	-49	-56
16.1	4	-2	-9	-16	-23	-29	-36	-43	-50	-57	-64	-71
9.3	2	-6	-13	-21	-28	-38	-43	-50	-58	-65	-73	-80
32.2	0	-8	-16	-23	-32	-39	-47	-55	-63	-71	-79	-87
40.2	-1	-9	-18	-26	-34	-42	-51	-59	-67	-76	-83	-92
48.3	-2	-11	-19	-28	-36	-44	-53	-62	-70	-78	-87	-96
56.4	-3	-12	-20	-29	-37	-45	-55	-63	-72	-81	-89	-98
64.4	-3	-12	-21	-29	-38	-47	-56	-65	-73	-82	-91	-100

低危險性（對於穿著適當運動者）　　危險性增高　需穿著長袖　　高危險性　建議在室內運動即可

▶ 圖11-10　等效風寒溫度的對照表。註：(1)戰壕腳在此表中均會發生。(2)風速會增快環境冷空氣流動的速度，及降低其保溫力，若衣料防風能力不佳，外界冷空氣也會吹入衣服內，加速人體熱能的流失。

一些在個人運動時預防造成低溫傷害的方法如下：

1. 盡量使用避免讓運動員在低溫下所引起四肢不舒服、疲乏、失去方向感的方式。

2. 可飲用熱的、含醣類的無咖啡因飲料。

3. 穿著合適衣著。

4. 一旦運動時的氣溫低於10℃時，立即換下濕的衣服。

5. 盡量透過合適的飲食、充足的睡眠，且避免毒品濫用。

· 參考文獻 ·

ACSM's RESOURCE MANUAL for guidelines for exercise testing and prescription 4th edition (2001).

McArdle, W. D., Katch, F. I., & Katch, V. L. (2004). *Essentials of exercise physiology* (2nd ed.). Lippincott Williams & Wilkins.

Saltin, B., & Hermansen, L. (1966). Esophageal, rectal, and muscle temperature during exercise. *J. Appl. Physiol., 21*:1757.

課後練習
Exercise

一、選擇題

( )1. 通常口腔溫度、肛溫及額溫，何者溫度最高？　(A)口腔溫度　(B)肛溫　(C)額溫

( )2. 人體主要生熱來源中，產熱最大效果的是：　(A)姿勢的改變　(B)基礎代謝　(C)攝食　(D)肌肉活動

( )3. 人體散熱方式中，哪一種所佔的比例最高？　(A)排汗與蒸發　(B)輻射　(C)對流　(D)傳導

( )4. 下列敘述何者正確？　(A)對體溫調節能力而言，身體大小、體組成、有氧運動、馴化程度與年齡無關　(B)老運動員較年輕運動員體溫調節力差　(C)對幼小兒童而言，兒童汗液有較高乳酸　(D)和成人比較起來，兒童只需較短時間適應熱

( )5. 下列敘述何者錯誤？　(A)男性運動時較女性更具熱耐受力　(B)女性在單位表面積有較多活化的汗腺，故會產生較多的汗　(C)女性所表現出的熱耐受力在同樣有氧運動程度下是同於男性　(D)在同樣熱曝露環境下，女性冷卻的速度快於男性

( )6. 下列何者不是低溫造成的傷害？　(A)肢體末梢疼痛　(B)凍傷(frostbite)　(C)戰壕腳(trench foot)　(D)高血液乳酸值

( )7. 熱中風致死率甚高，即使僥倖得以存活也會造成哪一系統的永久傷害？　(A)生殖系統　(B)心血管系統　(C)免疫系統　(D)神經系統

( )8. 下列關於熱中風治療的描述，何者為是？　(A)需升高其體溫　(B)在靜脈注射葡萄糖抑制顫抖發生　(C)將溫水輕潑於病患身上，再利用風扇輕吹使水分蒸發而降低體溫　(D)在靜脈注射Valium以補充流失的體液

二、問答題

1. 人體的體溫恆溫系統需溫度感受器來反應熱，試問人體的溫度感受器有哪兩種？其功能為何？

2. 在高溫熱環境下運動，身體因應的調節機轉為何？

3. 熱中風的分類有哪兩種？及熱中風的症狀？

4. 熱中風的治療處理方式？

5. 何謂熱馴化？其生理適應為何？

6. 何謂等效風寒溫度(ECT)？其功用為何？

7. 如何預防低溫造成的傷害？

解答：BDBAB　DDC

Chapter **12**

李佳倫 編著

在高海拔與低海拔的環境中運動
(Exercise during Altitude and Diving Environment)

12-1 在高海拔環境中運動

一、高海拔的環境條件

二、高海拔環境對運動能力的影響

三、人體在高海拔環境中的生理反應

四、高海拔的訓練

12-2 在低海拔環境中運動

一、低海拔的環境條件

二、潛水物理學

三、潛水生理學

四、潛水裝備

五、潛水傷害

Exercise Physiology

　　1968年墨西哥市舉辦的奧運會在海拔2,300公尺處舉行，當時許多優秀的運動員在海平面的表現都非常地具有奪金希望，但是在高海拔環境（低壓低氧）下進行比賽時，不僅痛失奪金機會，其運動表現甚至比海平面更遜色；但是某些運動項目的選手卻能夠在高海拔的環境中創下奧運紀錄。當時奧運會的一些運動比賽結果令人感到驚訝，讓人類對於高海拔環境的運動表現做了更多的相關研究。研究迄今，我們對高海拔環境已具有相當程度的瞭解，在本章之中，將介紹高海拔環境的大氣壓力變化和氧氣、二氧化碳、氮氣、氧分壓濃度的改變，以及溫度和濕度等成因對人類生理反應與運動表現的影響。本章在第二部分有低海拔環境（高壓低氧）的介紹，內容包括低海拔對生理反應及運動表現的影響與機轉之外，亦介紹低海拔環境對人類可能造成的傷害。

12-1　在高海拔環境中運動

一、高海拔的環境條件

　　在地理學上的分類，略高於海平面且大面積的稱為平原；擁有高於海平面數百公尺高度的稱之為丘陵；而海拔較高且坡度起伏較小的完整面積稱為高原；在1,000公尺以上、峰度較險峻且面積較小的稱為高地；高度超過3,000公尺稱為高山（翁慶章、鐘伯光，2002）。在臺灣，多數為超過1,000公尺以上的高地。體育署於2006年與嘉義縣政府和農委會簽訂協議，將嘉義阿里山的香林國中作為高地訓練中心，該地的海拔高度約2,200公尺，以替代左營運動訓練中心位於海平面位置的不足（許樹淵，2006）。高地的地理環境特點是低氣壓、氧氣稀薄、易起霧、氣候寒冷且日夜溫差大、晝短夜長，所以太陽輻射量和紫外線輻射量大。高地環境的條件分述如下。

（一）氣　壓

　　從海平面至大氣層的壓力相等於760 mmHg，隨高度越高，大氣壓力越低。例如位於中國大陸與尼泊爾交界的世界之峰艾佛勒斯峰(Mt. Everest)的高度達8,848公尺（亦稱為喜馬拉雅山(Himalayas)），大氣壓力範圍是251~253 mmHg，空氣中的氧分壓介於42~43 mmHg，而人體肺泡氧分壓(alveolar P_{O_2})只剩下25 mmHg (McArdle et al., 2007)。另外北美洲落磯山脈(Mt. Rockies)最高峰4,404公尺、南美洲安地斯山(Mt. Andes)的平均高度超過3,660公尺。氣壓與海拔高度的關係如表12-1。

表12-1　從海平面到高海拔8,000公尺的大氣壓力與各項指標的變化

高度（公尺）	0	1,000	2,000	3,000	4,000	6,000	8,000
大氣壓力(mmHg)	760	674	596	526	462	328	194
氧分壓(mmHg)	159	140	125	110	97	74	53
肺泡內氧分壓	105	90	72	62	50	28	6
動脈血氧飽和量(%)	95	94	92	90	85	78	71
環境溫度(℃)	15	9	2	−5	−11	−24	−37
身體的急性反應	無明顯生理變化		出現明顯生理 和代償反應		生理變化快速 但代償不佳		瀕臨無法 負荷

整理自：Wilmore et al., 2008。

　　空氣的組成含氧氣20.93%、二氧化碳0.03%、氮氣79.04%，不論在任何高度，空氣組成的條件不會改變，只有氣壓會隨海拔高度而變化(Wilmore et al., 2008)。這些高海拔的低氧環境讓氧分壓突然下降，造成動脈低血氧的情況發生，促使身體立即調整並逐漸地產生適應(acclimatization)。

（二）氣　候

　　地球表面的溫度受太陽輻射的影響，因此地球表面的熱度會透過氣流交換作用輸送至大氣中，影響大氣溫度。所以每上升高度150公尺，溫度則下降1℃，以艾佛勒斯峰為例，平均溫度約−40℃，和海平面溫度15℃相差甚遠。在高山上的日夜溫差大，白天受太陽照射之故，所以溫度較高，夜晚的溫度正好與白天相反。高度會影響濕度，所以絕對濕度隨著高度增加而降低；而高地氣溫也會影響濕度，絕對濕度隨著氣溫增加而下降。冷空氣中的水氣不多，即使空氣中的水分完全飽和（相對濕度100%），但實際含水量仍然很低。水的分壓稱為蒸汽壓力(P_{H_2O})，在37℃試管中，P_{H_2O}是47 mmHg，但是在−20℃，P_{H_2O}是1 mmHg（翁慶章、鐘伯光，2002；Wilmore et al., 2008）。因此高地極

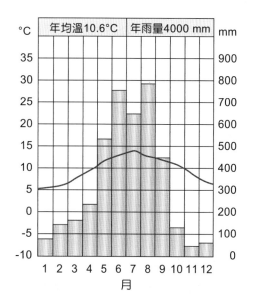

▶ 圖12-1　臺灣阿里山一年當中不同月份的平均溫度與降雨量。─：平均溫度，▨ 平均降雨量。

低的P_{H_2O}造成皮膚水分不易保留,容易導致脫水(dehydration)。在高地頂部的摩擦力減小,無地形阻擋,易出現強風,但風力與風向也會隨著地形複雜的因素改變。圖12-1是臺灣阿里山一年當中,不同月份的平均溫度與降雨情形。

(三)太陽的輻射

太陽輻射量和高地地區的折射率隨海拔高度增加而上升,此情形明顯高於海平面。影響太陽輻射量的因素有二,第一是海拔高度,一般太陽輻射線中含有52%可見光線、5%的紫外線與43%紅外線,高度越高,紫外線被大氣吸收的量減少,所以輻射暴露增加,再加上大氣吸收大量的太陽輻射,以致輻射暴露情況更加嚴重。若是在4,000公尺高度的高山上,波長300毫微米的紫外線之照射量比海平面大2.5倍。第二是積雪量,積雪越多對太陽照射的日光反射量越高,反之,積雪越少對太陽照射的日光反射量越低,所以在高山雪地活動應記得戴墨鏡保護眼睛,並穿著適當衣物保護皮膚免於曬傷。

二、高海拔環境對運動能力的影響

高海拔環境對不同運動項目的影響結果不同,例如需具備爆發力與力求速度的短跑項目、自行車和競速滑冰,和平地的成績相比,運動成績多數有所進步,主要是高海拔的空氣阻力降低所致;但是對耐力性的運動項目,如長跑、馬拉松、超級馬拉松,高海拔的優勢便不復存在。對於自由車競速比賽的選手來說,他們在高海拔環境時得面臨兩種完全對立條件的影響,一種是空氣密度降低,所以能夠超越海平面時的成績;另一種條件是由於大氣壓力下降導致氧分壓降低,形成缺氧環境而造成運動成績退步。

(一)短距離、爆發力高強度的運動表現

高度每上升1,000公尺,重力即降低0.3公分/秒^2,風阻隨氣體密度下降而減少。這兩種條件都有利於短距離、爆發性高強度的運動項目。以跳遠和三級跳來說,在墨西哥奧運會(會場位於2,240公尺的高地)的成績大幅進步,Bob Beamon在該次的跳遠項目中所創下的世界紀錄,一直到24年後才由Mike Powell於1992年巴塞隆納奧運中打破。Brooks等人(2000)認為,這與高地的空氣密度下降有關,因為在平地時運動員為了克服空氣阻力可能會多消耗一些能量。在投擲的表現中,成績受高地氣候影響的結果可能有好有壞。以鐵餅和標槍為例,空氣質量(air quality)讓器材在大氣中變輕了,因

此阻礙成績表現；但鉛球和鏈球受空氣動力學影響而有利於器材，在重力與氣體阻力下降情況下反而有利於提昇成績。墨西哥奧運會的短跑成績如表12-2所示。

表12-2　短跑選手的個人最佳成績與墨西哥奧運會成績之比較

比賽項目與名次	運動員	先前個人最佳成績	墨西哥奧運會成績
男子100公尺			
第一名	J. Hines（美國）	9.9	9.9
第二名	L. Miller（牙買加）	10.0	10.0
第三名	C. Green（美國）	9.9	10.0
女子100公尺			
第一名	W. Tyus（美國）	11.1	11.0
第二名	B. Farrel（美國）	11.2	11.1
第三名	I. Szewinska（波蘭）	11.1	11.1
男子200公尺			
第一名	T. Smith（美國）	19.9	19.8
第二名	P. Norman（澳洲）	20.5	20.0
第三名	J. Lamy（澳洲）	19.7	20.0
女子200公尺			
第一名	I. Szewinska（波蘭）	22.7	22.5
第二名	R. Boyle（澳洲）	23.4	22.7
第三名	J. Lamy（澳洲）	23.1	22.8
男子400公尺			
第一名	L. Evans（美國）	44.0	43.8
第二名	L. Hames（美國）	44.1	43.9
第三名	R. Freeman（美國）	44.6	44.4
女子400公尺			
第一名	G. Besson（法國）	53.8	52.0
第二名	L. Board（英國）	52.8	52.1
第三名	N. Burda（蘇聯）	53.1	52.2
男子400公尺跨欄			
第一名	D. Hennige（德國）	49.6	48.1
第二名	G. Hennige（德國）	50.0	49.0
第三名	J. Sherwood（英國）	50.2	49.0
女子400公尺跨欄			
第一名	W. Davenport（美國）	13.3*	13.3
第二名	E. Hall（美國）	13.4*	13.4
第三名	E. Ottoz（義大利）	13.5	13.4

＊在高地的最佳成績。

摘自：Brooks et al, 2000 (p.554)。

（二）長距離中高強度的運動表現

高地的高度若超過800公尺，將會阻礙與降低長距離的運動表現。在墨西哥奧運會上，許多原本在平地練長跑的運動員，成績突然低於在高地訓練的運動員，這些在高地訓練的運動員囊括了5,000公尺、3,000公尺障礙賽、10,000公尺和馬拉松項目的前兩名。這和運動員在高地適應(acclimatization at altitude)的生理機制有關。

三、人體在高海拔環境中的生理反應

（一）在高地的急性生理反應

⊃ 過度換氣 (Hyperventilation)

因動脈氧分壓下降造成過度換氣是平地居住者登上高地後最直接的生理反應。這種**低氧驅動**(hypoxic drive)的影響會發生在上高地的前幾週，也可能長達半年至一年，也會發生在高地居住者身上。因為主動脈弓與頸部的頸動脈分支含有敏感的化學感受器。登高2,000公尺後，化學感受器偵測到大氣壓力的改變，開始刺激動脈氧分壓降低，並增加肺泡換氣與提昇肺泡氧分壓，因此過度換氣讓肺泡氧分壓增加反而有利於肺部承載氧氣，抵抗大氣壓力降低對肺部可能造成的傷害。此外，比較女性在月經期間暴露於短期高地或平地時的生理反應，研究發現高地或平地並不會影響女性生理期的換氣反應和降低運動表現(Beidleman et al., 1999)。有趣的是，登山家(mountaineer)登上高地後有更激烈、急速缺氧的換氣反應，但是在登高任務進行時，登山家又比登山者(climber)在攀上更高的山峰時具有更好的換氣效率(Schoene et al., 1984)。

⊃ 增加心血管反應

上高地初期，安靜狀態血壓值上升，非最大運動的心跳率(heart rate)和心輸出量(cardiac output)比平地增加50%，但心搏量(stroke volume)保持不變。在高地從事非最大運動的血流增加剛好相抵於動脈血氧不飽和(arterial oxygen desaturation)的情況。Wolfel等人(1994)探討健康男性分別在海平面和高地4,300公尺的平均動脈壓（圖12-2），此結果顯示受試者在高地經過17天之後，平均動脈壓依然高於海平面時的平均動脈壓。另外，就全身氧氣輸送方面來說，高地的安靜狀態或中強度運動的心輸出量增加10%，正好和動脈血氧飽和濃度降低10%相抵銷。圖12-3顯示以100瓦特功率進行非最大腳踏車運動的氧氣消耗情形，在平地運動的攝氧量($\dot{V}O_2max$)保持在2.0升／分鐘，但是在4,300公尺高度時，要維持2.0升／分鐘的攝氧量必需要盡更大的努力才行。換句話說，海平面非最大運動的50% $\dot{V}O_2max$相當於高地4,300公尺約 70%VO_2max。

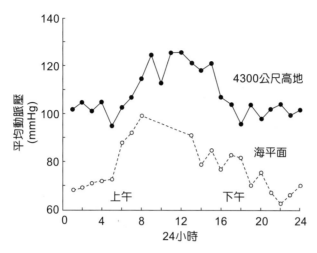

▶ 圖12-2　受試者分別在海平面和高地17天之後測量步行的平均動脈壓結果。○代表海平面的測量值。●代表在4,300公尺高地第17天的測量值。測量時間從凌晨1點至午夜12點。引用自：Wolfel et al., 1994。

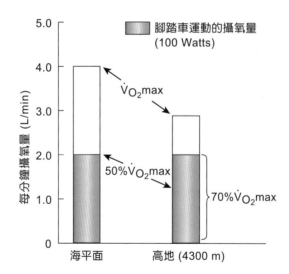

▶ 圖12-3　海平面與高地4,300公尺的攝氧量變化。摘自：Brooks et al., 2000 (p.542)。

⊃ 刺激兒茶酚胺(catecholamine)分泌

在高地期間，交感腎上腺分泌隨著安靜狀態和運動的時間而改變。血壓及心跳率增加與血漿濃度及努力自覺程度一致。男性和女性經過6天高地暴露後依然能保持高濃度的正腎上腺素峰值，因此交感腎上腺素活性提昇，與血壓調節、血管阻力、短期和長期低氧暴露的基質混合物(substrate mixture)變化（提高碳水化合物使用）等因素有關。圖12-4顯示8位原本居住於海平面的男性，在4,300公尺高地經過7天暴露後，尿液中**正腎上腺素**(norepinephrine)和**腎上腺素**(epinephrine)濃度反應。在第4天，腎上腺素

分泌量小幅上升,但正腎上腺素分泌量顯著上升。回到海平面一週後,尿液正腎上腺素濃度依然保持相當高的水準(Surks et al., 1967)。

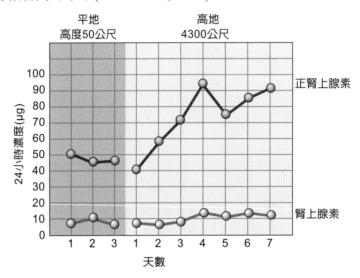

▶ 圖12-4　8名平地男性居住者經過7天的高地(4,300公尺)暴露後,尿液中正腎上腺素與腎上腺素濃度的變化。摘自:McArdle et al., 2007 (p.623)。

⊃ 體液流失

　　由於高山上的氣候寒冷且乾燥,將吸進的空氣經由呼吸道變成溫暖且濕潤的過程中,會蒸發身體的水分,此時液體流失通常會引起嘴唇、口腔、喉嚨乾燥和中度脫水。在身體活動者身上的液體流失更明顯,因為他們每天流汗的總量與運動的肺換氣容量較大,所以在登山時應隨時保持水分補充。

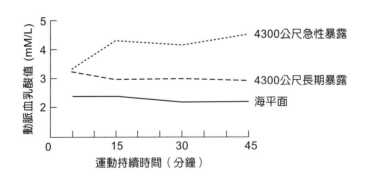

▶ 圖12-5　在海平面、高地急性暴露與長期暴露的血乳酸濃度。摘自:Reeves et al., 1992。

　　人體對於高地環境的長期適應的生理反應中,以血乳酸濃度的起伏最大且最特殊。在急性暴露於高地時,給予相同的運動負荷,血乳酸濃度會比平地時高(圖12-5)。而在適應之後,即使是最大攝氧量不變,血乳酸濃度也會降低。在高地適應之

後，運動中血乳酸濃度較低於急性暴露時的現象，稱為乳酸詭論（Lactate Paradox，也有學者形容為乳酸異常）。因為在相同的運動負荷下，不論是適應前或後，氧氣運送至工作肌的情形均相同，而這種現象與低氧造成乳酸生成的傳統觀念互相矛盾。

表12-3 暴露於高地的急性變化與影響結果

系 統	變 化	結 果
呼吸系統	·因碳酸隨過度換氣降低，使體液更趨近於鹼性	·過度換氣 ·增加氧氣輸送至組織
心血管系統	·休息和非最大心跳率增加 ·休息和非最大換氣量和心輸出量增加 ·心搏量保持不變或輕微下降 ·增加血壓	·增加O_2運送至組織 ·肺泡氧分壓增加 ·降低腦脊髓液和血液的CO_2與H^+ ·氧合血紅素解離曲線向左移 ·急性高山症
荷爾蒙	·兒茶酚胺分泌量增多	·增加乳酸量及血管阻力上升
局部	·血液、肌肉和肝臟少許的急性變化	·降低運動能力

摘自：Brooks et al., 2000 (p.542)。

（二）長期高地暴露的生理反應

適應高地所需的時間取決於居住在陸地的高度，只有在適應一個高地後才能確保自己可以調整到更高的海拔。根據登高指南，在2,300公尺的適應時間需要2週，之後每上升610公尺，就需要多一週的時間來適應，因此從2,300公尺登上4,600公尺大約還需要3~4週的時間。運動員若想在高地爭取好成績，必需在登高適應後接受嚴格訓練。因通常在登高地的前幾天會減少身體活動量，因此在適應高地後馬上展開的訓練，會減少減量訓練的影響(detraining effects)。可惜的是，適應高地後再回到海平面2~3週，高地適應的效果即消失遺盡。

● 心血管的適應

急性暴露於高地時，非最大心跳率增加但心搏量不變；長期暴露於高地，由於血液回至心臟的填充壓力(filling pressure)降低，造成心搏量減少，最主要是因為血漿量降低及血比容(hematocrit)增加所致。高地暴露1~2週後，運動的心輸出量下降20~25%。攝氧量在某一輸出功率下保持不變，原因和組織有較多的氧氣釋出有關，例如動靜脈血氧的差異。圖12-7顯示急性與長期適應對心血管的影響。

高地暴露時，紅血球的數量增多，血漿量下降，致使血液黏滯性隨之增加。但是在接近3,000公尺閾值高度時，有必要注意血比容和血紅素(hemoglobin)濃度的改變。由於**紅血球生成素**(erythropoietin)增加而啟動紅血球量和血紅素增多，加速身體在高地的適應；但是，要達到血液的完全適應大約要12週的時間。有研究發現，旅居者的紅血球量和血紅素與高地原居者的血液檢測結果相似，因此旅居者在攝取足夠的能量、蛋白質和鐵的情況下，適應時間有可能可以縮短。在高地影響最大的是最大心跳率和最大工作率的下降，其實心臟收縮並不受高地影響。如同方才所言，心搏量在高地時（3,000公尺）下降是因為心臟填充壓力降低所致，然而，坐姿成年人的壓力產生率（心跳×收縮壓－心肌氧耗量）與海平面相比可增加近100%。因此，有些旅行者和工作者，在高地的身體活動可能引起心臟缺血(ischemia)情形。

肺動脈壓(pulmonary arterial pressure)在高地暴露時也會上升，是因為交感神經興奮，肺部小動脈的平滑肌尺寸變大而緊縮小動脈，因此血管阻力增加和肺動脈壓上升。肺動脈壓增加被認為是造成高地肺氣腫、高山症等威脅生命的可能原因。除此之外，雖然在高地時，大腦血流能夠維持，但也會讓大腦循環出現一些問題。**低血氧症**(hypoxemia)會刺激大腦血管擴張，這種傾向擴張大腦血管的現象乃是受到低碳酸血症(hypocapnia)引起低二氧化碳的平衡機制，但也可能因為過度換氣而造成血管收縮(vasoconstriction)。再者，低血氧症也會引起交感神經系統產生反射而抑制血管擴張。低血氧症增加大腦血管的滲透性，可能是高山腦水腫(high-altitude cerebral edema)的徵象，詳細說明請見後文關於高山症(mountain sickness)的介紹。長期高地暴露也會產生持久性的中樞神經系統影響，有些研究針對中樞神經系統功能進行測量，如美國醫療研究團隊在艾佛勒斯峰發現登山者有短期記憶受損情形，有些影響甚至長達一年。另一個研究發現，在艾佛勒斯峰的基地指揮站，全體受試者都有水腫、視網膜出血、動作控制能力受損、注意力與判斷能力降低等現象。

○ 骨骼肌的適應

急性暴露於高地不會改變肌肉血流量(muscle blood flow)，但是適應高地後，非最大運動的肌肉血流量可降低將近20~25%，而氧氣輸送至肌肉並未改變的原因是血液含氧量增加所致。因適應高地而導致運動的肌肉血流量降低，似乎可以說是正腎上腺素分泌量增加以及心輸出量降低所造成的影響。適應並不會讓肌纖維周圍的微血管數量增加，但是微血管的密度增加，是因為長期的高地暴露拉近了肌纖維彼此之間的距離，使肌肉傾向於萎縮(atrophy)的情形。

　　過去認為接受高地暴露後，肌肉氧化能力提昇會如同在海平面的耐力訓練效果，但是這個問題已經被證實並非如此。最初的研究發現肌肉穿刺(muscle biopsy)的結果顯示，居住在喜馬拉雅山的雪爾帕人（Sherpas；西藏民族之一）其肌肉粒線體密度顯著低於高度訓練的歐洲登山者(Kayser et al., 1991)。之後同一批團隊(Kayser et al.,

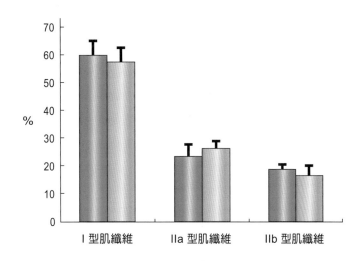

▶ 圖12-6　尼泊爾人和西藏人大腿股外側肌不同肌纖維型態的分布比例。住在低地尼泊爾人（▨）和低海拔西藏人（▧）的不同肌纖維型態分布無顯著差異。摘自：Kayser et al., 1991。

1996)研究8名出生在較低海拔（1,300公尺）的西藏人和8名居住於低地的尼泊爾人，結果發現西藏人也擁有較低的粒線體密度，儘管大腿股外側肌的肌纖維型態無顯著不同（圖12-6）；隨後有更多的研究也獲得同樣的結果。換言之，即使是未受過訓練的肌肉，也擁有足夠的粒線體在高地上以低功率輸出和低代謝率的方式進行衰竭性運動，達到最大攝氧量。因為高地的活動經常受限於呼吸和動脈血氧量，這些影響因素不會因肌肉粒線體數量而提昇。此外，在高地的疲勞發生通常和肌肉疲勞、非最大心輸出量和心跳率有關，且大腦控制中樞是非常重要的關鍵區域，因為大腦負責運動的**運動單位招募**(recruitment of motor units)以及**停止招募**(de-recruitment)和保護身體免於受傷的機制有關。當心肺呼吸系統和肌肉代謝能力受到極大影響且限制運動表現時，中樞神經系統扮演仲裁者的角色，決定要繼續運動或停止運動。

⊃ 血液酸鹼平衡

　　剛開始適應高地的現象會影響酸鹼平衡（pH值），為了維持血液pH值自然會改變血紅素和氧氣。這個改變可以增加換氣控制和有利於血紅素的氧氣卸載，雖然這些影響會抑制血液的緩衝能力，但是對運動是有利的。暴露於高地的前幾週，受中樞神經系統驅動影響，導致血液中的**重碳酸鹽濃度**下降和腎臟的血液量減少。高地暴露導致**二氧化碳分壓**下降而產生較大的換氣量，使血液更趨近鹼性。但是重碳酸鹽的分泌可以讓腦脊髓液和血液的酸鹼值回到正常，這樣可以幫助高地的呼吸控制。重碳酸鹽分泌量只能夠限制血液pH值，但隨著高度增加，血液會更加傾向於鹼性，這是由於

低碳酸血症和過度換氣的影響緣故。但是過度換氣有兩個衝突點,第一是**血液氧分壓**增加,第二是**氧合血紅素解離曲線**(oxyhemoglobin dissociation curve)向左移(圖12-7)。此曲線左移代表血紅素更容易抓住氧氣,所以低氧分壓的情況表示氧氣被釋放到組織中。但是低氧分壓也衍生出另一個不利條件,那就是會降低微血管至組織的擴散梯度(diffusion gradient),表示減緩氧氣的移動力。因此重碳酸鹽隨高地適應的分泌量增加,可讓氧合血紅素解離曲線回到原位,重新調整氧氣和血紅素的解離情形,並增加擴散梯度。因為有更多的氧氣輸送,或更高的氧氣張力,會讓氧化作用明顯提昇。

上高地的初期幾天會漸增紅血球內的**2,3–雙磷酸甘油酸**(2,3-diphosphoglycerate, 2,3-DPG)濃度,此複合反應降低血紅素對氧親和力,讓氧合血紅素解離曲線右移。多數氧合血紅素解離曲線向右移的情形可明顯反映在受過訓練者身上,而且不論在平地

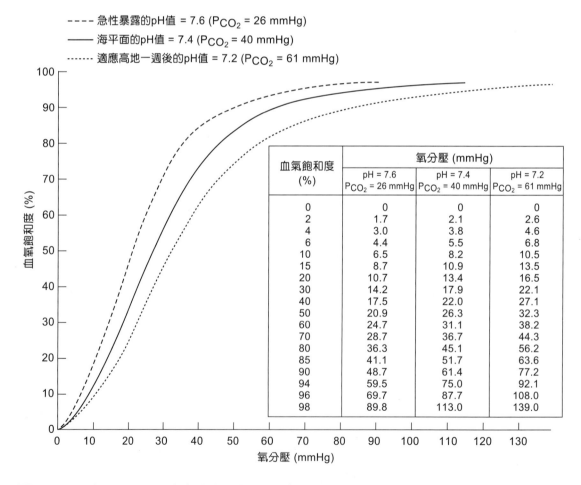

▶ 圖12-7　急性暴露和適應高地的氧合血紅素解離曲線變化。摘自:Brooks et al., 2000 (p.547)。

或高山上，訓練者的反應都比非訓練者明顯。訓練者的氧合血紅素解離曲線也比較陡峭，代表讓氧氣更容易進入組織細胞。但是，使氧合血紅素解離曲線向右移的高地高度只有在將近5,000公尺處，若超過此高度，又會限制肺中的血紅素攜氧能力，連帶影響動脈含氧量（血紅素和氧分壓可控制動脈含氧量）。

⊃ 身體組成

體重降低和**肌肉萎縮**都是上高地後發生的正常現象。大部分的研究顯示上高地後體重可減少約100~200克／天，原因在於脫水、過度換氣、能量不足（能量消耗大於能量攝取）、增加身體活動量和提高基礎代謝率。在高地上，呼吸頻率增加會讓更多水分流失，而呼氣會使較多的水分蒸發，最後換氣量提高的結果會導致脫水。而且，高地上的低相對濕度也會讓人們不自覺的流汗，造成水分流失。所以足夠的水分攝取可預防脫水，特別是在非常高海拔的高山上，而高海拔的水分攝取可採自溶解的雪。

上高地後的能量攝取通常會降低，這也是造成體重降低的另一因素。而食慾變差的原因是屬於急性高山症的典型症狀。因此在高地時應注意能量攝取要相等於能量消耗，即可避免體重降低。此外，身體活動量增加也是影響體重降低的原因之一，特別是對於那些喜愛追求休閒運動的人來說，例如滑雪者的卡路里消耗非常快速，遠超過一般運動的強度，又例如登山者，高山上的登山運動非常困難，不僅增加活動強度，也提高了能量消耗。

在高地上的排泄物比平地多的原因，是因為腸道的吸收變差，也可能是為了確保有足夠的能量攝取而維持高比例的碳水化合物（＞60%）。上高地的前幾天，**基礎代謝率**會增加，經過4~10天後，基礎代謝率雖下降，但仍比平地高。有學者發現，住在高地原住民的基礎代謝率比低地原住民高，此可印證上高地的海拔度越高，會消耗越多的卡路里。

Simonson等人(2010)比較生活在高海拔的31名西藏人和低海拔的45名亞洲人，研究發現適應於高地的西藏人有較低的血紅素，雖然血紅素含量不高卻能夠生活在空氣稀薄的低氧環境，並且具有抵抗高山症的天然免疫力，顯示西藏人能夠以非常少量的血紅素來完成有效率的氧氣交換，可能原因和EGLN1和PPARA兩種基因有密切關連。有趣的是，研究也調查世代生活在安地斯山脈和東非高原的民族，卻沒有和西藏人一樣相同遺傳特性和基因，而且西藏人從親族遺傳這兩種基因的多寡，具有個體的差異性存在，換言之，親族遺傳和非親族遺傳能夠決定這兩種基因的存在機率。這篇研究也證實了世代居住在高海拔的西藏人能夠適應高地的原因。

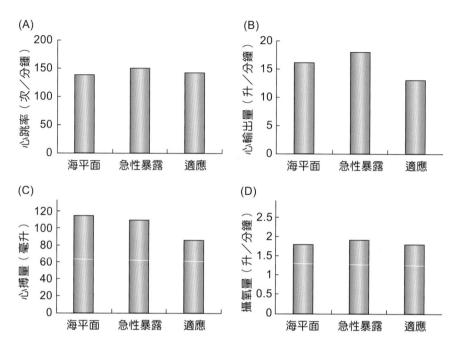

▶ 圖12-8 急性與長期暴露於高海拔的非最大運動的心跳率(A)、心輸出量(B)、心搏量(C)和攝氧量(D)。修改自：Wolfel et al., 1994。

表12-4 適應高地的變化與影響結果

系　統	變　化	結　果
呼吸系統	・降低腦脊髓液與腎臟分泌重碳酸鹽	・增加換氣的CO_2-H^+控制
心血管系統	・增加紅血球與2,3-DPG	・氧合血紅素解離曲線向右移
	・減少血漿量；增加血紅素、紅血球與血比容	・增加血液攜氧能力
	・降低休息和非最大心跳率（和急性暴露比較）	・增加氧氣輸送至組織
	・血壓上升	・循環恆定性回復正常
	・肺部血壓、血管增加	・增進組織灌流(perfusion)
	・可能增加肺部微血管量	・增進肺部灌流
荷爾蒙	・降低兒茶酚胺分泌（和急性暴露比較）	・減少乳酸量
局部	・增加骨骼肌的微血管	・增加氧氣傳遞
	・增加粒線體量與體積，提高氧化酵素含量	
	・增加組織的肌紅素(myoglobin)	・增加細胞內的氧氣運送
	・肌肉萎縮(muscle atrophy)	・去脂體重降低或體重減輕

摘自：Brooks et al., 2002 (p.543)。

（三）高山症

隨著海拔高度增加，大氣壓力逐漸下降，導致氧分壓降低而造成高山症，主要是因為身體在高海拔的低壓低氧環境下無法迅速產生適應，再加上動脈氧分壓急遽下降所致。常見的高山症在醫學上可分為下列三種情形：

➲ 急性高山症 (Acute Mountain Sickenss, AMS)

大部分的人在登山高度超過2,500公尺後4~12小時會產生急性高山症的不適現象。影響因素包括個體感受性(individual susceptibility)、登高速度過快、缺乏暴露於高地的經驗。非特定性的徵候包括頭痛、噁心、口乾舌燥、食慾不佳、頭暈、疲勞、失眠和肢體水腫，這些均屬於初期症狀，但繼續運動的話可能會更加惡化，影響原因可能是大腦血氧飽和度急遽下降所致。一般而言，這些徵候通常還是比較容易發生在登高速度過快，身體尚未調適到高海拔的水準。上述不適徵候會在24~48小時後緩解，也可服用止吐藥和止痛藥加速緩解。

➲ 高海拔肺水腫 (High-Altitude Pulmonary Edema, HAPE)

至目前為止還無法完全瞭解高海拔肺水腫的原因，大約有2%旅居者上高地超過3,000公尺後的12~96小時內發生，通常緊接著發生在急性高山症之後。主要影響因素包括海拔高度、登高速度和個體感受性。液體會在大腦和肺中累積造成死亡。剛開始時，症狀看起來不嚴重，但是會逐漸產生肺積水和液體滯留腎臟。檢查胸部時，若肺臟和氣管聽起來有刺耳的水泡音(rales)，可能就是肺水腫的跡象。上高地超過5,486公尺後會加劇肺部動脈壓力，形成血液攜帶氣體的障礙。

➲ 高海拔腦水腫 (High-Altitude Cerebral Edema, HACE)

高海拔腦水腫屬於潛在性致命的神經症狀，會在急性高山症發生後的幾小時或幾天內發生。登高超過2,700公尺後約有1%的機率罹患高海拔腦水腫，包括增加顱內壓力，若未即刻進行治療可能造成昏迷和死亡。造成腦水腫的原因可能是大腦血管和**微血管靜水壓**(capillary hydrostatic pressure)讓液體和蛋白質從血管間隙中流出並穿過**血腦屏障**(blood-brain barrier)，逐漸增加的腦液最後會破壞腦部結構，特別是白質(white matter)區，使交感神經系統活性增加並造成惡化。明顯的症狀包括動作協調能力喪失、步態不穩或意識狀態改變，可透過步態測試方法－Tandem Gait檢視是否患有腦水腫，方法是在平坦地面上以一前一後、腳跟貼腳尖的方式走完5公尺直線，觀察是否有搖晃或無法走在直線上的情況。

⊃ 慢性高山症 (Chronic Mountain Sickenss)

此症會發生在少數的高地原住民身上，並且可持續數個月至一年。慢性高山症和紅血球增多症(polycythemia)有關，或許是因為遺傳而讓**紅血球生成素**在低氧壓力下發生變化。慢性高山症的症狀包括昏睡、虛弱、不安、焦躁、發紺症(cyanosis)。另一種病症是**高海拔視網膜出血症**(high-altitude retinal hemorrhage)，差不多會發生在海拔高度超過6,700公尺。高海拔視網膜出血症經常毫無預警的發生，而且沒有特殊治療和避免的方法。出血情況是在眼中出現如痣一般的黑點，有如卵形的黃斑，導致視覺障礙。此症狀的發生可能是運動讓血壓激增，導致眼睛的血管膨脹而破裂。

⊃ 到高地旅遊的安全考量

曾經發生過心絞痛、心律不整、慢性肺部阻塞性疾病、鐮刀細胞型貧血等情形者並不適合到高地旅遊。具有冠狀動脈疾病史的人，若目前正接受治療，並在醫師許可下才能到高地旅遊。此外，有高血壓、糖尿病、氣喘、輕度慢性肺部阻塞性疾病的患者和懷孕婦女，雖然可到高地，但是最好能夠先諮詢醫生，啟程前往時得隨時注意旅程中的身體狀況，例如血氧飽和濃度、心跳率、血壓和血糖值。

四、高海拔的訓練

最先在1990年以開發新的高地訓練法和設備作為提昇運動表現的國家是北歐和美國，至今已發展出多種低氧訓練或高地暴露的訓練方式，如傳統的高住高練、高住低練、休息時的間歇低氧暴露、訓練時的間歇低氧暴露（圖12-9）。多種低氧訓練和暴露的方法相繼衍生而出，優點是提供給登山家或運動員為未來在高地的登山或比賽計畫做準備。這些方法的研發應用於競技體育方面都有著共同的目標，就是誘發運動員在海平面能夠有更優秀的表現。

（一）高住高練 (Live High-Train High, LHTH)

居住於高地並且在高地上訓練的的方法，已被證實能夠提昇1,500公尺以上高地的運動表現。但事實上，高住高練對於是否能夠提高海平面的運動表現仍無法下定論，因為長期居住於高地的停留時間有潛在的不利影響。高住高練是屬於傳統的訓練方法，現今已被高住低練所取代。

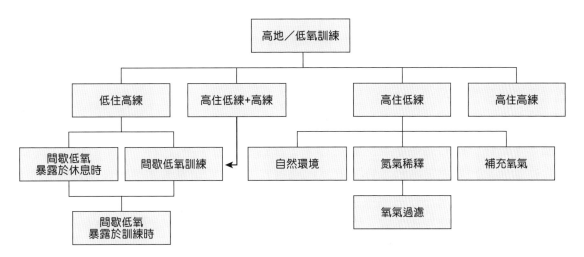

▶ 圖12-9 高地／低氧訓練的變化方法。高住低練＋高練是合併間歇低氧暴露、訓練和常氧暴露的作法。修改自：Millet et al., 2010。

（二）低住高練 (Live Low-Train High, LLTH)

低住高練的訓練目標是要引起肌肉的特殊性對低氧產生適應，以避免長期居住高地引起睡眠紊亂的情況，因此以夜間的常壓低氧暴露取代高山居住造成的不利現象 (Pedlar et al., 2005)。此外，現階段的研究焦點，著重在以低住高練的方式來加速高地適應和傷害的復健。目前多數研究並未能夠證實低住高練對運動表現有正面的幫助，儘管此方法能夠提高血液中的紅血球生成素。事實上，這種低住高練的訓練方法雖可增加運動員在低氧下的作功能力(work capacity)，但迄今的研究也僅指出能夠加速冬季奧運選手適應高地（低壓低氧）環境而已(Whyte, 2006)。因此，低住高練或許對海平面運動表現沒有幫助，但或許有助於讓運動員在上高地前的前適應(pre-acclimation)階段提早發生。

低住高練有助於運動傷害復健的理論基礎在於，有研究顯示低氧下的絕對訓練強度相等於常壓環境時，低住高練能夠促進海平面的運動表現，增加肌紅素(myoglobin)與氧化能力(oxidative capacity)。因此，當運動員受傷必需降低訓練強度時，低住高練提供了額外生理上的刺激，藉以維持有氧能力。

（三）高住低練 (Live High-Train Low, LHTL)

科學家探討合併低氧暴露和常壓訓練的結果發現，高住低練的發展可以結合常壓下訓練以及暴露於低壓低氧自然環境下的好處，只是能夠適合訓練且符合自然高度的

訓練地點有限,因此後來有些技術因應而生,包括在自然高地環境訓練時吸取較高濃度氧氣,或是將氮氣稀釋來降低常壓低氧下的**吸入氧氣分率**(inspired oxygen fraction, F_IO_2),這些作法是高地旅館或營地最常使用的方法(Whyte, 2006),因此高住低練是一種有效率的訓練方式。

適當的居住高度介於2,200~2,500公尺,能夠提供最佳的紅血球生成量,以及增加紅血球。高住低練的適應期至少要7~10天,在適應階段中不宜安排高強度運動,應該優先注意休息和補充足夠的水分。上高地適應2~3週後即可進入主要訓練階段,但是4週後的紅血球生成素才有明顯增加。除此之外,適應時間會隨年齡、經驗、目標和運動員的功能性適應情況而不同,在此階段可以漸進地增加訓練強度,大量的運動能夠引起高地訓練的累積與殘留效果。對於運動表現的增進效益顯示,高住低練的訓練至少能夠提昇45秒至17分鐘的運動達1.0~1.5% (Millet et al., 2010)。近年來,運科人員與教練利用「高住低練」的原則,開發出幾個新方法,包括常壓低氧儀器、氧氣補充法以及低氧睡眠裝置。

● 常壓低氧儀器

常壓低氧儀器最早是由芬蘭運動科學家在1990年初期所發展出來的儀器,它的目的在於模擬2,000~3,000公尺的高地環境(Wilber, 2001)。常壓低氧儀器是在海平面(760 mmHg)上,透過加入100%氮氣的混合,將環境艙內空氣的氧含量控制在約15.3%,此時的氧分壓約為116 mmHg,亦即如同在約2,500公尺高地時的環境;由於這種儀器是利用氮氣進行控制,在芬蘭便被稱為「氮氣屋」(nitrogen house)。常壓低氧儀器在使用時,一般建議的暴露時間為每天8~18小時,連續5~28天,會有較明顯的效果,諸如紅血球生成素增加、網狀血球(reticulocyte)含量增加、紅血球數量增加以及血紅素增加等,進而提昇耐力運動表現(Wilber, 2001)。

● 氧氣補充法

氧氣補充法是利用額外的氧氣供給,讓運動員在高地進行高強度運動時,模擬海平面的正常氧含量狀態或高氧含量狀態,以提高運動員在高地訓練時的運動強度。這種方法屬於「高住低練」的修正模式,可以讓運動員住在高地上,而訓練時則無需移動至較低的海拔,讓運動員訓練時有如在海平面上一般。Wilber (2001)則認為使用氧氣補充法的適當高度約為1,860公尺。Wilber等人(2003)讓19位已在1,800~1,900公尺高地居住至少2年以上的受試者,分別使用氧氣百分比為21%、26%與60%的氧氣補充法,進行6趟100千焦的高強度腳踏車運動,結果發現26%與60%的氧氣補充法,6趟腳

踏車運動所需的總時間均明顯地降低，而運動表現的進步是由於26%與60%氧氣補充法，均顯著地增加動脈氧合血紅素飽和度、每分鐘攝氧量以及平均動力。不過，目前關於氧氣補充法的研究數量仍嫌不足。

○ 低氧睡眠裝置

低氧睡眠裝置是最近開始被使用於高地訓練計畫中的裝置。這些裝置包括CAT Hatch™與Hypoxico Tent System™，這些裝置有助於運動員達成高住低練的要求。CAT Hatch™是一個圓筒形的低壓艙，它可以讓運動員在裡面躺或臥著，並能模擬大約4575公尺的高地環境。CAT Hatch™與Gamow hypobaric chamber有點類似，兩者不同之處在於Gamow hypobaric chamber可模擬高壓環境，而CAT Hatch™則在模擬高地環境或低壓環境。Hypoxico Tent System™是另外一種被耐力性運動員所使用的模擬高地裝置，它可以放置一張標準的雙人床或特大號的床在裡面，並能模擬大約4,270公尺的高度。Hypoxico Tent System™是利用一個氧氣過濾膜(oxygen filtering membrane)，將環境艙外壓送進入艙內的空氣氧含量降低，進而造成一個常壓低氧的環境。然而，截至目前為止，並沒有科學的研究數據支持CAT Hatch™與Hypoxico Tent System™是否對紅血球、最大攝氧量或運動表現有正面的影響(Wilber, 2001)。

（四）間歇低氧暴露 (Intermittent Hypoxic Exposure, IHE)

間歇低氧暴露或週期性暴露於低氧環境是指在低氧下維持數秒至數小時，並反覆持續數天至數週的方法。這種多回合的間歇低氧暴露方式有兩種，一種是回到常氧環境，另一種是移到較低海拔的高地。在低氧下的訓練課加上低氧暴露的組合就成了**間歇低氧間歇訓練**(interemittent hypoxic interval training)的方法，這是指一次低氧和一次常氧訓練課互相輪替的作法。Rodriguez等人(2000)探討經過每週3次共3週，每次90分鐘暴露於4,000~5,500公尺低壓低氧的間歇低氧暴露方式後，結果顯示紅血球顯著增加7%，網狀血球增加了0.7%，血紅素上升12%；但有趣的發現是血液黏滯性並未改變，且動脈血氧飽和度從60%上升到78%。但可惜的是本研究未包括控制組在內。

（五）間歇低氧訓練 (Intermittent Hypoxic Training, IHT)

短期間歇低氧訓練一開始是由前蘇聯所創，他們讓運動員先在常壓環境中訓練，一天1~2節，總共1~3小時的訓練課之後，再透過面罩(mask)或蛇管(mouthpiece)呼吸低氧（氧氣濃度9~11%），反覆持續5~7分鐘。也有一些研究證實了短期間歇低氧訓練的效益，訓練時間為2~4週，一天3~5小時，好處包括高地適應後的運動表現提昇、增加

血紅素、血比容和網狀血球，但是這些研究並未列入控制組，所以上述效益有必要進一步釐清。之後的一些研究也未能夠證實間歇低氧訓練具有正面效益，而且血液參數（例如紅血球生成素）未見顯著改變，因此間歇低氧訓練對運動表現的效益還無法確定，但是這種訓練方法或許能增進高地暴露的適應和訓練。

　　各種低氧訓練方法產生的效益不同，主要是以能夠近一步擴大氧氣輸送的能力為目標。目前高住高練的好處是可以增加高地的運動表現，但是對海平面的運動影響仍未明朗化。而高住低練的訓練方法是比較建議且已證實有利於增進運動表現的方式。雖然低氧間歇暴露無法增進運動表現，但還有其他有效的方法仍持續被探討中。例如間歇低氧訓練及高住低練＋高練的訓練法還需進一步探討，瞭解其對運動表現的影響與機制。除此之外，高地的緊急醫療處理應該要完善，在運動員上高地前應先做好安全宣導與教育工作，讓運動員能夠注意自身的健康狀況，以避免高山症等嚴重併發症產生。

12-2　在低海拔環境中運動

Exercise Physiology

一、低海拔的環境條件

　　暴露低於海平面一大氣壓760 mmHg之下稱為高壓環境，又可稱為高氣壓(hyperbarica)，範圍可從閉氣潛水(breath-holding)至工業潛水，人類暴露於高壓環境中通常是處於潛水狀態。**水肺潛水**(self-contained underwater breathing apparatus, scuba)系統，是Jacqes Cousteau和Emile Gagnon在1943年發明的設備，因此讓數百萬人受惠於觀賞水中的自然生態與環境。然而，我們對高壓生理學的不瞭解，導致讓許多熱愛競技潛水者發生嚴重傷害與意外。高壓環境提供了一些挑戰極限生理的機會，因為在海平面供以人類生存的氣體（例如氧氣、氮氣）會變得有毒性且具有麻醉作用，隨著水深不同，氣體快速地改變，有時會造成嚴重的外傷或死亡。唯有瞭解氣體的物理作用和探討潛水者在海面下的生理機制，才能減少這些危險因子所造成的傷害。理論上，每增加水深10公尺即增加一大氣壓，海平面一大氣壓、海水深度與壓力關係分述於表12-5與表12-6，潛水者得面臨壓力和水深增加的危險性。雖然壓力讓潛水者的氣體密度和分壓增加，但同時也增加了在水中運動的困難度，而且潛水者還必須克服寒冷的海水、視線不佳、溝通不良、水流、受限制的裝備和危險的海洋生物等挑戰。

表12-5 在海平面一大氣壓下各種氣體的分壓

氣體分壓 (mmHg)	在37 ℃時氣管內的氣體	乾空氣	肺泡內	動脈
氧分壓(P_{O_2})	149.2	159.1	104	100
二氧化碳分壓(P_{CO_2})	0.3	0.3	40	40
蒸汽壓力(P_{H_2O})	47.0	0.0	47	47
氮分壓(P_{N_2})	563.5	600.6	569	573
總壓力	760.0	760.0	760	760

表12-6 海水深度與壓力的關係

氣壓(atm)	毫米汞柱 (mmHg)	千帕 (kpa)*	海水深度(m)	肺容積 (L)	氧分壓 (mmHg)	氮分壓 (mmHg)
1	760	101	0	5~6	159	600
2	1,520	202	10	3	318	1210
3	2,280	303	20	2	477	1820
4	3,040	404	30	1.5	636	2420
5	3,800	505	40	1.2	795	3003
6	4,560	606	50	1.0	954	3604
7	5,320	707	60	0.85	1113	4204
8	6,080	808	70	0.77	1272	4804
9	6,840	909	80	0.69	1431	5404
10	7,600	1,010	90	0.59	1590	6004

＊省略小數點後三位。

整理自：Wilmore et al., 2008。

二、潛水物理學

（一）壓力單位

　　一個標準大氣壓是指在溫度為0℃、緯度45度海平面上的氣壓稱為1個大氣壓。一大氣壓(atmosphere, atm)相當於760毫米汞柱(millimeters mercury, mmHg)，可支撐76公分高的水銀柱，或是1,033.6公分（76×13.6水銀密度）高的水柱，以表面積一平方公分而言，1,033.6公分高的水柱重量是1,033.6公克，也就是相當於1.0336公斤的水重，因此一大氣壓相當於每平方公分有1.0336公斤重的壓力。由於各國使用的長度和

重量單位不同，因此國際上統一規定以「帕斯卡」(pascal)作為氣壓單位，簡稱「帕」(pa)。此乃為了紀念十七世紀物理學家帕斯卡(Blaise Pascal)對流體力學的貢獻所命名。瞭解壓力單位的定義後，表12-7為壓力單位的換算。

表12-7 相等於一大氣壓的單位換算值

一大氣壓760mmHg相等值（單位）	
76公分水銀柱 (cmHg)	1,013毫巴 (mb)
760公厘水銀柱 (mmHg)	1,033.6 克重／平方公分 (gw/cm^2)
14.696磅／平方英吋 (lb/in^2; pound per square inch)	103,369.8 頓／平方公尺 (N/m^2)
101.325千帕 (kilo pascals, kpa)	10.08公尺海水深度 (meter sea water)
1,013.25百帕 (hundred pascals, hpa)	33.07呎海水深度 (feet sea water)
1,01325帕 (pa)	33.95呎淡水深度 (feet fresh water)

（二）潛水相關定律

1. **查理定律**(Charles's law)：此定律是在1787年被發現，意指體積恆定下，氣體的壓力與絕對溫度成正比關係，即$P_1T_1 = P_2T_2$（P＝壓力，T＝絕對溫度），絕對溫度等於攝氏溫度加273度或華氏溫度加549度。

2. **波義爾定律**(Boyle's law)：此定律是指在恆溫時，一定質量的氣體壓力與其體積成反比關係，亦即壓力乘以體積等於常數。如同P（壓力）×V（體積）＝K（常數），或是用$P_1V_1 = P_2V_2$表示。此定律顯示一定質量的氣體在壓力增加時，會造成體積縮小；反之，一定質量的氣體在壓力減少時，將導致體積增加。此定律在潛水過程中，可分為下潛期、水底期和上升期三階段。下潛期是潛水者下潛時水壓增大，潛水人員身體內含氣體空間的氣腔，如臉部的額竇、鼻竇、篩竇、上頜竇、蝶竇、口腔，以及氣管、肺臟和腸胃等，還有潛水者的裝備所產生的氣體空間（頭盔、面鏡和潛水衣）的體積開始縮小；反之，潛水者開始上升時，身體承受的水壓開始減小，這些氣體空間就會增加。

3. **一般氣體定律**(general gas law)：此定律是指結合波義爾定律和查理定律所得到的氣體定律，此定律聲明密閉氣體的初期壓力、體積和溫度的乘積相等於全新的壓力、體積和溫度的乘積。

P＝絕對壓力；T＝絕對溫度；所得公式為$P_1V_1T_1 = P_2V_2T_2$。

4. **道爾頓定律(Dalton's law)**：此定律是John Dalton於1801年所提出，意指在固定的容積中，混合氣體的總壓力相等於組成氣體個別壓力的總和。正常來說，大氣中的氧氣有21%，氮氣79%，根據道爾頓定律計算氮氣和氧氣的分壓，已知一大氣壓力等於氮分壓加上氧分壓得到760 mmHg，所以氮分壓等於760 mmHg×79%＝600 mmHg，氧分壓等於760 mmHg×21%＝160 mmHg。

5. **亨利定律(Henry's law)**：此定律是William Henry在1803年所創，意思是指在固定溫度下，氣體與液體同時存在時，氣體會溶解於液體的量與該氣體的分壓呈正比，所以此定律又稱為氣體溶解定律。

6. **帕斯卡定律(Pascal's law)**：此定律的代表公式為 $\Delta P = pg\,(\Delta h)$。$\Delta P$是指流體壓力，$p$為液體密度，$g$是重力加速度，$\Delta h$是液體在測量點上的高度。當施予壓力於某個裝滿液體的容器時，此壓力會傳遞至液體中平均分布。

（三）潛水的物理特性

潛水者在水底活動時，可能會受到下列物理特性的干擾：

1. **海水密度**：海水的密度會隨著溫度、鹽度和壓力而改變。由於水的密度較空氣來的大，所以潛水者在水中所做的任何動作都會比較困難及吃力。事實上，海水中的水佔96.5%，其他3.5%是氯化鈉、氯化鎂等鹽類，這些鹽類在海中的含量以鹽度表示。鹽度是指一公斤海水中所有可溶解物質的總量，一般海水的鹽度約3.5%，亦即一公斤海水中有35公克的鹽類。

2. **海水溫度**：海水表面的溫度取決於太陽輻射，表面水溫的分布一般是以緯度線區分，低緯度的海面水溫高，可達30℃左右，高緯度水溫低，最低是0℃。在靠近海岸的地方，受海流影響產生局部變化。全球海洋的海水平均溫度約3.5℃，海水溫度會隨深度增加而下降，在海平面下500公尺深的海水溫度約為8℃，1,000公尺深處約2.8℃。且水溫的傳導力相當快速，是空氣的25倍，故潛水者需穿著潛水衣減少對水的接觸，避免體溫流失。

3. **光線的折射**：太陽光線的折射使得海水呈現藍色，主因是海水吸收紅光至黃光，散射出藍光。此外，海水中的懸浮物質也會改變海水顏色，影響海水的清澈度。由於光線的折射率是空氣中的1.3倍，所以在水中看到的物體會有放大的效果。

4. **方向感**：潛水者在水中用來辨識方向的聽力與視力變弱，若海水太混濁會使得視力降低，容易混淆方向感。所以可將錨繩和浮標作為辨識方向的輔助工具。

5. **聲音傳遞**：聲音在海水中的傳遞速率為4,700呎／秒（約1,432公尺／秒），且聲音在水中多以直線方向進行，容易造成潛水者失去方向感，且水壓也容易造成潛水者的聽力變差，所以在水中的音量需提高40~75分貝才能夠聽到。

三、潛水生理學

（一）生理的變化

在1870年，人們已知會潛水的動物其心跳率也有降低的現象，與人類的生理反應相似，且臉部浸入冷水閉氣時會引起徐脈(bradycardia)，此情況也會發生於臉部浸水、閉氣潛水或深海潛水中，此種現象稱為潛水反射(diving reflex)，不過，徐脈現象是為了保留氧氣給重要器官，以減少消耗體內的氧氣所致。Andersson等人(2004) 指出，臉部浸濕時暫停呼吸(apnoea)，心跳會降低33%、血壓增加42%，動脈血氧飽和濃度也會下降5.2%，此時正常人胰臟的紅血球細胞有助於延長閉氣的平均時間約17秒，但是胰臟病患者不在此範圍。而臉部不浸濕時閉氣，也會減少6.8%的血氧飽和濃度。除此之外，閉氣還可能導致攝氧量下降25%、血乳酸濃度上升約20%，進入無氧能量供應途徑。

值得注意的是，個體之間在閉氣潛水時的生理特徵也會有差異，Ferrigno等人(1997) 探討三位優秀潛水者潛入海底40~55公尺深時，測量其心跳時發現心跳急遽下降20~30下／分鐘，但令人更驚訝的是，收縮壓與舒張壓竟上升到280/200 mmHg！這是非常嚴重的心律不整(arrhythmias)現象，觀察潛水者心電圖的RR間隔(R-R intervals)得知，下潛期至水溫25℃，RR間隔多至7.2秒（RR間隔正常值介於0.12~0.2秒），相當於心跳率每分鐘僅8下（圖12-10）。

關於動脈氧分壓（或稱為張力）的研究顯示，女潛水者入水深處4~5公尺約60秒後，潛水者的動脈氧分壓上升至141 mmHg，動脈二氧化碳分壓上升至46.6 mmHg，再繼續往下潛時，動脈氧分壓急速下降至62.6 mmHg，動脈二氧化碳分壓也升高至50 mmHg。另一篇研究(Ferretti et al., 1991)也顯示，三位傑出潛水者閉氣潛水至水深40~70公尺處停留88~151秒時，動脈氧分壓下降到非常低點（約31 mmHg）（圖12-11）。然而，我們相信動脈氧分壓在最低可接受範圍25~30 mmHg，人類依然能保持有意識狀態(Åstrand & Rodahl, 1970)。

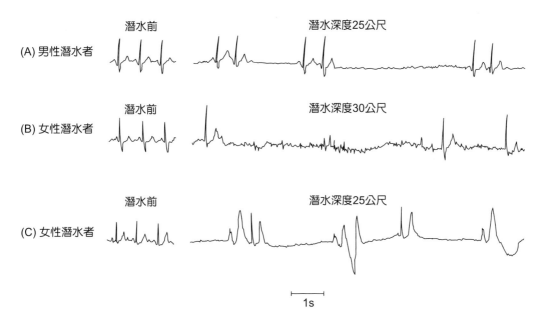

▶ 圖12-10　以心電掃描器追蹤三位潛水者（A、B、C）在高壓艙內下潛至水深40~50公尺（水溫25℃）的RR間隔結果。引自：Ferrigno et al., 1997。

　　淺水區潛水時，心跳率雖降低，但血壓不會下降，這是因為血管收縮所致。血壓等於心輸出量乘上周邊總阻力，且心輸出量亦等於心跳率乘以心搏量。周邊的血管收縮就會使血流的阻力增加，使血壓得以維持。但潛水時心跳率變慢，心輸出量降低，以致組織器官的血流量減少，但腦部的血流不能減少，否則會引起腦缺氧造成細胞死亡，而潛水時全身的血流得再分配，使肺泡攜帶氧氣至微血管輸送至組織器官時能夠提高效率，供應給最需要的器官。

　　其實，以現今我們擁有的儀器設備還無法完全探測低氧環境，有些低氧的徵象相當地難以捉摸，如同高山活動頻傳的意外事件，低氧環境容易讓人快速失去警覺能力；在潛水時，氧壓下降如同氣體在肺部快速擴散而導致興奮、愉悅感，像似喝酒一般。當動脈血氧飽和濃度至最低點時，就會開始失去意識而發生溺水事件。

　　有經驗的潛水者為了能在水中停留比較久的時間，常於下水前快速將體內二氧化碳排出再深深吸一口氣憋氣入水，但此動作反而會加重潛水前的過度換氣，致使潛水過程中發生低氧暈厥(hypoxia syncope)。過度換氣造成大量二氧化碳排出，導致血液中二氧化碳減少，當潛水者上升回水面時，血液內的二氧化碳因事先已大量排出，體內累積的量不足而刺激呼吸中樞，血液內氧分壓急速下降造成腦部缺氧的情況，甚至會不自覺的因腦缺氧而喪命。

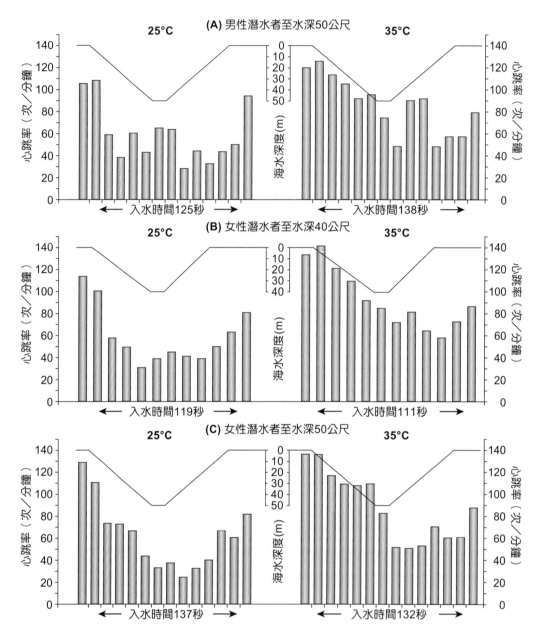

▶ 圖12-11　三位潛水者（A、B、C）閉氣分別潛入不同海底深度（40公尺、50公尺）及不同溫度（25℃、35℃）時的心跳率反應。引自：Ferrigno et al., 1997。

（二）海底下的運動表現

目前男性的世界潛水紀錄是由紐西蘭的29歲自由潛水者(free diver) William Trubridgey創下，他在巴哈馬(Bahamas)以不穿蛙鞋(fin)和無配戴呼吸器的情況下參加垂直藍色潛水比賽(vertical blue competition)，潛入海面下116公尺後再返回水面共耗費4分09秒，締造2010年世界紀錄。現年37歲的英國女選手Sara Campbell，在該項比賽中以嬌小體型（152公分）參賽，比賽時她穿著類似美人魚的單蹼(mermaid-like monofin)套在雙腳，沿著直線繩索以海豚姿一路向下游，一口氣以4分36秒時間完成96公尺世界紀錄。賽後她高興的表示：「這是迄今最艱難的世界紀錄，但我辦到了！」從世界紀錄中，我們無法得知人類的極限在哪裡？！因為世界紀錄會一直被超越與刷新，人類可一口氣在水面下游泳超過4分鐘，是令人感到驚訝的紀錄。雖然人類與水中生物的運動能力無法相比，但透過科技與裝備的日新月異，人類還是可利用潛水設備深入海底下100公尺活動。在潛水過程中，海水的條件和高壓環境對人體生理的影響甚鉅，有待進一步說明與瞭解。

多數研究顯示，潛水時會影響肺功能而增加呼吸頻率。主要是因為呼吸氣體的密度增加而形成氣流阻抗(airflow resistance)，進而限制最大換氣量(maximal ventilation)。Maio與Farhi (1967)指出，**最大運動換氣量**(maximal exercise ventilation)的常見指標是**最大自主換氣量**(maximal voluntary ventilation, MVV)，使用公式如下：

$$MVV = MVV_o \, (p / p_o)^{-k}$$

MVV_o＝在海平面的最大自主換氣量

p / p_o＝在海平面的氣體密度和空氣密度比率

k＝常數（約0.4）

由此公式可知，從海平面(101.325 kpa)潛入海水下70公尺(808 kpa)，最大自主換氣量可從175 L/min降至76 L/min，但此數據是受試者坐在潛水艙中獲得。也有研究指出，潛水者在乾燥的高壓艙內至海面下50公尺深的地方相當於606 kpa，潛水者的最大運動換氣量僅達80%左右的最大自主換氣量，此意味在海底下工作時，潛水者可能得忍受僅剩下70%的最大自主換氣量，因此，潛入海底下超過30公尺，或攝取氣體的密度超過大氣的四倍時，潛水者可能會在激烈運動時體驗到換氣的限制。一大氣壓與海水深度的關係可參閱表12-6。

　　有些探討換氣反應的研究顯示，在較深的海水區，潛水者的氧氣量會減少，潮氣容積末二氧化碳分壓(end-tidal carbon dioxide partial pressure)相對增加。二氧化碳滯留(carbon dioxide retention)結果容易導致潛水者有高碳酸血症(hypercapnia)的情況。有些研究顯示，運動的換氣量減少與潮氣容積末二氧化碳增加，是攝氧壓力和呼吸的氣體密度上升所致，因此市面上許多的呼吸裝備因應而生(Taylor & Morrison, 1990)。潛水者有換氣不足(hypoventilation)的情況，通常是因為二氧化碳影響換氣所致，此時氣體密度和外在阻力也會透過改變呼吸作功的方式而影響換氣，因此發生高碳酸血症並不完全是換氣的影響，和呼吸肌(respiratory muscles)有一些關係。早期的研究指出(Milic-Emili & Tyler, 1963)，潮氣容積末二氧化碳和吸氣功(inspiratory work)呈線性關係，因此氣體密度或呼吸裝備都會增加內在與外在阻力，同樣的，動脈二氧化碳張力和吸氣功也會逐漸引發較低的換氣量。潛水者在海底下30公尺游泳時，潮氣容積末二氧化碳分壓是55 mmHg (7.3 kpa)，最高可至70 mmHg (9.3 kpa)，也有研究發現，潛水者的潮氣容積末二氧化碳分壓達70 mmHg時，會出現頭痛、困惑和健忘的徵候。

　　影響潮氣容積末二氧化碳分壓和換氣量的海水深度如圖12-12所示。在海面下0.5公尺，二氧化碳壓力呈現典型的倒U字形，在5.3 kpa換氣量為105 L/min，可是在海面下50公尺，卻未見潮氣容積末二氧化碳分壓明顯下滑，而是當最大換氣量下降25%時，最大工作率逆向上升了40%。Taylor與Morrison (1990)檢測10位潛水者在海底下50公尺以直立姿勢進行最大有氧動力測驗，結果發現最大潮氣容積末二氧化碳分壓的平均值是8.4 kpa。這兩位作者均指出，在海底下50公尺的潮氣容積末二氧化碳分壓未顯現出代償性的下降，但潛水者有嚴重迷醉(narcosis)、視覺和精神錯亂、以及逼近失去意識的狀態。可是，當口腔至胸部之間的呼吸壓力降低之後，運動換氣量(exercise ventilation)即顯著上升，感覺努力呼吸的不適感即可降低，迷醉的徵候也會緩和。

　　有些測量在海底下最大工作能力和有氧動力的研究結果顯示，潛水者以閉鎖式裝備(closed-circuit apparatus)吸取純氧的有氧動力是2.0 L/min，穿著蛙鞋在深海中游泳的有氧動力為3.1 L/min，若潛水者在海面下游泳450~1,850公尺，攝氧量為1.2~2.5 L/min。有一篇研究將六位潛水者以繩索固定，分別在海面下2公尺、23公尺和54公尺穿著半開放式裝備(semi-closed apparatus)工作，結果發現有兩位潛水者無法工作，另外兩位潛水者有頭痛情形(Morrison, 1973)。Taylor與Morrison (1990)讓潛水者配戴開放式裝備在海面下0.5公尺和50公尺進行腳踏車測功儀的實驗，結果發現最大有氧動力（4.25和4.1 L/min）無顯著差異，但有些潛水者無法完成此測驗。在海面下491公尺

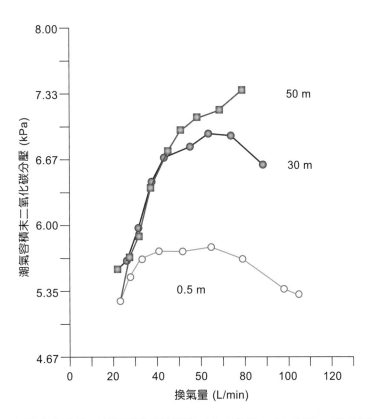

▶ 圖12-12　12名潛水者在海面下三種不同深度（0.5公尺、30公尺、50公尺），身體繫上繩索游泳時的運動換氣量和潮氣容積末二氧化碳分壓。原點代表等量增加的向前推力，在每一階段提高負荷至最大130N。摘自：Taylor & Groeller., 2008。

(5.01 Mpa)以開放式裝備攝取氦氣(heliox)測量有氧動力的結果，潛水者在攝氧量達1.9 L/min，即很快感到呼吸困難和虛脫，而換氣量僅達到55%最大換氣量。若在氣瓶中加入一些氮氣(nitrogen)，即便是非常高的氣體密度，仍可減緩呼吸困難的情況，此原因部分可能是神經引起，例如高壓神經徵候(high-pressure nervous syndrome)。有趣的是，潛水者在海面下520公尺感覺吸取氫氦氧混合氣體比只吸取氦氣更舒服且較不會疲憊。由以上可知，造成呼吸困難、感到壓力、失去意識的影響原因，與氣體成分、氣體密度和含嘴壓力(mouth pressure)有關。這或許也暗示謹慎的控制氧氣分配和裝備，潛水者就可以達到要求的工作率(work rates)，但是，工作率也可能受到浸濕程度與潛水裝備的影響，甚至與呼吸道阻礙(airway obstruction)或高壓神經徵候所引起呼吸困難的限制有關。

　　接下來談溫度對潛水和肌肉表現的影響。冷水和熱流失(heat loss)對潛水者而言是一大挑戰，水中的熱傳導速度比空氣中的傳導速度快約200倍，即便是在熱帶海域也會

造成顯著的熱流失。然而運動卻可避免熱流失的問題，因此運動可增加體溫，體溫上升的溫度差異受潛水者的身體和水溫影響，例如熱梯度(thermal gradient)。此外，特別的是當潛水者進行間歇運動會擴大熱梯度的可能性，因為休息會增加熱流失；所以同樣的道理，在潛水前運動也會增加熱流失。當肌肉溫度低於25℃時會降低肌力，以生物力學來說，在海面下從事身體工作會更加困難，身體的移動能力會降低20~30%，推動能力(pushing capacity)受損近50%，但拉力卻未改變。戴上手套的抓握能力也同樣可維持，但是手部操作的靈敏度會大大地降低。在冷水中潛水會導致呼吸困難和心律不整，因此與熱環境的潛水相較之下，前者會造成較高的死亡率。除此之外，因手腳肌肉量少有較差的熱產能與血液循環，因此容易造成手腳冰冷的問題。

四、潛水裝備

　　水肺潛水(scuba diving)是指潛水者背著氣體鋼瓶，透過呼吸調節器(breathing regulator)壓縮氣體轉化成可供人體正常呼吸的潛水活動。一般可分為兩種潛水裝置，一種是開放式水肺潛水(open-circuit scuba)，另一種是閉鎖式水肺潛水(closed-circuit scuba)，而介於其中者則為半開放式水肺潛水(semi-circuit scuba)。開放式潛水包括浮潛(skin diving)，一般所稱的浮潛三寶有面罩(mask)、呼吸管(snorkel)和蛙鞋；或是於比較深的水面下工作，配戴的裝備較複雜，例如氣瓶(cylinder)、配重帶(weight belt)、防寒衣(dry suit)、調節器(regular)等。水肺潛水也可分為休閒潛水(recreational diving)、技術潛水(technical diving)、商業潛水(commercial diving)和工業潛水(industrial diving)。休閒潛水泛指以娛樂性為目的的潛水活動，例如觀賞海底魚類，通常深度不超過40公尺；技術潛水是指具挑戰性的潛水活動，如大深度的潛水、水底洞穴及沉船探索等的潛水活動；而商業潛水和工業潛水相似，兩者皆不適合一般人，必須是受過良好訓練的潛水者才可參與的活動，如水下工程、船舶工業等。

1. **開放式水肺潛水**：當換氣時將氣體直接吐到水裡所稱之，是現今較多人使用的系統，適用於海面下30公尺以內。

2. **閉鎖式水肺潛水**：當換氣時將氣體回收經由過濾系統再循環，未排出於水中的裝置所稱之。此種設備較常見於技術潛水和工業潛水等大深度潛水活動，此優點是可減少攜帶大量氣瓶、減少氣瓶體積、重量和負擔，同時也可節省氦氣的使用率，由於氦氣價格較昂貴，所以閉鎖式水肺潛水比開放式水肺潛水的花費上來的便宜。

3. **半開放式水肺潛水**：當換氣時將部分氣體吐到水中，部分氣體回收再循環利用的方式所稱之。此設備可使用氮氧氣混合氣體進行潛水。

五、潛水傷害

　　您相信嗎？早期專業的潛水者是直接閉氣潛入海中，此歷史已超過2000年。這些潛水者大多是女性，如日本或韓國的海女(ama divers)閉氣入水拾取鮑魚等貝殼類海產或可食用之海菜。現代少數的海女仍保持著傳統工作，潛入水深20公尺長達60~90秒。在印尼或南太平洋海域地區，也可見到男性的採珠潛水者(pearl divers)潛入水深50公尺下，但他們可能會面臨減壓疾病的傷害。即使是在淺水地區工作的海女，也可能會出現減壓的不適症狀(Kohshi et al., 2005)。相關資料顯示，閉氣潛水造成的死亡率值得重視。Pollock (2006)調查從1994至2003年因閉氣而證實死亡的潛水者達128位，後來2004年潛水警報網(Divers Alert Network)發布該年潛水者的死亡人數為22位，而亞洲地區近10年間的潛水死亡人數是60位，其中造成死亡的原因包括溺水、心臟病事件和低氧。

　　潛水傷害依不同的條件所造成的傷害程度大小不一，如不同水深深度、水底停留時間、水溫、水壓、氣體污染和水中生物所造成人體的傷害等，都屬於潛水傷害。潛水中可能發生的傷害分述如下，並彙整於表12-8。

表12-8　水肺潛水的傷害與禁忌

水肺潛水的傷害	
擠壓傷害	部位
下潛期的擠壓傷害	耳朵、鼻竇、牙齒、肺、潛水衣與面罩
上升期的擠壓傷害	耳朵、鼻竇、牙齒、肺和潛水衣
氣體中毒	氧中毒
	氣體迷醉（氮氣、氦氣）
	受污染的氣體傷害
	二氧化碳中毒
	氧氣中毒
減壓傷害	關節、肌肉和骨頭
	呼吸系統
	中樞神經系統

表12-8　水肺潛水的傷害與禁忌（續）

潛水禁忌（有以下情形者不可潛水）	
身體系統	禁忌者
眼睛、耳朵、頸部和喉嚨	視力低於0.1，耳朵鼓膜破洞，鼻竇炎或鼻子過敏者，耳朵、頸部喉嚨手術前後者
心血管	目前有心肌受損、俯臥姿心律不整、心律不整引起暈厥、高血壓治療期、心雜音
肺部	呼吸道阻塞病症（氣喘、慢性阻塞性肺病、肺部間質疾病或肺泡囊腫纖維化）、胸廓手術前、氣胸病史、週期性肺炎
腸胃	嚴重腸胃道逆流
骨骼肌	慢性椎間盤疾病
中樞神經系統	突發性精神障礙或昏厥者
代謝	不穩定的糖尿病者
其他	藥物使用者、菸癮者、懷孕者、情緒不穩、自殺傾向者

摘自：Brooks et al., 2000 (p.557)。

（一）擠壓傷害 (Barotraumas)

指因海水壓力改變導致組織的傷害。人體因海水的膨脹與壓迫致使能力受限，造成身體創傷的原因通常是為了超越限制而發生。氣體容積減少或增加會隨著潛水者的上升期與下潛期改變（波義爾定律）。下潛期，在密閉空間的容積減少，使中耳、肺、鼻竇、面罩、牙齒都可能產生負壓；上升期，密閉空間的容積面積增加，此時氣體若未跟隨降低則會造成擠壓傷害。

一般而言，下潛期的耳朵或鼻竇擠壓的疼痛，會在上升期時減緩，但是，如果下潛得太快，可能會發生耳內鼓膜(tympanic membrane)或圓窗(round window)破裂，鼻竇充血、牙齒崩落等情況發生。預防措施的作法，就是緩慢的下潛，可將上述危險降至最低。而面罩擠壓傷害較容易處理，移除面罩內增加的負壓即可。若潛水者有嚴重鼻阻塞或感冒者應避免潛水。至於肺部的擠壓傷害是因為正常情況下肺部容積為5~6公升，下潛至海平面下30公尺，肺部容積僅剩1.5公升，若繼續下潛可能造成肺部塌陷、胸痛、肺水腫、出血或死亡；在上升期因水壓遞減，使得肺臟內的氣體壓力減少，造成肺臟膨脹，若無法經由呼氣排出，肺臟內過度膨脹的氣體達到一定限度時會造成肺泡破裂導致擠壓傷害，因此潛水者應對水肺潛水的知識與認知有一定程度，且潛水技術應控制得宜才能有效避免此傷害發生。

（二）氣體傷害 (Gas Toxicity)

氣體傷害是指潛水者在特定的水深下遭受氧氣、二氧化碳、氮氣或氦氣中毒與迷醉的情況。

➲ 氧中毒 (Oxygen Toxicity)

在一大氣壓下，吸入純氧12小時並不會感到任何不適，但時間長至24小時，就會對肺部造成負面影響。在海面下10公尺等於2大氣壓，隨潛水深度而逐漸增加大氣壓力，因此吸入氣體的氧分壓已超過一大氣壓，人體吸入過多氧氣或過長時間吸收氧氣，導致氧自由基與血紅素大量結合造成肺泡微血管與肺組織受損，進而讓身體器官的功能發生病理性傷害。發生氧中毒傷害的原因與氧氣分壓高低、水裡暴露時間長短，以及個人身體狀況有關。處理方式是將攝取高壓氧的面罩取下，呼吸常氧即可緩和氧中毒症狀。

➲ 一氧化碳中毒 (Carbon Dioxide Toxicity)

一氧化碳和血紅素的結合能力超過氧氣的200倍，一氧化碳會限制氧氣的輸送，因此造成神經系統、血液與呼吸循環等系統缺氧，導致死亡。潛水者遇一氧化碳中毒的原因，可能是氣體遭受污染或吸取一氧化碳濃度偏高的氣瓶，發生呼吸困難、胸痛、昏迷、無方向感、喪失意識等症狀。處理原則是將原氣瓶移除並給予氧氣吸取，或送至有**高壓氧治療**(hyperbaric oxygen therapy)設備的醫院接受治療。

➲ 氮氣迷醉 (Nitrogen Narcosis)

潛水者在下潛期呼吸氮氣超過2.5大氣壓力時，引發潛水者有愉悅、幻想、反應遲鈍、自言自語與短暫性記憶喪失等情況，嚴重者會昏厥。造成氮氣迷醉現象的原因有多種解釋，如脂質溶解度假說、自由體積和臨界體積假說、分子量假說和氫氧化物假說（陳興漢，2005）。解決氮氣迷醉的方法是將原氣瓶拿掉，改換吸取常氧。為了避免氮氣迷醉的情況發生，潛水深度不宜過深且時間太長，或是在較深水底潛水時，改由氦氧混合氣瓶呼吸以避免氮氣迷醉發生。

（三）潛水夫病 (Diver's Disease or Caisson Disease)

潛水夫病發生的原因是人體潛入水中高壓環境一段時間後，急速上升回到海平面時因減壓不當所造成關節、手臂與腿部肌肉疼痛的一種現象。潛的愈深，停留時間

愈久，發病的情況愈嚴重，這是從深水處高壓地帶急速回升到海平面的常壓環境所引起的障礙。誘發的主因是溶解於體液中的氮氣因氣壓變動而迅速形成氣泡，導致栓塞 (embolism)。解決潛水夫病的方法是在發生時，立刻以加壓艙再加壓處理，使停留在體內的氮氣氣泡重新溶解於血液中，然後從肺部排出體外。至於氮氣氣泡為何會引起潛水夫病，目前仍無法完全瞭解。

（四）空氣栓塞症 (Air Embolism)

潛水者在上升期途中因憋氣未能保持正常呼吸，使肺泡壓力超過肺臟所能承受之閾值而造成肺泡破裂，導致空氣進入肺靜脈後經由心臟輸送回主動脈，在血管內的氣泡堆積而阻塞動脈血管造成動脈栓塞。若空氣循環至腦部血管，產生腦血管栓塞，會發生類似腦中風的神經性症狀。空氣栓塞症的受傷程度和空氣進入血管的路徑、速度、容量和氣泡大小等有關，治療栓塞的方法必需採用高壓氧治療艙進行治療。

（五）異壓性骨壞死 (Dysbaric Osteonecrosis)

此傷害較常發生在工業潛水（如進行水下工程的工作人員），在異常氣壓下呼吸高壓空氣時不當減壓所造成的傷害，亦即因不當減壓造成骨頭壞死，或者因氧氣中毒或骨骼滲透性改變而造成骨質病變。可能發生的症狀是上肢或下肢關節處或肢體末端產生疼痛，臨床症狀中以下肢關節疼痛最多。治療方式可採用高壓氧治療。

（六）海底動物造成的危害

對人體造成傷害的海底動物包括鯊魚、蝦蟹、海膽、海蛇、有毒水母、有毒章魚、珊瑚、牡蠣和魟魚等，這些具有殺傷力的海底動物常見於溫帶和熱帶深海地區。預防傷害的方法是穿著潛水衣、手套、蛙鞋和蛙鏡，盡可能不要潛入深暗不熟悉的地區，若遇到這些動物還是遠離為妙。

● 參考文獻 ●

翁慶章、鐘伯光(2002)．**高原訓練的理論與實踐**．北京：人民體育出版社。

陳興漢(2005)．**潛水傷害Q & A**．臺北市：華杏出版社。

許樹淵(2006)．高地訓練的生理學機轉．**國民體育，35**(3)，11-17。

Andersson, J. P., Liner, M. H., Fredsted, A., & Schagatay, E. K. (2004). Cardiovascular and respiratory responses to apneas with and without face immersion in exercising humans. *Journal of Applied Physiology, 96*(3), 1005-1010.

Åstrand P-O, & Rodahl, K. (1970). *Textbook of work physiology*. New York: McGraw-hill.

Beidleman, B. A., Rock, P. B., Muza, S. R., Fulco, C. S., Forte Jr, V. A., & Cymerman, A. (1999). Exercise VE and physical performance at altitude are not affected by menstrual cycle phases. *Journal of Applied Physiology, 86*(5), 1519-1526.

Brooks, G. A., Fahey, T. D., White, T. P., & Baldwin, K. M. (2000). *Exercise physiology: human bioenergetics and Its applications* (3rd ed.). California: Macmillan Publishing Company.

Ferretti, G., Costa, M., Ferrigno, M., Grassi, B., Marconi, C., Lundgren, C. E., et al. (1991). Alveolar gas composition and exchange during deep breath-hold diving and dry breath holds in elite divers. *Journal of Applied Physiology, 70*(2), 794-802.

Ferrigno, M., Ferretti, G., Ellis, A., Warkander, D., Costa, M., Cerretelli, P., et al. (1997). Cardiovascular changes during deep breath-hold dives in a pressure chamber. *Journal of Applied Physiology, 83*(4), 1282-1290.

Kayser, B., Hoppeler, H., Claassen, H., & Cerretelli, P. (1991). Muscle structure and performance capacity of Himalayan Sherpas. *Journal of Applied Physiology, 70*(5), 1938-1942.

Kayser, B., Hoppeler, H., Desplanches, D., Marconi, C., Broers, B., & Cerretelli, P. (1996). Muscle ultrastructure and biochemistry of lowland Tibetans. *Journal of Applied Physiology, 81*(1), 419-425.

Kohshi, K., Wong, R. M., Abe, H., Katoh, T., Okudera, T., & Mano, Y. (2005). Neurological manifestations in Japanese Ama divers. *Undersea and Hyperbaric Medicine, 32*(1), 11-20.

Maio, D. A., & Farhi, L. E. (1967). Effect of gas density on mechanics of breathing. *Journal of Applied Physiology, 23*(5), 687-693.

McArdle, W. D., Katch, F. I., & Katch, V. L. (2007). *Exercise physiology: energy, nutrition, & human performance* (6th rd.). Baltimore, Lippincott Williams & Wilkins.

Millet, G. P., Roels, B., Schmitt, L., Woorons, X., & Richalet, J. P. (2010). Combining hypoxic methods for peak performance. *Sports Medicine, 40*(1), 1-25.

Milic-Emili, J., & Tyler, J. M. (1963). Relationship between work output of respiratory muscles and end-tidal CO_2 tension. *Journal of Applied Physiology, 18*, 497-504.

Morrison, J. B. (1973). Oxygen uptake studies of divers when fin swimming with maximum effort at depths of 6-176 feet. *Aerospace Medicine, 44*, 1120-1129.

Pedlar, C., Whyte, G., Emegbo, S., Stanley, N., Hindmarch, I., & Godfrey, R. (2005). Acute sleep responses in a normobaric hypoxic tent. *Medicine and Science in Sports and Exercise, 37*(6), 1075-1079.

Pollock, N. W. (2006). *Development of the DNA breath-hold incident database*. In: Lindholm, P, Pollock, N. W., Lundgren CEG (eds) Breath-hold diving. Proceedings of the Undersea and Hyperbaric Medical Society / Divers Alert Network Workship. Divers Alert Network, Durham, NC, 46-55.

Reeves, J. T., Wolfel, E. E., Green, H. J., Mazzeo, R. S., Young, A. J., Sutton, J. R., et al. (1992). Oxygen transport during exercise at altitude and the lactate paradox: lessons from Operation Everest II and Pikes Peak. *Exercise and Sport Sciences Reviews, 20*, 275-296.

Rodriguez, F. A., Ventura, J. L., Gasas, M. Casas, H., Pages, T., Rama, R., et al. (2000). Erythropoietin acute reaction and haematological adaptations to short, intermittent hypobaric hypoxia. *European Journal of Applied Physiology, 82*(3), 170-177.

Schoene, R. B., Lshiri, S., Hackett, P. H., Peters, R. M., Milledge, J. S, Pizzo, C. J., et al. (1984). Relationship of hypoxic ventilatory response to exercise performance on Mount Everest. *Journal of Applied Physiology, 56*(6), 1478-1983.

Simonson, T. S., Yang, Y., Huff, C. D., Yun, H., Qin, G., & Witherspoon, D. J. (2010). Genetic evidence for high-altitude adaptation in Tibet. *Science*, Published Online First: 13 May, 2010. doi: 10.1126/science. 118406

Surks, M. I., Beckwitt, H. J., & Chidsey, C. A. (1967). Changes in plasma thyroxine concentration and metabolism, catecholamine exertion and basal oxgen consumption in man during acute exposure to high altitude. *Journal of Clinincal Endocrinology & Metabolism, 27*(6), 789-799.

Taylor, N. A. S., & Groeller, H. (2008). *Physiological bases of human performance during work and exercise*. British: Elsevier Limited.

Taylor, N. A. S., & Morrison, J. B. (1990). Effects of breathing-gas pressure on pulmonary function and work capacity during immersion. *Undersea Biomedical Researh, 17*(5), 413-428.

Whyte, G. (2006). *The physiology of training* (pp. 180-190). Philadelphia: Elsevier limited.

Wilmore, J. H., Costill, D. L., & Kenney, W. L. (2008). *Physiology of sport and exercise*. United States: Human Kinetics.

Wolfel, E. E., Selland, M. A., Mazzeo, R. S., & Reeves, J. T. (1994). Systemic hypertension at 4300 m is related to sympathoadrenal activity. *Journal of Applied Physiology, 76*(4), 1643-1650.

Wilber, R. L. (2001). Current trends in altitude training. *Sports Medicine, 31*(4), 249-265.

Wilber, R. L., Holm, P. L., Morris, D. M., Dallam, G. M., & Callan, S. D. (2003). Effect of F_IO_2 on physiological responses and cycling performance at moderate altitude. *Medicine and Science in Sports and Exercise, 35*(7), 1153-1159.

 課後練習
Exercise

一、選擇題

(　) 1. 長期低氧暴露對身體組成的影響為何？ 　(A)增加體脂肪　(B)增加結締組織　(C)減少去脂體重　(D)增加去脂體重

(　) 2. 高地造成最大運動的血流降低是因為合併哪兩種因素的影響所致？ 　(A)心跳率和微血管密度　(B)心跳率和血壓　(C)血壓和心搏量　(D)心跳率和心搏量

(　) 3. 腎臟如何協助調整因換氣所導致的鹼中毒？ 　(A)維持重碳酸鹽(HCO_3^-)　(B)釋放氧氣　(C)保留鈉離子　(D)分泌重碳酸鹽

(　) 4. 哪一個高地閾值暴露超過20分鐘後，無法提高運動表現 　(A) 600~700公尺　(B) 800~900公尺　(C) 1600公尺　(D) 1000~1100公尺

(　) 5. 適應高地後，氧合血紅素解離曲線會 　(A)向左移　(B)向上移　(C)向右移　(D)呈直線

(　) 6. 在海平面欲建立高地環境的條件中，下列何者為非？ 　(A)要增加氮氣濃度的百分比　(B)增設低壓艙（房）　(C)延長憋氣　(D)搭高地帳棚

(　) 7. 在高地適應期間，降低氧氣輸送和最大攝氧量的循環參數包括 　(A)只有心搏量　(B)微血管密度和最大心跳率　(C)心搏量和最大心跳率　(D)只有最大心跳率

(　) 8. 用來描述人類對自然環境改變所產生的適應，稱為 　(A) Acclimation　(B) Climatization　(C) Adjustments　(D) Acclimatization

(　) 9. 過度換氣(hyperventilation)是指呼吸量超越合理水準，意謂下列哪一種氣量的排出量異常增加所致？ 　(A)氧氣　(B)二氧化碳　(C)一氧化碳　(D)二氧化硫

(　) 10. 潛水人員的水底活動會受到下列哪一種物理因素的影響？ 　(A)水的密度與溫度　(B)聲音傳遞　(C)光線折射　(D)以上皆是

(　) 11. 潛水者出現缺氧的症狀中何者為非？ 　(A)動脈血氧分壓慢慢降低　(B)全身性的抽搐或其他神經症狀　(C)可能造成血碳酸過多或過少　(D)症狀和異壓性骨壞死相同

（　）12. 擠壓傷害的發生部位何者較不可能發生？　(A)鼻竇　(B)腸胃道　(C)心臟　(D)肺臟

二、問答題

1. 為何運動員經過高地適應後才能突破運動表現？

2. 急性的高地暴露對人體生理的影響有哪些？

3. 長期高地暴露對人體生理的影響有哪些？

4. 高山症的發生原因為何，會造成什麼生理反應？

5. 潛水夫病的發生原因為何，如何避免潛水夫病的發生？

6. 本文所介紹的傷害有哪些可透過高壓氧治療？請嘗試說明高壓氧有助於這些傷害獲得復原的可能原因。

解答：CDDAC　CCDBD　DC

Chapter 13

蔡琪文　編著

運動訓練
(Exercise Training)

運動訓練，其目的無非是要讓參與運動的愛好者或是比賽的選手們，都能透過訓練的方式，來達到提升運動水準或是運動成績進步的最終目標。然而好的訓練方式與正確的認知則是運動水準的提升與成績進步的根基；以往存在的沒有痛苦就沒有收獲(No Pain No Gain)的高強度與長時間的訓練方式，往往會造成參與訓練的個人或團體，因長期處在強度高且時間長的訓練環境中，容易引起身心疲勞，進而產生我們所不樂見的運動動機喪失（沒運動樂趣）或者是更進一步的運動傷害。正所謂水能載舟也能覆舟，好的認知與訓練方式固然可以讓參與訓練的個人或團體成績進步神速，但是相對的，不當的訓練操作模式卻也是讓成績不前反退的主要因素，所以對運動訓練認知的建構是有其絕對的必要的，因此在擬定訓練計畫時，對於訓練的一般性原則、訓練時的生理反應，以及如何在訓練過程中根據其生理反應適時調整訓練的質與量等，都需要有一定的認知與瞭解，如此一來才可避免因訓練而造成傷害。

13-1　訓練的原則

人體不論是在運動或安靜狀態，都需要藉由體內的自我調節機制來維持個體的平衡，然而訓練的主要目的則是將體內自我調節機制，藉由合理的訓練方式與理論依據，讓受訓練的個體可獲得較全面且長遠之訓練效果，並避免因過早的運動技術專門化訓練，而造成受訓者日後在運動成就上受到限制的困境。因此如何避免上述情況發生呢？！下列的訓練原則是一般的運動愛好者及訓練員都須注意與遵守的訓練模式。

一、個別化原則

基本上所有參與運動的運動員對於單次且短期性運動並不會產生相同的反應，當然也不會因此而有所謂的適應運動訓練現象發生。因個人不論是在其代謝作用、神經與內分泌、心血管及呼吸調節、甚至於細胞生長速率都有所差異，故在運動訓練的表現上，進而產生了相當程度的個別差異。然而對於運動員在運動的反應上，其遺傳因素就有著相當重要的成分，因遺傳的不同，所以每位運動員之運動反應，基本上是都不盡相同的，也因此每位運動員對於運動訓練後的長期變化也是。而此現象就是所謂的**個別化原則**(principle of individuality)。

　　由上可知，為什麼都是從事相同的訓練計畫，而每位運動員在其表現上，卻呈現出很大的落差。因此教練員在擬訂任何訓練計畫時，都須將參與訓練的運動員之個別差異列入考量，同時也要有雖是相同的訓練但不一定會有相同表現的心理準備。

二、特殊性原則

　　運動訓練的**特殊性原則**(principle of specificity)，在運動訓練中所加諸之運動強度、運動量與運動型態，對不同的運動項目有著極高的特殊性，且取決於該運動的類型、強度及參與該項運動所需之肌纖維而定。若該運動為耐力類型之運動項目，參與運動的肌纖維則以慢縮肌為主，訓練時則將以著重於改善肌耐力的訓練方式，像是長跑或低強度且慢速的阻力訓練為其主要的訓練方式；但是若是該項運動為爆發力型的運動項目，因為參與運動的肌纖維將以快縮肌為主，訓練時則需要施與較高強度且時間短的阻力訓練方式或是衝刺型式的間歇訓練方式訓練。

三、超載訓練原則

　　所有的訓練計畫中，超載訓練原則是絕對不能少的，是訓練的基本架構之一，因為超載訓練是可使人體的某一組織或系統，經由此訓練刺激的過程獲得到增強，因受訓練的組織或系統在此訓練的過程中，會產生適應此超載訓練的適應現象，當此現象轉移到運動表現時，就可展現出超越原來的運動水準與表現，如此的訓練負載稱為**超載訓練**(overload training)。

　　更白話的說，就是在此階段的訓練量要做得比平常的運動量還要來的多，讓身體能夠因訓練刺激產生自我調整適應，此現象轉換到比賽中時，運動員有就會有較優的運動表現。

四、漸進原則

　　所有訓練員執行運動訓練計畫的初期，應都需經由較輕負荷的訓練開始，然後再以漸進方式慢慢增加運動訓練的質與量，切不可貿然的突增太強、太大的訓練量，因為短時間突然增加太多的訓練量，容易引起肌肉酸痛、身體不適及參與訓練意願減低等現象，進而喪失了訓練的基本意義。因此，訓練的**漸進原則**(principle of progression)是不容忽視的。運用此漸進式的訓練方式，可讓參與訓練的運動員，能夠有時間適應訓練員所給予的訓練內容，然後再逐漸加重訓練的負荷量與操作時間。以此漸進方式

持續進行運動訓練，不但可以避免因突然增加的訓練強度所產生之身體不適現象及運動傷害，還可以讓參與運動訓練的運動員保持長時間的運動興趣和慾望，所以在擬訂與執行運動訓練計畫時，漸進原則是不可或缺的一環。

五、可逆性原則

一般來說，經過一段時間的訓練，大部分運動員在運動能力上都會有顯著的進步，給予耐力訓練的話，可讓參訓的運動員獲得較高強度與較長時間運動之運動能力，相對的，若施以阻力訓練則也會促進肌肉力量及抗疲勞的能力。但若訓練刺激減低或是訓練停止時(detraining)時，先前所獲得的運動訓練效果將會因此而逆轉，甚至回歸到未訓練前的程度，這就是所謂的**可逆性原則**(principle of reversibility)。因此，為了確保其訓練成果，有效的訓練計畫則必須包含如何維持訓練成果的訓練內容。（Willmore et al., 2009; Powers & Howley, 2002; 林正常，2006）

13-2 訓練生理學

Exercise
Physiology

一、刺激、反應與適應

訓練對於運動員來說，它是非常重要的一環，然而訓練於人的生理反應亦是如此，當加諸身體的訓練動作產生時，就身體而言，它就是一種「刺激」，本能的，個體為求生存，就會對該刺激產生生理「反應」，若該刺激是不斷的反覆進行，則將使得身體因此而產生「適應」的現象，使身體因此而增加適應該刺激之能力。像是在經過長期的有氧運動訓練後，會迫使該受訓練的部位產生微血管密度增加的現象，而此微血管密度增加的現象，就是經過長期有氧運動訓練後，身體產生適應現象的產物。但是不一定每次的刺激都能使身體產生良好的適應現象，因為如果刺激的強度不足，也就是沒有超過一定負荷量，身體是不會有所謂的適應現象產生；若刺激程度太強，強到身體無法承受時，身體不但不會有良好的適應現象產生，最終還會因此導致傷害。所以唯有適度、適量的運動刺激才能使身體的運動能力獲得進步的效果。

二、訓練量的減緩

在面對日趨競爭的運動賽中，選手們為了在競賽中獲取勝利，幾乎都得長期面對及忍受高強度的訓練量，因此，訓練過程中，受訓者不論是心理或生理等層面都得承受莫大壓力。如久處於如此超載的訓練負荷下，身體將會進入一段的「疲勞期」，在此一時期，運動員則會有運動表現降低及生、心理疲勞現象發生，若沒有即時給予選手適度的時間休息與恢復，則將因訓練過度而產生負面效果，而產生所謂的「訓練過度」。訓練過度的一般外顯徵兆包括：非最大負荷運動時心跳率及血乳酸值增加，食慾降低，體重減輕，慢性疲勞……等，將在後文之過度訓練章節詳述。若此狀況發生時，將對後續的訓練產生負面效果，也會影響選手對訓練的參與，甚至產生排斥及恐懼現象。但若在「疲勞期」產生後其訓練方式採取任意的完全休息方式時，則將引起所謂的「停止訓練」現象發生，導致前先努力訓練的適應效果流失。所以適度的減量訓練，在整個訓練週期中扮演著如何增進運動表現及維持訓練效果的重要角色。

減量訓練的施行與規劃

為配合訓練期的進度，其施行方式可大致分為一般性減量訓練及比賽前的減量訓練。而一般性減量訓練期大都安排在正規比賽時期的季前期與季後期，為的是讓運動員在經過長時間的訓練或參賽後，利用較低強度的訓練課程，讓參與訓練的運動員能因此獲得適度的恢復與休息，並為下階段的訓練做準備。比賽前的減量訓練一般而言都是在季中期中實施，利用減量訓練減低運動員生理與心理負荷，以期達到身心適度放鬆的目的，進而在比賽當中獲得較好的成績表現。

減量訓練的種類繁多，其內容包括有像是：訓練種類、訓練次數、訓練強度、訓練持續時間及減量訓練期的長短等。運用這些訓練內容並加以設定，便可發展出許許多多不同的減量訓練模式，使其達到最佳的狀態，並在比賽當中呈現出最好的運動表現與訓練成效。但如何設定及規劃減量訓練，使能產生恢復的效果且又不致於讓長期訓練的努力喪失，則是減量訓練成功與否的首要課題。

三、週期化的訓練概念

由於運動型態的改變及運動激烈程度的日益增加，因此為因應多變且劇烈的運動競賽環境，週期化的訓練概念於是產生。週期化的訓練是目前廣為流行的訓練模式，例如，職業運動與大專聯賽等，都有其全年度的賽程。因此進行週期訓練的主要目

的，則是要能提供運動員在正規賽季中所需的訓練強度與訓練量以應付賽季之需要，並避免因為賽季結束後造成訓練中斷，及其所衍生的脂肪過多與肌力退化等問題的發生。一般訓練的週期約可區分為四個階段：分別為季外訓練、季前訓練、季中訓練和季後訓練四個階段。以下分別就四個訓練階段作簡單介紹。

(一) 季外期訓練 (Off-Season Conditioning)

所謂季外期指的是在正規賽季結束後到下年度第一場比賽之前的兩個月時間為主，在此一時期的訓練目的主要是為了恢復運動員原有的體能，以期應付接下來的訓練，因此，季外期的訓練計畫內容也隨著不同的運動專項而有所不同，例如，爆發性的運動員，比起耐力性運動員，應花費更多時間在肌肉力量與爆發力的訓練上，像是橄欖球運動員，比起跑步專項者，就會花費比較多的時間在肌力訓練上；相反的，跑步專項的運動員，花費在跑步訓練的時間就會比橄欖球運動員來得多。

不管任何專項的運動，在季外期的訓練，都應是著重於訓練的多樣化，且有著低強度和高工作量的訓練特性。因為這種低強度、高工作量及多樣化的訓練，可避免因訓練過程的單調及激烈的訓練強度，而造成運動員在此一階段不論是生理或心理的疲憊。

簡而言之，在此一時期的訓練，就是運動員的能力強化與提昇，著重於運動員個人在體能較差的部分進行強化訓練，如此才能負荷在賽季進行中的體能需求，進而有良好的運動表現。

(二) 季前期 (Preseason Conditioning)

季前訓練的主要目的，是要讓在經過季外期為期數週的訓練熱身後的運動員們，開始準備進入季前訓練期，此時段的訓練通常是在正規賽季開始前約兩個月的時候開始，最主要的目的還是用來強化運動員的體能，強化專項運動的主要能量系統或參與肌群，並將運動員體能水準逐漸調整到賽季進行中所需的程度，也連帶著加入了專項運動的技術層面之練習。

此階段的訓練量是逐漸的改變，慢慢的從季外期的低強度高作業量的運動訓練，轉變成高強度低作業量的運動訓練，將漸進超載的訓練原則融入訓練計畫中，透過漸進的方式來增加訓練強度。由基本的基礎體能逐漸增強，轉換成專項體能的強化，是此階段的主要特色。

(三) 季中期 (In Season Conditioning)

在此時期的訓練目標，是為比賽期做準備，其主要目的還是維持之前的季前訓練中所達成的體能水準。因為在整個賽季進行中，大部分時間都是在進行比賽及技術練習，因此本階段所能從事的一般基礎體能訓練時間就相對減少了。然而在長達數月的賽季進行中，尚能維持體能水準則是此一時期的訓練重點。操作時必須考量訓練的量與質是否足夠，例如，要維持心肺耐力在此一階段須每週至少有2~3次的耐力性訓練，但對於肌力維持的訓練則只要每7~10天操練一次阻力訓練即可。

(四) 季後期 (Postseason Conditioning)

本階段是以輕鬆且類似動態恢復的方式來進行，為的是要讓經過長期性比賽及訓練壓力的運動員，不論是生理或心理，在此階段都能獲得到充分的休養與恢復，藉此來消除運動員因賽季中長期累積的生理疲勞與心理壓力，以及避免產生過度訓練症候群。內容方式可多樣及可多變的涵蓋至各種的運動項目，像是球類運動、游泳、慢跑、循環訓練及其他休閒相關的活動等。在此時期的操作及訓練建議應採輕鬆活潑的活動模式來進行，既然是輕鬆活潑的活動，故強度及量都不宜太強。

四、停止訓練的影響

教練可透過減量訓練的低量訓練刺激，促進選手的運動表現，也可藉由強高度的訓練量來增加運動員體能與技巧的協調進而有更佳的運動成就。但是當運動賽季接近尾聲或是賽季結束了，意謂著先前的運動訓練時間與訓練量都將因賽季的結束而減少或是停止。但運動員在經長期的運動訓練後，若沒有選擇適當的減量訓練，就直接停止運動或因未規劃運動訓練的量而導致訓練量不足的話，那運動員先前所從事的運動訓練效果也會因此而喪失，此一現象稱為**停止訓練**(detraining)。停止訓練的影響包括有：內分泌系統、肌肉系統、能量代謝系統和心血管系統等生理功能因此而下降。由停止訓練的時間長短可分為短期停止訓練和長期停止訓練（4週以上）。在短期的停止訓練（1週後），身體工作能力、最大攝氧量、總血紅素都降6~7%；若長期的停止訓練（4~8週後），將使得先前努力的訓練效果完全喪失。

在內分泌系統方面，就耐力性專項運動員而言，對停止訓練的反應較敏感，就連短期的停止訓練現象發生時，其負面的影響馬上就會呈現，也就是運動表現的下降是很明顯的，像是維期在5週的耐力訓練後，雖僅中止一週的訓練，將使先前的訓練效果

下降約50%，但相對於肌力與爆發力專項運動的運動員，其訓練的效果的維持就可比耐力專項運動員稍長些。因此在訓練計畫中，若要同時保持耐力與肌力訓練的效果，其訓練負荷及訓練頻率的安排將是練訓計畫的重點，良好妥善的訓練計畫，不但可避免停止訓練的現象發生，亦可讓運動員有更好的運動表現。

在心血管系統方面，停止訓練的時間不論是長期或是短期，都會使得運動員的最大攝氧量顯著下降，且在長期停止訓練的狀況下將使得心臟體積縮小，導致血液輸出的效能受到影響，以及血漿的量將減少、非最大心跳率增加、每心跳輸出量和最大心輸量降低及最大耗氧量下降等。上述生理功能的下降，意謂著心肺適能的下降，如此一來都將使運動員不論是在換氣效率、心輸出量及心肺耐力等方面的表現大受影響。

就肌肉系統而言，短期停止訓練雖對於動靜脈血氧差和肌紅素的含量沒有明顯的影響，且對肌肉纖維的類型也無顯著變化，但卻會降低耐力性運動員肌肉中之微血管密度與粒線體內氧化酶的活性。因此，對於肌力及爆發力等專項的運動員而言，短期的停止訓練會使該專項運動員的肌肉纖維橫斷面續縮小，此時雖還可以維持一定的肌力表現，但就離心肌力及運動專項所需爆發力等，整體的表現將呈現出負面的表現曲線。

一般而言，長期停止訓練對肌肉系統的影響是較短期停止訓練來得嚴重，像是會降低耐力性運動員肌肉中微血管密度、粒線體內氧化酶的活性及動靜脈血的血氧差。不但如此，對於肌力專項的運動員則會增加慢縮肌纖維的比例，使得肌肉纖維橫斷面積顯著的下降。就耐力性專項運動員的影響，將減少肌肉中慢縮肌纖維的比例，進而轉變為快縮肌纖維。由上述可知，長期停止訓練對於運動員成績表現之影響是非常大的。

在能量代謝系統方面，不論是長期停止訓練或短期停止訓練，都將增加運動員此階段在運動過程中使用碳水化合物作為能量來源的比例。且在非最大運動中的血乳酸濃度上升，乳酸閾值也較停止訓練前為之下降，肌肉肝醣含量也會顯著下降。連同胰島素敏感度和GLUT-4傳送蛋白的減少，導致全身組織細胞對於葡萄糖的攝取減少，進而影響運動員的運動表現。

五、運動表現的影響因素

就影響運動表現的因素而言，若排除技巧為其考慮層面的話，大致可分為耐力運動表現及肌力運動表現等因素。

(一) 耐力運動表現

　　大體上，影響耐力性專項運動表現的因素包括有：有氧能量、無氧能量、運動經濟性、性別、年齡、身體組成及環境因素等。而耐力性運動專項訓練計畫大都以最大攝氧量、運動經濟性和無氧閾值之提升為首要的訓練目標。

⮑ 最大攝氧量 ($\dot{V}_{O_2}$ max)

　　最大攝氧量在此指的是人在海平面上，進行最大強度運動下，身體組織能攝取運用氧氣的最大能力（林正常，1998）。雖擁有較高的最大攝氧量的運動員並不一定有好的運動成就，但是，擁有較好的該項能力表現，卻已成為現今競爭激烈運動賽事中最基本的能力要求，也因此就耐力性專項運動競賽中，傑出表現的運動員，大都擁有較高的最大攝氧量已是不爭的事實(Costill, 1967)。目前對於增進最大攝氧量的訓練趨勢，多以中高強度（大約60~85%的$\dot{V}_{O_2}$max）的長距離跑步，或短距離、高強度（大約80~100%的$\dot{V}_{O_2}$max）的間歇跑步(Tabata, 1997)等的訓練方式進行。如此的訓練方式與強度，都將刺激運動員的有氧系統，引起身體對訓練刺激的適應作用，進而增進身體的最大攝氧能力。這些適應作用包括：增加身體的血量、粒線體的質與量、微血管的密度及氧化酶的濃度等。（林正常，2006；Costill, 1967；Tabata et al., 1997）

⮑ 無氧閾值與運動經濟性

　　無氧閾值(anarobic threshold)指的是參與運動的個體在逐漸增加強度的運動中，其體內的血漿乳酸、肺換氣量及心跳率，因運動強度的逐漸增強而呈現不成比例的上升現象，且該強度大都以最大攝氧量之百分比表示。就對於預測耐力性專運動的成就而言，無氧閾值則是一個重要性的指標。因為無氧閾值較高的耐力性專項運動員，就能在較高百分比的最大攝氧量情況下運動，因此也就是說在較高運動強度運動的情境下還能維持運動穩定狀態(steady state)。就此不難發現，運動員在較高強度的運動情境下，還能維持穩定，如此一來當然就會有較好的運動表現。

　　擁有較高的最大攝氧量雖是傑出運動表現的必備條件，但卻不一定是比賽奪冠的必然結果，因這其中還有其他因素存在，而運動經濟性也是其中之一，這也是意謂著，單有好的最大攝氧量的能力是不夠的，也還要有較好的**運動經濟性**(exercise economy)來相互配合。何謂運動經濟性，簡單的說就是在同樣的運動強度下，比較兩者在運動時所需的攝氧量，而較低需求者則意謂著有較佳的運動經濟性。

(二) 肌肉運動表現

⊃ 參與的肌纖維橫斷面積

人體的肌力表現與其作用的肌群的橫斷面積成正相關，擁有較大的肌纖維之作用肌群其肌力表現越好，因為透過阻力訓練，將使肌肉體積變大，此一現象稱之為「肌肉肥大」現象。其主要原因是透過阻力訓練，肌纖維因訓練的刺激產生適應現象，肌纖維之橫斷面積因訓練刺激而增加所致，但此一現象並不會讓肌纖維數量增加。運動員經過阻力訓練之後，不論是第 I 型(type I)或第 II 型(type II)纖維都會增大，且第 II 型纖維的增大會比第 I 型纖維來的明顯。因肌原纖維內的肌動蛋白與肌球蛋白的合成增加，與肌纖維內的肌原纖維數目增加，在兩者加總之下都將增大了肌纖維的半徑。所以，肌纖維的橫斷面積越大，意謂著參與的運動單位就越多，且相對的肌力就越大。

⊃ 肌纖維的類型

人體骨骼肌就其收縮特性可分為三大類，為**慢縮肌纖維**(slow twitch fiber)或稱**紅肌纖維**(red muscle fiber)及第 I 型纖維，及其他兩種**快縮肌纖維**(fast twitch fiber)─第IIa型纖維和第IIb型纖維。在人體肌肉中其快縮肌纖維及慢縮肌纖維之間的比例並無太大的差別，莫約是在47~53%上下，即一般坐式生活型態的個體，其肌纖維的比例亦在此一範圍內。

但就運動員而言，不同運動專項的傑出運動員，將有著不同比例的肌纖維類型，這也意謂著，不同專項運動員因為運動專項的不同，故在訓練上的要求、比重與反應也有所差異。快縮肌纖維因有著收縮速度快又能產生較大張力的特性，因此在運動表現上，擁有較高快縮肌纖維比例的運動員就能產生較大的肌力與爆發力的運動表現；而慢縮肌纖維相對於快縮肌纖維而言，有著較優的抗疲勞之特性，所以有著較高比例的慢縮肌纖維之運動員，在運動的表現上則會有較佳的肌耐力運動成果呈現。

六、過度訓練 (Overtraining)

所謂**過度訓練**指的是運動員在訓練過程中，其訓練的刺激超過運動員所能負荷的量，或是訓練之後沒有適當的休息恢復，即訓練與恢復之間出現不協調的狀況，因此

而引起的症狀，亦稱為**過度訓練症候**(symptoms of overtraining)，其症狀包括有：(1)非最大負荷運動時心跳率及血乳酸值增加，(2)食慾降低，(3)體重減輕，(4)慢性疲勞，(5)心理疲勞，(6)多重感冒、喉嚨痛，(7)運動能力降低等。若上述現象持續數週或達數個月乃未見改善時就可稱為訓練過度。但若能在兩週之內透過休息恢復而獲改善，又可稱為**短期過度訓練**(short-term overtraining)或是**訓練過頭**(overraching)。因為短期過度訓練大都因為一個或一個以上的訓練刺激，且休息時間不足所引起，通常該疲勞現象不會持續太久，只要適當休息，且休息時間約在兩週之內就可恢復。

一般來說，在訓練的初期，因為突然驟增的訓練量，選手的運動表現大都呈現短暫性下滑的現象，但若及時的給予充分的休息與恢復，就能產生超補償與運動表現提昇的訓練效果，所以訓練計畫的擬訂應考慮此一現象的發生，並用以週期性的訓練方式來進行，如此一來運動員才能在週期且漸進式的超載訓練中獲得充分的休息、恢復及良好的訓練成效。

過度訓練的防制，基本上應從訓練計畫的設計上著手，在訓練計畫的擬定過程中，應包括有訓練週期及漸進式的超載訓練等概念，而不是一味的增加訓練強度、訓練負荷，應涵蓋訓練週期及漸進式的超載訓練，讓運動員在訓練的過程中雖經激烈訓練刺激，也同樣能擁有充分恢復與休息，如此訓練設計才能讓運動員在面對下一階段激烈的訓練時，不會因恢復與休息的不足而產生訓練過度的現象。以下就如何防制過度訓練提供一些參考：

1. 訓練強度應採漸進式增強，不可突增訓練強度。

2. 避免因單調且激烈的訓練造成運動員的心理負擔。

3. 要給予適當的休息恢復時間。

4. 訓練強度考慮運動員的個別差異，且要強、弱交替。

5. 隨時注意是否有足夠的營養補給。

6. 定期檢查與記錄運動員的生化指標（含血液、體重、安靜心跳率等）。

13-3 　最大攝氧量

一、最大攝氧量 (Maximal Oxygen Consumption)

最大攝氧量是人體心血管與肺呼吸等循環系統功能的生理表現，一般而言指的是高度在海平面(sea level)，且從事最強烈的訓練或運動時，其身體之組織細胞在此一情況下所能消耗及運用氧氣的最大值，為目前評估個人心肺功能的最佳指標之一，因此也是教練在運動訓練時評估運動員心肺耐力與反應心肺耐力訓練後是否能增加效能的重要依據，亦是評估運動員在體能訓練上是否進步的重要指標。從事最大攝氧量的研究人員則認為它有其獨立性，與速度、肌力等體能要素之相關性低，是最大心肺功能與作業能量(work capacity)的最佳指標，亦是個人在從事激烈身體活動時，發揮潛能的客觀標準。

就常態而言，一般人在正常的情況下，其最大攝氧量是維持穩定不變的狀況，但若有其他因素加入的話，將導致最大攝氧量穩定性的改變，像是有計畫的運動訓練，則有其強化的效果，相反的，運動量的減少、坐式生活型態的增加或自然的生理老化等因素則會使之降低。然而，不同運動專項的攝氧量也是各有差別，例如跑步、游泳、騎腳踏車或划船等，其主要原因是不同運動專項所使用的肌群並不相同。

二、決定最大攝氧量之因素

最大攝氧量主要是心血管與肺呼吸等循環系統功能的表現，於運動表現上的運用，則是教練在運動訓練時評估運動員心肺耐力與反應心肺耐力訓練增加其效能的重要依據，但每人的攝氣量皆不盡相同，其決定或是影響之因素分別包括訓練前的體能水準、性別、年齡、體表面積大小、高度及遺傳等。

(一) 訓練前的體能水準

同樣的運動訓練計畫中，本身就擁有較好體能的個體者，對運動訓練的進步幅度較小，也就對運動訓練的刺激產生的反應較小，也就是說無運動訓練且坐式生活型態者在經耐力訓練後，其最大攝氧量至少約可增加二到三成，但若早已有運動訓練者，雖運動訓練的質與量都相等，但是進步的幅度相對就比較小了。

(二) 性 別

基本上未經訓練的健康男性的最大攝氧量高於同年齡未經訓練的健康女性的最大攝氧量（高約20~25%）。於兒童時期並無太大的差異，12、13歲之後其差異性才逐漸明顯。且在青春期男性的最大攝氧量則呈現快速增加，其主要原因是骨骼肌在此階段快速增加所致，但相對而言，女性在此階段的最大攝氧量並無太大改變，且此時期女性的最大攝氧量約只有男性最大攝氧量的65~75%。

(三) 年 齡

最大攝氧量的巔峰值，不論男女都是在18~20歲之間，之後則與年齡以負相關之關係呈現，也就是隨著年齡增加而下降，65歲時約為25歲的70%，也就是說男性65歲的最大攝氧量的平均約與25歲女性的平均值相同。

(四) 體表面積大小

就最大攝氧量而言，體表面積大小是與最大攝氧量成正相關的，也就是說，體型較壯碩者其最大攝氧量的值較高。體型越壯碩者，其體表面積越大，體型較大者胸腔隨之增大，肺的通氣量因此而增加。若個體的呼吸肌所產生的肌力越大時，其肺的通氣量也會因此而明顯增大。

(五) 高 度

海拔越高時則空氣越顯稀薄，因此若人處於高海拔的位置時將導致人體的最大攝氧能力下降，一般來說若處於海拔4,000公尺的位置，將使個人的最大攝氧能力減少約26~30%。

若在高海拔地區舉辦運動賽會，其成績表現總體來講將會是不較不理想的，例如1968年墨西哥所舉辦的奧林匹克運動會就是一個明顯的例子，因該城市的海拔高度為2,240公尺，所以當時的長距離選手的整體表現是明顯比在平地上來的差的。

(六) 遺 傳

以最大攝氧量來說，遺傳因素也佔了重要的關鍵位置，經研究指出，最大攝氧能力是具有遺傳性的，在學者Bouchard等人的研究中指出，遺傳約可決定最大攝氧量25~50%的變化，因此從另一個角度來說，在影響最大攝氧能力的所有因素中，遺傳就

佔了將近一半的比例，在某種程度這也說明了為什麼有些人並沒有參與耐力訓練，但是當給予相關的耐力檢測時，會有較好的攝氧能力了。這也難怪在20世紀期中最為有名的運動生理學家之一的Per-Olof Astrand，會在許多的相關重要場合中提出像是，有冠軍的父母就會有冠軍子女的呼籲了。

13-4　改善耐力的訓練

一般而言耐力是指人體能夠不疲勞而長時間維持工作效果的能力。然而就運動員來說，耐力談的則是運動員在某一特定的強度下參與運動的時間長短。當運動員在參與運動時可以不受疲勞影響或是在疲勞的情況下還能持續運動表現時，即表示該運動員有著較優的耐力。然而在運動的過程中，耐力的表現往往是包含著許多複雜因素的，像是該運動員在運動時的速度、肌肉力量、運動時技巧展現、生理潛能及當時的心理狀態等。所以耐力指的是能夠持續激烈活動的能力，也是運動競技能力的基本因素之一。

在運動訓練階段，特別是在增強運動員的耐力訓練階段，如何將運動員的耐力訓練調整到該運動員的生理極限是很重要的。因當運動員處於一種高強度訓練及疲勞的狀態時，其生理反應及對訓練時產生的適應顯得特別重要。在此將介紹並簡述相關學者對於如何提高耐力的傳統訓練方法與其他的訓練技術。

一、長距離訓練法 (Long-Distance Training Methods)

該類型的運動訓練方式及特色是，運動員不會因休息時間而中斷練習。下列是最常使用的方法：一致法（或是穩定法）、交替訓練法和法特雷克法。

(一) 一致法 (Uniform Method)

就一致法而言，其特色是訓練量大，且在訓練的過程中沒有任何的中斷。雖然此法適用於整年的訓練期，但還是以準備期為主。其訓練主要是針對有氧耐力的相關運動專項，特別是該運動項目需要持續超過60秒以上時間的運動之週期性運動項目。在每次訓練的運動強度上，可以運動員的心跳率來評估，其心跳率約介於150~170次／分之間，操作及練習時間應介於1~2.5小時。

此方法主要的訓練效果是增進有氧耐力。若能徹底的實施，對於技術的加強（如：競速溜冰、游泳、獨木舟、划船等）也會有所幫助，同時對於身體功能的運動效率也有改善的效果。

訓練操作上變化是在練習時，可由低速(moderate)逐漸增加到中等(medium)強度的速度。例如，運動員可以以低速跑前面三分之一的訓練距離，然後增加至中低(intermediate)速度，再以中等速度跑完最後三分之一的距離。這是發展有氧耐力一個很有效的方法，因為它逐漸的提昇運動員生理及心理的挑戰。

(二) 交替訓練法 (Alternative Method)

交替訓練法是發展耐力最有效的方法之一。因在整個練習過程當中，要求運動員以不同的運動強度之方式完成預定的距離。運動強度的改變經常從中等的(moderate)到非最大的(submaximum)強度，且在此過程中並無任何中斷。在其訓練計畫中教練員可以評估訓練時的外在因素（地形地物）及內在因素（運動員的意志）和預訂的計畫來決定運動強度。每次以1~10分鐘的最高速度和低速度的輪流交替方式，會讓身體在面對下一次強度增加前可稍微地恢復。為了達到訓練強度的刺激與要求，其心跳率必須達到180次／分左右，而恢復期需下降至140次／分左右(Pfeifer, 1982; Bompa, 2001)，但不可以下降太多。該訓練的方式以節奏性及波浪般的方式變化其強度、增加運動量進而改善心臟、呼吸及中樞神經系統的能力。此外，本訓練方法又可以增進運動員身體的適應過程，引起全面性耐力的發展。可將此法應用於週期性運動項目的比賽前期或比賽期，或是其他運動項目（團隊運動、角力、拳擊）的準備期和比賽前期。

(三) 法特雷克法 (Fartlek Method)

北歐德國跑者在1920年至1930年發展出的。運動員依判斷和主觀感覺變換運動強度。大部分在準備階段實施。

二、間歇訓練 (Interval Taining)

間歇訓練是一種非常累人的訓練方式，因為本訓練法的運動強度較一般的運動訓練要求為高，其運動強度接近最大攝氧量，它的目標是在減少疲勞，並給適當的刺激，以求耐力的發達。間歇訓練簡單的說就是指利用各種運動強度，配合設定好休息間隔時間，反覆刺激的一種方法。在一個運動與另一個運動中，運動員並沒有完全恢

復，教練利用心跳率法來計算休息間隔的時間，休息期通常是運動期的三分之一～三倍。

漸進的主要要素是刺激的強度和時間、反覆的次數、休息間隔時間和休息時的活動方式。間歇訓練法加上休息間隔時間的方法，如圖13-1。

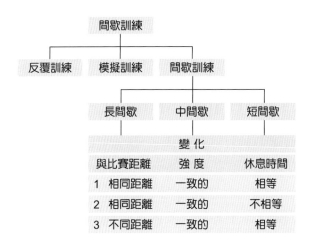

▶ 圖13-1　訓練加上休息間隔的變化。參考資料：蔡崇濱等，2001；豬飼道夫，1990。

(一) 反覆法 (Repetition Method)

反覆法的訓練方式是將比賽的距離納入該訓練內容，以比賽距離長短之不同調整運動訓練強度，以便發展專項或是比賽的耐力。較長的反覆，對比賽耐力的有氧因素十分的需要，因為練習時的速度接近比賽的速度。相反的，較短的反覆，刺激無氧的因素，因為運動員產生氧債。顯然地，後者的運動強度比比賽速度稍高。藉由必須多次的反覆來發展意志力是反覆法的一個特點。反覆法的總訓練量可能較實際比賽的距離多出4~8倍，其間隔的休息時間，則需視訓練時的反覆距離及訓練強度而定，約介於5~10分鐘之間。

(二) 模擬訓練 (Model Training)

本訓練方法的特色是，它與正式的比賽有著非常類似的特性，故命名為模擬訓練。訓練的前段先以接近比賽的速度（稍高或稍低），接下來再施以多次反覆短於比賽的距離。在此狀況下，就像比賽時一樣，由無氧代謝系統供應能量。訓練的中段，使用可以改善有氧耐力的距離和強度。訓練的後段再次採用短距離反覆以確實地模擬

比賽，模擬和發展最後衝刺的能力。運動員在做這些反覆時，就像在比賽，是處於某種程度的疲勞狀況之下，所以對於無氧耐力的負擔是很重的，因為此一特點，我們也可以稱它為耐力的速度訓練。

在操作本訓練方法時，需依照運動員本身的潛能及運動專項的特性，來規劃訓練的強度、速度、休息間隔時間、反覆的次數及訓練總量。可以利用心跳率法來訂定休息間隔時間。（蔡崇濱等，2001；翁志成，2001）

13-5　增進柔軟度的訓練

Exercise
Physiology

柔軟度(flexibility)的名詞源自拉丁文的flectere或flexibilitis，亦指「彎曲」的意思；在體育、運動醫學及健康領域中的定義，則是指單一或多關節的可活動範圍。簡言之，柔軟度指的就是**關節活動範圍**(range of motion, ROM)，可分為靜態柔軟度(static flexibility)及動態柔軟度(dynamic flexibility)兩種。**靜態柔軟度**指的是被動動作，關節及周圍肌群可能移動的最大範圍。因此，靜態柔軟度需要非自發性的肌肉活動；一種外加的力量，像是地心引力、同伴或器械均可提供伸展的力。**動態柔軟度**指的是在進行動作時所表現的關節活動範圍(ROM)，因此要有自發性的肌肉動作。然而靜態柔軟度較動態柔軟度具有大的ROM，其原因在於運動員在進行動作時，肌肉並有沒機械上的效益，對關節囊及韌帶施予足夠的壓力。

柔軟度的訓練處方原則有下列三條件：

1. 強度：不管是靜態或是動態的柔軟度訓練，其刺激的強度應使肌肉或是結締組織被伸展到有被拉到且感覺不舒服為止，但不要到疼痛的程度。

2. 時間：當肌肉和結締組織有被拉到且感覺不舒服時，維持此一姿勢約30秒，並且此一動作能反覆5~6次。

3. 頻率：各種柔軟度的訓練，以每天訓練1次或是2次最為有效。

柔軟度的訓練方法以伸展運動的訓練效果佳（表13-1為伸展運動種類），平常在從事運動訓練時，應插入柔軟度運動在熱身運動中以及在主要運動結束後調整運動中實施。在身體的體溫微升，出汗後才實施柔軟度運動訓練，更為有效。（翁志成，2001；許樹淵，2001；林貴福，2000）

表13-1　伸展運動的種類內容

	靜 性	主 動		主動及被動
		最大伸展範圍	彈震式	收縮放鬆法
執行步驟	緩慢伸展到止點後停止	主動在關節可活動範圍內伸展	快而抽動，動作難控制	→可動範圍內做等長收縮 →放鬆 →可動範圍內做被動伸展
時 間	10~30秒	15~60秒	15~60秒	等長收縮6秒，放鬆收縮6秒，被動式伸展15~30秒
組 數	3~5組	1~3組	1~3組	3~5組
肌肉收縮別	肌肉放鬆	等張收縮	等張收縮	等張收縮後放鬆肌肉
進行時機	整體肌肉伸展，受傷後復健	普通熱身、專項運動的專有訓練	專項運動的專有訓練	受傷後復健，專項運動員訓練
注意事項	熱身及暖和運動，任何年齡均可實施	注意活動止點之受傷、普通熱身運動後實施	不提倡，容易受傷	需時較長 在等長收縮階段要維持呼吸，避免努責現象(Valsalva maneuver)

引自：許樹淵，2001。

改善柔軟度的方法包括有：主動法、被動法及混合法三種方法。就上述的訓練法以何種為最有效的方法，其看法不太一致。但許多教練和運動員比較能接受的是靜態方法，但也害怕因彈震法之操作而可能導致的肌肉拉傷。

1. **主動法**(active method)：此一方法是透過肌肉的活動，促使關節達到最大柔軟度的技術。這種方法是依據作用肌收縮力量的大小，要與拮抗肌放鬆和配合的力量相同。當採用靜態的方式，運動員彎曲兩側肢體直到最大屈伸點，並維持此姿勢約6~12秒。要注意的是當運動員實施彈震法時，動態擺動一側的肢體，而另一側肢體則須固定不動。

2. **被動法**(passive method)：顧名思義被動法的操作是透過練習的同伴被動的施予阻力或重力，以達到最大的柔軟度。這種方法適用於踝、髖、椎、肩和腕等關節。因是被同伴施加的力量，要小心以免用力過大使被施力的關節彎曲或伸展程度過大進而造成肌肉拉傷。所以在操作及訓練的過中應多加注意。

3. **混合法**(combined method)：混合法其主要的訴求是對運動員的主動屈曲關節至最大極限，針對同伴的阻力進行最大等長收縮，然後運動員盡力的將肢體彎曲至比超過

最大關節限制更大的角度。運動員再一次完成對抗同伴阻力的等長收縮相同動作約
4~6秒，但是要注意的是，其重複的次數必須符合運動員本身的生理容忍度及方法
要點來操作，以避免因不當的操作而受傷。(Bompa, 2001)

13-6　女性運動員的運動生理特性與訓練

一、女性的解剖生理特性

隨著社會的變遷及改變，體育、運動也隨之的普遍與受到重視，因此女生的運動
人口也隨之增加。由於科技的進步，相對的也使得不論是運動項目與強度都持續增加
中。然而在男女的解剖、生理上都存在著先天上的差異，故無論是在體能、心理、技
術、成績、體格發育及身體組成（表13-2）上，女性運動員都較不如男性運動員，而
女性也因特有的生理週期與懷孕階段都會對運動表現有所影響，因此訓練效益就不相
同，而在目標設定上有所差異。在學者魯易士（Leius, 1986；許樹淵，2001）等人的
研究指出：

1. 女性的心臟較小。

2. 最大輸血量較低。

3. 血紅素較少。

4. 紅血球較少。

5. 肺較小。

6. 最大攝氧量較低。

7. 肌肉量較少。

8. 體脂肪太高。

9. 高密度脂蛋白較高。

10.月經週期荷爾蒙變化。

表13-2　男女骨骼系統及身體組成的比較

骨骼系統	身體組成
女子個子較小較矮	女性有較多體重百分比的體脂肪
女性骨盆較寬	女性有更圓更少菱角的輪廓
女性大腿膝位置比男性更向內拐	女性有更少中胚型更多外胚型的身材
女性的四肢較短（相對於身高）	女性有較多的皮下脂肪尤其是臀部
女性肩膀較窄較斜	女性有較少的肌肉體重比
女性上背非垂直垂下	

資料來源：Brukner & Khan, 1993；林正常，2006。

二、運動與月經週期

(一) 月經週期

　　月經是因卵巢激素的作用引起，在此激素的作用下，子宮出現週期性內膜增生，卵巢內黃體成熟，若排卵期未受孕時，則增生的內膜脫落、出血，並經由開放的子宮頸經由陰道排出體外。一般來說女子的月經約在十二、三歲左右的時候開始，月經週期是28~30日，共可分為五個階段，月經階段 → 月經後期階段 → 排卵階段 → 排卵後期階段 → 月經前期階段。

(二) 月經對運動的影響

　　女子在月經來潮之前或月經期中，會發生腹痛或腰痛等現象，在精神上也容易呈現較為不開心及鬱悶的狀態。而關於月經期對於運動的影響，學者們的意見不一。有的研究指出經期中的運動會增加經血量或腹痛，或引起次回的月經異常，但有的研究則指出運動負荷並非月經出血量增加的主要原因。

　　月經期間的女性運動員是否應該參加訓練或比賽，應視運動員本身的身體狀況而定。Duntzer 於1930年的研究則報告對111名田徑選手調查的結果為：55%在運動表現上沒有呈現減退的現象，甚至於有些選手在月經期間的運動表現呈現出不退反進的狀況，但其餘的45%不論在月經前或月經期間的運動表現都呈現出退步的現象（陳彬彬，1990）。表13-3為參加東京奧運會女子選手的詢查，有69%的人在月經期間仍經常參加比賽，不過只有34%的人在月經期間仍照常練習，尤其是團隊的競賽。但也是有人在月經來潮期間從事運動而並無月經障礙，甚至創造最高紀錄。由以上亦可得知月經期間受運動練習的影響是因人而異的。

表13-3 奧運女子選手在月經期間參加訓練和比賽情形調查

	參 加 (%)		
	經常參加	有時參加	不曾參加
訓練	34	54	12
比賽	69	31	

參考資料：Zaharieva, E. J., 1965；黃彬彬，1990。

三、劇烈運動的生理反應

女子在月經週期的各階段中常有感到不舒服和痛苦的煩惱的現象發生，但在月經的第2~3天，物質代謝和蛋白質急遽下降，心臟收縮頻率和呼吸頻率均減慢，迷走神經興奮性比交感神經強。在月經期間的氣體代謝急速下降，且完成測驗作業時的集中力也不足。

經期對運動訓練的影響有下列幾點：

1. 神經心理緊張，引起不良適應

2. 情緒穩定性差和興奮性高。

3. 性機能受損。

4. 脈搏加快，恢復加長。

5. 月經期間訓練，血氧容量減少，供氧生理能力下降。

6. 負荷過大或不適宜，會破壞排卵月經週期的規律性。（許樹淵，2001）

四、運動訓練的生理適應

女性運動員的生理特質和變化特徵：

1. 行為與氣氛：月經來時女性運動員會有較大的情緒起伏、不安及身心效率降低的現象產生，因此在經期前和經期間，訓練上較容易有發生意外事件的可能。

2. 疲勞的程度：由於濾泡期的乳酸產生量增加，提早疲勞。體能差的人在黃體期，由於換氣用力增加而耐力下降。

3. 月經前的經痛：有些女性在月經來潮時較易有疼痛及不適感產生，如下腹痛、腰痛、頭痛、暈眩、全身倦怠感、眼痛、食欲亢進、體重增加等症狀及或不安的感覺。

4. 女性運動三合症：三合症指的是女性運動員因日經月累的辛苦鍛練而併發出異常的飲食攝取、閉經現象及骨質疏鬆症等三種疾病。異常的飲食攝取通常發生於需注重外觀的運動項目，如舞蹈、網球、跑步、游泳等運動員身上。女性運動員三合症的徵狀，包括：疲勞、貧血、沮喪、疲勞性骨折、注意力無法集中、胃寒、體溫低、耳下腺肥大、腹脹痛、胸痛、頭暈、臉與四肢浮腫等之症狀。故教練員除注重女性運動員的訓練外，更應對女性運動員的飲食習慣多加關注，以防範上述問題的發生，若有其必要時，則需尋求醫生的介入。（林正常，2002；林正常，2006）

五、女性的運動表現

男女運動員表現可用運動成績差異來觀察，表13-4是至1974年為止之世界最好的男女田徑和游泳的紀錄，由此表可看出，在所有成績中，女子的游泳成績皆比跑或跳的成績近於等成績線；在游泳項目中，女子長距離項目比短距離項目更接近男子的成績；但在田徑項目中跳高成績最差，次為跳遠，在游泳中則是100公尺最差。

表13-4 世界最佳男女田徑和自由式游泳成績表

	項目	男	女	成績比（女／男）
田徑	100m	9.9秒	10.8秒	1.091
	200m	19.8秒	22.1秒	1.116
	400m	43.8秒	49.9秒	1.139
	800m	1分43秒7	1分57秒5	1.133
	1,500m	3分33秒1	4分01秒4	1.133
	跳高	89.75吋	75.5吋	1.197
	跳遠	350.5吋	268.5吋	1.307
游泳	100m	51.22秒	56.96秒	1.112
	200m	1分51秒66	2分03秒22	1.104
	400m	3分54秒69	4分15秒77	1.090
	800m	8分15秒58	8分47秒66	1.065
	1,500m	15分31秒75	16分33秒95	1.067

參考資料：黃彬彬，1990。

六、懷孕期間的運動及訓練

　　適度的運動對大多數人皆有好處，對於懷孕婦女，運動也是好處多多，由表13-5可看出益處。

　　根據洪偉欽的調查指出國人18~38歲年齡層產婦，有規律運動者約有17.5%。在婦女懷孕期生理上發生明顯變化，這些變化可在表13-6可充分瞭解（洪偉欽，1995）。

表13-6　懷孕期婦女生理變化

生理指標	變化方向	變化幅度
體重	增加	24磅
能量消耗	增加	20%
血漿量	增加	40~45%
血比容	減少	20%
安靜心跳率	增加	4.20次／分
安靜心輸出量	增加	30~40%
安靜呼吸數	增加	50%
平均血壓	下降	

資料來源：洪偉欽，1995。

表13-5　懷孕期婦女運動的好處

增進有氧適能	預防體重過重
預防懷孕期下背疼痛	預防懷孕後期糖尿病
降低心臟負荷	降低子癲症及子癲前症的發生
有助於順利生產	減少人工分娩的機率
減少產後妊娠紋	產後身體恢復較快

13-7　運動疲勞

Exercise Physiology

一、疲勞的意義

　　當我們從事工作或運動後，身心感覺到疲勞且發生厭倦的現象。然而就運動來說，人體在持續工作一定時間後，其工作之能力就開始逐漸下降，這種由於肌肉工作本身而引起運動能力暫時下降的現象，稱為運動性疲勞。運動性疲勞是一種暫時的生理現象，在經過一段時間的休養後，則疲勞會得到消除，其工作能力又將恢復。

　　不同的學者對於疲勞皆有不同的定義，其定義如下：

1. Hagrange：由於過度工作而引起的器官機能的減退，係伴有病態感覺的現象。

2. Chailley-Bert：疲勞是身體的器官、組織的興奮降低的狀態，這是生命為保護自己的一種防禦的反應。疲勞係一種很像死亡的一種現象，所不同的是疲勞具有可逆性的。

3. 福田邦三：當身體的某一種機能過度或頻頻反覆發揮的結果，該機能減退時即為對該機能的身體的疲勞。（黃彬彬，1990）

　　疲勞也許是機體不能將它的機能保持在某一特定水準或不能維持在某一特定的運動強度；但就另一層面而言，或許是一種生物體的自我保護訊息，因有了疲勞，才知需要休息，才能持續著生活規律。但在發生此一現象後則應自行停止工作或練習並給適當的時間休息，以免因過度疲勞，而傷害身體。因此疲勞現象就預防的角度來看是預防損害身體健康的一種徵候。然而在運動的過程中必然會發生不同程度的疲勞，因此對疲勞的消除是運動成績提高的關鍵性課程。

1. 有疲勞的訓練，才是有效的訓練；訓練要超負荷訓練。

2. 高質量的訓練，產生較大疲勞；而疲勞程度代表訓練水準的指標。

3. 疲勞是警告，補償性的產物。

4. 疲勞的消除，是訓練的開始。

5. 疲勞是訓練危險閾值。

二、疲勞的分類

(一) 腦力疲勞與體能疲勞

　　腦力疲勞是指由於運動刺激，使大腦皮層細胞工作能力下降，大腦皮層出現廣泛性抑制而產生的疲勞。如在週期性運動中，長跑者的單調刺激，在體能尚未明顯下降時，大腦細胞的工作能力已開始下降，並引起了機能下降。當改變刺激形式時，腦細胞整體工作能力均有所恢復。腦力疲勞往往伴有心理疲勞，如長期運動訓練。

　　體能疲勞是指骨骼肌纖維的疲勞，影響因素有：

1. 肌纖維收縮類型。

2. 肌纖維收縮前的生理狀況。

3. 刺激的頻率。

4. 刺激休息週期。

5. 與最適長度有關的肌纖維長度。

6. 肌纖維的溫度。

7. 肌纖維的氫離子濃度。

（二）局部疲勞與全身疲勞

局部疲勞指的是身體某部位發生疲勞之謂。如：寫字、打字之手臂部疲勞；體操之上臂和上身部位之疲勞；跑步之下肢疲勞。全身疲勞則指全身各部位之疲勞，如：全能運動、球類、技擊運動。

（三）慢性疲勞與急性疲勞

慢性疲勞是因長時間的精神或身體疲勞的累積。在運動員的表態上呈現出無精打采、運動能力下降、對於訓練或比賽慾望降低，嚴重時甚至會成為一種病態疲勞，進而引起器官本質之變化。急性疲勞具保護作用，是在一次肌作業後產生的疲勞，可以馬上消除。全能運動、長距離跑、鐵人三項是急性疲勞。

（四）中樞疲勞與骨骼肌疲勞

運動項目不同，運動特點就不同，從事運動後產生疲勞的性質及特點也就不完全相同。即使同為競賽項目、跳部項目、投擲運動項目、游泳運動項目，運動員所產生的疲勞也有所不同。Edwords認為實用的身體疲勞分類法，應建立在對不同頻率電刺激的反應上，從而把疲勞分為中樞性和周邊疲勞兩大類。

1. 中樞疲勞：因中樞神經系統機能減低引起的疲勞稱之為中樞疲勞。長時間肌肉活動所引起的疲勞有不同的抑制過程。抑制過程發生在中樞，並以中樞為主導，在它和周邊系統的相互影響下發展起來。運動性疲勞伴隨著保護抑制的發展。

2. 周邊疲勞：周邊疲勞即骨骼肌的疲勞。包括除神經系統外各器官在疲勞時的變化。在此肌肉是主要運動器官，因而研究運動時肌肉能源物質代謝與調節，肌肉pH值、溫度、局部肌肉流血、肌電圖等就成為骨骼肌疲勞的重點。（林正常，2006；許樹淵，2001；豬飼道夫，1990）

三、疲勞的原因

人體在持續工作一段時間後，工作能力逐漸下降，這種由於肌肉工作本身而引起運動能力暫時下降的現象，稱為運動性疲勞。肌肉產生疲勞的因素包括組織內H^+濃度增加而影響Ca^{2+}與旋光蛋白(troponin)的結合程度，促使肌肉收縮程度下降；組織內pH下降到6.5或更小時，ATP/ADP比率急遽下降，提供肌肉收縮的能量，因此則無法充分提供收縮肌肉所需，而迫使肌肉收縮時的能力下降。在這種情況下，肌肉組織內的**磷酸肌酸**(creatine phosphate, CP)可能已減少2/3以上。

收縮肌肉內的血流量減少，缺血與缺O_2，因而CO_2和乳酸因之增加。肌肉和血液中乳酸累積是引起肌肉機能下降的重要因素。在參與激烈的動力性或靜力性運動過程中，肌肉中乳酸可增加約30倍。乳酸在體液中很容易離解，變成乳酸根離子和氫離子，其結果導致肌肉和血液中pH值下降。在肌肉產生疲勞時，肌肉的pH值在則呈現6.5~6.6之間，血液的pH也介於6.9~7.1之間。表13-7則為運動刺激後的疲勞症狀。

表13-7 運動刺激後的疲勞症狀。

	低強度刺激	最理想的刺激	達個人極限刺激	稍超個人極限刺激
疲勞水準	低	高	衰竭	衰竭
流汗情形	上身輕或中等流汗	上身大量流汗	下半身大量流汗	流一些汗
技術上的本質	控制下的動作	準確差、不穩、一些技術錯誤	協調差、技術不確定、多錯動作	動作不穩、缺乏爆發力、精確度差
專注	正常、選手隊教練的反應快、最大的注意力	學習新技術能力差、較難專注	專注差、緊張、不穩	不用腦筋、無法正確動作、無法專心於需智力的活動
訓練與健康	執行所有訓練	肌力弱、缺爆發力、低作業能量	肌肉與關節痛、頭痛、反胃、噁心、心神不安	失眠、肌肉酸痛、身體不適、24小時或以上高心跳率
訓練意願	希望訓練	希望更常休息、仍願意訓練	希望停止訓練、需要完全休息	討厭、隔天再訓練、粗心大意、對訓練規定報負面態度

資料來源：Harre, 1982；黃超文&吳鑒鑫，2001。

四、疲勞的判定

1. 測量體重：體重的增減可作為判斷疲勞的重要依據。運動員必須每月測量體重。當營養不足則體重會減輕，如果在集訓時，全體運動員均有體重減輕的現象，應立即研究營養和休息的方法。除了過胖者外，在正常下一個月之內體重不會減輕數公斤。

2. 體位血壓的反射：疲勞時由臥位改為坐位時，血壓不易恢復。但健康者在2分鐘內可以恢復坐位應有的血壓高度。不過有些人因體質關係，有時也有這種現象出現，女子在月經來潮時這種反射亦較遲鈍。

3. 檢查肌力：疲勞會使肌力減小，可藉由每日早晚兩次的背力握力測驗，瞭解肌肉疲勞的情形。如果早晚均呈現退步則表示肌肉疲勞。

4. 測量下腿圍：以皮尺測量下腿最粗部位，疲勞時其粗度會增加。

5. 站立測驗：此測驗可測知這種神經系統功能的失調與否。教練可讓選手在早上睡醒時進行測驗，睡醒時勿起身先量1分鐘的脈搏，之後起立站著停20秒後再測量一分鐘的脈搏，因此有兩種心跳率，一是仰臥在床上的心跳率，另一是站立20秒後的站立心跳率。若仰臥時心跳率低，站立後的心跳率僅比此心跳率高出4~8次（每分鐘）時，表示選手的身體情況不錯，沒有疲勞累積的現象。相反的，如果仰臥心跳率高，而站立心跳率高出仰臥心跳率8次以上或更多時，表示選手正處於疲勞狀態。（豬飼道夫，1990）

五、克服疲勞的方法

克服疲勞的方法有其下列幾種可供參考：

1. 休息：在休息中可以促進肌肉或神經代謝的恢復過程，使其再度積蓄能量，在休息的過程中可使養分及水分的補給獲得調整，在精神方面，身體亦可藉此獲得完全的恢復。休息則有安靜的休息與積極的休息，所謂積極休息就是以疲勞的原因相反的活動來消除疲勞，在精神上的疲勞（如看書看太久），可以輕微的做體操或運動。在身體上的疲勞則可以聽聽音樂來消除疲勞。

2. 睡眠：消除疲勞所必要的恢復法是睡眠，睡眠中如循環、呼吸、消化、內分泌等所有機能都減低，大腦皮層也被抑制，肌肉的收縮也減少，可在此中間排除疲勞物質、修補內部。成年人一般每天需要7~9小時，兒童及少年的睡眠比成年人更長。

3. 營養：運動時所消耗的物質都是靠食物中攝取營養來補充的，胺基酸、醣類、維生素B_1、維生素C等的攝取亦有效。如果是大量流汗則需要補充水分和鹽分，反之，缺乏必要的營養會使疲勞消除很慢或不能消除，而常常消化系統也在疲勞的狀態中，所以補充營養食物時須重質不重量。

4. 其他：採用溫水浴、局部熱敷、針灸、按摩、氣功、物理療法。（林正常，2006；黃彬彬，1990；黃超文&吳鑒鑫，2001）

● 參考文獻 ●

Bompa, T. O.著，蔡崇濱、劉立宇、林正東、吳忠芳譯，林正常總校閱(2001)·**運動訓練法**（一版）·臺北市：藝軒。

林正常(2002)·**運動科學與訓練**（三版）·新北市：銀禾文化。

林正常(2006)·**運動生理學**（二版）·臺北市：師大書苑。

林貴福(2000)·**認識健康體適能**（一版）·臺北市：師大書苑。

洪偉欽(1995)·**孕婦運動經驗與分娩過程之相關研究**·臺灣師大體育研究所碩士論文（未出版）。

翁志成(2001)·**運動訓練概論**（初版）·臺北市：師大書苑。

許樹淵(2001)·**運動訓練智略**（初版）·臺北市：師大書苑。

黃彬彬(1990)·**運動生理學**·臺北市：正中。

黃超文、吳鑒鑫(2001)·**運動生理學**（初版），臺北市：亞太圖書。

豬飼道夫等著，吳萬福譯(1990)·**運動生理學**（二版）·臺北市：水牛。

Brukner, P., & Khan, K. (1993). Clinical Sports Medicine (pp.541-560). McGraw-Hill.

Costill, D. L. (1967). The relationship between selected physiological variables and distance running performance. *J Sport Med Phys Fitness,* 7:61-66.

Harre, D. (1982). *Trainingslehre.* Berlin:Sportverlag.

Leius, D. A., Kankon, K., & Hodgson J. D. (1986). Physiological differences between genders implication for sports conditioning. *Sport medicine, 3:* 357-369.

Pfeifer, H. (1982). Methodological basis of endurance training. In D. Harre (Ed.), *Trainingslehre* (pp. 210-229). Berlin: Sportverlag.

Powers, S. K., & Howley, E. T. (2001). *Exercise physiology: Theory and application to fitness and performance* (4th ed.). New York: McGraw-Hill Publishers.

Tabata, I., Nishimura, K., Kouzaki, M., et al. (1997). Effects of moderate-intensity endurance and high intensity intermittent training on anaerobic capacity and V_{O_2}max. *Med Sci Sport Exerc,28*:1327-30.

Willmore, J. H., Costill, D. L., & Kenney, W. L. (2009). *Physiology of Sport and Eexercise* (4th ed.). Human Kinetics Publishers.

課後練習
Exercise

一、選擇題

（　）1. 耐力訓練裡的哪一個方法的特徵是訓練量大，而沒有任何的中斷？　(A)反覆法　(B)一致法　(C)交替法　(D)法特雷克法

（　）2. 運動員從事反覆多次的訓練距離，所以可以將模擬訓練看作是反覆訓練的一種變化。這個方法的特色，在於它與比賽的特性很類似，請問是哪一種方法？　(A)反覆法　(B)一致法　(C)交替法　(D)模擬訓練

（　）3. 請問女性生理週期第三期為何？　(A)月經階段　(B)排卵階段　(C)排卵後期階段　(D)月經前期階段

（　）4. 操作的結果，造成作業能力下降的現象也許是機體不能將它的機能保持在某一特定水準或者不能維持某一特定的運動強度，請問這是指下列哪一個？　(A)耐力　(B)疲勞　(C)肌力　(D)柔軟度

（　）5. 請問下列何者為判定疲勞的方法？　(A)測量下腿圍　(B)體位血壓的反射　(C)測量體重　(D)以上皆是

（　）6. 請問孕婦在懷孕中運動有什麼幫助？　(A)預防懷孕期下背疼痛　(B)增進有氧適能　(C)降低妊娠毒血症的發生　(D)以上皆是

（　）7. 請問長距離法不包含下列哪一個？　(A)反覆法　(B)交替法　(C)法特雷克法　(D)一致法

（　）8. 包括除神經系統外各器官在疲勞時的變化又稱為骨骼肌疲勞的是下列哪一個？　(A)中樞疲勞　(B)急性疲勞　(C)周邊疲勞　(D)局部疲勞

（　）9. 請問下列哪一個方法可以提升柔軟度？　(A)主動法　(B)被動法　(C)混合法　(D)以上皆是

（　）10. 利用各種運動強度，配合設定好休息間隔時間反覆刺激的一種方法稱之為？　(A)間歇訓練法　(B)一致法　(C)交替法　(D)模擬訓練

（　）11. 影響運動表現因素，大致可分為哪幾種？　(A)耐力運動表現　(B)肌力運動表現　(C)以上皆錯　(D)以上皆是

（　）12. 運動員在訓練過程中，其訓練的刺激超過運動員所能負荷的量或是訓練之後沒有適當的休息恢復，即訓練與恢復之間出現不協調的狀況，請問這是何種現象？　(A)模擬訓練　(B)耐力訓練　(C)過度訓練　(D)間歇訓練

（　）13. 請問為慢縮肌纖維又稱之為什麼肌？　(A)紅肌纖維　(B)快縮肌纖維第IIa型纖維　(C)第IIb型纖維　(D)以上皆是

（　）14. 主要目的是強化專項運動的主要動用能量系統或參與肌群，並將運動員體能水準逐漸調整到賽季進行中所需的程度，此為哪一季的訓練？　(A)季中訓練　(B)季外訓練　(C)季前訓練　(D)季後訓練

（　）15. 此時期的訓練建議應採活潑多樣及趣味的活動模式來進行，既然是多樣趣味活動，故都須採取低強度及低訓練量的訓練原則來施行，此為哪一季的訓練？　(A)季後訓練　(B)季外訓練　(C)季前訓練　(D)季中訓練

二、問答題

1. 試描述最大攝氧量的意義。

2. 改善耐力訓練的五種方法為何？

3. 柔軟度訓練的處方原則有哪三條件？

4. 試描述女性運動三合症。

5. 疲勞的分類為何？

6. 訓練原則為何？

7. 人體骨骼肌就其收縮特性可分為哪三大類？

8. 試描述肌肉產生疲勞的生理機制。

9. 試描述能改善柔軟度三種方法中分別需注意的事項。

解答：BDBBD　DACDA　DCACA

林高正 編著

運動處方
(Exercise Prescriptions)

「**處方**」(prescription)在醫學的領域上指的是醫師針對病人的症狀以及症狀輕重的程度，給予病患改善病情的醫藥處方。「**運動處方**」(exercise prescription)是由運動或復健相關領域的醫師、教師或教練針對一般人士、復健患者或專業運動員，依其性別、年齡、過去病史、心肺功能、肌力、肌耐力、柔韌性、瞬發力等，運用運動處方的型式擬定適當的運動強度、運動持續時間、運動頻率與運動種類，透過以上手段來安排特定個體、特定目的的一種運動訓練課表。

自1950年代美國的生理學專家卡波維其(Karpovich)提出運動處方一詞的概念，日本的豬飼道夫教授在1960年也使用「運動處方」一詞。

隨著經濟的成長，社會的進步，人們對健康的促進與生理的健康要求也更為全面。因此「運動處方」一詞已由過去以「健身」為主要目的，現今更延伸出針對不同目的、不同需求的各式各類運動處方。例如：以提升專業運動員運動成績的「競技運動處方」，一般人士為保持或提升自身健康的「健身運動處方」，以改善體弱者或年長者健康狀態的「預防保健運動處方」，以改善因意外或運動傷害所設計的「復健運動處方」，總而言之「運動處方」指的是針對個人的具體狀況與條件來「量身」定做的運動訓練計劃。

14-1　運動處方

一、規律運動的益處

1. 透過規律的運動可以有效提升心臟血管系統的功能，使得心肺的收縮能力增強，讓每次心肌收縮時排出的血液增加。

2. 透過規律的運動可以有效降低休息時或從事等量運動強度運動時的每分鐘心跳次數，並且使得運動後的心跳恢復速度也較快。

3. 透過規律的運動能使得每分鐘心肌所能排出的最大血液量增大，全身血液量循環的速度也會加快，最大攝氧量因而增加；最大攝氧量越多者，顯示心肺耐力功能越好，在從事較長時間、較高強度的運動時，能有較高的效率。

4. 透過規律的運動可以有效消耗人體多餘的脂肪。由於現代人的生活型態與飲食習慣因素，導致運動量不足與熱量攝取過多，多餘的熱量轉換成體脂肪儲存在體內，導致肥胖疾病的發生；唯有透過規律運動才能有效消耗體內多餘的脂肪。

5. 透過規律的運動可以有效的改善關節的可動範圍（柔韌度），此功能的提升可減少肌肉、肌腱的拉傷機率，可使活動後肌肉痠痛的症狀獲得緩解，同時也能有效提升運動員的運動成績。

6. 透過規律的運動能提升人體對熱的調節能力，近年來因溫室效應，大氣溫度年年向上提升，透過適度的室外運動能有效提升人體對適應高溫的調節能力。

7. 透過規律的運動能提升人體對冷的調節適應能力。

8. 透過規律的運動能提升人體對高海拔環境（高山）的適應能力（例如登山活動）。

9. 透過規律的運動能提升人體對深海環境（低海拔）的適應能力（例如潛水活動）。

10.透過規律的運動能有效維持骨質的密度與預防骨質疏鬆症的發生。

11.透過規律的運動能提升人體調控血液中血糖的能力，即為葡萄糖耐受性。葡萄糖耐受性降低時，血液中的血糖濃度會上升，較易導致糖尿病的發生。

12.保持規律運動的人比起一般人更能應付日常生活中的各種壓力。

13.保持規律運動的人較不易罹患心理相關疾病，例如現代人的心理大敵—憂鬱症、躁鬱症等。

14.保持規律運動的人較不易患有沮喪與焦慮等現象。

15.保持規律運動的人較能有效的對抗生理老化現象。

16.保持規律的運動可以使得發育中的青少年得到更好的生心理發展。

17.維持規律的運動能提升骨骼肌群的機能，較能避免因日常生活中肢體勞動所帶來的肌肉痠痛現象。

二、運動處方的原則

　　運動處方的擬定是以不同個體依其不同需求、不同特性來量身訂做。處方擬定時應依照處方使用人的各項指標來擬定運動目的、運動種類、運動強度、運動持續時間、運動頻率以及運動處方執行時應注意事項。

(一) 運動目的——為何要運動？

　　運動處方的擬定是依據性別、年齡、生心理狀態、休閒喜好等各種不同的指標來制定，目的是透過科學化的訓練來達成以下幾項目的。

1. 改善體適能水準，延緩身體機能老化

2. 防制某些疾病發生的可能性，提升生活品質

3. 達到基礎體能的全面性發展，提升休閒運動與競技運動成績。

(二) 運動種類——要做何種運動？

運動種類的選定是依據運動處方的目的以及操作者的運動喜好而採用的，此項目的選定影響著運動處方執行的效果。因此運動種類在選定時應參考以下幾項條件。

1. 運動項目是否為操作者所喜愛。

2. 運動項目的強度與特性是否適合操作者。

3. 運動項目操作的環境、距離便利性是否合宜。

4. 是否有專業的運動指導員與運動夥伴陪同。

不同種類的運動項目，對於改善體適能的狀態有著不同的價值，例如：健行、快走、慢跑、游泳、浮潛、騎自行車、球類運動、有氧舞蹈等，皆是屬於具有持續性、節奏性且是全身性肌群的運動，是廣被多數體適能相關專家所推薦的運動項目。

(三) 運動強度——運動的激烈程度

運動強度指的是單位時間內完成的運動量，運動量是運動強度與運動時間的總和，同時運動量也是運動效果和運動安全的重要關鍵。

運動強度一般多以每分鐘心跳率的次數來表示運動強度的強弱，因此心跳率是用來評估運動強度的指標之一。運動強度過高會產生危險，強度太低則運動效果不彰。而不同的個體對不同運動項目所能承受的運動強度也不相同。

選擇適合的運動強度，必須依據年齡、性別、生心理狀態、運動喜好及運動目的等指標來做決定。

以心肺耐力運動強度而言，一般人可以將運動時的運動心跳率維持在每分鐘最大心跳率的60~80%之間，最大心跳率是以220減去年齡來計算。這種強度是有效而且安全的。

（四）運動時間——運動持續的時間

運動時間指的是除去運動前的準備運動與運動結束時的整理活動。運動持續的時間與強度成反比，運動強度越高，運動時間應相對縮短；運動強度較低，運動時間則須延長。根據美國運動醫學會的運動處方內容指出，一般給予民眾建議從事心肺耐力運動時，應持續20~60分鐘的運動持續時間。

（五）運動頻率——每星期的運動次數

運動頻率指的是每星期運動的次數，每一次的運動訓練對生理就是一次刺激，刺激會造成反應，長時間多次的反應漸漸累積就會使得機體產生適應。

運動頻率太少或過多都無法取得最佳的運動效果。如果兩次運動的時間間隔太短，會因為前一次的運動所造成的疲勞還沒恢復而造成疲勞的持續增加，進而造成過度疲勞，無法取得良好的運動效果。

反之，兩次運動時間間隔過長，前一次運動對機體產生的良好效應消失後才又進行下一次運動，此方式效益無法累積，也不是好的方式。

合理的運動頻率應根據運動目的與自身情況，給予不同的運動頻率，一般健康成人每週運動3~4次是適合的。因此，要取得良好的運動成果，合理的運動頻率與持之以恆是不二法門。

14-2 各年齡層改善體適能的一般指導方針

一、學童時期

本段主要針對6~12歲學童的骨骼系統、肌肉系統、心臟血管系統以及神經系統，做一般概括性的瞭解，進而作為擬定運動處方的重要依據。

（一）學童時期的骨骼系統概況

人類出生時全身的骨頭有270塊，隨著歲月的成長，14歲時全身的骨頭會增加到350塊，成年後則因骨骼與骨骼的結合最終保持在206塊。

學童時期的骨骼特性具有較好的延展度與彈性，若因長期的姿勢不良或外力不當的壓迫，易造成骨骼變形，因此日常生活中各種姿勢的正確性，就顯得極其重要。此外，學童的運動方式也必須有正確的選擇。

(二) 學童時期的肌肉系統概況

學童時期全身的肌肉量約佔總體重的25~30%左右。此時期的學童其肌肉佔身體的比例比成人少得多，因此，學童不應從事高強度與複雜度太高的運動。

學童時期的肌群發展由大肌群開始，因此學童時期安排的運動應選擇大動作為主的運動項目。

(三) 學童時期的神經系統概況

人類的神經系統發展在6歲時即達到成人階段的90%左右，14歲時就已接近發展完成。因此學童時期的運動項目安排應將視覺、聽覺、觸覺、平衡等神經系統相關要素列入考量。

(四) 學童時期的心臟血管系統概況

年齡越小的兒童心跳速率越快，學童時期的每分鐘心跳速率平均約90~120次左右，這是由於學童新陳代謝速度較快所致。

此年齡的學童血壓數值比成人低，收縮壓約是學童年齡加上100 mmHg。每分鐘呼吸頻率約20次左右。因以上因素，學童運動時呈現易疲勞但經短暫休息後恢復快。因此，此時期學童的運動項目安排應採取多次休息的方式。

(五) 學童的運動處方建議

學童時期是各系統生長發育的最頂盛時期，同時也是發展身體活動能力，掌握各種運動技能的關鍵時期，因此學童時期的運動安排應以合理性、全面性的身體鍛鍊為主。學童時期精力旺盛，因此一天中可安排多次的遊戲與運動。

1. 適合學童時期的運動處方建議為低衝擊、低強度，須能配合學童本身喜愛的運動項目來從事。

2. 適合的運動：各項遊戲、游泳、浮潛、健走、休閒自行車、籃球、排球、羽毛球、柔軟體操、舞蹈等。

3. 學童運動處方設計應注意事項：
   (1) 運動場地須光線充足
   (2) 避免高低不平或濕滑的地面。
   (3) 避免過度伸展或過度屈曲肢體關節，因過度伸展或過度屈曲關節，會造成關節相關組織受損。
   (4) 必須有足夠運動前暖身運動與運動後的緩和運動。
   (5) 運動強度、時間、頻率等也都要在適應後才慢慢增加。

二、青少年時期

　　本段主要針對13~19歲的青少年時期的骨骼系統、肌肉系統、心臟血管系統以及神經系統，做一般概括性的瞭解，進而作為擬定運動處方的重要依據。

(一) 青少年時期的骨骼系統概況

　　青少年時期的骨骼特性是延展性佳，雖不易發生骨折，但會因長期的姿勢不良或外力不當的壓迫，因而造成骨骼變形。

　　青少年精力充沛、充滿活力，在從事運動時應朝全面性發展，要預防同一動作、同一姿勢重複操作過多、持續時間過長的運動，例如棒球投擲動作，過量的操作易造成骨骼的不良發展，甚至造成傷害。

(二) 青少年時期的肌肉系統概況

　　青少年時期的骨骼成長速度大於肌肉成長的速度，導致肌肉被迫拉長因而影響青少年的柔軟度以及協調性，因此青少年時期的運動處方，伸展運動要素是不可忽略的重點。

(三) 青少年時期的神經系統概況

　　青少年時期的神經系統發展並未完整，此時期的青少年易造成注意力不集中、學習容易分心等。神經系統的完全健全發展須到18~24歲左右才能達到巔峰。

（四）青少年時期的心臟血管系統

　　青春期的男性在16歲時心跳次數已達到成人次數，此時期身高大幅提升，肌肉量增加，血紅素濃度也較充足，在肌力與耐力的表現上比同時期的女性佳。

　　青春期的女性由於生理的因素，皮脂肪的數量會增加，同時因月經週期的影響使得基礎代謝與紅血球的數量都隨之降低，使得女性在此時期較不喜歡從事運動。

（五）青少年的運動處方建議

　　主要以全身性大肌群進行規律性與韻律性為主的運動型態，例如步行、慢跑、騎自行車、游泳、浮潛、籃球、排球、棒球、羽毛球、保齡球等。

1. 中等強度有氧運動建議：每週至少5天，每天至少30分鐘；較激烈有氧運動建議：每週至少3天，每天至少20分鐘。

2. 肌力訓練運動建議：每週至少2次，從事全身性8~10組大肌群的肌力訓練，選擇適當之阻力，每個動作重複8~12下。

3. 青少年運動處方設計應注意事項：
   (1) 運動場地須光線充足。
   (2) 避免高低不平或濕滑的地面。
   (3) 在從事肌力運動時不可閉氣，須配合用力時吐氣，回復時吸氣的原則。
   (4) 避免過度伸展或過度屈曲肢體關節，因過度伸展或過度屈曲關節會造成關節相關組織受損。
   (5) 必須有足夠運動前暖身運動與運動後的緩和運動。運動強度、時間、頻率等也都要在適應後才慢慢增加。

三、中壯年時期

　　本段主要針對20歲至60歲中壯年人士的骨骼系統、肌肉系統、心臟血管系統以及神經系統做一般概述性的瞭解，進而作為擬定運動處方的重要依據。

　　人體在20歲左右所有系統均達到最高峰，接著隨年齡的增加各部位機能會隨之下降，尤其在35歲後，機能的衰退會明顯加快，此時期的人士，若要延緩機能的衰退，規律合理的運動規劃就顯得極其重要。

(一) 中壯年時期的骨骼系統概況

　　中壯年時期的人士骨骼均已發育完成，中壯年前期約20歲至40歲人士目標以儲存骨本為重點，中壯年後期約40歲至60歲人士目標以維持與減緩骨質流失為主。維持骨骼的健康除了適量的運動之外，適當的補充骨骼生成該有的營養也是很重要的。

(二) 中壯年時期的肌肉系統概況

　　40歲至60歲的中年人最常見的肌肉系統相關問題，就屬五十肩最為常見。肩關節是由肌肉、韌帶、肌腱、骨骼等所組成的。肩部在活動時會牽動所有相關部位，若因不合理的外力牽動造成的傷害或是老化，都會造成關節的相關疾病。最根本有效的預防方式就是安排合理適當的肌力訓練，強化肌肉力量來預防與改善肌肉相關系統因老化所帶來的退化與受損現象。

(三) 中壯年時期的心臟血管系統概況

　　中壯年時期的人士罹患心血管相關的疾病因素中，很大的部分是因為不運動所造成的。不運動加上肥胖很容易造成高血壓、糖尿病等與心臟血管相關的疾病。因此中壯年時期的人士應安排合理適當的有氧運動來預防心臟血管疾病的發生。

　　從事有氧運動可以改善心肺功能，使得紅血球數量增加，血液攜帶氧的能力更充足，進而提升免疫能力，有效減緩全身機能因老化所帶來的影響。

(四) 中壯年時期的神經系統概況

　　中壯年前期的人士，神經系統是屬於較穩定與成熟狀態；後期的人士因年歲的增長與生理的退化現象，在神經系統部分需要比年輕時更加重視。

(五) 中壯年人的運動處方建議

　　主要運動型態以全身性大肌群進行規則性與韻律性肌群收縮，例如步行、慢跑、騎自行車、游泳、浮潛、籃球、排球、棒球、羽毛球、保齡球等。

1. 中等強度有氧運動建議每週至少5天，每天至少30分鐘；較激烈有氧運動建議每週至少3天，每天至少20分鐘。

2. 肌力訓練運動建議：每週至少2次，從事全身性8~10組大肌群的肌力訓練，選擇適當之阻力，每個動作重複8~12下。

3. 中壯年人士運動處方設計應注意事項：
   (1) 運動場地須光線充足。
   (2) 避免高低不平或濕滑的地面。
   (3) 在從事肌力運動時不可閉氣，須配合用力時吐氣，回復時吸氣的原則。
   (4) 避免過度伸展或過度屈曲肢體關節，因過度伸展或過度屈曲關節會造成關節相關組織受損。
   (5) 必須有足夠運動前暖身運動與運動後的緩和運動。
   (6) 運動強度、時間、頻率等也都要在適應後才慢慢增加。

四、老年時期

本段主要針對年齡60歲以上的老年人的骨骼系統、肌肉系統、心臟血管系統以及神經系統做一般概述性的瞭解，進而作為擬定運動處方的重要依據。

老化是不可避免的，影響老化的主要因素是遺傳。雖是如此，在人的一生中能有正確的飲食、好的作息與正確適量的運動，不但可以獲得健康的身體，同時才能有效的延緩老化的速度。

(一) 老年時期的骨骼系統概況

老年時期的骨骼問題主要來自鈣質流失所造成的骨質疏鬆症。除此之外，關節退化現象所造成的退化性關節炎也是老年人常見的骨骼相關疾病。由於以上兩項因素，在擬定年長者的運動處方時，運動強度與運動角度的部分應更小心實施。

(二) 老年時期的肌肉系統概況

老年人由於全身的機能老化現象連帶減少身體勞動與運動的頻率，因此很容易使得肌肉的使用率降低而造成力量的流失，連帶影響到身體的活動能力。此現象會造成惡性循環，因此老年人應保持合理適當的肌力，才能有效延緩老化以及保有良好的生活品質。

（三）老年時期的心肺系統概況

在心肺系統方面，老年時期的肺部老化尤其明顯。隨著年齡增加，老年人的呼吸相關肌群功能明顯降低，以一般80歲老人與20歲年輕人相較，前者肺部功能約下降40%，因此可見老年人在心肺有氧相關的運動是不可缺乏的。

（四）老年時期的神經系統概況

由於老化的因素，年長者隨著年齡的增加，使得肌肉收縮速度減緩，反應時間拉長。除此之外視覺、聽覺、平衡感等功能也大受影響，因此老年人的運動項目選擇應以全方面的安全性為主要考量。

（五）老年人的運動處方建議

老年人由於心肺循環系統功能及肌肉骨骼的退化現象，適當的心肺有氧運動、肌力、肌耐力訓練以及關節相關部位保養是很重要的。

1. 適合老年人的運動處方建議為每週3~6次，長時間（約1小時）、低衝擊、低強度，須能配合自己本身喜愛的運動項目來從事。

2. 適合的運動：游泳、健走、休閒自行車、羽毛球、太極拳、柔軟體操、氣功、跳舞等。

3. 老年人運動處方設計應注意事項：老年人在從事運動時，應以安全為第一考量，應注意的項目有下列幾點：

   (1) 運動場地須光線充足。

   (2) 避免高低不平或濕滑的地面。

   (3) 在從事肌力運動時不可閉氣，須配合用力時吐氣，回復時吸氣的原則。

   (4) 避免過度伸展或過度屈曲肢體關節，因過度伸展或過度屈曲關節會造成關節相關組織受損。

   (5) 老年人關節延展性較差，骨骼關節較脆弱，要避免脊椎過度彎曲與過度扭轉的動作。

   (6) 必須有足夠運動前暖身運動與運動後的緩和運動。

   (7) 須遵守循序漸進原則，老年人身體的各個系統在運動時的適應時間需要比年青人更長。

   (8) 運動強度、時間、頻率等也都要在適應後才慢慢增加。

14-3 改善心肺功能的運動處方

心肺功能指的是呼吸系統、心臟功能、血液循環系統的功能強弱，心肺功能被各界公認為是人體機能中最重要的一環。心肺功能、心肺適能、有氧適能、循環適能等大致上指的就是人體供氧運輸系統的能力。

一、心肺功能提升的益處

要提升心肺功能，所採取的運動型態必須是全身性的運動項目，透過此功能的強化，可以達到強化心肺、強化血管運輸系統、強化血液品質、強化呼吸循環系統的功效，使有氧能量供應更為充裕，降低心血管疾病的發生。

1. **強化心肌**：透過適當的心肺功能提升訓練，可以有效的增加心臟每次壓縮的血液輸出量，輸出量增大可以減少每分鐘的心跳率，此影響對心臟的使用壽命有很大的助益。

2. **強化血管運輸系統**：心臟壓縮輸出新鮮血液，透過血管將血液輸送至人體各處。擁有良好的心肺功能，可使得血管的彈性保持在最佳狀態，使得血液的輸送與回流暢通無阻。

3. **強化血液品質**：透過適當的心肺功能提升訓練，能有效提升血液中的血紅素量，血液中足夠的血紅素有利於血液循環中氧的輸送。

4. **強化呼吸循環系統**：優良的心肺功能，能有效增強肺活量，有利於提升肺部與血液間的氣體交換。

5. **使有氧能量供應更為充裕**：低強度長時間的身體活動型態，須有良好的有氧能量供應系統來支持。因此具備良好的心肺功能較能應付日常生活中的作息，也較不易有疲勞的現象產生。

6. **降低心血管疾病的發生**：透過強化心肺、強化血管運輸系統、強化血液品質、強化呼吸循環系統、強化有氧能量供應等能力，能有效改善心肺功能，而心肺功能的提升能有助於預防或減少心血管疾病的發生。有效提升日常生活的品質，進而延長機體的壽命。

二、提升心肺功能的運動原則

透過運動的手段來提升心肺功能，此運動項目必須達到一定的耗氧程度以及足夠的持續時間，才能有效的提升心肺功能的程度。這種運動我們稱為有氧性運動。有氧性運動是屬於較低強度、較長持續運動時間。反之，較高強度但較短持續運動時間則屬無氧性運動，無氧性運動對心肺功能的提升則相對有限。我們可以用每分鐘的脈搏數來做為調整強度的指標，理論上運動強度越高，脈搏跳動次數就越快，耗氧量則越大，因此在從事提升心肺功能的運動時，應掌握每分鐘脈搏的跳動次數作為調整強度的指標。

根據有氧運動的特性，選擇的項目必須符合適宜的每分鐘脈搏跳動次數，並且維持較長持續運動時間的運動特性，須依循的原則有下列幾項：

(一) 大肌群的全身性運動

應選擇大肌群的全身性運動項目，例如跑步、騎自行車、有氧舞蹈、游泳、浮潛運動等都是很好的選擇，上述幾項運動項目在操作時，動用的肌群幾乎是全身性且耗氧量大，是欲提升心肺功能很適宜的運動項目。反之若選擇較單一、較小肌群的運動項目，則不容易達到足夠的耗氧量，且容易造成局部肌群的疲勞，難以達到心肺功能的提升。

(二) 持續性的運動

提升心肺功能所選擇的運動項目，其特性應是不間斷的，時間長短是可以由參與者自由控制，而不應由外在因素所影響。

(三) 具有節奏性的運動

提升心肺功能所選擇的運動項目，必須是具有節奏性的。因為具備有節奏性特徵的運動項目，較能將運動強度控制在有效的範圍內，並且持續保持適宜的運動時間。反之，間斷性的運動項目，無法維持穩定的運動強度與運動持續時間，較難達到足夠的耗氧量，當然提升心肺功能的效果也不顯著。

(四) 可以依個別能力來調整強度的運動

依據個體因素的差異，不同的個體在從事提升心肺功能的運動時，都必須依照不同的程度給予不同的運動強度設計。因此在選擇運動項目時也必須選擇是可以調整強度高低的運動項目。例如：低、中、高強度有氧舞蹈課程，機械式可調整強度的跑步機、腳踏車、滑步機等。

三、取得運動脈搏數的方式

提升心肺功能的運動，在強度設定時，取得每分鐘運動脈搏數的資訊是很重要的。取得正確的運動中脈搏跳動次數是評估適宜的運動強度的重要指標。以下為量取運動脈搏數的程序要點：

1. 以跑步機或騎自行車為例，在量取脈搏數前須確認全程的操作速度與強度，皆應保持穩定，不應有忽快忽慢的現象。

2. 當達到設定的運動距離或運動時間，必須立刻測量當下的脈搏數，測量時間以10秒為基準，測量的時間若過長，其數值會隨著活動的停止，強度下降，測量的數值會快速減少，準確性會受到影響。

3. 使用「立刻」在運動實施後測量的10秒鐘測得的脈搏數，乘以「6」就可以得到運動時的每分鐘脈搏數。例如：測量10秒鐘測得的脈搏數是26次，即以26乘以6（因每分鐘有60秒）等於156次，即表示運動時所達到的脈搏跳動強度是每分鐘156次。

4. 一般簡易可以即刻、不需其他量測器材的量取脈搏方式，大都以量取頸動脈(carotid artery)或量取腕部臂動脈(brachial artery)，此兩種方式是較常使用在量取運動脈搏數的簡易有效方式。

四、提升心肺功能的運動處方條件

(一) 運動項目 (型態)

健走、慢跑、游泳、浮潛、騎自行車、有氧舞蹈、划船等具有長時間操作、具有節奏的有氧特性型態項目。同時必須是全身性、大肌群的活動模式，以上提及的項目與特性即是安排提升心肺有氧功能適宜的處方條件項目。

（二）運動強度

在提升心肺功能的強度控制，一般是以每分鐘的脈搏跳動次數為參考指標。計算方式與強度控制，可以用220減去年齡的數據，以此數據的70~90%的強度範圍，是很適合做為提升心肺功能的運動強度。

例如：一位正常的30歲成人，即用220減去30等於190，190即為他的每分鐘最大脈搏跳動值，由此數據可推算出合適的運動強度是介於每分鐘心跳133次（190×70%）至171次（190×90%）的高低範圍之間。意即須將運動強度控制在每分鐘脈搏率133次以上，177次以下為最適當的運動強度。

（三）運動持續時間

運動強度越強，持續時間則較短，運動強度較低，則持續時間需相對拉長。運動強度與運動持續時間的安排須按照計算出的數據來做合理有效的設定。建議運動持續時間應有20分鐘以上至60分鐘或更長的時間，才能明顯有效的提升心肺功能。

（四）運動頻率

提升心肺功能的運動頻率，一般建議練一天、休息一天是很理想的訓練安排，至於是否可以每天都安排訓練，即須依訓練者的身心狀態與負荷能力來做合理的課程安排。如果一星期只安排一次的訓練頻率，在訓練的效果上無法有效疊積，長久下來的成效有限。

五、提升心肺功能的運動建議與運動時應注意事項

（一）游　泳

水的熱傳導大約是空氣25倍，人體進入水的世界，由於熱傳導快，溫差會對皮膚產生刺激，促使表面血管收縮，進而提升身體的血液循環功能。

水比空氣重約800倍，因此人體在水的環境運動時，對呼吸肌會產生一定的刺激作用，進而提升呼吸肌的功能。長期從事游泳運動的人，會有較大肺活量，原因在此。

⊃ 游泳運動的益處

游泳運動是目前最普遍的休閒運動之一，游泳運動的益處有很多，例如：

1. 增進心肺血管功能：游泳運動對各年齡層促進心肺血管功能有極顯著的效果，尤其對於年長者來說，此類運動更能夠有效提升心肺血管相關功能。

2. 增強肌力與肌耐力：游泳運動主要施力部位是全身肌群，因此游泳運動對身體肌群的肌力與肌耐力功能的提升有著很大的助益

3. 有效控制體重：較長距離的游泳運動型態屬有氧運動，活動時消耗的能量以體脂肪為主，因此可達到顯著的減肥與體重控制效果。

⊃ 從事游泳運動時應注意事項

應瞭解自身健康體能狀況，若罹患心臟病、高血壓、各項傳染病、癲癇、傳染性皮膚病、眼疾等，應暫時停止從事游泳運動。

1. 應選擇開放泳池或有救生人員值勤的水域從事游泳活動。

2. 嚴禁在設有「禁止游泳」、「水深危險」等禁止標誌區域內從事游泳活動。

3. 從事游泳活動時應預防強烈紫外線照射。

4. 避免在低水溫水中從事游泳運動。

5. 飢餓、過飽、有飲酒或心情欠佳時，不宜從事游泳活動。

6. 應遵守各浴場之規定（各開放浴場在入口處都設有告示牌）。

7. 從事游泳活動時應穿游泳衣、游泳褲、泳帽、水鏡，尤其不可穿長褲入水。

8. 發現有人溺水時，應大聲呼叫「有人溺水」，請求支援。

9. 從事游泳活動前應先做伸展暖身操，經淋浴後才能入水從事游泳活動。

10. 兒童從事游泳活動要有成人陪同才能從事游泳活動。

(二) 自行車

騎自行車是目前最時尚健康的休閒運動生活方式，騎自行車既能代步又有運動效果，更符合現代環保節能的概念。現代人隨著年歲的增長，對日漸走樣的身材感到憂心，但憂心歸憂心，卻總是以沒時間沒場地運動為藉口，長久下來即造成身體不良的影響，因此若能將每天通勤的時間距離拿來運用，它可以為您帶來許多意想不到的功效及好處。

➲ 騎自行車的健康效益

1. 增進心肺血管功能：從事騎自行車運動對各年齡層促進心肺血管功能有極顯著的效果。

2. 增強肌力與肌耐力：騎自行車運動主要施力部位是下肢肌群，尤其是大腿前側股四頭肌、大腿後側股二頭肌、小腿前側脛骨前肌、小腿後側比目魚肌與腓腸肌，以上肌群在騎自行運動中是使用最頻繁的部位，由於騎自行車不管是通勤或運動，在時間與距離都有一定量，因此騎自行車運動對身體肌群的肌力與肌耐力功能的提升有著很大的助益。

3. 有效控制體重：騎自行車的活動型態屬有氧運動，較長時間活動時消耗的能量以體脂肪為主，因此可達到到顯著的減肥與體重控制效果。

➲ 自行車的選擇

　　自行車有不同的種類與性能，大致可分為幾種不同的車種，例如公路車、越野車等。選擇主要依據騎乘不同路面、不同距離及不同騎乘目的或騎乘環境的需求來做選擇。

　　不同功能的自行車有不同的設計，首先應選擇適合自身需求的自行車，接著要注意的就是車架的尺寸是否適合騎乘者的身高體重。試乘時坐在座墊上雙腳踏在踏板一上一下放置，騎行時雙腳交互踩踏，在下踏時大腿與小腿應接近伸直（並非完全伸直）。除此之外，手把的高度應調整到合適的角度。

1. 自行車配件
   (1) 前車燈：一般為白色車燈（或閃光燈），主要目地是讓其他車輛能看見單車騎士。用來照明的效果並不理想。
   (2) 後警示燈：一般為紅色車燈（或閃光燈），在黑暗中可以讓別的車輛知道單車騎士的位置。
   (3) 簡易維修工具：六角板手、十字、一字螺絲起子、老虎鉗等相關需要工具。
   (4) 打氣筒：一般型及攜帶型，攜帶型體積較小可隨車附掛。
   (5) 水壺及水壺架：長途的騎乘會消耗大量的水分，因此水壺是必備的裝置。

2. 個人裝備
   (1) 安全帽：自行車專用安全帽，一般為質輕的PU或保麗龍材質，安全帽主要保護頭顱安全，同時也是自行車相關法規規定的必要裝備。

(2) 遮陽防風眼鏡：主要為遮擋刺眼的陽光，另一功能為阻隔騎乘時迎面而來的風沙。

(3) 自行車手套：防止長時間手握把手造成的流汗手滑現象，另一功能是意外跌倒時手掌撐地面時能有多一層保護。

⊃ 自行車安全騎乘應注意事項

1. 靠路邊行進：靠路邊行進是單車安全騎乘的基本守則，在一般情況下，路上的機動車輛的速度幾乎都比單車快，如果單車佔據了車道，那麼危險性也會隨之增加。

2. 隨時注意後方來車：在行進中必須偏離直行時，例如轉向或閃避前方障礙物時，首先要回頭看看後面是否有來車。如果冒然偏離行進路線或是轉向，後方接近的車輛可能反應不及而撞上，導致交通意外的發生。

3. 雙邊同時煞車：煞車時如果只煞後煞，煞車效果會不足；若是只煞前煞，則很容易造成前輪鎖死偏移或向前翻車，應雙手同時煞車才能發揮適當的煞車效果。

4. 保持適當的煞車距離：騎乘時應保持高度的專注力，瞭解車的煞車性能，避免緊急煞車，以免行車失控導致交通意外事故發生。

5. 適當的檔位選擇：單車的速度檔位是為了因應地形起伏而設計的。不同的地形操控合適的檔位才能將車的性能提升到最高，同時保有最好的安全性。

14-4 增進肌力及肌耐力的運動處方

　　肌力指的是人體承受阻力，或是人體在承受阻力的同時也產生肢體位移的一種能力，肌力素質高能有效提升一般人的生活品質與休閒活動能力。肌力素質對於運動員尤其重要，擁有程度較高肌力素質的運動員能跑得更快、跳得更高、運動效率更好，也更能有效的降低運動傷害的發生。

　　肌力素質一般強調的有兩種能力，一是**肌力**(muscular strength)，指肌肉一次能發出的最大力量；二是**肌耐力**(muscular endurance)，指肌肉承受某種負荷時，所能操作的反覆次數多寡，或所能持續操作的時間長短來表示。

一、肌力訓練處方擬訂原則

在擬訂肌力訓練運動處方時，有幾項原則是必須遵循的，須遵循的原則有：超載訓練原則、漸進負荷訓練原則、個別訓練原則、均衡發展訓練原則、特殊化訓練原則、目標與評量原則。

(一) 超載訓練原則

超載訓練原則指的是此次肌力訓練的強度必須超過上一次訓練的強度。肌力訓練後，經過充足的休息以及營養的補充，肌力會超越之前的肌力水準，意味著機體可以接受下一次更高強度的肌力訓練，即所謂超補償作用。因此在擬訂肌力訓練處方時，須依循超載訓練原則，否則無法達到超補償作用，若沒有達到超補償作用，肌力訓練的成效就十分有限。

(二) 漸進負荷訓練原則

古希臘角力選手米勒(Milo)養了一頭小牛，他每天必須將小牛帶到河的另一邊去吃草，由於小牛體積太小無法通過湍急的水流，米勒於是每天將小牛抱過河流，待小牛吃飽後又將小牛抱回，日復一日小牛慢慢長大，米勒的力量也隨著牛的重量增加而增大。這種由輕至重，使肌肉逐漸增加強度進而適應強度，接著再增加強度的原則，即是所謂的漸進負荷訓練原則。

(三) 個別訓練原則

個別訓練原則指的是每一位接受肌力訓練者，在性別、年齡、生心理條件以及訓練目的都有不同，因此所擬定的課程須以個人不同的條件來給予合適的運動處方。

(四) 均衡發展訓練原則

在肌力訓練的領域中，常見到因個人喜好或者訓練課表的不當設計或訓練器材不夠完備，在長時間的訓練後產生的不均衡發展現象。較常見的有以下幾點：

1. 忽視結締組織的強化（結締組織指的是肌腱、韌帶及骨骼等），以致肌肉強度勝過結締組織，因而造成結締組織的傷害。結締組織的強化最佳時機是於青少年階段，若錯過此機會則成效較差。

2. 連結上半身與下半身的重要樞紐是腹背肌群，不管是何種運動，腰腹肌群都扮演著很重要的角色，一般人常忽略腰腹肌群的強化，因而導致腰腹肌群的運動傷害或退化現象，因而產生下背痛等相關疾病。

3. 在健身中心常可見到健美運動愛好者，因個人的喜好以及對肌力訓練的一知半解等因素，忽略了拮抗肌群的平衡訓練原則，例如股四頭肌群十分發達，股二頭肌群不訓練，或胸部肌群發達但背部肌群不訓練，此種不平衡的訓練方式除了從外觀看不協調，達不到整體的美感，在機能上尤其容易造成不平衡發展所帶來的傷害。

(五) 特殊化訓練原則

　　一般人若以肌力訓練來當作復健的手段，復健師會依復健者的傷害狀況給予不同角度、不同負荷的操作訓練來達到復健者的復健目的。若是運動員，則應以運動員的專項訓練特性來排定操作角度與合適的負荷，例如：鉛球選手的上半身肌力訓練則可以安排上斜板推舉65~70度的訓練。以此類推，任何項目的運動選手在安排肌力訓練時，皆應以其專項的用力角度與肌力特性來排定。

(六) 目標與評量原則

　　透過合理的肌力訓練，課程擬定後按部就班的照表操課，經過一段時間的訓練，欲知道是否達到目標或者是否有往目標方向前進，此時就必須經由評量的手段來得知成效。

　　肌力成效的評量可以透過最大肌力的測驗（最大肌力即指一次反覆所能舉起的最大負荷，或稱1 RM的最大負荷）來取得數據，若是一般初學者則應較保守，可以測10 RM的最大肌力，接著根據反覆次數與負荷數據來換算最大肌力，公式為10 RM為75%之1 RM除以0.75，就可以換算出1 RM的最大肌力數據。要有訓練成果，必須擬定訓練計畫，設定訓練目標與訓練方法，最後給予評量。透過評量可以得知是否往目標方向前進，是否需要增加負荷或修改處方，由此可見評量是增進肌力訓練效果很重要的一項手段。

二、肌力訓練運動處方專有名詞

1. **反覆訓練次數(repetition)**：指操作一項動作在達到預定次數之前沒有過長時間停頓或休息的條件下操作的次數，例如引體向上動作操作12次，即代表反覆次數12 reps。

2. **最大反覆**(repetition maximum)最大肌力：亦即某一重量只能操作一次而第二次無法完成的重量即為1 RM。12 RM即為操作至第12次而第13次無法完成操作的重量。

3. **組數**(set)：操作完成處方中設計的動作所設定的反覆次數，即完成一個組數的訓練。

4. **訓練強度**：指的是最大肌力的百分比。

5. **總訓練量**：重量×反覆次數×組數＝總訓練量。例如：100 kg× 10 reps × 3 set＝3000 kg。

6. **組間休息時間**：前一組與後一組之間的休息時間。

三、骨骼肌各部位主要肌群

(一) 正面肌群

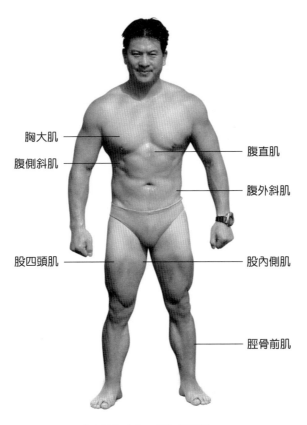

胸大肌

腹側斜肌

腹直肌

腹外斜肌

股四頭肌

股內側肌

脛骨前肌

▶ 圖14-1　正面肌群。

(二)側面與背面肌群

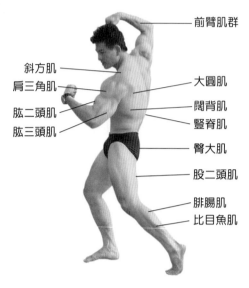

前臂肌群

斜方肌
肩三角肌
肱二頭肌
肱三頭肌

大圓肌
闊背肌
豎脊肌
臀大肌
股二頭肌
腓腸肌
比目魚肌

▶ 圖14-2　側面與背面肌群。

四、增進肌力及肌耐力的運動建議項目及應注意事項

(一)肱二頭肌

➲ 操作項目名稱：坐姿槓鈴肱二頭肌捲曲訓練

1. 主要訓練相關肌群：肱二頭肌群。

2. 預備姿勢：首先調整手臂靠墊於適當高度，坐上坐墊，雙手肱三頭肌緊靠手臂靠墊，雙手握於槓鈴（可依需求選擇窄握或寬握）。

3. 操作過程：啟動時肱二頭肌施力將負荷向上捲曲，頂點停留半秒鐘，接著將負荷下放至預備姿勢（圖14-3）。

4. 注意事項：
   (1) 操作過程中須保持呼吸程序。
   (2) 操作過程需穩定手肘角度，不可因負荷的操作而隨著起伏。
   (3) 啟動上舉與下放回復須保持穩定的速率。
   (4) 啟動上舉時不可晃動借力。

(A)   (B)   (C)

▶ 圖14-3　坐姿槓鈴肱二頭肌捲曲訓練。

⊃ 操作項目名稱：坐姿肱二頭肌捲曲訓練機

1. 主要訓練相關肌群：肱二頭肌群。

2. 預備姿勢：首先調整手臂靠墊於適當高度，坐上坐墊，雙手肱三頭肌緊靠手臂靠墊，雙手握握把，呈預備姿勢。

3. 操作過程：啟動時肱二頭肌施力將負荷向上捲曲，頂點停留半秒鐘，接著將負荷下放至預備姿勢（圖14-4）。

(A)   (B)   (C)

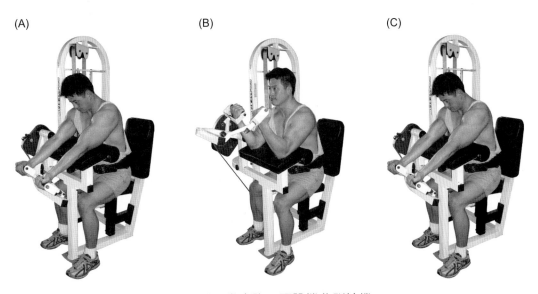

▶ 圖14-4　坐姿肱二頭肌捲曲訓練機。

4. 注意事項：

　(1) 操作過程中須保持呼吸程序。

　(2) 操作過程需穩定手肘角度，不可因負荷的操作而隨著起伏。

　(3) 啟動上舉與下放回復須保持穩定的速率。

　(4) 啟動上舉時不可晃動借力。

⊃ 操作項目名稱：坐姿啞鈴肱二頭肌捲曲訓練

1. 主要訓練相關肌群：肱二頭肌群。

2. 預備姿勢：首先選擇合適高度的座椅，呈坐姿單手握啞鈴，手肘上方緊靠同側大腿內側，呈預備姿勢。

3. 操作過程：啟動時肱二頭肌施力將負荷向上捲曲，頂點停留半秒鐘，接著將負荷下放至預備姿勢（圖14-5）。

4. 注意事項：

　(1) 操作過程中須保持呼吸程序。

　(2) 操作過程需穩定手肘角度，不可因負荷的操作而隨著起伏。

　(3) 啟動上舉與下放回復須保持穩定的速率。

　(4) 啟動上舉時不可晃動借力。

(A)　　　　　　　　　　(B)　　　　　　　　　　(C)

▶ 圖14-5　坐姿啞鈴肱二頭肌捲曲訓練。

○ 操作項目名稱：立姿啞鈴肱二頭肌捲曲訓練

1. 主要訓練相關肌群：肱二頭肌群。

2. 預備姿勢：雙腳與肩同寬呈立姿，單手握啞鈴，將啞鈴置於身體側邊，呈預備姿勢。

3. 操作過程：啟動時肱二頭肌施力將負荷向上捲曲，頂點停留半秒鐘，接著將負荷下放至預備姿勢（圖14-6）。

4. 注意事項：

   (1) 操作過程中須保持呼吸程序。

   (2) 操作過程需穩定手肘角度，不可因負荷的操作而隨著起伏。

   (3) 啟動上舉與下放回復須保持穩定的速率。

   (4) 啟動上舉時不可晃動借力。

(A)　　　　　　　　　　(B)　　　　　　　　　　(C)

▶ 圖14-6　立姿啞鈴肱二頭肌捲曲訓練。

(二) 肱三頭肌

○ 操作項目名稱：立姿滑輪肱三頭肌下壓訓練

1. 主要訓練相關肌群：肱三頭肌群。

2. 預備姿勢：面向滑輪，雙腳與肩同寬呈立姿，雙手握緊把手，將負荷下壓至預備位置，上半身微向前傾，呈預備姿勢。

3. 操作過程：啟動時由肱三頭肌施力，將負荷下壓至手肘呈伸直狀態，停留約半秒鐘，接著將負荷回復至預備姿勢（圖14-7）。

4. 注意事項：

　(1) 操作過程中須全程保持正確呼吸程序。

　(2) 負荷啟動過程與回復過程需全程保持穩定的速率。

　(3) 負荷啟動過程與回復過程需全程保持身體穩定，不可晃動借力。

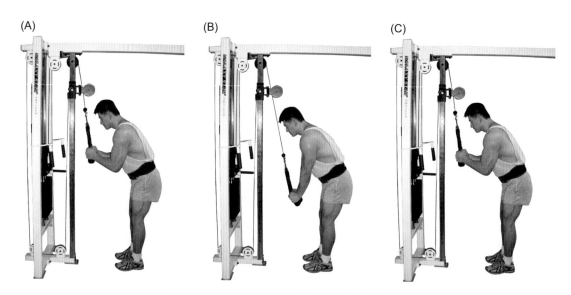

▶ 圖14-7　立姿滑輪肱三頭肌下壓訓練。

⊃ 操作項目名稱：法式肱三頭肌推舉

1. 主要訓練相關肌群：肱三頭肌群、肩三角肌群。

2. 預備姿勢：操作時呈站姿或坐姿均可，首先將啞鈴固定於頸部後方，保持身體穩定與上下背挺直狀態。

3. 操作過程：啟動時由肱三頭肌群施力，將負荷上推至手肘呈伸直狀態，頂點停留約半秒鐘，接著將負荷下放至頸部後方，即預備姿勢（圖14-8）。

4. 注意事項：

　(1) 操作過程中須全程保持正確呼吸程序。

　(2) 動作操作過程中須全程保持上下背均為挺直狀態。

　(3) 啟動上舉與回復下放全程須保持穩定速率。

(A)　　　　　　　　　　　(B)　　　　　　　　　　　(C)

▶ 圖14-8　法式肱三頭肌推舉。

(三) 胸部肌群

⊃ 操作項目名稱：坐姿機械肩上推舉

1. 主要訓練相關肌群：上胸大肌、肩三角肌群、肱三頭肌群。

2. 預備姿勢：首先調整坐墊高度，接著坐於座墊，背部緊靠背部靠墊，雙腳平踏地
   面，雙手握於握把。

3. 操作過程：啟動時，雙手平均施力將負荷往肩上方推舉，推舉至頂點時停留約半秒
   鐘，接著將負荷下放至預備姿勢（圖14-9）。

4. 注意事項：

   (1) 操作過程中須全程保持正確呼吸程序。

   (2) 動作操作過程中須全程保持上下背均為挺直狀態。

   (3) 啟動上舉與回復下放全程須保持穩定速率。

(A)　　　　　　　　　(B)　　　　　　　　　(C)

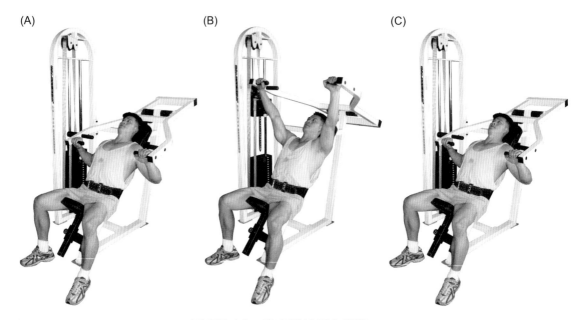

▶ 圖14-9　坐姿機械肩上推舉。

⊃ **操作項目名稱：槓鈴仰臥推舉**

1. 主要訓練相關肌群：胸大肌群、肩三角肌群、肱三頭肌群。

2. 預備姿勢：身體仰躺，後腦部、上背、下背平貼於墊面上，雙手握槓寬度以兩肩寬度向左右兩側移動各十公分為基準，預備時推起負荷，雙臂保持穩定。

3. 操作過程：啟動時，將負荷下放至胸前，於置放點停留約半秒鐘，接著將負荷回推至預備姿勢（圖14-10）。

(A)　　　　　　　　　(B)　　　　　　　　　(C)

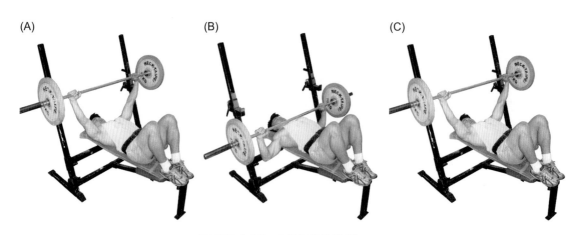

▶ 圖14-10　槓鈴仰臥推舉。

4. 注意事項：

    (1) 操作過程中須全程保持正確呼吸程序。

    (2) 負荷於操作過程中須保持前後、左右平衡。

    (3) 槓鈴仰臥推舉於操作時，需有協助者於一旁監護。

⊃ 操作項目名稱：槓鈴斜板仰臥推舉

1. 主要訓練相關肌群：胸大肌群、肩三角肌群、肱三頭肌群。

2. 預備姿勢：身體仰躺，後腦部、上背、下背平貼於墊面上，雙手握槓寬度以兩肩寬度向左右兩側移動各10公分為基準，預備時推起負荷，雙臂保持穩定。

3. 操作過程：啟動時，將負荷下放至胸前，於置放點停留約半秒鐘，接著將負荷回推至預備姿勢（圖14-11）。

4. 注意事項：

    (1) 操作過程中須全程保持正確呼吸程序。

    (2) 負荷於操作過程中須保持前後、左右平衡。

    (3) 槓鈴斜板仰臥推舉於操作時，需有協助者於一旁監護。

(A)   (B)   (C)

▶ 圖14-11　槓鈴斜板仰臥推舉。

⊃ 操作項目名稱：機械式仰臥推舉

1. 主要訓練相關肌群：胸大肌、肩三角肌群、肱三頭肌群。

2. 預備姿勢：身體仰躺，後腦部、上背、下背平貼於墊面上，雙手握把的寬度以兩肩為基準（或比肩寬左右各10公分寬度），預備時推起負荷，雙臂保持穩定。

3. 操作過程：啟動時，將握把下放至約與胸腔平行高度，接著將握把上推回復至預備
　 姿勢（圖14-12）。

4. 注意事項：

(1) 操作過程中須全程保持正確呼吸程序。

(2) 負荷下放時應注意速度不可過快。

(3) 負荷於操作過程中須保持穩定，不可出現前後、左右晃動現象。

(A)　　　　　　　　　　　　　　　(B)　　　　　　　　　　　　　　　(C)

▶ 圖14-12　機械式仰臥推舉。

⊃ 操作項目名稱：機械式坐姿胸推

1. 主要訓練相關肌群：胸大肌、肩三角肌群、肱三頭肌群。

2. 預備姿勢：將座墊高度調整至軀幹與大腿部位約呈90度角，雙腳平踏於地面，肩部
　 高度約與握把高度對齊，預備時推起負荷，雙臂保持穩定。

3. 操作過程：啟動時，將握把後放至接近胸腔位置，接著將握把向前推回復至預備姿
　 勢（圖14-13）。

4. 注意事項：

(1) 操作過程中須全程保持正確呼吸程序。

(2) 握把後放時應注意速度不可過快。

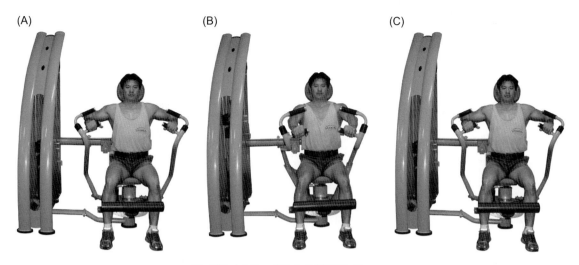

▶ 圖14-13　機械式坐姿胸推。

◯ 操作項目名稱：對向滑輪訓練機

1. 主要訓練相關肌群：胸大肌、肩三角肌群、肱三頭肌群。

2. 預備姿勢：站姿立於雙滑輪正中央位置，雙腳約與肩同寬，上半身前傾約45度，雙膝微彎，下背挺直，雙手握左右兩側握把，手肘微彎，預備時雙臂呈飛鳥展翅姿勢。

3. 操作過程：啟動時，將專注力集中於胸大肌群與肩三角肌（偏重前三角），雙手把向前下方施力至雙手把輕微碰觸即停，接著回復至預備姿勢（圖14-14）。

4. 注意事項：

(1) 操作過程中須全程保持正確呼吸程序。

(2) 雙手把啟動過程與回復預備動作時，速度須一致，不可左右失去平衡。

(A)　　　　　　　　　　(B)　　　　　　　　　　(C)

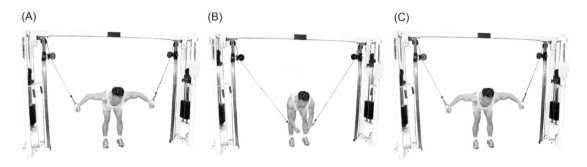

▶ 圖14-14　對向滑輪訓練機。

➲ 操作項目名稱：啞鈴仰臥推舉

1. 主要訓練相關肌群：胸大肌、肩三角肌群、肱三頭肌群。

2. 預備姿勢：身體仰躺，後腦部、上背、下背平貼於墊面上，雙手穩定握緊啞鈴，將啞鈴置於胸部左右兩側，預備時雙臂平均施力將啞鈴上推至肘部呈伸直狀態。

3. 操作過程：啟動時，左右兩側啞鈴同時向胸部兩側下放，下放至胸部肌群感覺已達完全伸展即可停止下放動作。接著將負荷回推至預備姿勢（圖14-15）。

4. 注意事項：

   (1) 操作過程中須全程保持正確呼吸程序。

   (2) 雙手把啟動過程與回復預備動作時，速度須一致，不可左右失去平衡。

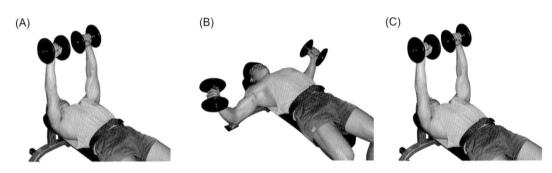

▶ 圖14-15　啞鈴仰臥推舉。

（四）背部肌群

➲ 操作項目名稱：機械式下拉訓練機（頸前下拉）

1. 主要訓練相關肌群：闊背肌、菱形肌、圓大肌、圓小肌、肩後三角肌、肱二頭肌。

2. 預備姿勢：首先調整坐墊與下肢固定板於正確位置，坐於座墊上，雙腳平均踏於地面，保持上身穩定，上下背保持挺直狀態，雙手握於橫桿手把呈預備姿勢。

3. 操作過程：啟動時，將負荷下拉，拉至橫桿角度接近上鎖骨處，即可定點停留約半秒鐘，接著將負荷回復至預備姿勢（圖14-16）。

4. 注意事項：

   (1) 操作過程中須全程保持正確呼吸程序。

   (2) 由啟動至回復預備姿勢的全程過程中，上下背皆須保持挺直狀態。

(3) 動作全程操作過程中，速度須保持穩定，尤其在回復過程中，速度若不穩定則易造成肌肉拉傷。

(4) 動作全程操作過程中，左右邊施力需平均，否則易造成不均衡肌肉發展與運動傷害發生。

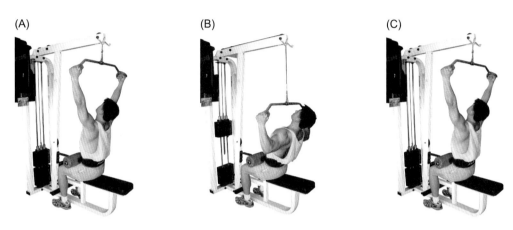

▶ 圖14-16　機械式下拉訓練機（頸前下拉）。

● 操作項目名稱：機械式下拉訓練機（頸後下拉）

1. 主要訓練相關肌群：闊背肌、菱形肌、圓大肌、圓小肌、肩後三角肌、肱二頭肌。

2. 預備姿勢：首先調整坐墊與下肢固定板於正確位置，坐於座墊上，雙腳平均踏於地面，保持上身穩定，上下背保持挺直狀態，雙手握於橫桿手把呈預備姿勢。

3. 操作過程：啟動時，將負荷下拉，拉至橫桿角度接近斜方肌處，即可定點停留約半秒鐘，接著將負荷回復至預備姿勢。

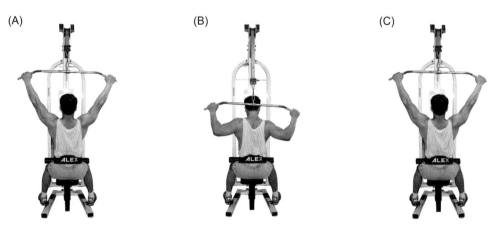

▶ 圖14-17　機械式下拉訓練機（頸後下拉）。

4. 注意事項：
   (1) 操作過程中須全程保持正確呼吸程序。
   (2) 由啟動至回復預備姿勢的全程過程中，上下背皆須保持挺直狀態。
   (3) 動作全程操作過程中，速度須保持穩定，尤其在回復過程中，速度若不穩定則易造成肌肉拉傷。
   (4) 動作全程操作過程中，左右邊施力需平均，否則易造成不均衡肌肉發展與運動傷害發生。
   (5) 頸後下拉屬較高階訓練動作，因此在操作此項動作時應比頸前下拉訓練的重量輕。

➲ 操作項目名稱：單槓引體向上

1. 主要訓練相關肌群：闊背肌、菱形肌、圓大肌、圓小肌、肩後三角肌、肱二頭肌。
2. 預備姿勢：雙手握於單槓兩側握把（寬度可依需要選擇寬握、窄握、反握或正反握等），身體呈垂吊姿態，上背與下背呈挺直狀態。
3. 操作過程：啟動時，相關參與肌群同時施力向上牽引，直至頸後部分約與單槓高度一致，此時暫停約半秒鐘，接著將身體下放至預備姿勢（圖14-18）。
4. 注意事項：
   (1) 操作過程中須全程保持正確呼吸程序。
   (2) 由啟動至回復預備姿勢的全程過程中，上下背皆須保持挺直狀態。
   (3) 動作全程操作過程中，速度須保持穩定，尤其在回復過程中，速度若失控則易造成肌肉拉傷。
   (4) 動作全程操作過程中，左右邊施力需平均，否則易造成不均衡肌肉發展與運動傷害發生。

▶ 圖14-18　單槓引體向上。

⊃ 操作項目名稱：早安運動下背訓練機

1. 主要訓練相關肌群：豎脊肌、臀中肌、股二頭肌群。

2. 預備姿勢：首先將雙手握撐手把，將腿部前方緊靠墊面，雙腳置於置足墊區，接著上半身向下垂放，使上下半身約呈90度，雙手置於雙耳處或置於下背處呈預備姿勢。

3. 操作過程：啟動時，臀部、下背部、股二頭肌群同時施力，上半身往前上方仰起，背部挺直，至體位約與地面呈45度角左右，短暫停留約半秒鐘，接著穩定控制上半身下放至預備姿勢（圖14-19）。

4. 注意事項：

   (1) 操作過程中須全程保持正確呼吸程序。

   (2) 上身向上伸展角度約至45度角即可，超過45度恐對腰椎產生過大壓力。

   (3) 啟動與回復至預備姿勢皆應保持上背與下背在挺直狀態。

   (4) 於啟動與回復的操作過程中，速度皆應保持穩定，不可有忽快忽慢之速度。

(A)　　　　　　　　　　　　(B)　　　　　　　　　　　　(C)

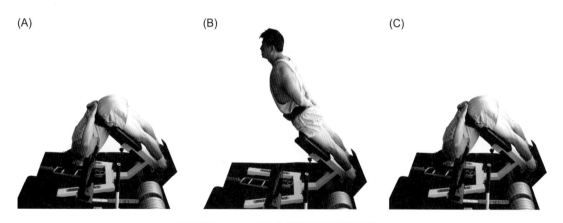

▶ 圖14-19　早安運動下背訓練機。

⊃ 操作項目名稱：機械下背訓練機

1. 主要訓練相關肌群：豎脊肌、臀中肌。

2. 預備姿勢：首先設定重量，調整座椅高度與伸展角度；坐於座墊上，手握扶把，背部緊靠負荷施力墊呈預備姿勢（圖14-20）。

3. 操作過程：啟動時，臀部、下背部同時施力，上半身仰起，背部挺直，至體位約與地面呈45度角左右，短暫停留約半秒鐘，接著穩定控制上半身放至預備姿勢。

4. 注意事項：

(1) 操作過程中須全程保持正確呼吸程序。

(2) 啟動與回復至預備姿勢皆應保持上背與下背在挺直狀態。

(3) 於啟動與回復的操作過程中，速度皆應保持穩定，不可有忽快忽慢之速度。

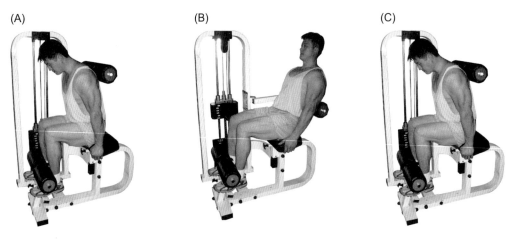

(A)　　　　　　　　　(B)　　　　　　　　　(C)

▶ 圖14-20　機械式下背訓練機。

(五) 下肢訓練項目

● 操作項目名稱：臀部及大腿內側肌群訓練機

1. 主要訓練相關肌群：髂腰肌、縫匠肌、恥骨肌、內收長肌。

2. 預備姿勢：首先調整雙膝開合適當角度，接著臀部坐於墊面，背部緊靠背墊，背部呈挺直狀態，雙手握於扶把，呈預備姿勢（圖14-21）。

3. 操作過程：啟動時，臀部與腿內側肌群同時施力，回復時需穩定回復至預備姿勢。

4. 注意事項：

(1) 操作過程中須全程保持正確呼吸程序。

(2) 啟動與回復過程中速度需保持穩定和緩，以免造成腿內側肌群拉傷。

(3) 操作過程中可將雙手掌置於膝部，手部於操作過程中適當施力用以穩定動作速度。

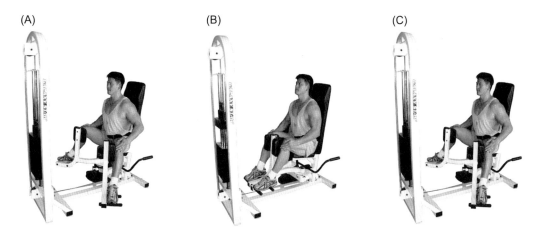

▶ 圖14-21　臀部及大腿內側肌群訓練機。

● 操作項目名稱：臀部及大腿外側肌群訓練機

1. 主要訓練相關肌群：臀中肌、髂脛束、臀大肌。

2. 預備姿勢：首先將雙邊施力墊調整至雙膝靠攏位置，接著臀部坐於墊面，背部緊靠背墊，背部呈挺直狀態，雙手握於扶把或膝部，呈預備姿勢。

3. 操作過程：啟動時，臀部與施力相關肌群同時施力，回復時需穩定回復至預備姿勢（圖14-22）。

4. 注意事項：

   (1) 操作過程中須全程保持正確呼吸程序。

   (2) 啟動與回復過程速度需保持穩定和緩，以免造成相關肌群拉傷。

   (3) 操作過程中可將雙手掌置於膝部或握把，手部於操作過程中適當施力用以穩定動作速度。

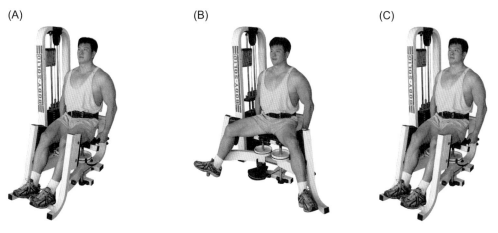

▶ 圖14-22　臀部及大腿外側肌群訓練機。

⊃ 操作項目名稱：腿伸舉

1. 主要訓練相關肌群：股四頭肌群。

2. 預備姿勢：首先調整背部靠墊與脛骨下端施力墊角度，接著臀部坐於座墊上，背部平貼於背墊，雙手握於扶把，預備姿勢背部需保持挺直狀態。

3. 操作過程：啟動時，股四頭肌群施力，直至膝部呈伸直狀態，短暫停留約半秒鐘，緊接著將負荷穩定回復至預備姿勢（圖14-23）。

4. 注意事項：

   (1) 操作過程中須全程保持正確呼吸程序。

   (2) 負荷啟動與回復至預備姿勢過程中，速度需保持穩定，不可忽快忽慢。

   (3) 由於股四頭肌群屬大肌群，因此可輸出較大力量，所以在操作此項動作時需注意膝部關節結締組織所能承受的強度，若有不適感即需立即停止操作，以預防膝部傷害發生。

(A)　　　　　　　　　(B)　　　　　　　　　(C)

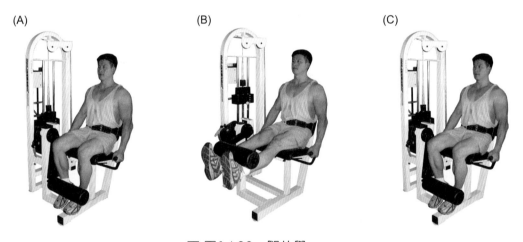

▶ 圖14-23　腿伸舉。

⊃ 操作項目名稱：俯臥股二頭肌捲曲

1. 主要訓練相關肌群：股二頭肌群。

2. 預備姿勢：首先調整置於阿基里斯腱上方之施力墊角度於合適方位，接著身體呈俯臥姿，下巴頂於墊上，胸腹部貼於墊上，雙手握於扶把，呈預備姿勢。

3. 操作過程：啟動時，股二頭肌群施力，捲曲至約90度左右，短暫停留約半秒鐘，接著將負荷穩定下放回復至預備位置（圖14-24）。

4. 注意事項：

(1) 操作過程中須全程保持正確呼吸程序。

(2) 施力過程中髖部不可離開墊面，若離開墊面會使得腰椎不當受力。

(3) 負荷回復至預備姿勢的過程中應穩定抗力，若速度過快，恐造成股二頭肌群拉傷。

(A)　　　　　　　　　　　(B)　　　　　　　　　　　(C)

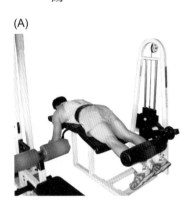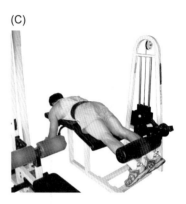

▶ 圖14-24　俯臥股二頭肌捲曲。

⊃ 操作項目名稱：史密斯機械蹲舉

1. 主要訓練相關肌群：臀部肌群、股四頭肌群。

2. 預備姿勢：立於槓鈴中心點，將槓桿置於頸後斜方肌上，雙手掌平均握於槓鈴左右兩側，雙腳分開站立約與肩同寬，上背與下背挺直，預備時扛起負荷呈立姿狀，此時負荷的重心需與背脊契合。

3. 操作過程：啟動時，將負荷下放至膝部曲膝約90度左右，此時約停留半秒鐘左右，接著臀大肌與股四頭肌為主要施力肌群，將負荷扛起回復至預備位置（圖14-25）。

4. 注意事項：

(1) 操作過程中須全程保持正確呼吸程序。

(2) 負荷啟動與回復至預備姿勢過程中，速度需保持穩定，不可忽快忽慢。

(3) 負荷下放時，膝部不可前傾越過足部前端。

(4) 操作過程中，雙眼需直視正前方，上背與下背需挺直，不可有彎腰駝背現象。

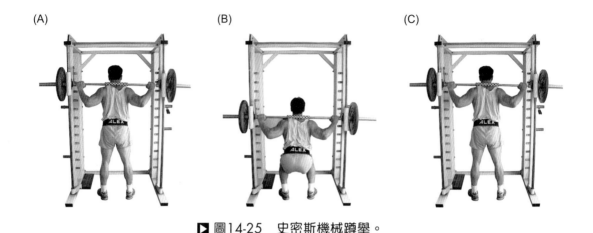

▶ 圖14-25　史密斯機械蹲舉。

➲ 操作項目名稱：躺式機械下肢推舉

1. 主要訓練相關肌群：臀部肌群、股四頭肌群。

2. 預備姿勢：身體仰躺，後腦部、上背、下背平貼於墊面上，雙手掌握於扶把，雙腳與肩同寬，足端朝前，預備時下肢推起負荷，此時膝部不可完全伸直需保持微彎。

3. 操作過程：啟動時，將負荷下放至曲膝約90度左右，此時約停留約半秒鐘左右，接著臀大肌與股四頭肌為主要施力肌群，將負荷扛起回復至預備位置（圖4-26）。

4. 注意事項：

   (1) 操作過程中須全程保持正確呼吸程序。

   (2) 負荷啟動與回復至預備姿勢過程中，速度需保持穩定，不可忽快忽慢。

   (3) 負荷下放時，膝部不可前傾越過足部前端。

   (4) 操作過程中，雙眼需直視正前方，上背與下背需挺直，不可有彎腰駝背現象。

   (5) 此機械應於操作時先行將安全檔鐵固定於合適角度。

▶ 圖14-26　躺式機械下肢推舉。

(六) 腹部肌群訓練

➲ 操作項目名稱：仰臥起坐

1. 主要訓練相關肌群：腹直肌。

2. 預備姿勢：仰臥於軟墊上，下肢曲膝，雙腳平踏於地面上，後腦部、上背、下背、腰椎平貼於軟墊上，雙手交叉置於胸前或雙耳邊。

3. 操作過程：啟動時，腹直肌施力將上半身提起，使上背離開墊面，上身約呈45度時短暫停留約半秒鐘，接著將上半身緩慢穩定的躺回墊上回復至預備姿勢（圖4-27）。

4. 注意事項：

   (1) 操作過程中須全程保持正確呼吸程序。

   (2) 上半身向前提起角度約與地面呈45度，超過45度恐對腰椎產生過大壓力。

   (3) 操作過程中不可借力晃動或快速下放等動作。

   (4) 可以變換雙手置放的位置，來調整運動的強度；雙手角度離腹直肌越遠則負荷強度較高。

(A)　　　　　　　　　(B)　　　　　　　　　(C)

▶ 圖14-27　仰臥起坐。

14-5　改善骨骼健康的運動處方

Exercise Physiology

　　由於時代的進步，工作型態、營養、醫學等相關水準大幅提升，人類由古代的平均壽命約40歲提升至現代約80歲，由於壽命的延長因而衍生出越來越多的相關長壽疾病。

　　骨質疏鬆症即是現代人的一項大敵。人類從30歲後骨骼質量會開始退化，退化現象造成骨骼脆弱，無法承受較大負荷，因而影響日常作息與健康。甚至造成生活或工作上的意外頻頻發生，由此可見預防骨質疏鬆症是現代人很重要的一項課題。運動、攝取鈣質、補充荷爾蒙三種要素是有效預防骨質疏鬆症的良好處方。

一、骨質疏鬆症的型態

骨質疏鬆症主要可分為原發性與續發性兩種型態：

1. 原發性骨質疏鬆症：形成因素是隨著年齡的增加造成的人體老化，或是婦女更年期停經所引起的症狀。

2. 續發性骨質疏鬆症：形成的因素有遺傳或某些疾病造成骨質大量流失等因素所造成。

二、造成骨質疏鬆症的相關因素

除了原發性骨質疏鬆症與續發性骨質疏鬆症會造成骨質疏鬆症的發生之外，另有其他因素也會造成此症狀。

1. 年齡：隨著年齡的增長，生理會漸漸老化，老化現象是造成骨質疏鬆症很主要的因素。

2. 性別：女性於更年期時荷爾蒙量會大量減少，造成骨質大量流失，因此女性骨質疏鬆症發生機率比男性高。

3. 過量飲酒：長期過量攝取酒類會對腸胃的黏膜造成不良的影響，使得小腸吸收鈣質的能力下降，長久下來易造成骨質疏鬆症的發生。

4. 過量攝取咖啡因：可樂、咖啡、茶類飲料都含有較高咖啡因成分，此成分不利於骨質的儲存。

5. 營養不均：長期缺乏維生素D或食物的鈣質量偏低，皆會影響骨形成作用。

三、改善骨骼健康的運動處方

適度的運動對預防骨質疏鬆症有相當的助益，尤其是針對補充骨質密度、預防或減緩骨質因人體老化造成的骨質流失現象，皆能透過適當的運動處方來取得良好的成效。

要有效預防骨質疏鬆症的發生，適度規律的運動是很重要的，例如：肌力訓練、心肺有氧運動以及伸展運動都是很好的選擇。

(一) 心肺有氧運動

透過有系統的有氧運動可以有效給予全身性的肢體活動與適度的心肺功能刺激，進而達到預防骨質疏鬆症發生的機率。適合從事的運動項目有健走、慢跑、健身房有氧課程、游泳、騎自行車等，每週建議運動3~5次，每次運動時間應有30分鐘以上，強度以最大心跳率的40~70%為原則。

(二) 肌力訓練

透過有系統的肌力訓練，可以有效給予全身性的肌群與骨骼適度的刺激，進而達到預防骨質疏鬆症的發生。每週建議運動次數2~4次，每個部位2~3組，每組8~12反覆次數。

(三) 伸展運動

透過有系統的伸展運動訓練，可以有效的給予全身性的骨骼關節適度的刺激，進而達到預防骨質疏鬆症的發生。

每週建議運動次數3~5次，每項伸展運動需停留6秒鐘以上，停留時間以30秒鐘為佳，每個伸展動作以反覆操作3次為佳。

四、改善骨骼健康運動處方實施時應注意事項

1. 運動實施前，須先行至醫療院所進行身體檢查，以檢查結果與醫師建議做為主要參考依據。

2. 運動實施前，須進行體適能檢測，並以檢測相關數據做為排定運動之參考。

3. 在環境許可下，戶外運動是很好的選擇，適量的日光照射有助於身體對鈣的吸收。

4. 運動後須適量補充含鈣的食物，或聽從醫療人員的建議補充相關藥品。

5. 運動時間應由短慢慢延長，可實施一日多次但較短持續時間的運動。

6. 運動初期強度應較保守，逐漸適應後再慢慢增加強度，同時應避免過度爆發性訓練形態。

7. 不荒廢訓練，持之以恆是達成改善骨骼健康的不二法門。

● 參考文獻 ●

中華民國有氧體能運動協會(2005)·**健康體適能指導手冊**·臺北縣：易利圖書。

中華民國體育學會(2000)·**運動訓練法**·臺北市：中華民國體育學會。

方進隆(1997)·**教師體適能指導手冊**·臺北市：師大體研中心。

王正倫(2002)·**科學健身新概念**·南京：江蘇科學技術出版社。

王安利(2005)·**運動忠告**·廣州：廣東人民出版社。

田麥九(1997)·**論運動訓練計畫**·臺北市：文化大學。

行政院體育委員會(1998)·**國民體能檢測實務手冊**·臺北市：行政院體育委員會。

行政院體育委員會(2003)·**運動健康指導手冊（上冊）：各年齡層運動健康促進計畫**·臺北市：行政院體育委員會。

卓俊辰、方進隆、蔡秀華、林晉利、黃穀臣、謝錦城、卓俊伶、劉影梅、黃永任、巫錦霖(2007)·**健康體適能理論與實務**·臺中市：華格那企業。

延峰(2000)·**實用運動訓練問答**·北京市：人民體育出版社。

林正常(1993)·**運動科學與運動訓練－運動教練手冊**·臺北縣：銀河文化。

林正常(1995)·**運動生理學實驗指引**·臺北市：師大書苑。

林正常(1998)·**運動生理學**·臺北市：師大書苑。

林正常(2001)·**運動訓練法**·臺北市：藝軒圖書出版社。

林高正(2007)·**浮潛指南**·臺北縣：中華民國浮潛協會。

姜慧嵐、卓俊辰(1994)·**體適能指導手冊**·臺北市：中華民國有氧體能運動協會。

美國運動醫學會(2002)·**ACSM體適能手冊**（謝坤裕譯）·臺北市：九州圖書。

國立體育學院叢書編輯委員會(1990)·**運動的肌力訓練**·桃園縣：國立體育學院。

國立體育學院叢書編輯委員會(1990)·**運動與健康**·桃園縣：國立體育學院。

國立體育學院叢書編輯委員會(1990)·**體適能和運動**·桃園縣：國立體育學院。

張英波(2006)·**運動健身全攻略**·北京市：北京體育大學出版社。

喬安娜·霍爾(2005)·**鍛煉聖經**（孫雪晶譯）·北京：中國輕工業出版社。

黃彬彬(1990)·**運動生理學**·臺北市：國立編譯館（部編大學用書）。

楊忠偉(2004)·**體育運動與健康促進**·北京市：高等教育出版社。

楊雅琴(2009)·**兒童益智健體遊戲**·臺北市：大展。

廣戶聰一(1999)·**肌力的訓練&調整**（聯廣圖書公司編輯部譯）·臺北市：聯廣圖書。

潘嶽雄、鄧淼(2007)·**全人健康之運動處方**·臺北市：諾達運動行銷。

豬飼道夫(1970)·**運動生理學入門**·東京：體育の科學社。

鮑勃·安德森(2000)·**伸展運動**（李淑娟譯）·香港：海峰出版社。

蘇俊賢(2002)·**運動與健康**·臺北市：品度。

Fox, E. L. (1988)·**運動生理學**（陳相榮譯）·臺中市：精華出版社。

Mathews, D. K., & Fox, E. L. (1987)·**運動生理學：訓練的科學基礎**（林正常譯）·臺北市：師大書苑。

Paffenbarger, R. S., & Olsen, E. (2002)·**哈佛經驗－運動與健康**（陳俊忠譯）·臺北縣：易利圖書。

Powers, S. K., & Howley, E. T. (2002)·**運動生理學－體適能與運動表現的理論與應用**（林正常、林貴福、徐台閣、吳慧君編譯）·臺北市：麥格羅希爾。

Pyke, F. S (2006)·**進階教練訓練手冊**（張思敏譯）·臺北市：品度。

Roitman, J. L. (2006)·**ACSM健康與體適能證照檢定要點回顧**（林嘉志譯）·臺北市：品度。

Yoke, M. (2007)·**個人體能訓練：理論與實踐**（黃月桂等譯）·臺北市：雅日。

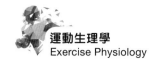

一、選擇題

(　　)1. 由運動或復健相關領域的醫師、教師或教練針對一般人士、復健患者或專業運動員，依其性別、年齡、過去病史、心肺功能、肌力、肌耐力、柔韌性、瞬發力等，運用運動處方的型式擬定適當的運動強度、運動持續時間、運動頻率與運動種類，透過以上手段來安排特定個體、特定目的的一種運動訓練課表，我們稱為：　(A)飲食處方　(B)運動處方　(C)娛樂處方　(D)休閒處方

(　　)2. 以心肺耐力運動強度而言，一般人可以將運動時運動心跳率維持在每分鐘最大心跳率的60~80%之間，最大心跳率是以多少數字減去年齡來計算？　(A) 110　(B) 220　(C) 330　(D) 440

(　　)3. 運動持續的時間與強度成反比，運動強度越高，時間應相對縮短，運動強度較低，運動時間須　(A)延長　(B)縮短　(C)不變　(D)皆可

(　　)4. 運動頻率太少或過多都無法取得最佳的運動效果。如果兩次運動的時間間隔太短，會因為前一次的運動所造成的疲勞還沒恢復而造成疲勞的持續增加，進而造成過度疲勞而無法取得良好的運動效果，運動頻率指的是每星期運動的　(A)重量　(B)速度　(C)時間　(D)次數

(　　)5. 人類出生時全身的骨骼有270塊，隨著歲月的成長，14歲時全身的骨骼會增加到350塊，成年後則因骨骼與骨骼的結合最終保持在多少塊？　(A) 206塊　(B) 306塊　(C) 406塊　(D) 506塊

(　　)6. 老年人在從事運動時，應以什麼為第一考量？　(A)安全　(B)效果　(C)完成率　(D)樂趣

(　　)7. 透過運動的手段來提升心肺功能，此運動項目必須達到一定的耗氧程度以及足夠的持續時間，才能有效的提升心肺功能的程度。這種運動我們稱為？　(A)有氧運動　(B)無氧運動　(C)肌力性運動　(D)柔軟性運動

(　　)8. 下列何者指的是人體承受阻力，或是人體在承受阻力的同時也產生肢體位移的一種能力？　(A)心肺耐力　(B)柔軟度　(C)協調性　(D)肌力

（　）9. 古希臘角力選手米勒(Milo)養了一頭小牛，他每天必須將小牛帶到河的另一邊去吃草，由於小牛體積太小無法通過湍急的水流，米勒於是每天將小牛抱過河流，待小牛吃飽後又將小牛抱回，日復一日小牛慢慢長大，米勒的力量也隨著牛的重量增加而增大。這種由輕至重，使肌肉逐漸增加強度進而適應強度，接著再增加強度的原則，即是所謂的　(A)均衡發展訓練原則　(B)超載訓練原則　(C)個別訓練原則　(D)漸進負荷訓練原則

（　）10. 女性於更年期時荷爾蒙量會大量減少，造成骨質大量流失，因此女性骨質疏鬆症發生機率比男性　(A)高　(B)低　(C)相同

（　）11. 透過適當的心肺功能提升訓練，能有效提升血液中的血紅素量，血液中足夠的血紅素有利於血液循環中何種氣體的輸送？　(A)一氧化碳　(B)二氧化碳　(C)氧氣　(D)氮氣

二、問答題

1. 請說明提升心肺功能的運動項目建議與運動時應注意事項。

2. 請說明提升心肺功能的益處有哪些？

3. 請說明何謂肌力？

4. 請說明何謂肌耐力？

5. 請說明何謂超載訓練原則？

6. 請說明漸進負荷訓練原則？

7. 請說明個別訓練原則？

8. 請說明均衡發展訓練原則？

9. 請說明特殊化訓練原則？

解答：BBADA　AADDA　C

Chapter 15

吳慧君　編著

運動能力的評估
(Assessment of Exercise Capacity)

Exercise Physiology

運動能力若從能量代謝觀點來看，可分為有氧能力及無氧能力；若從體適能構成成分來看則又可分為心肺適能、肌肉適能、柔軟度及身體組成。本章謹就與運動能力表現關係最為密切也是最根本的有氧能力、無氧能力及肌力等三種能力，分別介紹需貴重儀器的實驗室法及使用簡易器材即可方便操作的非實驗室法，希望透過對運動能力評估過程的學習，讓我們更加瞭解這些運動能力的理論基礎。

15-1 運動能力評估的原則

評估運動能力時其運動型式應盡量接近運動員所從事之運動型態，且在訓練的不同階段，最好選擇相同的測試方法，測試過程應盡量避免意外傷害發生。

一、客觀性

在設計運動負荷實驗時，客觀性是指運動負荷形式能真實客觀反映運動員的實際運動形式，在運動負荷測試時，運動員應選擇接近自身訓練和比賽的運動形式。例如，自由車選手選擇負荷方式時應該是腳踏車功率計(cycle ergometer)，田徑競賽運動員應選擇原地跑步機(treadmill)、划船選手則是划船功率計(rowing ergometer)等。

二、可靠性

可靠性是指運動負荷測定時數據的穩定性和一致性。為了要保證測試的可靠性，首先，在每次測試前都應認真檢查和校正儀器；其次，對運動員在長期訓練過程中進行機能評定時，最好選擇相同的運動測試方法，例如對游泳運動員在進行運動機能測試時，如果開始選擇原地跑步機運動方式，則在該訓練週期的階段測試時，也應選擇同樣的負荷方式；最後，在選擇測試負荷強度和程序時，最好在訓練的不同階段也保持相對一致。

三、 安全性

安全性是指在運動機能測試時保證受試者不發生傷害事故。例如，雖然原地跑步機負荷方式在測試過程中可保持測試強度的相對穩定性，但受試者在剛上跑步機時，

往往會因不適應跑步機的轉速而摔倒；在踏車功率計負荷中，受試者也可能會無法承受不斷增加的運動負荷。因此，在運動負荷測試時應注意下列事項：

1. 受試者在正式測試前應檢查儀器是否正常。

2. 受試者在測試前應進行充分的熱身。

3. 受試者的起始運動強度要小，當熟悉運動負荷形式後，再增加運動強度。

4. 受試者要明確終止測試的標準，並在測試過程中嚴格檢測受試者的機能狀態變化，並根據情況及時終止測試。

15-2　有氧能力的評估

Exercise
Physiology

　　有氧運動能力是指人體依靠之能源物質有氧氧化維持運動的能力。目前常被採用檢測人體運動能力的實驗室測量方法主要有二種，即**最大攝氧量**($\dot{V}O_2max$)和**無氧閾值**(anaerobic threshold, AT)，前者是指在最大運動時，人體心肺功能每分鐘能夠吸入並利用氧的最大數量；而後者則是指以有氧代謝為主時的運動能力。雖然$\dot{V}O_2max$和AT都是客觀評價人體有氧能力的指標，但目前研究發現，AT與以某一有氧運動項目成績表示的能力的關係更加密切。

一、最大攝氧量及其測驗方法

　　最大攝氧量的同義詞有最大耗氧量(maximal oxygen consumption)、最大有氧能力(maximal aerobic capacity)和最大有氧功率(maximal aerobic power)等。指的是一個人在海平面上，從事最激烈的運動下，組織細胞所能消耗或利用氧的最高值。而**最大攝氧量**($\dot{V}O_2max$)與攝氧量峰值(peak oxygen intake, $\dot{V}_{O_2}peak$)有些不同。**攝氧量峰值**($\dot{V}_{O_2}peak$)是指氧攝取量測驗時出現的最高值，但不見得是該受試者真正的最大值。例如，使用腳踏車功率計(ergometer)或是手搖功率計均能分別測出$\dot{V}_{O_2}peak$，但顯然不是受試者的$\dot{V}O_2max$，一般而言，以原地跑步機(treadmill)所測得的$\dot{V}_{O_2}peak$，才較接近$\dot{V}O_2max$，因此，在測量時（除原地跑步機外）所測量出的攝氧量最高值應稱為$\dot{V}_{O_2}peak$，而不稱為$\dot{V}O_2max$。

最初提出最大攝氧量並用其評價人體工作能力的是1920年代初期的Liljestrand和Stonstron及著名生理學家Hill，他們觀察到人體在逐漸增加速度的持續跑步中，攝氧量最後會出現穩定狀態(steady state)，即使再加大負荷，攝氧量也能維持在這一水平上，對此他們認為攝氧量不能超過這一穩定水平是由於循環和呼吸功能能力的限制。近年來研究已證明呼吸系統不是限制最大攝氧量的因素，因此，可以用最大攝氧量來反應心血管系統機能的能力。

(一) 最大攝氧量之測定法

不論是直接法還是間接法，測定最大攝氧量都必須滿足以下幾個基本要求：

1. 有大肌肉群參與的運動。
2. 運動負荷量能夠精確計算。
3. 受試者的最大可承受性。
4. 身體機能達穩定狀態，攝氧量再無明顯增加。

所謂直接測定法就是受試者在運動負荷的同時採集所呼出的氣體，分析其呼出和吸入的氣體成分，進而計算出最大的耗氧量。

直接測定$\dot{V}O_2max$的判定標準(McConnel, 1988)：

1. 繼續增加運動負荷後，所增加的耗氧量< 2.1 mL/kg·min。
2. 受試者的心跳率在最大心跳率10 bpm上下。
3. R值超過1.15。
4. 運動後血乳酸值介於8~10 mmol/L。
5. 再繼續運動，耗氧量出現下降。

若受試者達上述五項中的任何三項，即可判定該受試者已達個人最大的耗氧量。

(二) 最大攝氧量測量值

一般人的$\dot{V}O_2max$絕對值為2~3 L/min，運動員可達4~6 L/min。其中，依據Åstrand的研究，優秀的耐力項目運動員的$\dot{V}O_2max$較其他項目高。

1. 世界優秀長距離選手：男84 mL/kg·min，女72 mL/kg·min。
2. 國內最高值：男78.06 mL/kg·min，女67.83 mL/kg·min。
3. 國內優秀選手平均值：男63.20 ± 8.03 mL/kg·min，女56.22 mL/kg·min。

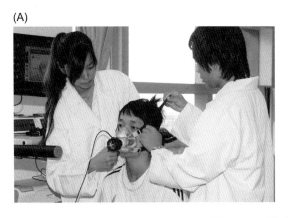 

(A) (B)

▶ 圖15-1 最大攝氧量測量。

表15-1 不同年齡、性別最大攝氧量評估值（單位：mL/kg·min）

性別	年齡	偏低	低	一般	高	很高
女	20~29	≦28	29~34	35~43	44~48	≧49
	30~39	≦27	28~33	34~41	42~47	≧48
	40~49	≦25	26~31	32~40	41~45	≧46
	50~65	≦21	22~28	29~36	37~41	≧42
男	20~29	≦38	39~43	44~51	52~56	≧57
	30~39	≦34	35~39	40~47	48~51	≧52
	40~49	≦30	31~35	36~43	44~47	≧48
	50~59	≦25	26~31	32~39	40~43	≧44
	60~69	≦21	22~26	27~35	36~39	≧40

二、無氧閾值及其測定方法

無氧閾值(anaerobic threshold, AT)是指在遞增運動負荷過程中，人體內的代謝供能方式由有氧代謝為主開始向無氧代謝過渡的臨界點。人體在遞增負荷的運動中，當需氧量超過了當時的供氧水平時，無氧糖酵解代謝的進行將導致乳酸的生成，機體為建立新的內在環境平衡，會動員緩衝系統來緩衝體內pH的變化，在緩衝的過程中，HCO_3^-中CO_2將釋出，因此，根據乳酸生成增多或CO_2排出增多，以及與此相伴隨的氣體代謝指標，如肺換氣量的變化等，都可用來判別無氧閾值。運動生理學研究上，用乳酸作為指標來判定AT的稱為乳酸無氧閾值(lactate anaerobic threshold, LAT)；以氣體代謝作為判定AT的稱為換氣無氧閾值(ventilatory anaerobic threshold, VAT)；以心跳率偏斜點作為指標來判定AT的稱為心跳無氧閾值(heart rate threshold, HRT)；無氧閾值的

高低可反應人體有氧工作能力的指標;即無氧閾值愈高,表示其有氧工作能力愈強。圖15-2顯示出未受過訓練者其乳酸約在50~60% $\dot{V}O_2$max就開始堆積,而耐力性運動員其乳酸則會往後延至70~80% $\dot{V}O_2$max才出現。

無氧閾值(AT)和最大耗氧量($\dot{V}O_2$max)雖然都是評價人體有氧能力的生理指標,但許多研究發現,AT似乎較$\dot{V}O_2$max更能反應人體的有氧作業能力。其因有三:(1)最大耗氧量是在力竭(all-out)運動下測得的,而有氧運動是屬於次大運動,因此,大多數運動生理學家認為,用次大穩定狀態運動下測得的AT值,對評價優秀運動員的有氧耐力的價值更大;(2)優秀耐力型運動員經多年訓練後,$\dot{V}O_2$max可能並無增進,但AT則有顯

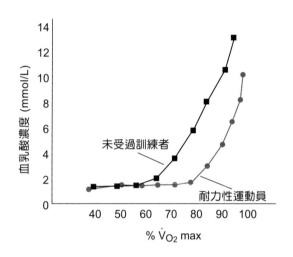

▶ 圖15-2　耐力性運動員及一般人之乳酸閾值。

著增加,並與耐力運動成績的提高相關;(3) AT是指人體最大攝氧量實際上可能利用的百分比,但$\dot{V}O_2$max僅表達了最大攝氧能力,故AT比$\dot{V}O_2$max更具意義。

三、有氧運動能力的間接測定法

評估有氧能力的方法有二種,一為直接測定法,即最大攝氧量與無氧閾值的測定;另一種為間接測定法。直接測定法雖較為精確,但由於實施過程複雜且儀器昂貴,較難普遍應用,相形之下,間接測定法具有簡便易行的優點,便於應用。因為多數人避免完全力竭(all-out)所發生的可能危險,且基於心跳率與耗氧量的增加與工作負荷量的增加呈現直線關係,故有**次大工作負荷測驗**(submaximal stress test),以心跳率或以所完成的時間或距離來預測最大耗氧量。

(一) 跑走測驗

對於同一個體而言,在評量最大攝氧量時,以固定距離(如1.5英哩跑或1.0英哩跑走)完成的跑步時間要比以固定時間(如12分鐘跑)所完成的跑步距離更為有用。在跑走測驗中,受試者可以用走的、跑的或邊跑邊走的方式來完成測驗。在只用走的的

測驗中，要嚴格限制受試者只能用走的方式完成測驗（在過程中至少要有一隻腳接觸地面）。

◯ 1.5英哩跑步測驗

1.5英哩跑步測驗是以跑完1.5英哩所完成的時間為評量標準，在完成測試後，記錄完成的時間，並利用下列公式來預測最大攝氧量(mL/kg·min)。

男女性相同：

$\dot{V}O_2max$ (mL/kg·min)＝3.5＋483／時間

時間＝完成1.5英哩所花費的時間，時間以分鐘表示（取至小數點第二位）。

舉例：

完成1.5英哩花費了12:18（12分鐘18秒），接著把秒數換算成分鐘，即為12.3（18/60＝0.3）。

$\dot{V}O_2max$ (mL/kg·min)＝3.5＋483／12.3＝42.7 (mL/kg·min)。

表15-2 1.5英哩跑步成績（單位：分：秒）

等級	男生	女生
13~19歲		
很差	>15:31*	>18:31
差	12:11~15:30	16:55~18:30
普通	10:49~12:10	14:31~16:54
好	9:41~10:48	12:30~14:30
很好	8:37~9:40	11:50~12:29
非常好	<8:37	<11:50
20~29歲		
很差	>16:01	>19:01
差	14:01~16:00	18:31~19:00
普通	12:01~14:00	15:55~18:30
好	10:46~12:00	13:31~15:54
很好	9:45~10:45	12:30~13:30
非常好	<9:45	<12:30

1.0英哩走測驗

此測定法適用於體適能水準較低或受傷無法從事跑步測驗者。但其運動強度要求在測驗終了之心跳率不得低於120 bpm，因此是在不引起氣喘或喘不過氣來的情況下，盡可能的快步走，當走完一英哩後立即測10秒或15秒心跳率再乘上6或4。欲採用此法來推估$\dot{V}O_2$max首先須先學會量測脈搏，量測位置可選擇橈動脈或頸動脈，量測時須注意不可用拇指，應用食指或中指，也不可用力按壓以免引起反射反應使心跳變慢；此外，若測量位置是頸動脈則須測量同一邊（如左手測左邊頸動脈），如果可以的話最好使用手錶型心跳顯示器以使心跳率之測量更準確。

$\dot{V}O_2$max推估公式如下：

$$\dot{V}O_2max＝88.768－（0.0957×體重）＋（8.892×性別）－（1.4537×時間）－（0.1194×心跳率）$$

註：體重＝以磅為單位（1公斤＝2.24磅）

性別＝男是1；女是0

時間＝以分為單位（如12分15秒為12＋(15/60)＝12.25分）

心跳率＝1.0英哩測驗後即刻之心跳率(bpm)

⊃ 12分鐘跑走測驗

此項運動測驗，在測驗過程中需要受測者盡可能的在12分鐘內完成最大的距離，而受測者可以使用走的、跑的或邊跑邊走的方式完成，之後記錄12分鐘內所完成的總距離，以公尺為單位。

$\dot{V}O_2$max推估公式如下：

$$\dot{V}O_2max\ (mL/kg\cdot min)＝（完成距離(m)－504.9）÷44.73$$

表15-3　Cooper 12分鐘跑／走距離之常模

英哩	公里	體能水準
1以下	1.61以下	非常差
1.00~1.24	1.61~1.99	差
1.25~1.49	2.00~2.39	普通
1.50~1.74	2.40~2.80	好
1.75	2.81	優秀

大學男生12分鐘跑走成績之體能對照

距離(km)	最大攝氧量(mL/kg·min)	體能水準
2.0以下	36.53	非常差
2.0~2.3	36.52~42.53	差
2.35~2.7	43~51	普通
2.75~2.95	52~56	好
3.0以上	57以上	優秀

(二) 登階測驗

● McArdle三分鐘登階法

是由McArdle等(1986)提出，實驗時令男性受試者以24次/分鐘的頻率(96 bpm)，女性以22次/分鐘的頻率(88 bpm)，上下高度為43公分的台階3分鐘，取站姿測定恢復期第5~20秒共15秒的心跳率乘上4。根據下列公式進行計算。

男：$\dot{V}O_2max$ (mL/kg·min)＝111.33－〔0.42×恢復期心跳率(bpm)〕

女：$\dot{V}O_2max$ (mL/kg·min)＝65.81－〔0.1847×恢復期心跳率(bpm)〕

● 教育部三分鐘登階測驗

1. 測驗目的：以登階運動3分鐘後的心跳恢復能力，來瞭解受測者的心肺耐力、心肺功能或有氧適能。

2. 測驗器材：碼錶、節拍器、35公分高台階。

3. 測驗前準備：

(1) 調整節拍器的速度為每分鐘96拍。

(2) 說明測量心跳數之方式並加以練習。

4. 方法步驟：

(1) 令受試者站立於踏台後一步距離。

(2) 「預備」口令時保持準備姿勢。

(3) 聞「開始」口令，節拍「1」時受測者先以單腳登上階，節拍「2」時另一腳隨後登上，此時雙腿應伸直。

(4) 節拍「3」時先登上踏台的腳先退下踏台,節拍「4」時另一隻腳再下至地面。

(5) 受測者隨著節拍速度連續上上下下登階3分鐘,3分鐘終了時,受測者坐下休息1分鐘。

(6) 休息1分鐘後,立即開始測量受測者在完成測驗後第1分至1分30秒(A)、第2分至2分30秒(B)與第3分至3分30秒(C),共三組30秒的腕橈動脈脈搏數。

(7) 若上下台階的節拍慢了三次以上,或在3分鐘未到前已無法繼續登階運動時,應立即停止,紀錄其運動時間並以步驟6之方法測量其脈搏數並記錄之,並用以下公式計算心肺耐力指數。

5. 記錄:將三次測得的心跳數及運動持續時間導入公式計算其心肺耐力指數,心肺耐力指數愈高表示體力愈好(表15-5及表15-6)。

$$心肺耐力指數 = \frac{運動持續時間(秒)\times 100}{(A+B+C)\times 2}$$

表15-5 台閩地區男性「心肺耐力指數」簡易常模表

年齡／等級	不好	稍差	普通	良好	很好
26~30	~48.39	48.40~52.94	52.95~57.32	57.33~62.67	62.68~
31~35	~49.45	49.46~53.57	53.58~57.32	57.33~63.38	63.39~
36~40	~49.72	49.73~54.22	54.23~57.69	57.70~63.83	63.84~
41~45	~50.00	50.01~54.55	54.56~58.06	58.07~64.83	64.84~
46~50	~49.18	49.19~43.57	53.58~58.64	58.65~63.83	63.84~
51~55	~49.18	49.19~53.89	53.90~58.82	58.83~63.83	63.84~
56~60	~48.13	48.14~54.39	54.40~59.60	59.61~65.22	65.23~
61~65	~45.51	45.52~54.02	54.03~60.00	60.01~67.47	67.48~

表15-6 台閩地區女性「心肺耐力指數」簡易常模表

年齡 / 等級	不好	稍差	普通	良好	很好
26~30	~49.72	49.73~53.57	53.58~57.32	57.33~62.50	62.51~
31~35	~49.72	49.73~53.57	53.58~57.32	57.33~62.50	62.51~
36~40	~48.43	48.44~53.25	53.62~57.69	57.70~62.94	62.95~
41~45	~49.34	49.35~53.19	53.20~58.06	58.07~63.38	63.39~
46~50	~48.91	48.92~53.19	53.20~58.82	58.83~64.29	64.30~
51~55	~46.18	46.19~53.08	53.09~59.60	59.61~65.69	65.70~
56~60	~45.99	46.00~52.78	52.79~60.00	60.01~66.67	66.68~
61~65	~39.12	39.13~52.45	52.46~60.81	60.82~68.60	68.61~

(三) 踏車測驗

　　腳踏車功率計(cycle ergometer)的優點為可攜帶且價格適中，因此測量上較為容易；然而因只有下肢運動，容易造成疲勞集中在某一處。一些阻力腳踏車功率計（如Monark）功率會隨著踏板的速率或輪子的阻力增加而增加。一般而言，轉速在漸增負荷期間應維持不變，中、低適能者維持在50~60 rpm，高適能者及自由車選手維持在70~100 rpm (Hagberg, 1981)。

　　測試方法如下：受試者以50 rpm的速度踏車，男性負荷量為100 watt/min，女性50 watt/min，共踏車6分鐘，在每分鐘運動的最後10秒記錄心跳率，用第5和第6分鐘的心跳率平均值推測$\dot{V}O_2max$。但應注意第5和第6分鐘心跳率之間不能大於5次，否則繼續運動，直至心跳率達到穩定為止。然後依表15-7及表15-8，根據最後2分鐘運動時的平均心跳率查出推測值，最後經表15-9年齡校正後得到實際的推測值的絕對值(L/min)，再除以自己體重後，即為相對值(mL/kg·min)。

　　本方法的特點是從次大運動時的心跳率推測$\dot{V}O_2max$，因此要求特別注意心跳率測定的準確性。

表15-7 最大耗氧量的推測（男性）（最大耗氧量單位：L/min）

心跳率	50 (watt/min)	100 (watt/min)	150 (watt/min)	200 (watt/min)	250 (watt/min)
120	2.2	3.5	4.8		
121	2.2	3.4	4.7		
122	2.2	3.4	4.6		
123	2.1	3.4	4.6		
124	2.1	3.3	4.5	6.0	
125	2.0	3.2	4.4	5.9	
126	2.0	3.2	4.4	5.8	
127	2.0	3.1	4.3	5.7	
128	2.0	3.1	4.2	5.6	
129	1.9	3.0	4.2	5.6	
130	1.9	3.0	4.1	5.5	
131	1.9	2.9	4.0	5.4	
132	1.8	2.9	4.0	5.3	
133	1.8	2.8	3.9	5.3	
134	1.8	2.8	3.9	5.2	
135	1.7	2.8	3.8	5.1	
136	1.7	2.7	3.8	5.0	
137	1.7	2.7	3.7	5.0	
138	1.6	2.7	3.7	4.9	
139	1.6	2.6	3.6	4.8	
140	1.6	2.6	3.6	4.8	6.0
141		2.6	3.5	4.7	5.9
142		2.5	3.5	4.6	5.8
143		2.5	3.4	4.6	5.7
144		2.5	3.4	4.5	5.7
145		2.4	3.4	4.5	5.6
146		2.4	3.3	4.4	5.6
147		2.4	3.3	4.4	5.5
148		2.4	3.2	4.3	5.4
149		2.3	3.2	4.3	5.4
150		2.3	3.2	4.2	5.3
151		2.3	3.1	4.2	5.2
152		2.3	3.1	4.1	5.2
153		2.2	3.0	4.1	5.1
154		2.2	3.0	4.0	5.1
155		2.2	3.0	4.0	5.0
156		2.2	2.9	4.0	5.0
157		2.1	2.9	3.9	4.9
158		2.1	2.9	3.9	4.9
159		2.1	2.8	3.8	4.8
160		2.1	2.8	3.8	4.8
161		2.0	2.8	3.7	4.7
162		2.0	2.8	3.7	4.6
163		2.0	2.8	3.7	4.6
164		2.0	2.7	3.6	4.5
165		2.0	2.7	3.6	4.5
166		1.9	2.7	3.6	4.5
167		1.9	2.6	3.5	4.4
168		1.9	2.6	3.5	4.4
169		1.9	2.6	3.5	4.3
170		1.8	2.6	3.4	4.3

表15-8 最大耗氧量的推測（女性）（最大耗氧量單位：L/min）

心跳率	50 (watt/min)	100 (watt/min)	150 (watt/min)	200 (watt/min)	250 (watt/min)
120	2.6	3.4	4.1	4.8	
121	2.5	3.3	4.0	4.8	
122	2.5	3.2	3.9	4.7	
123	2.4	3.1	3.9	4.6	
124	2.4	3.1	3.8	4.5	
125	2.3	3.0	3.7	4.4	
126	2.3	3.0	3.6	4.3	
127	2.2	2.9	3.5	4.2	
128	2.2	2.8	3.5	4.2	4.8
129	2.2	2.8	3.4	4.1	4.8
130	2.1	2.7	3.4	4.0	4.7
131	2.1	2.7	3.4	4.0	4.6
132	2.0	2.7	3.3	3.9	4.5
133	2.0	2.6	3.2	3.8	4.4
134	2.0	2.6	3.2	3.8	4.4
135	2.0	2.6	3.1	3.7	4.3
136	1.9	2.5	3.1	3.6	4.2
137	1.9	2.5	3.0	3.6	4.2
138	1.8	2.4	3.0	3.5	4.1
139	1.8	2.4	2.9	3.5	4.0
140	1.8	2.4	2.8	3.4	4.0
141	1.8	2.3	2.8	3.4	3.9
142	1.7	2.3	2.8	3.3	3.9
143	1.7	2.2	2.7	3.3	3.8
144	1.7	2.2	2.7	3.2	3.8
145	1.6	2.2	2.7	3.2	3.7
146	1.6	2.2	2.6	3.2	3.7
147	1.6	2.1	2.6	3.1	3.6
148	1.6	2.1	2.6	3.1	3.6
149		2.1	2.6	3.0	3.5
150		2.0	2.5	3.0	3.5
151		2.0	2.5	3.0	3.4
152		2.0	2.5	2.9	3.4
153		2.0	2.4	2.9	3.3
154		2.0	2.4	2.8	3.3
155		1.9	2.4	2.8	3.2
156		1.9	2.3	2.8	3.2
157		1.9	2.3	2.7	3.2
158		1.8	2.3	2.7	3.1
159		1.8	2.2	2.7	3.1
160		1.8	2.2	2.6	3.0
161		1.8	2.2	2.6	3.0
162		1.8	2.2	2.6	3.0
163		1.7	2.2	2.6	2.9
164		1.7	2.1	2.5	2.9
165		1.7	2.1	2.5	2.9
166		1.7	2.1	2.5	2.8
167		1.6	2.1	2.4	2.8
168		1.6	2.0	2.4	2.8
169		1.6	2.0	2.4	2.8
170		1.6	2.0	2.4	2.7

表15-9 推測最大攝氧量的年齡校正

年齡	因素	最大心跳率	因素
15	1.10	210	1.12
25	1.00	200	1.00
35	0.87	190	0.93
40	0.83	180	0.83
45	0.78	170	0.75
50	0.75	160	0.69
55	0.71	150	0.64
60	0.68		
65	0.65		

15-3 無氧能力的評估

Exercise Physiology

　　無氧運動是指人體依賴無氧代謝路徑（ATP-PC和醣解）所再生的ATP，維持機體進行最大強度運動的能力。由於該種能力直接涉及人體的運動速度和肌肉收縮的爆發力，因此，是決定影響以無氧代謝作為能量系統的運動項目成績的主因之一，而無氧運動能力不若有氧能力般的廣泛被研究，人們對無氧能力的瞭解較之有氧能力尚差一段相當長的距離；除了典型的有氧代謝運動項目外，有相當多的運動項目其能量來源均涉及無氧代謝，因此發展出客觀的方法，來檢測和評價人體無氧運動能力也就顯得特別重要。

一、無氧運動能力

　　在測試無氧運動能力的研究中，通常都是以持續時間在2分鐘以內的最大全力運動為測試方法，針對無氧能量代謝系統與測試時間的不同，無氧運動能力大致上可分為三種表示(Bouchard et al., 1988)：

1. 短時間無氧運動能力：指最大全力運動持續時間在10秒左右，它是肌肉非乳酸性無氧運動能力的表現，其能量來源是來自於ATP-CP系統及無氧糖酵解，測試過程中，每秒最大輸出相當於最大瞬間動力。

2. 中時間無氧運動能力：指全力運動時間持續約30秒，主要是評估受試者的肌細胞內的ATP、ATP-CP系統和無氧糖酵解供能系統，其能量來源主要是70%乳酸成分、15%非乳酸成分及15%有氧能量；此測試的最後5秒鐘，可做為間接評定乳酸性無氧動力，但30秒測試不能做為最大乳酸性無氧能力的測試。

3. 長時間無氧運動能力：指全力運動時間持續在120秒，主要是評估受試者的乳酸性無氧運動能力，無氧及有氧能量代謝約各佔50%；在長時間的無氧運動能力測試中，如果仔細規劃，能同時測得無氧能力（前30秒）及無氧耐力（後30秒）。

二、短、中、長時間無氧運動能力測試

(一) 短時間無氧測驗 (Short-Term Anaerobic Test)

⊃ Quebec 10秒踏車測驗

　　Quebec是測定短時間的無氧測驗，實驗過程是給予一負荷重量全力衝刺10秒，負荷量按其受試者體重的7.5%，此負荷量是依照受試者本身而定，如高水準的運動員會建議用較高的負荷，在正式測驗前必須先使受試者熱身與熟悉踩踏腳踏車的動作，熱身運動結束後，立即準備正式測驗，並提醒受試者全力踩踏腳踏車，且全程鼓勵受試者盡全力踩踏。在第一次10秒踏車測驗後休息10分鐘再進行第二次測驗，最後收集資料並分析。

　　本實驗是以Monark 894E為操作儀器，實驗流程如下：

1. 輸入10秒為測試時間。

2. 按照受試者體重輸入至電腦。

3. 負荷量是按照受試者體重的7.5%，會自動算出該負荷量的數值。

4. 將重量片放至踏車前端負重平台上（平台淨重1kg），將其重量平均分為兩邊。

5. 選擇測驗開始的模式，在此模式中分為三種，一為全手動、二為手動操作負荷開始／時間自動開始、三為全自動，按照所需達到的回轉速測驗自動開始。

▶ 圖15-3　無氧動力踏車測驗。

6. 進行踏車兩次暖身，使受試者在2~5秒加速至最高速度，第二次再以最快速度給予欲負荷的重量2秒。暖身的重要性是讓受試者盡快適應腳踏車的模式與速度，使測驗可以達到最精確的數值。

7. 開始進行10秒衝刺測驗。

8. 休息10分鐘。

9. 進行第二次10秒衝刺。

測驗結果與資料分析：

1. 最高無氧動力(N·m/s；W)＝〔（最大圈數×6 m×負荷阻力(N)）〕÷60÷體重

   註：踏板每轉一圈，車輪行徑6 m的距離

2. 無氧能力(total work) (N·m；J)＝（N×10秒內總圈數×6 m）÷60÷體重

3. 動力續航力(%)＝（最後1秒輸出動力÷最大輸出動力）×100

表15-10 不同項目運動員之Quebec 10秒踏車測驗參考值

運動項目	10秒之輸出功 (J/kg)		最高無氧動力 (W/kg)		動力續航指數 (%)	
	平均數	標準差	平均數	標準差	平均數	標準差
一般健康男性	100	15	11.2	1.6	77	7
一般健康女性	64	11	7.2	1.3	79	11
短距離選手（男）	123	8	13.6	0.9	79	4
短距離選手（女）	96	10	10.3	1.1	85	4
馬拉松選手（男）	98	16	10.5	1.8	83	10
馬拉松選手（女）	79	9	8.5	0.9	83	4
競速溜冰（男）	125	18	13.8	2.0	85	7
競速溜冰（女）	84	6	9.0	1.1	88	5
健美先生	111	5	12.2	0.6	80	5
三項鐵人	96	15	10.9	1.3	85	4

說明：動力續航指數(%)＝（最後一秒輸出動力／最大輸出動力）×100%
資料來源：Serresse et al., 1991。

(二) 中時間無氧測驗 (Intermediate-Term Anaerobic Test)

◐ Wingate 30秒

Wingate是測定無氧動力中，最廣被使用的測驗模式，因其效度高且資料收集後計算精確，故大多數研究多採取此種模式進行測驗。實驗過程是給予一負荷重量全力衝刺30秒，負荷量按其受試者體重的7.5%，此負荷量是依照受試者本身而定，如高水準的運動員會建議用較高的負荷設定。在正式測驗前必須先使受試者熱身與熟悉踩踏腳踏車的運動，熱身結束後，立即準備做正式測驗，並提醒受試者全力踩踏腳踏車，且全程鼓勵受試者盡全力踩踏，最後收集資料並分析。

本實驗是以Monark 894E為操作儀器，實驗流程如下：

1. 輸入30秒為測試時間。

2. 按照受試者體重輸入至電腦。

3. 負荷量是按照受試者體重的7.5%，會自動算出該負荷量的數值。

4. 將重量片放至踏車前端負重平台上（平台佔1 kg），將其重量平均分為兩邊。

5. 選擇測驗開始的模式，在此模式中分為三種，一為全手動、二為手動操作負荷開始／時間自動開始、三為全自動，按照所需達到的回轉速測驗自動開始。

6. 進行踏車兩次暖身，使受試者在2~5秒加速至最高速度，第二次再以最快速度給予欲負荷的重量2秒。暖身的重要性是讓受試者盡快適應腳踏車的模式與速度，使測驗可以達到最精確的數值。

7. 開始進行測驗。

測驗結果與資料分析：

1. 平均無氧動力(mean anaerobic power)：為30秒的平均功率。

2. 無氧動力峰值(peak anaerobic power)：為30秒內最大圈數所算出的watt數。

　　　無氧動力峰值(N·m/s；W)＝（N×最大圈數×6 m）

3. 無氧能力(anaerobic capacity; total work)：為30秒內所完成的圈數所算出的N·m或watt。

　　　無氧能力(N·m；J)＝N×秒內總圈數×6 m

4. 疲勞指數(fatigue index)：以最高功率減最低功率，除以最高功率的比率。

表15-11　不同項目運動員之Wingate 30秒踏車測驗參考值

運動項目	無氧能力(J/kg)	最高無氧動力(W/kg)	疲勞指數
10~15歲男性	231	9.9	−
一般健康男性	223	9.3	40
一般健康女性	145	5.8	30
三項鐵人	245	10.2	32
游泳	270	11.2	−
自由車	267	10.8	−
划船	315	10.0	−
體操	273	11.8	47
足球	276	12.3	−
排球	315	11.8	−
角力	282	13.5	43
舉重(power)	285	12.7	44
舉重(weight)	261	10.4	−
短距離（田徑）	282	11.6	−
中距離（田徑）	249	10.0	−
長距離（田徑）	279	11.4	32
超級馬拉松	267	11.3	26

⊃ 60秒踏車測驗

繼Wingate 30秒無氧動力測驗後，一群澳洲科學家發展出60秒無氧踏車測驗。在60秒全力運動中可量測最大無氧動力（即最大ATP-PC系統動力）及平均（LA系統）動力輸出，測驗方法如下：受試者在低功率下（如120 W）熱身5分鐘。休息2分鐘後，全力急速採無阻力車輪，當達到最大踏板速率時（3秒鐘），主試者開始增加車輪阻力至指定負荷（公斤體重×0.095）。受試者繼續以此阻力全力踩踏30秒，至第30秒時，車輪阻力降至每公斤體重×0.075，維持此阻力至測驗結束。

功的輸出以最大動力輸出(J/kg)及平均動力輸出(J/kg)表示。

⊃ 1分鐘併腿側步跳 (A Side-Step Test Anaerobic Capacity)

1分鐘併腿側步跳目的在測量無氧性乳酸能力。測驗方法是令受試者站在中線，向右（左）跳30公分雙腳觸及側線後再跳回中線；向左（又）跳30公分雙腳觸及側線後

再跳回中線，此為一循環；在1分鐘內盡其所能的快速完成多次循環。成功完成一次循環則記錄1，只完成一半循環則記錄0.5。記錄1分鐘內所能完成的總次數。

表15-12 1分鐘併腿側步跳常模

	差	普通	一般	好	很好
女	<33	34~37	38~41	42~45	46+
男	<37	38~41	42~45	46~49	50+

⊃ 90秒踏車測驗

90秒踏車測驗的目的在測量無氧性乳酸能力。測驗方法同先前所示。測驗工具是以改良式Monark踏車功率計。踏板阻力是依受試者體重（約0.05/kg）而定，在90秒全力踩踏過程中，臀部不可離開座椅，一開始主試者在調負荷時（2~3秒內完成），踏板轉速需維持在80 rpm，當主試者「開始」口令發出後的前20秒，受試者踏板轉速需高達130 rpm，之後盡可能的全力踏車至測驗結束。

在90秒踏車運動中總作功的輸出以J或J/kg表示。

表15-13 90秒無氧踏車測驗參考值

	非乳酸性		乳酸性	
	(J)	(J/kg)	(J)	(J/kg)
年輕男性	6849 ±1982	108 ±16	34218 ±4137	486 ±50
年輕女性	5128 ±1020	90 ±14	22280 ±2463	377 ±34

(三) 長時間無氧測驗 (Long-Term Anaerobic Test, Katch Test)

⊃ 120秒最大測驗 (120sec Maximal Test)

120秒最大測驗(Katch, 1974; Katch & Weltman, 1979)是以Monark 829E踏車及電子計數器為實驗工具，目的在於測量非乳酸及乳酸能力。當「開始」口令發出，受試者即盡全力快速踩車，主試者在1.5秒內調整阻力至規定負荷（男55 N；女33 N），持續時間120秒，同樣的，在120秒的測驗時間內，受試者不可為了克服車輪阻力而臀部離開座椅。

測驗結果分析項目：

1. 乳酸性無氧能力：120秒內所產生的功(total work)。

   乳酸性無氧能力(N·m；J)＝55 N×6 m×120秒內總圈數

2. 非乳酸性無氧能力：在前6秒的最大輸出功(maximal work output)。

   非乳酸性無氧能力(N·m；J)＝55 N×6 m×前6秒內總圈數

表15-14　Katch 120秒踏車測驗參考值

	最大輸出功		總輸出功	
	(W)	(W/kg)	(J)	(J/kg)
年輕－成年（女性）	564	7.4	51602	676
年輕－成年（男性）	677	9.5	42929	603

15-4　肌力的評估

　　肌力(strength)在一些需要速度、爆發力及力量的運動項目上扮演著主要的決勝因素；而**肌耐力**(muscular endurance)不單是耐力性運動選手需要外，它也是決定許多運動項目（如球類運動）是否可堅持比賽到最後一刻的決定因素。此外，對一般人而言，肌耐力不好也較容易產生肌肉疲勞與酸痛的現象，因此，定期實施肌力與肌耐力的診斷與評估是十分必要的。

一、肌力測驗的重要性

　　勝利雖未必是屬於肌力最強的人，但卻常常是如此；因為，人體所有動作的表現都要對抗相當的阻力，而在競技運動中，身體所要對抗的阻力又比一般動作要來的多（例如：地心引力、空氣或水的阻力、摩擦力、地面反作用力及重力等），因此，如果有二位選手在其他條件差不多的情況下，肌力大者，其競技表現必定優於肌力較差者。

　　肌力除了其本身的重要性以外，它還是其他運動要素的影響因子。例如，肌力是爆發力(power)的影響因素，因為爆發力＝力量×速度，力量的增加必可提高爆發力；此外，肌力也是肌耐力的影響因素，肌耐力是指肌肉在固定負荷下反覆收縮或維持收

縮一段時間的能力，因此，如果某人之肌力增加，便更能輕鬆的作相同工作，完成更多反覆次數；同時，肌力也是速度的影響因素，因為，身體的加速度或保持高速度，都需要很大的肌力作基礎，此外，有關平衡力、協調性及敏捷性等運動能力都與肌力有關，因此，肌力不足將是競技運動表現的一大障礙。

二、肌力與肌耐力評定

運動員的肌力與其運動能力和運動傷害的發生均有密切關係。肌力包括肌肉力量、爆發力和肌耐力等三方面。目前常用等長、等張和等速（力）方法來評定運動員肌力。這三種測力法的區別如表15-15。

表15-15 不同測力法之速度與阻力

測力法	速度	阻力
等速測力	可固定(1~500°/sec)	可自動調節
等張測力	變化，未知的	固定
等長測力	固定不動(0°/sec)	固定

(一) 等長肌力測定法

等長肌力也稱為靜態肌力。在測試過程中無關節活動，一次只能測試關節某一角度的肌力。不少研究指出，等長練習對提高運動性肌力無明顯效果，但對需要維持某一穩定位置時，如體操吊環的肩部力量，網球和羽球的握力等，相應關節某一角度的靜止肌力與其耐力對成功完成此一動作是非常重要的。

一般，測關節肌肉的等長肌力和肌耐力最常使用的是握力計、背（腿）肌力計、肩腕力計等。表15-16為男女運動員手、背和腿部等之等長肌力。

⊃ 握力計

1. 儀器功能：測量前臂的最大肌力；握力測量時，主要作用肌群包括前臂屈肌群與手肌群。

2. 受試者姿勢：
   (1) 調整握把，使手握住時，第二指關節成直角。
   (2) 手臂自然下垂，握力計不接觸身體（此時握力計指示盤面向外）。
   (3) 維持握力計的位置，不可擺振手臂，用全力地握握把。

3. 測量步驟：

(1) 受測者左、右各測兩次，分別記錄每次所得測量值。

(2) 每次測後休息1分鐘。

(3) 取兩次的最高值（以公斤為單位）。

● 背（腿）肌力計

1. 儀器功能：腿伸展肌力測量時，主要相關肌群為股四頭肌。背肌力測量時，主要參與的肌群包括背部、上肢，乃至腰部等部位的肌肉。因此，背肌力測量可代表全身的肌力。

2. 受試者姿勢：

(1) 腿肌力：

   A. 受試者身高等於或小於169.5 cm時，握把高度置於66 cm。

   B. 受試者身高為169.5~179 cm時，握把高度置於72 cm。

   C. 受試者身高等於或大於179 cm時，握把高度置於79 cm。

   D. 以手掌握緊水平握把（有別於以手指握握把），手背朝外。

   E. 受試者伸展膝蓋對握把施以向上的垂直力。

   F. 施力過程需維持肩胛、臀、後腳跟不動，並使腳掌保持在水平位置。

(2) 背肌力：

   A. 握把置於膝蓋高度的75%（等於脛骨高度的75%），且位於兩踝前15英吋處（38.1 cm）。

   B. 受試者兩腳與肩同寬，每一腳到鐵鍊的距離相等。

   C. 受試者直膝屈背握握把。

   D. 受試者伸展背肌對握把施以向上的垂直力。

   E. 施力過程需維持手肘、膝蓋完全伸展，兩眼向前平視。

3. 測量步驟：

(1) 腿肌力：

   A. 將測力器歸零。

   B. 受測者測量兩次，分別記錄每次所得測量值。

   C. 每次測後休息1分鐘。

   D. 取兩次的最高值（以公斤為單位）。

(2) 背肌力：

    A. 將測力器歸零。

    B. 受測者測量兩次，分別記錄每次所得測量值。

    C. 每次測後休息1分鐘。

    D. 取兩次的最高值（以公斤為單位）。

⊃ 肩腕力計

1. 儀器功能：測量出肩、腕的最大肌力。其動作時所使用的肌群有肱三頭肌、三角肌、胸大肌、斜方肌等。

2. 測量步驟：

(1) 受測者採立姿。

(2) 肘關節須與肩平行，盡量貼近胸前，但不可與身體接觸。

(3) 雙手同時向外拉，或向內用力壓。

(4) 反覆測三次，取其最高值。

表15-16 運動員等長肌力的參考值（單位：公斤）

分級	握力（左）	握力（右）	背力	腿力	總力／體重
男子					
優	>68	>70	>209	>241	>7.5
良	56~67	62~69	177~208	214~240	7.10~7.49
一般	43~55	48~61	126~176	160~213	5.21~7.09
差	39~42	41~47	91~125	137~159	4.81~5.20
很差	<39	<41	<91	<137	<4.81
女子					
優	>37	>41	>111	>136	>5.50
良	34~36	38~40	98~110	114~135	4.80~5.49
一般	22~33	25~37	52~97	66~113	2.90~4.79
差	18~21	22~24	39~51	49~65	2.10~2.89
很差	<18	<22	<39	<49	<2.10

(二) 等張肌力測定法

等張肌力也稱動態肌力。在運動訓練和肌力評定中使用最普遍，如仰臥推舉、挺舉和負重蹲起等。等張肌力的評定是根據運動員能成功舉起一次所給予的最大重量，即1 RM Value。在成功舉起所給予的重量後，通常應休息2~3分鐘後再舉新的重量，而每次重量增加不超過2~4 kg。

有關運動員的等張耐力目前尚無理想的方法來評定。一般是用運動員能舉起最大重量的70%進行測試。普通人可連續舉起這種重量12~15次，而運動員則應連續完成20~25次。

表15-17 不同體重的等張肌力正常值（單位：公斤）

體重(kg)	仰臥推舉		挺舉		負重蹲起	
	男	女	男	女	男	女
36.3	36.3	25.4	24.1	16.8	72.6	50.8
45.4	45.4	31.8	30.4	21.3	90.8	63.6
54.5	54.5	38.1	36.3	25.4	108.9	76.3
65.6	65.6	44.5	42.2	29.5	127.1	89.1
72.6	72.6	50.8	48.6	30.1	145.3	101.7
81.7	81.7	57.2	54.5	38.1	163.4	114.4
90.8	90.8	63.6	60.4	42.4	181.6	127.1
99.9	99.9	69.9	66.7	46.8	199.8	139.8
108.9	108.9	76.3	72.6	50.8	217.9	152.5

⊃ 等張肌力測驗

評估肌力可以用1 RM－也就是可成功舉起一次的最大重量。如果某個重量可以舉起超過一次，那就應該要再增加重量，直到只能舉起一次為止。通常是以臥推(bench press)來測驗胸部和上臂的肌力；以蹲舉(leg press)來評估腿上部的肌力；以反捲(biceps curl)來評估上、下臂的肌力；以及以肩上推舉(shoulder push)來評估肩帶附近的肌力。

表15-18　最大肌力(1 RM)評估表

男	舉起體重的百分比	體能水準						
		很差	差	普通	好	很好	非常好	超級好
臥推		50	75	100	110	120	140	150
蹲舉		160	180	200	210	220	230	240
反捲		30	40	50	55	60	70	80
肩上推舉		40	50	67	70	80	110	120
女	舉起體重的百分比	體能水準						
		很差	差	普通	好	很好	非常好	超級好
臥推		40	60	70	75	80	90	100
蹲舉		100	120	140	145	150	175	190
反捲		15	20	35	40	45	55	60
肩上推舉		20	30	47	55	60	60	80

資料來源：Pollock et al., 1978。

⊃ 肌耐力測驗

　　肌耐力是指某一肌群可以持續或反覆收縮一段時間的能力。有四種測驗方法可以用來評估肌耐力，分別是伏地挺身或女性可採改良式（即跪姿）伏地挺身（評估肩帶、手臂及胸部之肌耐力）、引體向上或屈臂懸垂（評估手臂及肩帶之等長肌耐力）、蹲後跳(squat thrust)或交互蹲跳（評估下肢肌群肌耐力）及一分鐘屈膝仰臥頭肩起（評估腹肌肌耐力）。

表15-19　伏地挺身肌耐力測驗常模

年齡（歲）	標準伏地挺身：體能水準（男）						
	超級好	非常好	很好	好	普通	差	很差
15~29	超過54	51~54	45~50	35~44	25~34	20~25	15~19
30~39	超過44	41~44	35~40	25~34	20~24	15~20	8~14
40~49	超過39	35~39	30~35	20~29	14~19	12~14	5~17
50~59	超過34	31~34	25~30	15~24	12~14	8~12	3~7
60~69	超過29	26~29	20~25	10~19	8~9	5~7	0~4

表15-19　伏地挺身肌耐力測驗常模（續）

年齡（歲）	改良式伏地挺身：體能水準（女）						
	超級好	非常好	很好	好	普通	差	很差
15~29	超過48	46~48	34~45	17~33	10~16	6~9	0~5
30~39	超過38	33~37	25~33	12~24	8~11	4~7	0~3
40~49	超過33	29~32	20~28	8~19	6~7	3~5	0~2
50~59	超過26	21~25	15~21	6~14	4~5	2~3	0~1
60~69	超過20	15~19	5~15	3~4	2~3	1~2	0~0

資料來源：Pollock et al., 1978。

表15-20　一分鐘屈膝仰臥頭肩起測驗常模

年齡（歲）		體能水準						
		很差	差	普通	好	很好	非常好	超級好
男	17~29	0~17	17~35	36~41	42~47	48~50	51~55	55+
	30~39	0~13	13~26	27~32	33~38	39~43	44~48	48+
	40~49	0~11	11~22	23~27	28~33	34~38	39~43	43+
	50~59	0~8	8~16	17~21	22~28	29~33	34~38	38+
	60~69	0~6	6~12	13~17	18~24	25~30	31~35	35+
女	17~29	0~14	14~28	29~32	33~35	36~42	43~47	47+
	30~39	0~11	11~22	23~28	29~34	35~40	41~45	45+
	40~49	0~9	9~18	19~23	24~30	31~34	35~40	40+
	50~59	0~6	6~12	13~17	18~24	25~30	31~35	35+
	60~69	0~5	5~10	11~14	15~20	21~25	26~30	30+

資料來源：Cooper Institute for Aerobic Research, Dallas. Texas.75265.

○ 1 RM換算法

1 RM的測定實際上是很困難的，而且也較具危險，特別是在半蹲舉(squat)和硬舉(deadlift)，因此，利用1 RM換算表選擇能舉上5~10回的重量練習，參照表15-21就能推測出1 RM和10 RM。例如以100 kg的重量做半蹲舉，舉上5回，就能推測出1 RM為115 kg；而10 RM為85 kg。

在1 RM的檢測時是依自己的體重百分比來實施。當要測上肢仰臥推舉時，初學者可依自己體重的55~65%、有程度者70~85%的重量開始檢測；當要測下肢半蹲舉或硬舉時，初學者和有程度者則分別可從體重的85~100%及100~130%開始。

表15-21　1 RM換算表

1回 (RM)	2回 (RM)	3回 (RM)	4回 (RM)	5回 (RM)	6回 (RM)	7回 (RM)	8回 (RM)	9回 (RM)	10回 (RM)	12回 (RM)
100%	95%	92.5%	90%	87.5%	85%	82.5%	80%	77.5%	75%	70%
200kg	190kg	185kg	180kg	175kg	170kg	165kg	160kg	155kg	150kg	140kg
195	185	180	175	170	165	160	155	150	147.5	137.5
190	180	175	170	165	160	155	152.5	147.5	142.5	132.5
185	175	170	167.5	162.5	157.5	152.5	147.5	142.5	137.5	130
180	170	165	162.5	157.5	152.5	147.5	145	140	135	125
175	167.5	162.5	157.5	152.5	150	145	140	135	130	122.5
170	160	157.5	152.5	150	145	140	135	132.5	127.5	120
165	157.5	152.5	147.5	145	140	135	132.5	127.5	125	115
160	152.5	147.5	145	140	135	132.5	127.5	125	120	112.5
155	147.5	142.5	140	135	130	127.5	125	120	115	107.5
150	142.5	140	135	130	127.5	125	120	117.5	112.5	105
145	137.5	135	130	127.5	122.5	120	115	112.5	107.5	102.5
140	132.5	130	125	122.5	120	115	112.5	107.5	105	97.5
135	127.5	125	120	117.5	115	112.5	107.5	105	102.5	95
130	122.5	120	117.5	115	110	107.5	105	100	97.5	90
125	120	115	112.5	110	105	102.5	100	97.5	95	87.5
120	115	110	107.5	105	102.5	100	95	92.5	90	85
115	110	105	102.5	100	97.5	95	92.5	90	85	80
110	105	102.5	100	97.5	92.5	90	87.5	85	82.5	77.5
105	100	97.5	95	92.5	90	87.5	85	82.5	77.5	72.5
100	95	92.5	90	87.5	85	82.5	80	77.5	75	70
95	90	87.5	85	82.5	80	77.5	75	72.5	70	65
90	85	82.5	80	77.5	77.5	75	72.5	70	67.5	62.5
85	80	77.5	75	75	72.5	70	67.5	65	65	60
80	75	75	72.5	70	67.5	65	65	62.5	60	55
75	70	70	67.5	65	62.5	62.5	60	57.5	55	52.5
70	67.5	65	62.5	62.5	60	57.5	55	55	52.5	50
65	62.5	60	57.5	57.5	55	52.5	52.5	50	47.5	45
60	57.5	55	55	52.5	50	50	47.5	47.5	45	42.5
55	52.5	50	50	47.5	47.5	45	45	42.5	40	37.5
50	47.5	45	45	42.5	42.5	40	40	37.5	37.5	35

⊃ 負荷強度自覺量表

表15-22 　1RM%反覆次數自覺量表

％1 RM	反覆次數	自覺強度	
100%	1	非常非常重	⎫
95%	2		
93%	3		
90%	4	非常重	肌力提升
87%	5		
85%	6		
80%	8	重	⎭
77%	9	重	
75%	10	稍微重	⎫
70%	12		體力及肌耐力
67%	15		的提升
65%	18	輕	⎭
60%	20		─ 姿勢的學成
50%	28	非常非常輕	

(三) 等速肌力測試

自Perrine在1960年代首先提出等速（力）運動的理論以後，等速肌力訓練和測定即在運動醫學領域中得到廣泛的應用。目前等速肌力已是評定運動員肌力系統狀態的最好指標。等速測力屬動態測力，但與等張測力有很大的不同。目前國內使用的等速測力系統的速度是0~500°/ sec，選擇不同的速度可分別測出運動員的肌力和肌耐力等。例如常用低速(0~60°/ sec)來測肌力；中速度(90~180°/ sec)來測驗及訓練；高速度(240°/ sec)來測肌耐力。由於在等速測力的過程中，阻力的大小是隨著關節活動不斷變化而自行調整的，因此，可準確的測出及確保肌肉在整個運動範圍中所使出的都是最大肌力。

此處介紹國內研究常見之三測量部位，分別為膝部伸展、肩部的旋轉肌群和肘部的肱二頭與三頭肌之等速肌力測量。

1. 儀器設備：以Biodex等速肌力測試評估系統(Biodex USA, Inc., system 4 quick-set)測試之。

2. 方法步驟：

(1) 膝部伸展／收縮：

    A. 連結膝部附屬裝置，以鎖定紐固定，調整座椅傾斜至85°（依受試者體型調整），座椅方向45°，動力計方向45°，動力計傾斜0°。

    B. 請受試者坐在椅子上，膝部內側距離座椅約兩隻手指頭並行寬度，調整動力計高度以讓膝部外側中心對齊動力計至中心點，調整動力計槓桿長度將小腿固定於阿基里斯腱後方，肩部和腿部以固定帶固定住後，設定ROM止擋。

    C. 進行慣用腳60°/s、180°/s與300°/s角速度之肌力及爆發力測試，分別各連續測試5下，每組角速度間休息60秒。

(2) 肩部90°向外／向內旋轉外展測驗：

    A. 連結手肘／肩部附屬裝置，以鎖定紐固定，調整座椅傾斜至55~85°（依受試者體型調整），座椅方向30°，動力計方向35°，動力計傾斜5°。

(A) 膝關節屈曲伸展

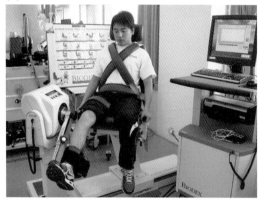

(B) 肘關節屈曲伸展

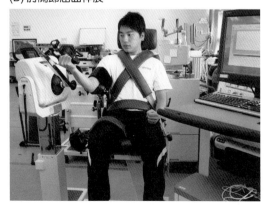

(C) 肩關節旋轉

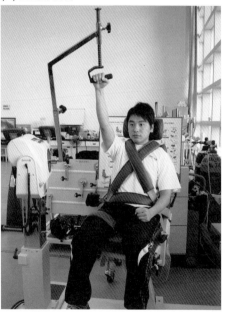

▶ 圖15-4　等速肌力測試。

B. 請受試者採坐姿，上臂外展平行於兩肩，前臂收縮垂直90°，手掌朝前，將肘關節置於墊上，慣用手掌握住手把，拉起動力計進行轉動軸的正確對位，肩部和腿部以固定帶固定住後，設定ROM止擋。

C. 進行慣用手60°/s、180°/s與300°/s角速度之肌力及爆發力測試，分別各連續測試5下，每組角速度間休息60秒。

(3) 肩部對角轉動測驗：

A. 連結肩部／手肘轉接器到動力計（移除肩關節囊），以鎖定鈕固定，將肩部附屬裝置插入轉接器，轉到垂直位置按下Hold鍵，調整座椅傾斜至70~85°，座椅方向0°，動力計方向30°，動力計傾斜10°~35°。

B. 請受試者採坐姿，上臂斜外上伸展，手掌朝前，慣用手掌握住手把，拉起動力計進行轉動軸的正確對位，肩部、腰部和大腿以固定帶固定住，設定ROM止擋。

C. 進行慣用手60°/s、180°/s與300°/s角速度之肌力及爆發力測試，當關節運動時，鬆脫固定握把，提供肱骨淺窩的移動轉換空間，分別各連續測試5下，每組角速度間休息60秒。

(4) 肘部屈曲／伸展：

A. 連結手肘／肩部附屬裝置到動力計（移除肩關節囊），以鎖定鈕固定，轉到垂直位置按下Hold鍵，安裝臂肢支撐架（朝向受試者角度）於椅側的連接管，調整座椅傾斜至70~85°，座椅方向15°，動力計方向15°，動力計傾斜0°。

B. 請受試者採坐姿，手肘放置於臂肢支撐架上，前臂收縮垂直近90°，手掌朝前，慣用手掌握住手把，拉起動力計進行轉動軸的正確對位，肩部、腰部和大腿以固定帶固定住，設定ROM止擋。

C. 進行慣用手60°/s、180°/s與300°/s角速度之肌力及爆發力測試，分別各連續測試5下，每組角速度間休息60秒。

3. 可測試關節之各項功能：Biodex等速肌力測試系統，除了以上所述一般研究常用之膝、肩、肘關節外，還有其他可測試之關節及其功能，一併簡述如表15-23。

表15-23 Biodex等速肌力系統可測試之關節及功能

關節	功能
肘腕關節(forearm wrist)	腕部：伸展／收縮
	腕部：徑向／尺骨偏向
	前臂：外轉／內轉
肘關節(elbow)	伸展／收縮
肩關節(shoulder)	收縮／伸展（坐式）
	外展／內縮（坐式）
	在變動空速檔定位（坐式）的外／內旋轉
	90度向外／向內旋轉外展運動
	對角轉動（坐式）
	對角轉動（站式）
膝關節(knee)	膝脛骨：伸展／收縮
	膝脛骨：內／外轉
踝關節(ankle)	腳底／腳背收縮

· 參考文獻 ·

吳慧君、林正常(2005)·**運動能力的生理學評定**（增訂版）·臺北市：師大書苑。

Powers, S. K., & Howley, E. T. (2002)·**運動生理學－體適能與運動表現的理論與應用**（林正常、林貴福、徐台閣、吳慧君編譯）·臺北市：藝軒。（原著出版於2001）

Adams, G. M.(1990). Wingate bike test. In: *Exercise physiology laboratory manual* (pp.97-103). Wm.C. Brown publishers.

American College of Sports Medicine (2006). *ACSM's Guidelines for Exercise Testing and Prescription* (6th ed). Lippincott Williams & Wilkins.

Balke, B. (1970). *Advanced exercise procedures for evaluation of the cardiovascular system*. Monograph. Milton, WI: The Burdick Corporation.

Bouchard, C., Taylor, A. W., & Dulac, S. (1991). Testing anaerobic power and capacity. In J. D. MacDougall, H. A. Wenger, & H. J. Green (Eds), *Physiological testing of the high-performance athlete* (pp.196-220). Champaign, IL: Human Kinetics.

Bruce, R. A. (1972). Multi-stage treadmill tests of maximal and submaximal exercise. In *Exercise Testing and training of Apparently Healthy Individuals: A Handbook for Physicians* (pp.32-34). New york: American Heart Association.

Davis, J. A., Frank, M. H., Whipp, B. J., & Wasserman, K. (1979). Anaerobic threshold alterations caused by endurance training in middle aged men. *Journal of Applied Physiology, 46* (6), 1039-1046.

Hagberg, J. M., et al. (1981). Effect of pedaling rate on submaximal exercise responses of competitive cyclists. *Journal of Applied Physiology, 51*, 447-451.

Hoeger, W. W. K., & Hoeger, S. A. (2010). *Principle and Labs for physical fitness* (10th ed.). Florence, KY: Cengage Learning.

Katch, V. L., & Weltman, A. (1979). Interrelationship between anaerobic power output, anaerobic capacity and aerobic power. Ergonomics, 22, 325-332.

McArdle, W. D., Katch, F. I., Pechar, G. S., Jacobson, L., & Ruck, S. (1972). Reliability and inter relationships between maximal oxygen intake, physical work capacity and step-test scores in college women. *Medicine and Science in Sports and Exercise, 4*, 182-186.

McConnell, T. R. (1988). Practical consider in the testing of VO_2max in runners. *Sports Medicine, 5*, 57-68.

Naughton, J, P., & Haider, R. (1973). Methods of exercise testing. In J. P. Naughton, H. K. Hellerstein & L. C. Mohler (Ed), *Exercise Testing and Exercise Training in Coronary Heart Disease* (pp.79-91). New York: Academic Press.

Pollock, M. L., Wilmore, J. H., & Fox, S. M. (1978). *Health and fitness through physical activity*. John Wiley & Sons, Inc.

Serresse, O., Simoneau, J. A., Bouchard, C., & Boulay, M. R. (1991). Aerobic and anaerobic energy contribution during maximal work output in 90s determined with vigorous ergocycle workloads. *International Journal of Sports Medicine, 12*, 543-547.

Wasserman, K., Whipp, B. J., Koyal, S. N., & Beaver, W. L. (1973). Anaerobic threshold and respiratory gas exchange during exercise. *Journal of Applied Physiology, 35* (2), 236-243.

Wilmore, J. H., & Costill, D. L. (2007). *Physiology of Sport and Exercise* (4th ed.). Champaign, IL: Human kinetics.

課後練習
Exercise

一、選擇題

（　）1. 若要測量自由車選手之最大攝氧量時，其最好的運動負荷工具為何？　(A)原地跑步機　(B)腳踏車功率計　(C)划船功率計　(D)以上皆可

（　）2. 無氧閾值與以下何種能力關係密切？　(A)有氧能力　(B)無氧能力　(C)無氧動力　(D)爆發力

（　）3. 以下何項並非測定最大攝氧量時的判定標準？　(A)心跳率在最大心跳率的10 bpm上下　(B) R值超過1.15　(C)運動後血乳酸值介於8~10 mmol/L　(D)血糖開始下降

（　）4. 一名大學男生之$\dot{V}O_2$max為54 mL/kg·min，其有氧能力為何？　(A)低　(B)一般　(C)高　(D)很高

（　）5. 用1.0英哩走後之秒數代入公式推估$\dot{V}O_2$max時，何者不是推估公式所會用到的參數？　(A)身高　(B)體重　(C)性別　(D)心跳率

（　）6. Wingate 30秒無氧踏車測驗其主要能量來源是何系統？　(A)肌肉中之ATP　(B) ATP-PC　(C) La　(D) O_2

（　）7. 背肌力計所測到的是以下何者？　(A)等長肌力　(B)等長肌耐力　(C)等張肌力　(D)等張肌耐力

（　）8. 伏地挺身所測到的是以下何者？　(A)等長肌力　(B)等長肌耐力　(C)等張肌力　(D)等張肌耐力

（　）9. 以下何者之重量最重？　(A) 1 RM　(B) 5 RM　(C) 7 RM　(D) 10 RM

（　）10. 可準確及確保肌肉在整個關節運動範圍中所使出的力都是最大的檢測儀器是何者？　(A)等長肌力器　(B)等張肌力器　(C)等速肌力器　(D)動態肌力器

（　）11. 通常用來測試運動員等速肌力的角速度是以下何者？　(A) 60°/sec　(B) 120°/sec　(C) 180°/sec　(D) 240°/sec

（　）12. 一名男大學生12分鐘跑／走之成績為3,000公尺，試問其體能水準如何？　(A)非常差　(B)差　(C)普通　(D)好

二、問答題

1. 最大攝氧量(VO_2max)與攝氧量峰值($V_{O_2}peak$)有何不同？

2. 何謂無氧閾值？在運動生理學研究上用來判定無氧閾值的指標有哪些？

3. 有氧運動能力的間接判定法有哪些？

4. 不論直接法還是間接法，測定最大攝氧量都必須滿足哪些基本要求？

5. 為何許多研究發現，無氧閾值似乎較最大攝氧量更能反映人體的有氧作業能力？

6. 試描述三種測試無氧運動能力中分別評估身體的哪些能力。

7. 試描述AT較VO_2max更能反應人體有氧作業能力的三種原因。

解答：BADCA　CADAC　AD

索引　INDEX

國家圖書館出版品預行編目資料

運動生理學／王鶴森等編著. – 第三版. –
新北市：新文京開發，2020.10
　　面；　公分

　　ISBN　978-986-430-652-7（平裝）

　　1. 運動生理學

528.9012　　　　　　　　　　　　109011562

運動生理學（第三版）　　　　　　（書號：B347e3）

編 著 者	王鶴森　吳泰賢　吳慧君　李佳倫　李意旻
	林高正　郭　婕　溫小娟　劉介仲　蔡佈曦
	蔡琪文　鄭宇容　鄭景峰　謝悅齡　顏惠芷

出 版 者　新文京開發出版股份有限公司

地　　址　新北市中和區中山路二段 362 號 9 樓

電　　話　(02) 2244-8188（代表號）

Ｆ Ａ Ｘ　(02) 2244-8189

郵　　撥　1958730-2

第 一 版　2011 年 9 月 10 日

第 二 版　2016 年 11 月 1 日

第 三 版　2020 年 10 月 12 日

有著作權　不准翻印　　　　　　　建議售價：600 元

法律顧問：蕭雄淋律師

ISBN　978-986-430-652-7

New Wun Ching Developmental Publishing Co., Ltd.

New Age · New Choice · The Best Selected Educational Publications — NEW WCDP

新文京開發出版股份有限公司

NEW WCDP

新世紀‧新視野‧新文京 ─ 精選教科書‧考試用書‧專業參考書